Technologien als Diskurse
Andreas Lösch, Dominik Schrage, Dierk Spreen, Markus Stauff (Hg.)

DISKURSIVITÄTEN
Literatur. Kultur. Medien

Herausgegeben von
Klaus-Michael Bogdal,
Alexander Honold,
Rolf Parr

Band 5

Technologien als Diskurse

Konstruktionen von
Wissen, Medien und Körpern

Herausgegeben von
Andreas Lösch, Dominik Schrage,
Dierk Spreen und Markus Stauff

SYNCHRON
Wissenschaftsverlag der Autoren
Heidelberg 2001

Gedruckt mit Unterstützung der Hans-Böckler-Stiftung

Redaktion des Bandes: Alexander Honold / Rolf Parr

Die Deutsche Bibliothek – CIP-Einheitsaufnahme
Technologien als Diskurse:
Konstruktionen von Wissen, Medien und Körpern/
hrsg. von Andreas Lösch .... –
Heidelberg : Synchron, Wiss.-Verl. der Autoren, 2001
(Diskursivitäten ; Bd. 5)
ISBN 3-935025-17-3

© 2001 Synchron Wissenschaftsverlag der Autoren
Synchron Publishers GmbH, Heidelberg

Umschlaggestaltung: Dorothea Hein, Berlin
unter Verwendung von Philipp Reis' künstlichem Ohr, aus:
Thompson, Silvanus P., Philipp Reis: Inventor of the Telephone,
London/New York 1883, S. 16
Gestaltung und Satz: Markus Stauff
Druck und Weiterverarbeitung: Strauss Offsetdruck, Mörlenbach
Printed in Germany

Inhalt

Andreas Lösch, Dominik Schrage, Dierk Spreen, Markus Stauff
Technologien als Diskurse – Einleitung 7

Medientechnologien zwischen Apparat und Diskurs

Dierk Spreen
Die Diskursstelle der Medien.
Soziologische Perspektiven nach der Medientheorie 21

Dominik Schrage
Utopie, Physiologie und Technologie des Fernsprechens.
Zur Genealogie einer technischen Sozialbeziehung 41

Günther Landsteiner
Benutzerfreundliche Interfaces.
Strategische Wahlen in der Erkenntnis und Konstruktion
der Mensch-Computer-Verhältnisse 59

Markus Stauff
Medientechnologien in Auflösung.
Dispositive und diskursive Mechanismen von Fernsehen 81

Winfried Pauleit
Videoüberwachung und postmoderne Subjekte.
Zu den Auswirkungen einer Bildmaschine im futur antérieur 101

Technologien und Körper

Wolfgang Eßbach
Antitechnische und antiästhetische Haltungen
in der soziologischen Theorie 123

Anke Haarmann
Der Körper des Menschen als Vorstellung und Simulationsmodell.
Das ›Visible Human Project‹ 137

Andreas Lösch
Mensch und Genom.
Zur Verkopplung zweier Wissenstechniken 149

Hannelore Bublitz
Wahr-Zeichen des Geschlechts.
Das Geschlecht als Ort diskursiver Technologien 167

Gabriele Klein
Technologisches und Ästhetisches.
Synergieeffekte in der Popkultur 185

Technologien als Wissen

Mikael Hård
Die intellektuelle Aneignung der Technik am Anfang des 20. Jahrhunderts.
Zur Analyse von Sprechhandlungen 197

Silke Bellanger
Trennen und Verbinden.
Wissenschaft und Technik in Museen und Science Centers 209

Andrea zur Nieden
›Menschen‹ und ›Cyborgs‹ im Soap-Format.
Biotechnologien in der Fernsehserie STAR TREK 225

Gerburg Treusch-Dieter
Das Ende einer Himmelfahrt.
Vom Feuer der Vergöttlichung zur Vereisung der DNS.
Eine Kult- und Kulturgeschichte des Autos 239

Zu den Autorinnen und Autoren 255

Andreas Lösch, Dierk Spreen, Dominik Schrage, Markus Stauff

Technologien als Diskurse – Einleitung

Mit den Schlagworten ›Technisierung‹ und ›Spezialisierung‹ werden – sowohl in wissenschaftlichen als auch in alltäglichen Redeweisen – zwei Tendenzen der Technikentwicklung gekennzeichnet. Wird unter ›Technisierung‹ das Eindringen technischer Artefakte und Verfahrensweisen in die Sozialwelt verstanden, so steht ›Spezialisierung‹ für ein zunehmendes und kaum mehr überschaubares Wachstum der Komplexität technischen Prozessierens. ›Die Technik‹, so scheint es, gewinnt im Alltag an Bedeutung, während die Prozesse im Inneren der Gehäuse immer weniger nachvollziehbar sind. So sehr solche Annahmen wichtige Merkmale technischer Entwicklung treffen, sie bleiben doch einer Vorstellung von Technik verhaftet, die diese auf das apparative, sachtechnische Funktionieren beschränkt. ›Die Technik‹ erscheint als etwas, das kulturellen und sozialen Prozessen gegenübersteht: Die Eigenlogik technischen Funktionierens ist dem Geschehen in der Sozialwelt äußerlich. Nur unter der Voraussetzung einer solchen Äußerlichkeit von Technischem und Sozialem macht das Reden über das ›Eindringen‹ der Technik in die Sozialwelt überhaupt Sinn.

Wenn Technologien und technische Prozesse auf diese Weise in einen Gegensatz zu menschlichem Handeln und Reden gestellt werden, dann weisen ›soziokulturelle‹ und ›technische‹ Prozesse konträre Charakteristika auf: Menschliche Handlungen und Aussagen erscheinen als spontan und variantenreich und in ihren Bedeutungen als höchst ambivalent. Die Technologien hingegen scheinen durch die Regelhaftigkeit, Materialität und Eindeutigkeit ihres Funktionierens charakterisiert. Dagegen muss der Begriff der Technik keineswegs auf apparative und sachtechnische Prozesse beschränkt werden, sondern kann auch weiter gefasst funktionale Merkmale verschiedenartiger – und eben auch soziokultureller – Prozesse bezeichnen, denen damit eine eigenständige Funktionalität zugesprochen wird (etwa Mauss 1978 [1947]). Im Zusammenhang einer solchen, rein funktionalen und damit über die inhaltliche Festlegung auf Sachtechniken hinausgehenden Bestimmung von Technizität können auch Diskurse und Praktiken an/mit Apparaten ohne eine vorausgesetzte kategoriale Scheidung von der Dinglichkeit dieser Apparate untersucht werden. Die Sachtechniken und Artefakte entfalten in einer solchen Perspektive ihre Funktionen erst durch die Kopplung an soziokulturelle Prozesse – so wie diese andererseits nicht von ihren apparativen Medien und Trägern isoliert werden können. Die Geheimnisse der *black box* können deshalb nur als die halbe Wahrheit technischen Funktionierens gelten. Dies nicht, weil eine klar eingrenzbare Technik von eben so eindeutig definierten Akteuren angeeignet, instrumentalisiert oder produziert würde, sondern weil Technizität erst in den Grenzbereichen zwischen Sachtechniken und soziokulturellen Prozessen emergiert.

Für Ingenieure und ein technikbegeistertes Feuilleton mag es irritierend sein, sich über Usability, Technikfolgen oder kulturelle Muster des Technikverständnisses Gedanken machen zu müssen. Aus kulturwissenschaftlicher Perspektive dagegen ist der Gegenstandsbereich ›Technik‹ keineswegs eindeutig abgrenzbar.

1. Technisches und Außertechnisches

Allerdings lassen sich in vielen sozial- und kulturwissenschaftlichen Auseinandersetzungen mit Sachtechniken idealtypisch zwei dominierende Motive erkennen, mit deren Hilfe im Grenzbereich zwischen ›Technik‹ und ›Kultur‹ Ordnung geschaffen wird. Zum einen wird Technik als Werkzeug verstanden und damit als artefaktischer und instrumenteller Bestandteil der kulturellen Entwicklung bestimmt. Zum anderen wird eine Verselbständigung des Technischen gegenüber einer Welt menschlicher Akteure postuliert. Die Technik gilt als ›künstliche‹ Natur des Menschen.

Das *Werkzeug* ist, so das erste Motiv, als Verdinglichung des Zweck-Mittel-Kalküls eine der initialen Kulturleistungen, durch die die menschliche Gattung sich vom Tierreich emanzipiert. Herstellung und Gebrauch von Werkzeugen stehen für eine kulturstiftende Allianz von Instrument und Vernunft. Die Kulturentwicklung ist in dieser Perspektive immer auch die Geschichte der Ausdifferenzierung von Techniken: Aus einfachen Werkzeug-Dingen werden Automaten (18. Jhd.) und Maschinen (19. Jhd.). Aus der *techne* (Kunstfertigkeit) wird die ›Technik‹, die sowohl die Apparate als auch das Know-How der sie herstellenden Spezialisten und sie bedienenden Nutzer umfasst. Mit ›Technologie‹ schließlich entsteht eine Bezeichnung, die die Konstituierung einer dem Technischen eigenen Rationalitätsform kenntlich macht.

Das Movens der Technikentwicklung aber liegt in einer solchen Argumentation außerhalb der technischen Sphäre. Diese gibt sozialen Akteuren vielfältige Instrumente zur intentionalen Bearbeitung der Natur in die Hand. Aber nicht nur aus der Zweckperspektive *individueller* Akteure erschließt sich der Einsatz technischer Mittel. Auch die mit der Entstehung moderner Gesellschaften auftretenden sozialen Probleme verlangen zunehmend nach technischen Lösungen in *kollektiver* Dimension, die Objektivität und Rationalität garantieren. Trotz einer zunehmenden Ausdifferenzierung von Technologien (die selbst Folgeprobleme schaffen) erschließt sich die Rationalität des Technischen aus der Sicht des Werkzeug-Motivs durch den Rückbezug auf die Intentionen handelnder – kollektiver oder individueller – Akteure.

Das andere idealtypische Motiv führt die Ausdifferenzierung der Technologien auf die *Verselbständigung* ›der Technik‹ zurück: Sie bildet demnach zunehmend eine innere Logik heraus, die sich der Gesellschaft und der Kultur gleichermaßen aufprägt, weil die Technik für diese zunehmend unverzichtbar wird. Statt der kontinuierlichen Erzählung des Werkzeug-Motivs, welche technisches Handeln auf basales Werkzeug-Handeln zurückführt, geht es aus dieser Perspektive um die Herausbildung einer epochal neuen Figur, einer sich von der Welt der Menschen emanzipierenden Technologie. Für diese Ansicht steht die klassische Bestimmung der Natur als das schlechthin Unverfügbare Pate. An die Stelle der nunmehr – durch Technik – verfügbaren ›ersten Natur‹ rückt eine ›zweite Natur‹ der technologischen Systeme und Prozesse.

Damit wird betont, dass die Folgen technologischer Entwicklungen weit über die einer Bearbeitung der ›ersten Natur‹ mittels Werkzeugen hinausreichen und relativ unabhängig von den Intentionen menschlicher - individueller wie kollektiver - Akteure sind, die sich der Techniken bedienen. Menschliche Akteure erscheinen geradezu als Anhängsel der Apparate oder werden als gänzlich überflüssig betrachtet.

Gerade die Materialität der technischen Artefakte steht dabei für eine im Vergleich zu anderen kulturellen Formen ungleich direktere und verbindlichere Wirkung: Der konstatierte Umbau der bekannten Welt erfolgt nicht im Medium der *Fiktion*, sondern in konkreten *materiellen* Transformationen. Entscheidend ist für dieses Motiv die Eigendynamik einer technologischen Sphäre, die sich zusehends von der menschlichen Welt entfernt und automatisch - d. h. nach einer eigenen und *eigenständigen* Sachlogik - abläuft.

Beide Motive stellen - wenn auch mit ganz unterschiedlicher Gewichtung - eine Dichotomie zwischen ›der Technik‹ einerseits und einer Sphäre des Außertechnischen andererseits her: Diese Sphäre mag eine ›Natur‹ sein, an der sich die Kultur mittels der Technik abarbeitet. Sie kann auch als eine Kultur oder eine Gesellschaft figurieren, welche auf die Technik zugreift oder von ihr ergriffen wird. Die Homogenität des Technischen resultiert in beiden Motiven aus einer negativen und abgrenzenden Bestimmung. Die Kontrastierung der beiden Motive macht deutlich, dass jeder Versuch, den Technikbegriff durch dichotome Gegenüberstellungen zu klären, das Idealbild einer technologiefernen Kultur oder einer kulturabgewandten Technologie mit sich führt.

Statt in Fortführung dieser Motive immer weitere ›Präzisierungen‹ des Technikbegriffs durch Strategien der Reinigung vorzunehmen, können die Ambivalenzen des Technikbegriffs produktiv gemacht werden. In ihren unterschiedlichen Perspektivierungen zielen die Beiträge des Bandes *Technologien als Diskurse* dementsprechend darauf, Technik nicht durch eine ›innere Logik‹ zu bestimmen. Das, was konventionellerweise als Technik verstanden wird, kann nur einen Ausgangspunkt bilden, dessen Evidenz im Verlauf der Analysen aufgelöst wird: Zunächst, indem die (diskursiven) Mechanismen untersuchen werden, welche die Unterscheidungen von Technischem und Außertechnischem überhaupt erst hervorbringen. Untersucht wird weiterhin das Funktionieren von Technologien in diskursiven Feldern und die variablen Positionen, die sie darin einnehmen können. Zugleich wird damit auch die Frage aufgeworfen, inwiefern Diskurse selbst als Technologien beschrieben werden können. Diese Fragestellungen wollen sich nicht schon vor Beginn der Analyse auf Definitionen der Technik und des Technischen verlassen.

Die diskursanalytischen Arbeiten von Michel Foucault können hier als eine produktive Anregung dienen, auch wenn sie sich nur kursorisch mit Artefakten und Maschinen - Sachtechniken im engeren, gegenständlichen Sinne also - auseinandersetzen. In jedem Fall weisen Foucaults Untersuchungen darauf hin, dass erst im Zusammenspiel von semiotischen und technischen Strukturen ein historisch spezifisches Wissen mit seinen immanenten Macht- und Wahrheitseffekten entsteht. Wenn gelegentlich beklagt wird, dass hier ein wenig präziser Begriff von Technologie zur Anwendung komme und darüber hinaus das Konzept des Diskurses zwischen einer engeren sprachlichen und einer weiteren praktischen Bestimmung changiere, so erscheint dies für unsere Fragestellung gerade eine neue Perspektivierung zu ermöglichen: Dass nämlich nicht von vornherein distinkte Logiken für technisches und symbolisches Funktionieren angenommen werden. Wenn Diskurse auf ihre Regelhaftigkeiten und Effekte hin untersucht werden, so wird ihnen eine Technizität zugesprochen, die gleichermaßen die Voraussetzung von Sachtechniken bildet wie auch durch diese angeregt und plausibel werden kann. Die Beziehungen zwischen Diskursen und Apparaten sind vielgestaltig – nur sauber zu trennen sind sie nicht.

In seinen Studien lenkt Foucault den Blick auf die Historizität sozial- und kulturwissenschaftlicher Beschreibungskategorien wie Autor, Werk, Subjekt und Individuum. Dabei erarbeitet er ein Instrumentarium zur Untersuchung der heterogenen und kontingenten Konstellationen, in denen sich die Strukturen wissenschaftlicher Beschreibungsweisen wie ihre Objekte gleichermaßen herausbilden. Ziel dieses genealogischen Vorgehens ist es, die Emergenz von Wissensordnungen zu beschreiben, ohne sie und ihre Effekte auf eine ursprüngliche Evidenz zurück zu führen. Das Konzept des Diskurses steht für diese foucaultsche Strategie der Entselbstverständlichung auch der ›evidenten‹ Beschreibungskategorien. Es eignet sich damit gerade für Analysen des Zusammenwirkens von Prozessen in der Zone zwischen Technik und Kultur.

2. Passagen an der Technik-Kultur-Grenze

In dem Versuch, die Wechselbeziehungen zwischen Technik einerseits und Kultur andererseits zu erörtern, weisen verschiedene kulturwissenschaftliche und techniksoziologische Ansätze sowohl auf die praktischen als auch auf die semiotischen Voraussetzungen und Einbindungen technischer Funktionsweisen und Artefakte hin. Dabei zeigt sich, dass weder im Prozess der Erfindung und Produktion noch im Verlauf der Institutionalisierung und Aneignung eine ›reine‹ technische Logik isoliert werden kann. Schon die technische Innovation, die gemeinhin unter Verweis auf (ingenieur-)wissenschaftlichen Eigensinn oder ökonomische Verwertungslogik erklärt wird, ist auf vielen Ebenen von diskursiven Mechanismen durchdrungen. Mit dem Konzept der ›Leitbilder‹ weist die techniksoziologische Forschung darauf hin, dass überhaupt erst die Herausbildung interdiskursiver (gerade nicht fachwissenschaftlicher) Zielformulierungen eine Abstimmung der hochspezialisierten Praxisbereiche ermöglicht (Dierkes/Hoffmann/Marz 1992). Dabei spielen Metaphorisierungen der Technik, insbesondere auch Analogien zu älteren Techniken, eine entscheidende Rolle. Damit werden technische Potenziale formuliert und zugleich künftige ›Pfade‹ der Technikentwicklung stabilisiert.

Außerhalb der Forschungslabore sichern Diskursivierungen den technischen Innovationen eine Plausibilität, die ihre Anbindung sowohl an die infrastrukturellen Voraussetzungen als auch an handlungspraktische Erfordernisse erst ermöglicht. Diskurse lassen die Techniken funktionieren und schießen in ihrer Prägnanz zugleich weit über das technische Funktionieren hinaus, um so das gesellschaftliche und subjektive Selbstverständnis grundlegend zu verändern (für die Elektrizität vgl. Gugerli 1996; Binder 1999). Sowohl für die technische Realisierung als auch aus ökonomischem Kalkül bedarf es der Formulierung von Nutzungspotenzialen. Die Apparate sind weder selbst-evident noch überhaupt auf einen eindeutigen Zweck orientiert

(Berger 1991). Computer-Technologien treten ebenso wie gentechnische Verfahren im Horizont umfassender Utopien und Versprechen auf, die sich bezeichnenderweise häufig aus den vorgeblichen ›Mängeln‹ vorangegangener Technologien generieren. Dass sich daran in aller Regel sofort auch eine Gegenperspektive koppelt, die Versagensängste formuliert und auf die negativen Folgen einer ›neuen‹ Technologie hinweist, zeigt dabei zweierlei. Zum einen, dass einer Auseinandersetzung um technische Möglichkeiten immer schon die vereindeutigende Binarisierung von ›Gefahren und Chancen‹ einer Technologie zugrunde liegt. Zum anderen wird aber auch deutlich, dass die Technologien selbst diskursive Gegenstände werden, die über ihr apparatives Funktionieren hinaus, und zum Teil weitgehend unabhängig davon Bedeutung entfalten. Davon zeugt nicht zuletzt die Prominenz der Technik als literarisches Motiv bzw. utopische Figur (z. B. Segeberg 1987; Flessner 2000).

Ein weiterer Einwand gegen ein ›reines‹ technisches Funktionieren wird unter Hinweis auf die alltäglichen Aneignungspraktiken formuliert. Die Strukturen des Alltags – seine zeitlichen Rhythmen und sozialen Hierarchisierungen – sind Möglichkeitsbedingung für eine Technisierung, die diese Strukturen gleichermaßen modifiziert wie sie ihnen aufruht. In diesem Sinne spricht etwa Teresa de Lauretis (1987) von den ›Technologien des Geschlechts‹: Sowohl die apparativen wie auch die diskursiven Strukturen von Medientechnologien produzieren eine geschlechtsbezogene Verortung und Identifizierung der Subjekte. Sie tun dies jedoch nicht von einem technischen Nullpunkt aus, sondern als Reproduktion und Modifikation gegebener Relationierungen.

Damit sind aber immer unterschiedliche diskursive, praktische und apparative Mechanismen am Werk, die sich nicht zu einer Einheit zusammenfügen, gleichwohl aber permanent ineinander wirken. Die Etablierung neuer Technologien ist dementsprechend kein reibungsloser Vorgang, sondern ein konfliktreicher Prozess der ›Domestizierung‹ der technischen Artefakte durch die sozialen Akteure. Sie werden sowohl praktisch als auch diskursiv angeeignet. Hierbei kann sich der konkrete Zweck und ›technische Sinn‹ der Technologien entscheidend verändern; soweit man von einer eigentlichen Logik der Apparate ausgeht, wäre hier von einem Missbrauch oder zumindest einer Zweckentfremdung zu sprechen. Allerdings, darauf haben insbesondere Forschungen im Bereich der Cultural Studies aufmerksam gemacht, vervielfältigen sich die strategischen Umgangsweisen mit den Geräten, die darüber eine Mehrdeutigkeit erhalten: Sie können als Statussymbol und Kommunikationsmittel, als (familiare) Sozialtechnik und Identitätsmechanismus gleichermaßen Einsatz finden (z. B. Silverstone/Hirsch 1992).

An diese und zahlreiche weitere Forschungen kann angeknüpft werden, insofern sie den ambivalenten Status von Technologien sowohl bezüglich ihrer ›inneren‹ Funktionsweisen als auch bezüglich ihrer gesellschaftlichen Wirkungsweisen herausarbeiten und den vielfachen Verschränkungen von sachtechnischen und diskurstechnischen Prozessen nachspüren. Zugleich muss darauf verwiesen werden, dass diesen kulturwissenschaftlichen und techniksoziologischen Forschungen oftmals ein handlungstheoretisches Modell zugrunde liegt, in dem letztlich ›der Technik‹ – bei allen Verzahnungen – weiterhin eine technikfreie Sphäre der Akteure gegenüber gestellt wird. Die Intentionen der Individuen oder ihre situative Einbettung werden dann zu letzten Instanzen, an denen sich die technischen Funktionen zu bewahrheiten haben. Die Geschichte der Herausbildung technischer Konstellationen und der durch sie ausgelösten sozialen wie kulturellen Transformationen wird damit ausgeblendet. Eine diskursanalytische Perspektive wird demgegenüber auch die Praktiken und Äußerungen, die den Umgang mit Technik ausmachen, als einen konstitutiven, aber regelhaften und den Intentionen von Akteuren unverfügbaren Bestandteil kulturtechnologischer Konstellationen verstehen.

Einen konträren Zugang zum Grenzbereich zwischen Kultur und Technik unternimmt die neuere kulturwissenschaftliche Medientheorie, wie sie etwa von Friedrich Kittler ausgearbeitet wurde. Während die handlungstheoretisch argumentierende Technikforschung die Dichotomie von Technik und Kultur forschungspraktisch in kleinteilige Aushandlungs- und Habitualisierungsprozesse ausdifferenziert, die damit zwar historisch und situativ variabel erscheinen, nach wie vor aber auf das Handeln von Individuen zurückgeführt werden, erschließt die Medientheorie die für die Individuen unverfügbare, aber gerade deshalb sozial und kulturell wirksame Materialität der Medientechnik als ein eigenständiges kulturwissenschaftliches Forschungsfeld. Dabei orientiert sie sich an den Arbeiten Michel Foucaults und nutzt sie für eine Perspektive auf soziokulturelle Phänomene, die Kategorien wie ›Mensch‹, ›Individuum‹ oder ›Subjekt‹ einklammert (Foucault 1987b). Damit wird es möglich, Technologien und Artefakten einen eigenständigen ›soziokulturellen Wert‹ zuzusprechen, der sie nicht lediglich als soziale Symbole oder als Bedeutungsträger kultureller Prozesse behandelt. Die Medientheorie lässt insofern die Aporien der soziologischen Handlungstheorie hinter sich, als dass sie die Materialität der Diskurse gegenüber den Intentionen der Akteure hervorhebt. Diese wird allerdings als eine technische Materialität der medialen Informationssysteme interpretiert, auf deren Basis die Diskurse zirkulieren und gespeichert werden. Die Analyse der Diskurse besteht – so das zentrale medientheoretische Argument – in der Analyse ihrer technischen Voraussetzungen. Kulturelle und soziale Prozesse werden hier mit der zunehmenden medialen Durchdringung der Gesellschaft zu Epiphänomenen einer grundlegenderen Entwicklung von Medientechniken. Insbesondere wenn Diskurse als Effekte des technischen Mediums ›Schrift‹ verstanden werden, kann es nach der Erfindung des Digitalcomputers, d. h. der ›universalen Maschine‹ (Alan Turing), die alle anderen Medienmaschinen simulieren kann, nur noch um die Analyse von technisch determinierten Datenverarbeitungsprozessen gehen: »Alle Datenströme münden in Zustände N von Turings Universaler Maschine, Zahlen und Figuren werden (der Romantik zum Trotz) Schlüssel aller Kreaturen« (Kittler 1986: 33). Die Dichotomie von Technik und Kultur wird damit zugunsten einer Determinierung des Sozialen durch Technologie aufgelöst. Dadurch entfällt jedoch die Möglichkeit, die kontingenten Verschaltungen von Apparaten, Diskursen und Praktiken als Voraussetzung für das ›Erfinden‹ und das Funktionieren von Technologien zu untersuchen. Wissensformen, Macht- und Selbstverhältnisse werden zu reinen Effekten der Hardware (für eine Auseindersetzung mit dem Diskursbegriff der Medientheorie vgl. Abschnitt 3).

Wie die Techniksoziologie und die Medientheorie lassen sich auch die Ansätze der neueren Wissenschafts- und Technikforschung (›Science and Technology-Studies‹, STS) als ein Versuch betrachten, aus dem Dilemma der Dichotomie von Technik und

Kultur auszubrechen. Dabei scheinen diese Forschungen sowohl die handlungstheoretischen Aporien der Techniksoziologie wie den Technikdeterminismus der Medientheorie zu überwinden. Löst die kittlersche Medientheorie die Trennung zwischen Kultur und Technik zugunsten eines ursächlichen medientechnisch-historischen Prozesses auf, so verweist die Techniksoziologie auf »den konstruktiven Anteil sozialer Akteure« bei der Technikgenese (Rammert 2000: 71). Bruno Latour dagegen – der prominenteste Vertreter der STS – schlägt vor, den Bereich des Technischen in den Kategorien einer nicht-technischen Sozialwelt als ›quasi-soziales‹ Handlungsgefüge zu analysieren. Die Apparate werden selbst zu Akteuren – jedoch zu ›nicht-menschlichen‹ Akteuren – erklärt (Latour 1995).

Latour geht es um die Auflösung der starren Grenzziehung zwischen Artefakten und Soziokulturellem und um die Überwindung der Asymmetrie, die soziologische und medientheoretische Ansätze implizieren. »Daher mein Vorschlag«, so Latour z.B. anhand der Analyse ›Schlafender Polizisten‹,

> [d]iese Verbindungen aus Vorschriften (›Langsam fahren!‹), PolizistInnen, Baumaterial und Diskussionen der VerkehrsplanerInnen, die einmal stattgefunden haben, jetzt aber in der Form der Bodenschwelle stecken, als ein Kollektiv menschlicher und nichtmenschlicher Akteure zu begreifen (Schaffer/Buergel 1999: 150).

Wenn Latour – in Anschluss an Michel Serres' »Theorie des Quasi-Objekts« (Serres 1987: 344–360) – menschliche Akteure zu ›Quasi-Objekten‹ und Artefakte zu ›Quasi-Subjekten‹ erklärt, so ist der Effekt dieser Aufhebung der Technik/Kultur-Dichotomie eine Ausweitung des Sozialen an Stelle der medientheoretischen Ausweitung des Technischen. Die ›Nicht-menschlichen Akteure‹ der latourschen Theorie – der Berliner Schlüssel, der streikende Türschließer, die ›Schlafenden Polizisten‹ oder Pasteurs Milchsäureferment (Latour 1996) – werden als stumme, aber einflussreiche Teilnehmer in das Sozialgeschehen eingemeindet. Trotz aller Innovation dieses Ansatzes gegenüber der techniksoziologischen Reduktion der Artefakte auf Instrumente und Konstruktionen sozialer Akteure wird hier das handlungstheoretische Modell, welches die Medientheorie ad acta legen will, auf die Analyse technisch-apparativer Artefakte übertragen. Aufgehoben wird zwar die Asymmetrie zwischen sozialem Akteur und technischem Apparat; die Technik funktioniert jedoch, *als ob* sie ein sozialer Akteur wäre.

Der Vorteil dieses Ansatzes ist es, die scheinbare Evidenz der Technik-Kultur-Grenze in Frage zu stellen. Dies gelingt in eindrucksvollen Fallstudien, die z.B. die Entstehung neuer Technologien innerhalb eines Konglomerates von politischen und ökonomischen Interessen, des kontingenten Zusammentreffens unterschiedlicher Wissensformen sowie eher ›zufällig‹ zur Verfügung stehender Apparate untersuchen. Durch dieses Vorgehen geraten jedoch – ›symmetrisch‹ zur medientechnischen Abwertung des Sozialen – solche Aspekte des Technischen aus dem Blick, die der handlungstheoretischen Konzeptualisierung entgehen. Dies betrifft insbesondere die spezifischen Macht- und Subjekteffekte des Technischen, die von architektonisch, apparativ oder institutionell verfestigten Asymmetrien ausgehen, ohne dass sie als ›nicht-menschliches Gegenüber‹ reformuliert werden könnten. Im Kontext Foucaults wird dieser Zusammenhang als Dispositiv bezeichnet. Vereindeutigt die Medientheorie das foucaultsche Machtkonzept zu einem kausalen Bedingungsverhältnis technischer Determinierung, so verzichtet die Akteurstheorie Latours darauf, Machteffekte zu betrachten, die nicht in handlungstheoretischen Kategorien beschreibbar sind.

3. Das Potenzial der Diskursanalyse

Aus diskursanalytischer Perspektive bestehen Diskurse zunächst aus heterogenen Aussagen, die forschungsstrategisch nicht auf einen im voraus festliegenden Sinn bezogen werden. Ihnen wird der Status von Sachen zugesprochen, deren Ordnungsstruktur zuallererst festgestellt werden muss. Hier lässt sich durchaus eine Linie von Foucault über den Strukturalismus bis zurück zu Emile Durkheim ziehen, dessen »erste und grundlegende« der *Regeln der soziologischen Methode* darin besteht, »die soziologischen Tatbestände wie Dinge zu betrachten« (Durkheim 1984 [1895]: 115). Etabliert Durkheim seine Soziologie als eine Wissenschaft des objektivierenden ›Blicks von außen‹, indem er ihre Gegenstände – die sozialen Tatsachen – zu ›Dingen‹ erklärt, so sucht auch Foucault den Bereich des Diskurses durch eine Strategie der Positivierung von den Gewissheiten der Ideologiekritik und den Tiefenstrukturen der Hermeneutik abzugrenzen. Durkheims soziale Tatsachen stellen allerdings elementare Bestandteile einer »Realität sui generis« dar, welche von der Soziologie nach dem Vorbild der Naturwissenschaften – *wie* Dinge – untersucht werden, ohne dass aber das Verhältnis zwischen den ›sozialen‹ und den materiellen Dingen zum Thema würde – sie sind verschiedener Natur. Durkheims Rekurs auf die Dinghaftigkeit der sozialen Tatsachen ist eine Analogie, die das Vorgehen der Soziologie vom *common sense* unterscheidet und die Objektivität ihres Gegenstandsbereichs ausweist.

Das foucaultsche Projekt der Diskursanalyse hingegen macht – in Weiterführung der epistemologischen Arbeiten der 1960er Jahre – gerade solche Prozesse der Grenzziehung und -verschiebung innerhalb der Wissensordnung zum Untersuchungsgegenstand. Es geht dabei nicht um die Etablierung neuartiger Objektklassen, die sich aufgrund ihrer exklusiven Natur in die Zuständigkeit einer neuen Wissenschaftsdisziplin begeben, sondern vielmehr um die Herstellung eines konzeptuellen Werkzeugs, mit Hilfe dessen die Entstehung und Transformation wissenschaftlicher Objektivitätsauffassungen untersucht werden kann. Den Aussagen einen Status als Sachen zuzusprechen, ist so einerseits – und in dieser Hinsicht mit der Strategie Durkheims vergleichbar – als Abgrenzung von den Intentionen der Akteure und Subjekte zu verstehen. Eine Rückführung der Diskurse auf eine dem *common sense* verborgene Objektivität ursächlicher und gesetzmäßig wirkender Tatsachen dagegen würde dem zu untersuchenden wissenschaftlichen Wahrheitsspiel nur einen weiteren Zug hinzufügen – was Foucault ironisch kommentiert: »Wenn schließlich der Tag zur Theoriegründung gekommen sein wird, wird es nötig sein, eine deduktive Ordnung zu definieren« (Foucault 1981: 169).

In diesem Zusammenhang steht das Konzept der *Materialität des Diskurses*. Aussagen – die Elemente, aus denen Diskurse bestehen – und Aussagensysteme sind nicht lediglich Widerschein einer darunter liegenden, objektiven Realität. Genauso wenig stellen sie eine Macht dar, die aus puren Worten Welten erschaffen kann. Ausgangspunkt ist dagegen die schiere Faktizität einer Mannigfaltigkeit von Aussagen, die nicht auf hinter oder in ihnen verborgene objektive Tatbestände zurückgeführt werden, sondern im Verhältnis zueinander Regelhaftigkeiten aufweisen und Effekte haben. Diskurse prozessieren ohne den Rückbezug auf die Intention von ›Akteuren‹ und ›Subjekten‹ oder auf grundlegende objektive Tatbestände nach immanenten Regeln – die beschreibbar sind, ohne dass auf den ›Sinn‹ oder die ›Funktion‹ dieses Prozessierens Bezug genommen werden muss.

Gerade diese Sicht auf die *Materialität von Diskursen* macht die Diskursanalyse für die Untersuchung von Technologien zu einem produktiven Ansatz. Die gewöhnliche Unterscheidung zwischen dem technischen Gegenstand selbst und dem ›bloßen‹ Sprechen darüber wird insofern unterlaufen, als Diskurse als ebenso konstitutiver Teil der Wirksamkeit einer Technologie betrachtet werden, wie die in Laboren, Universitäten, Werkstätten und Garagen entwickelte Hardware. Diese Auffassung von der Materialität des Diskurses ist dabei von dem der neueren Medientheorie in der Nachfolge Friedrich Kittlers abzugrenzen. In der medientheoretischen Rezeption findet eine entscheidende Verschiebung der Perspektive Foucaults statt. Räumt Foucault Diskursen und Praktiken eine eigenständige Wirksamkeit ein, so führt Kittler den Diskurs wie auch das Handeln auf die Determination durch Technisches zurück, indem er die Materialität des Diskurses als Materialität des medialen Signals reinterpretiert. In Kittlers theoretischem Paradigma kommen semantische Prozesse und Diskurse schließlich nur noch als Epiphänomene vor:

> Mithin zählen nicht die Botschaften oder Inhalte, mit denen Nachrichtentechniken sogenannte Seelen für die Dauer einer Technikepoche buchstäblich ausstaffieren, sondern […] einzig ihre Schaltungen. (Kittler 1986: 5)

Auch auf Praktiken bezogene Machtprozesse reduzieren sich auf das Ausführen von Steuerbefehlen: »Denn beide, Leute wie Computer, sind den ›Appellen des Signifikanten preisgegeben‹ [Lacan], beide, heißt das, laufen nach Programm« (Kittler 1986: 30). In der foucaultschen Machtkonzeption der ›Führung der Führungen‹ wird dagegen der Machtbegriff durch die Absetzung vom gewalt- bzw. herrschaftsförmigen unmittelbaren *Zwang* präzisiert. Während dieser durch den Befehl eine Handlung bewirkt, bestimmt Focault sein Machtkonzept der ›Führung der Führungen‹ durch die indirekte Beeinflussung von Handlungs*optionen*. Nicht durch den Befehl, sondern durch die Ein- oder Entschränkung des Feldes *möglicher* Handlungen wirkt die Macht:

> [Die Machtausübung] ist ein Ensemble von Handlungen in Hinsicht auf mögliche Handlungen; sie operiert auf dem Möglichkeitsfeld, in das sich das Verhalten der handelnden Subjekte eingeschrieben hat; sie stachelt an, gibt ein, lenkt ab, erleichtert oder erschwert, erweitert oder begrenzt, macht mehr oder weniger wahrscheinlich; im Grenzfall nötigt sie oder verhindert sie vollständig; aber stets handelt es sich um eine Weise des Einwirkens auf ein oder mehrere handelnde Subjekte, und dies, insofern sie handeln oder zum Handeln fähig sind. Ein Handeln auf Handlungen. (Foucault 1987a: 254-255)

Während Foucault Materialität und Technizität im Rahmen eines Konzepts behandelt, das die Eigendynamik semantischer Prozesse ohne den Rekurs auf eine ihnen zugrunde liegende Bedeutung analysiert, stehen Materialität und Technizität im Kontext der Medientheorie gerade für die Rückführung semantischer und gesellschaftlicher Prozesse auf technische Ursachen, die damit die geschichtsphilosophisch vakante Stelle einer letztursächlichen Instanz einnehmen.

Den Aussagen einen »Status als Sache« zuzuschreiben, ist bei Foucault demnach im Unterschied zu Durkheim nicht auf die Etablierung eines neuartigen wissenschaftlichen Feldes gerichtet, dessen Gegenstände von denen anderer Felder klassifikatorisch unterschieden werden. Stattdessen wird so eine Ebene konstituiert, in der die Aussagen quer zu den disziplinären Scheidungen gruppiert und auf Differenzen, Wiederholungen, Verschiebungen untersucht werden. Um diese Perspektive auf das emergente Prozessieren des Diskurses zu betonen, beschreibt Foucault diskursive Mechanismen oft als »Technologien«. Damit wird, in Erweiterung des ›Sachstatus‹ der Aussagen, die strukturelle Unabhängigkeit nicht nur der Elemente, sondern auch der Prozesse des Diskursiven hervorgehoben. In einer Würdigung der foucaultschen Arbeit fasst Gilles Deleuze ›Technologie‹ folgendermaßen:

> Damit überhaupt technische Maschinen erscheinen, bedarf es schon einer ganzen Gesellschaftsmaschine mit ihrem Diagramm und ihren Verbindungen, die deren Auftauchen ermöglichen. Mehr noch, damit in einer Gesellschaft etwas als Werkzeug konstituiert wird, damit Werkzeuge aufgegriffen und ausgewählt werden und sich zu technischen Maschinen verbinden können, bedarf es einer vollständigen Gesellschaftsmaschine, die ihrer Auswahl vorangeht. Kurz, es gibt eine menschliche Technologie, die tiefer, verborgener und auch ›abstrakter‹ ist als die technische Technologie. (Deleuze 1977: 123)

Der Bereich des Diskurses ist keineswegs auf einen rein semiotisch aufzufassenden Aussage*gehalt* beschränkt, sondern integral auf Praktiken und materielle Anordnungen (Dispositive) bezogen, in deren Kontext der Diskurs aktualisiert wird. Unter ›Materialität‹ versteht Foucault auch, dass Diskurse immer schon »mit einem komplexen System von materiellen Institutionen« verbunden sind und nicht losgelöst davon betrachtet werden können (Foucault 1981: 150). Damit werden auch sachtechnische Bedingungen als konstitutive Bestandteile diskursiver Formationen aufgefasst – das bekannteste Beispiel ist wohl das Modell des Panopticons, in welchem die Materialität der architektonischen Anordnung integraler Bestandteil einer sozialtechnischen Dressurmaschinerie ist (Foucault 1977: 251–292). Das Funktionieren von Diskursen, Praktiken und Sachtechniken wird so als eine dynamische Wechselwirkung und Verschaltung divergenter Materialitäten beschrieben, unabhängig davon, ob es sich um sprachliche, handlungsförmige oder sachtechnische Phänomene handelt – sie können auf einer Ebene verhandelt werden.

4. Zum Aufbau des Bandes

Die in diesem Band versammelten Beiträge – die zum großen Teil auf eine Tagung der Sektion für Kultursoziologie in der Deutschen Gesellschaft für Soziologie im Dezember 1999 zurückgehen – lassen sich nach drei Schwerpunkten gruppieren:

Die Aufsätze des ersten Teils eruieren anhand verschiedener Fallbeispiele *Medientechnologien zwischen Apparat und Diskurs*. Mit einem Resümee neuerer medientheoretischer Ansätze leitet *Dierk Spreen* seine Überlegungen zum Verhältnis von

Soziologie und Medientheorie ein. Die neuere Medientheorie kann zur Überwindung der Grenzen des kommunikationstheoretischen Paradigmas in der Mediensoziologie anregen. Die medientheoretische Haltung, Kultur, Diskurse und Gesellschaft als Effekte medientechnologischer Paradigmen zu verstehen, weist Spreen jedoch zurück, indem er die diskursive Konstitution der modernen Medien zu Beginn des 19. Jahrhunderts beschreibt. *Dominik Schrage* zeigt, dass die Selbstverständlichkeit, mit der das Telefon heute trotz großer Distanzen und komplexer technischer Apparate zur intimen Kommunikation genutzt wird, diskursiv und technisch erst geschaffen werden musste. Das Telefon – so seine zentrale These – ist mit einer grundlegenden Veränderung der Selbst- und Weltverhältnisse verbunden, die sowohl den Nutzungswunsch als auch die technischen Konstruktionsbedingungen betrifft. In seiner Analyse des *Usability*-Diskurses als Teilgebiet der *computer sciences* zeigt *Günter Landsteiner*, wie der Diskurs der Benutzerfreundlichkeit auf die technische Konstruktion von Interfaces und Mensch-Computer-Schnittstellen einwirkt. Er verweist damit zugleich auf einen blinden Fleck der gegenwärtigen Medientheorie, die EDV-Systeme nur ohne *User* denken möchte. *Markus Stauff* stellt verschiedene Lesarten des foucaultschen Dispositivbegriffs gegenüber und fragt, ob sie sich zur Beschreibung einer Situation eignen, die von der Diversifikation der technischen Gadgets und der Individualisierung medialer Rezeptionspraktiken gekennzeichnet ist. Diese führt nicht nur zur tendenziellen Verflüchtigung trennscharfer Konzeptionen von ›Medien‹ oder ›Technologien‹, sondern entwertet auch zentralistische oder deterministische Machtauffassungen. Vor dem Hintergrund der aktuellen Debatten um die Videoüberwachung untersucht *Winfried Pauleit* den durch die videotechnische Speicherung ermöglichten Blick. Die Videotechnik erweist sich als eine Art der Bildherstellung, die nicht von vornherein für erkennungsdienstliche Zwecke ge- oder missbraucht wird, sondern Bestandteil einer *condition postmoderne* ist. Diese ist dadurch gekennzeichnet, dass das Verhältnis von apparativem Blick und menschlicher Wahrnehmung neu figuriert wird.

Der zweite Teil *Technologien und Körper* untersucht die technischen Anteile an der Konstruktion von Körper- und Selbstverhältnissen. Hier wird einerseits gefragt, wie Körper durch Technik thematisiert werden, andererseits aber auch, wie das leibliche Sein des Menschen auf Technologien einwirkt. Aus einer dekonstruktivistischen Perspektive der Geschlechterforschung analysiert *Hannelore Bublitz*, wie das Geschlecht als ›natürlich-biologischer Körper‹ durch vielfältige diskursive Praktiken, Selbsttechniken und humanwissenschaftliche Methoden der Kartographierung und Visualisierung hergestellt wird. Bublitz zeigt, wie Diskurse, Machtpraktiken und Selbsttechniken eine ›Natur‹ des Geschlechts produzieren, die nur allzu oft als eine der Technik entgegengesetzte Natur betrachtet wird. *Anke Haarmann* untersucht das *Visible Human Project* (VHP) und stellt es in den Kontext einer Genealogie der Visualisierungstechnologien des Körpers. Die Digitalisierung des Leibes verweist auf eine neue epistemologische Grundannahme über das Verhältnis von Körper und Technologie. Der Beitrag von *Andreas Lösch* kontrastiert sinnstiftende Versprechen in Expertendebatten um das menschliche Genomprojekt mit den Implikationen experimenteller Wissensproduktion in den modernen Biowissenschaften. Der Beitrag beschreibt, wie zwei epistemische Ordnungen – das molekularbiologische Wissen vom Genom und das humanwissenschaftliche Wissen vom Menschen – durch die Übersetzungstechniken der humangenetischen Beratung neu miteinander relationiert werden. *Gabriele Klein* untersucht die Jugend- und Musikkultur des Techno auf die Verschränkung von Technologien und Diskursen. In einem Rückblick auf die Entwicklung von Musik- und Tanzformen der Populärkultur zeigt sie, dass sich die Gegenüberstellung von Kultur auf der einen und Technik auf der anderen Seite an den populären Musiken und Tänzen des 20. Jahrhunderts nicht mehr nachvollziehen lässt.

Der dritte Teil des Bandes untersucht *Technologien als Wissen*. Dabei wird gefragt, wie verschiedene Technologien zu unproblematischen und evidenten Bestandteilen der Kultur moderner Gesellschaften werden konnten. *Wolfgang Eßbachs* Beitrag thematisiert den bislang ungeklärten Kulturbegriff in den Kulturwissenschaften, der gerade seitens der Soziologie eine Reflexion und Überwindung antitechnischer und antiästhetischer Haltungen erforderlich macht. Seine Forderung, die Soziologie für eine Integration des narrativen, faktischen und sozialen Charakters von Artefakten zu öffnen, bestellt das Feld für methodische Zugänge, die keinem subjektiv gemeinten Sinn hinter diesen Artfakten nachspüren, sondern deren Positivität zum Ausgangspunkt nehmen. Bei seiner technikhistorischen Untersuchung des Industrialisierungsdiskurses der schwedischen Konservativen an der Wende zum 20. Jahrhundert bringt *Mikael Hård* das Konzept des ›diskursiven Rahmens‹ ins Spiel. Er zeigt, dass Technologie immer eines solchen Rahmens bedarf, um sich kulturell und gesellschaftlich durchzusetzen. Insbesondere wendet er sich gegen dichotomische Modelle, die den diskursiven Rahmen von Technik nach dem Schema Befürworter/Kritiker fassen. *Silke Bellanger* untersucht in ihrem Beitrag neuartige, nachmuseale Strategien der Vermittlung von wissenschaftlichem und technischem Wissen in *Science Centers*. Ausgehend von Bruno Latours Analysen der scharfen Trennung von wissenschaftlichen Objekten und Sozialwelt beschreibt Bellanger die *Science Centers* als Orte der (Wieder-) Verbindung dieser getrennten Sphären. Wenn Technologien als Diskurse betrachtet werden, so sind hier selbstverständlich auch fiktionale Aussagen über die Potenziale und Gefahren von Technik relevant. Besondere Prägnanz kommt dabei, wie *Andrea zur Niedens* Auseinandersetzung mit der Fernsehserie ›Star Trek‹ zeigt, den technologischen Zukunftsentwürfen der Science Fiction zu. Zur Nieden arbeitet heraus, wie der Figur des Menschen in der Kontrastierung sowohl mit außerirdischem Leben als auch mit technologischen Konfigurationen immer wieder eine eindeutige Identität verliehen wird. In ihrer Kult- und Kulturgeschichte behandelt *Gerburg Treusch-Dieter* das Auto schließlich nicht als eindeutiges technisches Objekt, sondern als eine Wunschkonstellation des Automobilen, die historisch variable Positionen für die Subjekte vorsieht. Im unsanften Aufeinanderprallen historischer Diskursmassen wird dabei deutlich, wie die Imaginationen von Mobilität und Geschwindigkeit zum einen kultur- und subjektkonstitutive Produktivität entfalten, zum anderen aber unter dem Einfluss von Wissen und Technologien eine fortlaufende Veränderung durchlaufen.

So verschieden die einzelnen Beiträge dieses Bandes vom methodischen Zugang und vom untersuchten Gegenstand her auch sind, sie treffen sich in einem fragenden, eher erkundenden als definitorischen Interesse am Grenzbereich zwischen Kultur und Technik: Werden Sachtechnologien, statt ein einfaches Gegenüber menschlichen

Handelns und Redens zu bilden, nicht gerade auch in Form von Praktiken und Diskursen produktiv? Sind nicht die Reden über Technologien z.B. über die Chancen und Gefahren ihrer Nutzung und die Praktiken der menschlichen Nutzung von Apparaten selbst als Möglichkeitsbedingung des ›Auftauchens‹ und des Funktionierens von technischen Apparaten zu verstehen? Der Rückgriff auf die foucaultsche Diskursanalyse ermöglicht es, eine vorschnelle Grenzziehung zwischen ›technischen‹ und ›sinnhaften‹ Prozessen zu unterlaufen. Die Unterscheidung zwischen technischem Funktionieren (etwas wie Technisches begreifen) und Sachtechniken (Artefakte, technische Medien etc.) ist weiterhin als Differenzierungskriterium möglich, wenn auch der Rekurs auf vereindeutigende Definitionen verstellt ist. So wird vermieden, ein ›reines‹ Reich der Technik von einem ebenso rein gehaltenen Reich des Sozialen oder Kulturellen abzugrenzen. Ein diskursanalytischer Zugang zur kulturellen Produktivität von Technologien nimmt deshalb Artefakte und Apparate als Faktoren der Wissensproduktion ernst, spricht dabei auch Praktiken und Diskursen einen Status der Materialität zu und unterläuft damit die strikte Trennung der Sphären des Technischen und des Außertechnischen.

Literatur

Berger, Peter (1991): Gestaltete Technik. Die Genese der Informationstechnik als Basis einer politischen Gestaltungsstrategie. Frankfurt a.M./New York.
Binder, Beate (1999): Elektrifizierung als Vision. Zur Symbolgeschichte einer Technik im Alltag. Tübingen.
Deleuze, Gilles (1977): Kein Schriftsteller: Ein neuer Kartograph. In: ders./Foucault, Michel: Der Faden ist gerissen. Berlin, 101-136.
Dierkes, Meinolf/Hoffmann, Ute/Marz, Lutz (1992): Leitbild und Technik. Zur Entstehung und Steuerung technischer Innovation. Berlin.
Durkheim, Emile (1984 [1895]): Die Regeln der soziologischen Methode, Frankfurt a.M.
Flessner, Bernd (Hg.) (2000): Nach dem Menschen. Der Mythos einer zweiten Schöpfung und das Entstehen einer posthumanen Kultur. Freiburg.
Foucault, Michel (1981): Archäologie des Wissens. Frankfurt a.M.
Foucault, Michel (1987a): Wie wird Macht ausgeübt? In: Dreyfus, Hubert L./Rabinow, Paul: Michel Foucault. Jenseits von Strukturalismus und Hermeneutik. Frankfurt a.M., 251-261.
Foucault, Michel (1987b): Nietzsche, die Genealogie, die Historie. In: ders.: Von der Subversion des Wissens. Frankfurt a.M., 69-90.
Gugerli, David (1996): Redeströme. Zur Elektrifizierung der Schweiz 1880-1914. Zürich.
Kittler, Friedrich (1986): Grammophon Film Typewriter. Berlin.
Latour, Bruno (1995): Wir sind nie modern gewesen. Versuch einer symmetrischen Anthropologie. Berlin.
Latour, Bruno (1996): Der Berliner Schlüssel. Erkundungen eines Liebhabers der Wissenschaften. Berlin.
Lauretis, Teresa de (1987): Technologies of Gender. Essays on Theory, Film and Fiction. Bloomington/Indianapolis.

Mauss, Marcel (1978 [1947]): Die Techniken des Körpers. In: ders.: Soziologie und Anthropologie 2. Frankfurt a. M., 199–206.

Rammert, Werner (2000): Technik aus soziologischer Perspektive 2. Kultur – Innovation – Virtualität. Wiesbaden.

Schaffer, Johanna / Buergel, Roger M. (1999): Dinge handeln – Menschen geschehen. Interview mit Bruno Latour. In: springerin (Hg.): Widerstände. Kunst – Cultural Studies – Neue Medien. Interviews und Aufsätze aus der Zeitschrift springerin 1995-1999. Wien/Bozen, 149–155.

Segeberg, Harro (Hg.) (1987): Technik in der Literatur. Ein Forschungsüberblick und zwölf Aufsätze. Frankfurt a. M.

Serres, Michel (1987): Der Parasit. Frankfurt a. M.

Silverstone, Roger / Hirsch, Eric (Hg.) (1992): Information and Communication Technologies and the Moral Economy of the Household. London/New York.

Dierk Spreen

Die Diskursstelle der Medien
Soziologische Perspektiven *nach* der Medientheorie

1. Grenzen der Mediensoziologie

Die ›klassische‹ soziologische Medienforschung entstand im Zusammenhang mit der Ausdifferenzierung der Massenmedien: Massenpresse, Kino, Radio, Fernsehen. Damit ist sie ein Kind des 20. Jahrhunderts. In diesem Jahrhundert werden sowohl traditionelle Sozialdifferenzierungen wie auch Klassenschranken nach und nach eingeschmolzen. Das Individuum findet sich plötzlich allein und auf sich gestellt in der *lonely crowd* wieder. Neben die Klassen und die Eliten tritt eine individuierte Masse. Diese ›Masse‹ hat man sich nicht als große Anhäufung von Menschen an einem Ort vorzustellen. Vielmehr bleibt der Einzelne für sich allein, d.h. ›einsam‹. Mit diesem neuen sozialen Phänomen erscheinen auch neue Formen der Bewusstseinsbildung, die mit den Klassikern der Soziologie – Marx: ›Klassenbewusstsein‹, Durkheim: ›Religion‹, Weber: ›Ethik‹ – nicht ausreichend begriffen werden können. Um dieses Phänomen zu verstehen, drängt sich die Untersuchung von Massenmedien geradezu auf, denn diese erfüllen nun wichtige Funktionen für die Vermittlung sozialer Zusammenhänge und Beziehungen, für Sozialisation und Persönlichkeitsbildung und für neue kulturelle Binnendifferenzierungen innerhalb einer Gesellschaft. Massenmedien erzeugen ›soziale Bänder‹ (Schrage 1997).

Der ›neue Mensch‹, der in der Masse lebt, hat vielerlei Bezeichnungen und Bewertungen gefunden. Der amerikanische Soziologe David Riesman nennt ihn den ›außen-geleiteten Charakter‹. Er schreibt:

> Das gemeinsame Merkmal der außen-geleiteten Menschen besteht darin, dass das Verhalten des einzelnen durch die Zeitgenossen gesteuert wird; entweder von denjenigen, die er persönlich kennt, oder von jenen anderen, mit denen er indirekt durch Freunde oder durch die Massenunterhaltungsmittel bekannt ist. [...] Die von dem außen-geleiteten Menschen angestrebten Ziele verändern sich jeweils mit der sich verändernden Steuerung durch die von außen empfangenen Signale. Unverändert bleibt lediglich diese Einstellung selbst und die genaue Beachtung, die den von den anderen abgegebenen Signalen gezollt wird. Indem der Mensch auf diese Weise ständig in engem Kontakt mit den anderen verbleibt, entwickelt er eine weitgehende Verhaltenskonformität. (Riesman/Denney/Glazer 1958: 38)

Das klingt sehr behavioristisch; die starke Manipulationsanfälligkeit, die dem ›Massenmenschen‹ damit unterstellt wird, lässt sich heute nicht mehr behaupten.[1] Riesman

---
1   *The lonely Crowd* erschien in den USA erstmalig 1950, d.h. das Buch reflektiert die Veränderungen der amerikanischen Gesellschaft in den 30er und 40er Jahren.

bringt den »außen-geleiteten Charakter« in Zusammenhang mit »Anpassung«, »Konformitätssicherung« und der »Massengesellschaft« (Riesman/Denney/Glazer 1958: 36 f.). Heute geht es jedoch zunehmend weniger um Disziplinierung und Einpassung des Individuums in eine standardisierte Gussform. Die heutige ›Kontrollgesellschaft‹ (Gilles Deleuze) bedient sich vielmehr einer flexiblen Normalisierung und der variablen Modulation. Teamwork, Spass an der Arbeit, Kreativität, Innovation, Engagement, Fitness, Identifikation sind die Effekte, die diese Machtstrategie hervorruft. Die Machtprozesse zielen eher auf Individualisierung als auf Anpassung. Konformität, Disziplin und Masse werden heute durch neue Machtkonzepte abgelöst (Deleuze 1993; Link 1999a).[2]

Paradigmatisch ist das obige Zitat von Riesman also weniger als aktuelle Gesellschaftsanalyse, sondern vor allem deshalb, weil es erkennen lässt, welche Rolle die Soziologie den Massenmedien zuzuweisen gewillt ist. Medien machen Menschen; Medien diktieren die Kultur, in der die Menschen leben. Sie liefern Werte und Normen, nach denen die Menschen sich richten usw.

Die Soziologie der Massenkommunikation untersucht in erster Linie die *Wirkung* von Massenmedien und deren *Inhalten* auf das gesellschaftliche Publikum (vgl. Joußen 1990). Dabei unterstellt sie von vornherein ein bestimmtes Modell von Medien, das *Sender-Botschaft-Empfänger*-Modell. Jede Kommunikation lässt sich nach diesem Modell vorstellen, wenn man ›Sender‹ und ›Empfänger‹ beliebig austauscht. Der gesamtgesellschaftliche Kommunikationsprozess lässt sich dann als Verkettung solcher codierter Übermittlungsprozesse in der Zeit begreifen. Zwar lassen sich Sender und Empfänger vertauschen, der Vektor der Kommunikation in diesem Modell bleibt aber immer gleichgerichtet. Er zeigt vom Sender auf den Empfänger. In dieses Modell ist von vornherein Nicht-Reziprozität eingeschrieben. Daher eignet es sich besonders zur Beschreibung der Massenmedien. Denn diese ermöglichen den Empfang von Botschaften eines Senders durch viele Empfänger gleichzeitig. Obwohl prinzipiell denkbar, findet eine Umkehrung dieser Kommunikation dagegen nicht statt. Auch kommuniziert das aufgerufene Publikum nicht unter sich.

> Das Medienpublikum wird primär durch die Zuwendung jedes einzelnen Rezipienten zum Kommunikator [d. h. dem Sender, D. S.] zusammengehalten; die Beziehungsnetze zwischen kleineren Elementen des Publikums – z. B. die Haushaltsgemeinschaft – sind nicht konstituierend für das Gesamtpublikum. Dies bedeutet, dass das Publikum im wesentlichen von den Massenkommunikatoren geschaffen wird. (Hunziker 1988: 21)

Die analytische Grundstruktur der klassischen *Medienwirkungsforschung* ist damit von vornherein asymmetrisch und unhistorisch. Die Medien bekommen eine ausgesprochen starke Position in der gesellschaftlichen Kommunikation zugesprochen; auch mikrosoziale Kommunikationsprozesse werden nach ihrem Modell analysiert. Die Form des Codes wird von ihren gesellschaftlichen und historischen Bedingungen

---

2 Der Begriff ›Kontrollgesellschaft‹ meint nicht eine Gesellschaft unter zentraler staatlicher Überwachung. ›Kontrolle‹ verweist hier auf das englische Wort ›control‹, im Sinne von Steuerung, Regulierung. Die deutsche Bedeutung des Wortes ›Kontrolle‹ sorgt in diesem Zusammenhang leicht für Missverständnisse.

›abgetrennt‹ (Baudrillard 1978: 102–107). Die einzelnen Menschen erscheinen von vornherein in erster Linie als Rezipienten, die durch die Medien gesteuert werden (›außen-geleitete Charaktere‹). Zwar muss man festhalten, dass die Wirkung medialer Botschaften bei weitem nicht dem gleich kommt, was z.B. Riesman andeutet – mediale Botschaften wirken in der Regel vor allem als Verstärker bereits bestehender subjektiver Einstellungen –, aber ungeachtet dieser Einschränkung, ist das Paradigma der Mediensoziologie hierarchisch und asymmetrisch angelegt.[3]

2. Theorie der neuen Medien

Mit der Problematisierung des hierarchischen Kommunikationsmodells wird eine schwierige Frage lanciert: Wie gestaltet sich das Verhältnis zwischen den realen, massenmedialen Kommunikationsverhältnissen und der Theorie über diese Verhältnisse?
Fragen dieser Form, d.h. Fragen, die das Verhältnis zwischen Theorie und Gegenstand direkt thematisieren, haben eine ganz eigenartige Brisanz. Sie sind eigentlich nicht abschließend zu beantworten und provozieren fast automatisch Lagerkämpfe zwischen ›Realisten‹ und ›Nominalisten‹. Aber sie eröffnen auch neue Perspektiven und neue Möglichkeiten, Theorie (und auch Praxen) zu entwickeln.

---

3   In der soziologischen Systemtheorie spielen Kommunikation und Medien zwar eine zentrale Rolle. Aber Kommunikation wird nach dem sozialen face-to-face-Modell gedacht (Ego und Alter unterhalten sich und beobachten sich dabei). Medien sichern die Fortsetzung von Kommunikation, indem sie die zunächst unwahrscheinliche Anschlußkommunikation in Wahrscheinlichkeit transformieren. Luhmann erwähnt drei Medientypen: Sprache, Verbreitungsmedien und symbolisch generalisierte Kommunikationsmedien (Wahrheit, Liebe, Geld, Glaube, Kunst, Werte). Die Verbreitungsmedien (Medientechnologien) werden in dieser Aufzählung allerdings nur kurz gestreift (Luhmann 1987: 220ff.).
In seinem Buch über Massenmedien bietet Luhmann in der Sache wenig Neues. Zugrunde liegt die Annahme, dass jede und insbesondere die moderne Kommunikation den Dissens riskiert und damit ein andauerndes Fortsetzungsproblem darstellt. Die Massenmedien spielen dabei die Rolle eines vergesslichen sozialen Gedächtnisses. Sie erzeugen eine nicht verbindliche Hintergrundrealität, »von der man ausgehen kann«. Man kann sich »davon abheben und sich mit persönlichen Meinungen, Zukunftseinschätzungen, Vorlieben usw. profilieren« (Luhmann 1996: 120). Verglichen mit der starken Annahme der Medienwirkungsforschung wird auch hier die subjektive und selektive Aneignungs- und Kommunikationsweise von Medieninhalten betont. Ansonsten ist das Buch über Massenmedien vor allem als kritischer Kommentar zur moralischen Öffentlichkeit der Gegenwart interessant.
Weiterhin verschiebt Luhmann das *Sender-Botschaft-Empfänger*-Modell zum *Information-Mitteilung-Differenz*-Modell (Luhmann 1987: 195ff.). Diese Modelle lassen sich jedoch aufeinander abbilden. Die ›Information‹ entspricht im wesentlichen der ›Botschaft‹. Die ›Mitteilung‹ verweist auf die Subjektivität einer übermittelten Information. Sie wird von einem ›Sender‹ mitgeteilt. Mit ›Differenz‹ meint Luhmann die Beobachtung, dass Information und Mitteilungsverhalten nicht zusammenfallen. Diese ›Differenz‹ verweist auf den ›Empfänger‹, der sie beobachtet und wiederum kommuniziert (z.B. ›Wie soll ich das verstehen?‹). Durch dieses Modell wird das Feedback, die Doppelgerichtetheit jeder Kommunikation zwar stärker betont. Aber auch dieses Modell lässt – wie Baudrillard feststellt – »die abgetrennte Instanz des Codes und der Botschaft intakt« (Baudrillard 1978: 107).

Die Mediensoziologie hat sich in der Wirkungsforschung festgefahren. Neue Aspekte kommen vor allem von außen, aus der *Theorie der neuen Medien*. Sie entwickelt eine Kritik am asymmetrischen Kommunikationsmodell. Diese Kritik formuliert sich aber nicht lediglich als Kritik der Medien – das leistet schon die *kritische Theorie*, so etwa Theodor W. Adorno und Max Horkheimer in dem berühmten Kapitel über ›Kulturindustrie‹ (Horkheimer/Adorno 1987: 144–196) –, sondern vor allem als Kritik unseres *Medienverständnisses*.

Der kanadische Anglist und Medienwissenschaftler Marshall McLuhan ist der erste, der diese neue Fragestellung formuliert. Es geht darum, Medien richtig zu verstehen. In seinem Buch über *Die magischen Kanäle* (1964), das den programmatischen Untertitel *Understanding Media* trägt, entfaltet McLuhan seine neue Vorstellung von Medien-Verstehen.

McLuhan stützt sich auf die Symmetrie, die einem artifiziellen medialen System zugrunde liegt. Artifizielle Medien sind immer auch Ausweitungen der Personen und der leiblichen Sinne, nicht nur von außen einwirkende Manipulationsmechanismen. Dass die Erfindung neuer ›Ausweitungen‹ neue Formen des sozialen Zusammenlebens provoziert, erscheint McLuhan daher nicht verwunderlich. Solche Wandlungsprozesse sind allerdings ambivalent in ihrer Bedeutung: Die »sozialen Auswirkungen jedes Mediums« ergeben sich aus dem neuen Maßstab,

> der durch jede Ausweitung unserer eigenen Person oder durch jede neue Technik eingeführt wird. So zielen beispielsweise mit dem Aufkommen der Automation die neuen Formen menschlichen Zusammenlebens [...] auf die Abschaffung der Routinearbeit, des Jobs hin. Das ist das negative Ergebnis. Auf der positiven Seite gibt die Automation den Menschen Rollen, das heißt eine tieferlebte Beteiligung der Gesamtperson an der Arbeit und der menschlichen Gemeinschaft, welche die mechanische Technik vor uns zerstört hatte. (McLuhan 1992: 17)

Es kommt darauf an, so McLuhan weiter, diese Veränderungen nicht als aufgezwungenen Prozess zu verstehen, sondern die ›Botschaft‹ der neuen Medialität selbst zu entziffern. In den neuen Medien verbirgt sich die Möglichkeit, zu einer neuen Form von ›Gemeinschaft‹ zu finden; die Medien zielen auf eine ›Beteiligung der Gesamtperson‹ ab:

> Die Botschaft des elektrischen Lichts wirkt [...] extrem gründlich, erfasst alles und dezentralisiert. Denn elektrisches Licht und elektrischer Strom bestehen getrennt von ihren Verwendungsformen, doch heben sie die Faktoren Zeit und Raum im menschlichen Zusammenleben genauso auf wie das Radio, der Telegraf, das Telefon und das Fernsehen und schaffen die Voraussetzungen für eine Beteiligung der Gesamtperson. (McLuhan 1992: 19)

Durch Aufhebung räumlicher und zeitlicher Distanzen kämen die Menschen einander nicht nur wieder nahe, auch ihre Entfremdung von sich selbst werde aufgehoben. Letztlich ist das der Inhalt des berühmten Diktums »Das Medium ist die Botschaft«. McLuhan geht es darum, eine zweckorientierte, teleologische Perspektive auf Medien und Technik zu verlassen. Statt Medien bloß als instrumentelle Mittel zu begreifen, sucht er nach der Erkenntnis ihrer sozialen Qualitäten. Medien auf Transportmittel für Inhalte oder auf Artefakte für Um-zu-Nutzungen zu reduzieren, verkennt ihre

›Botschaft‹ – eine Botschaft, die in McLuhans Theorie einen quasi-religiösen Heilscharakter annimmt. Ihr Versprechen lautet ›Gemeinschaft‹.

Zentral an McLuhans Untersuchungen ist aber die Verschiebung der Fragestellung. Statt Medien per se als Manipulationsinstrumente zu benutzen (oder zu kritisieren), statt sie auf die Wirkung ihrer Inhalte hin zu untersuchen, schlägt McLuhan vor, erst einmal die Art und Weise zu thematisieren, wie wir über sie sprechen und mit ihnen umgehen. Damit eröffnet er einen neuen Diskursraum.

Inzwischen wird dieser Raum von einer eigenständigen Forschungsrichtung, der Medientheorie, ausgefüllt. Die Soziologie hat bislang wenig von dem nach und nach entfalteten Theorieangeboten profitieren können (wollen?). In einem nicht unerheblichen Maße liegt das sicherlich daran, dass ihr ›genealogische‹ Fragestellungen, d. h. kulturhistorische Analyseverfahren, die von Zwecken und Teleologien absehen und die Kategorie ›des Subjekts‹ bzw. ›des Menschen‹ einklammern (Foucault 1987), fremd geblieben sind. Die Theorie der neuen Medien besagt dagegen im wesentlichen, dass sich kulturelle Formen auf medientechnologische Paradigmen zurückrechnen lassen. So formuliert McLuhan, eine historische Reihe von medialen Leitformen, die jeweils die kulturellen ›Verständnis-Verhältnisse‹ strukturell bestimmen: Oralität, Schrift, Buchdruck, Kinematik, Elektrizität, Elektronik bzw. Computer. Kulturelle Botschaften verstehen, heißt Medientechnologie verstehen.

3. Technischer Strukturalismus

In der Medientheorie selbst hat sich die genealogische Perspektive inzwischen zu einem technikzentrierten Strukturalismus verdichtet. Paradigmatisch für die strukturalistische Formulierung ist ein Aufsatz des Medienwissenschaftlers Christoph Tholen. Die Zuspitzung auf Technik findet sich insbesondere in den Arbeiten des Kultur- und Literaturwissenschaftlers Friedrich Kittler.

In seinem brillanten Aufsatz zum ›Platzverweis‹, der dem Menschen durch den medial gewordenen Computer erteilt werde, stellt Tholen fest: »Immaterialität der Information ist Sprache gewordene Technik und Technik gewordene Sprache« (Tholen 1994: 123). Er meint das in einem streng strukturalistischen Sinn. Sprache gilt nicht als Ort der Bedeutung, sondern als netzartig strukturiertes Zirkulationsgefüge von Zeichen, deren Referent kein bedeutungsgeladenes ›Ding‹, sondern eine Leerstelle ist. Denn diese ist die Bedingung der Möglichkeit einer Zirkulation der Zeichen und das heißt: ihrer Relationierung zueinander, aus der Signifikation erst entspringt. Die ›Dinge‹ gründen also in einem leeren symbolischen Feld, das Tholen deshalb »unbedingtes leeres Feld« (Tholen 1994: 112, 119) nennt:

> Die Relation der stellenwertigen Anordnung des Symbolischen versagt sich selbst und jedem geschlossenen Modell ihre Funktion. Dadurch erst wird sie lesbar als Ur-Sprung, der den Ursprung der Nachrichtentechnologie zu bestimmen gestattet, d.h. die radikale Einklammerung der Frage der Bedeutung von Nachrichten. (Tholen 1994: 123)

Tholen kritisiert in diesem Aufsatz die anthropologische These, wonach Medien Organverlängerungen der Menschen seien. Er fasst sie dagegen als »Technik gewordene Sprache«, wobei er Sprache als *reines Feld des Zeichentauschs* beschreibt. In dieser Perspektive geht es also nicht um das, was Subjekte sagen und meinen, wenn sie sprechen. Es geht auch nicht um die Frage der Abbildung von realen Objekten in die symbolische Struktur. Aus seinen sprachstrukturalistischen Überlegungen leitet Tholen das ›transhumane‹ Wesen des Technischen ab. Die »reine Logik der Relationen«, die jenes »Stellenspiel des Symbolischen« (Tholen 1994: 128) kennzeichnet, schließt es ebenfalls aus, die symbolisch-technische Ordnung als Referenzsystem zu behandeln, das ›Dinge‹ als ›Inhalte‹ abbildet: »Die symbolische Ordnung ist referenzlos« (ebd.).

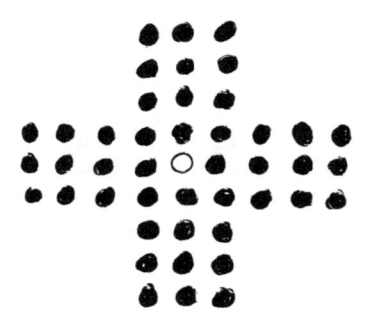

Netzartige Struktur des ›Sprachspiels‹

Man kann sich diese strukturalistische Sprachtheorie in Analogie zu jenem Positionsspiel vorstellen, bei dem Kugeln durch Überspringen ›gelöscht‹ werden müssen. Zu Beginn des Spieles sind alle Positionen im Netz mit Kugeln aufgefüllt; es gibt nur eine Leerstelle. Ziel ist es, am Ende nur eine Kugel – und zwar am ›ursprünglichen‹ Ort der Leerstelle – übrig zu behalten. Wenn man dieses Spiel immer vorwärts und rückwärts spielt, kann man die Auslöschung, Verschiebung und ›Schaffung‹ von ›Dingen‹ beobachten. Hervorgebracht wird dies durch eine einzige Operation – Springen – und durch eine einzige Bedingung – die Leerstelle. Der Name dieses Spiels lautet ›Solitär‹; er bezeichnet treffend die absolute Selbstreferenz der Sprache, die ihr im strukturalistischen Paradigma zugeschrieben wird.

Der theoretisch-politische Hintergedanke, den Tholen mit diesen Überlegungen verfolgt, zielt auf die Problematisierung der »hastigen Vorwegnahme [des Menschen] bei sich selbst« (Tholen 1994: 134). Er verfolgt damit ein Projekt der Dezentrierung, das sich gegen die modern-humanwissenschaftliche Zwangsvorstellung richtet, die Welt und alles, was in ihr ist, als ›Heimat‹ des Menschen anzusprechen.

Friedrich Kittler verfolgt ganz ähnliche Gedankengänge. Auch er setzt sich von McLuhans Anthropologie ab; bezieht seine Theorie aber noch stärker auf technische Vermittlung. Die technischen Medien erscheinen bei ihm weniger als ursprungslose Struktur, sondern mehr als ein neues Geschichtssubjekt. Während McLuhan menschliche Subjektivität als Effekt des historischen Medienaprioris der gedruckten Schrift bestimmt, denkt Kittler einen Schritt weiter und verweist auf die zunehmende Automatisierung des Schreibens im Zuge der Medienentwicklung des 20. Jahrhunderts. Vom Typewriter zum Computer lasse sich eine Linie ziehen, die auf eine Automatisierung des Schreibens und Lesens hinauslaufe. Drucken und Scannen verweisen die sinnvermittelte, auf ›Verstehen‹ beruhende Textverarbeitung an den Mülleimer der Geschichte. Kittler zieht den folgerichtigen Schluss:

> Dass das Symbolische die Welt der Maschine heißt, kassiert den Wahn des sogenannten Menschen, durch eine ›Eigenschaft‹ namens ›Bewußtsein‹ anders und mehr als ›Rechenmaschinen‹ zu sein. Denn beide, Leute wie Computer [...] laufen nach Programm. (Kittler 1986: 30)

McLuhans kommunikationstheoretisches Paradigma wird demnach durch ein informationstheoretisches abgelöst. Es geht nicht mehr um die technisch gestützte Übertragung von sinnvollen Botschaften, sondern um den elektrischen Fluss von Informationen. Die technisch-mediale Informationstheorie befasst sich nicht mehr mit Phonemen als letzten Teilchen des Sinns, sondern mit den Frequenzen elektromagnetischer Wellen, aus denen Informationsflüsse bestehen. Nachträglich, meint Kittler, lassen sich auch Kommunikationsmedien unter dem informationstheoretischen Paradigma analysieren. Denn sie lassen sich jeweils in die drei zentralen technischen Funktionen zergliedern: Datenspeicherung, Übertragung an Adressen, Datenverarbeitung (Kittler 1997).

Im Prinzip zieht Kittler aus McLuhan nur die letzte Konsequenz. Denn in der verständnisorientierten, sinnzentrierten technischen Medientheorie McLuhans hat ›der Mensch‹ noch einen unklaren Status. McLuhan gelten die Menschen zunächst als etwas Physisches außerhalb jeder Vermittlung, und Techniken gelten als Prothesen der Körper. Zugleich finden Menschen Sinn, Gemeinschaft und damit ihre Humanität erst im Anschluss ans Medium. Ohne jenes sind sie nichts und etwas zugleich und am Ende bloß noch ›Servomechanismen‹ (McLuhan). Ihre Körper werden zu den Prothesen der Techniken. Kittler nun radikalisiert das Moment der technischen Vermittlung. Der ›sogenannte Mensch‹ fällt heraus:

> Ohne Referenz auf den oder die Menschen haben Kommunikationstechniken einander überholt, bis schließlich eine künstliche Intelligenz zur Interzeption möglicher Intelligenzen im Weltraum schreitet. (Kittler 1997: 660)

Das von Kittler und Tholen formulierte, im Prinzip aber bereits von McLuhan vorgezeichnete theoretische Paradigma kann als ›technisch-mediales Apriori‹ (Rudolf Maresch) bestimmt werden. Gemeint ist damit die Ansicht, dass technische Vermittlungsverhältnisse gesellschaftlichen, kulturellen und epistemologischen Strukturen vorausgesetzt sind. So schreibt Maresch:

> Medien sind auf eine erstaunliche Weise souverän geworden. Sie diktieren Denk-, Handlungs-, und Wahrnehmungsweisen, bestimmen Mode, Tempi und Rhythmik der Informationsgewinnung. (Maresch 1995: 797)

Die Medien legen sich demnach nicht als Metastruktur oder repressive Macht über die Gesellschaft, sie schalten sich vielmehr in sie ein und verzehren sie derart von innen, so dass nur Medien übrig bleiben:

> Nicht Marx, McLuhan hat recht. Das Subjekt ist nicht das ›Ensemble der gesellschaftlichen Verhältnisse‹ (6. Feuerbachthese), es ist Überbleibsel medial-technischer Dispositive.

Nicht die Industrie, Medientechniken stellen das aufgeschlagene Buch menschlicher Physiologie und Psychologie dar. (Maresch 1995: 797)

Das soziale Subjekt erscheint als »Appendix von Medientechnologien« (Maresch 1995: 797). Dementsprechend kann der Inhalt eines Mediums immer nur als ein weiteres Medium begriffen werden: Außermediale Referenten – z. B. das, worüber gesprochen wird (Inhalte) – verschwinden im System absoluter Zirkulation, dessen ›historischer‹ Code immer von einem technischen Leitmedium bestimmt wird.

Die Problematik dieser Entwicklung der Medientheorie liegt in ihrem technischmedialen Determinismus. Gerade für soziologische Fragestellungen ist ein solcher Determinismus unattraktiv. Allerdings wird über diesem ›Mangel‹ allzuleicht der theoretische Gewinn des Techno-Strukturalismus vergessen – nämlich genealogisch zu denken und zu fragen. Indem McLuhans Perspektive zu einem ›informationstheoretischen Materialismus‹ (Kittler 1993) weiterentwickelt worden ist, haben neue Felder Beachtung finden können. So thematisiert Kittler das lange Zeit stiefmütterlich behandelte Verhältnis von Medien und Krieg. Damit verabschiedet er auch McLuhans prophetischen Gemeinschafts-Diskurs. Der Preis für diese Entwicklung ist allerdings eine neuerliche Verstärkung der Asymmetrie im analytischen Blick, weil kulturelle und gesellschaftliche Praktik und Bedeutungsproduktion einseitig auf technisch-mediale Verhältnisse zurückgeführt werden.

4. Wiederkehr des Körpers

Einen eigenständigen Gegenstand wie ›Gesellschaft‹ kann es in der radikalisierten Medientheorie eigentlich gar nicht geben. Die ›soziale‹ Verwendung von Medientechnologie kann bestenfalls als »Mißbrauch von Heeresgerät« (Kittler 1986: 149) bezeichnet werden. Am Horizont der Geschichte erscheint jenes selbstprozessierende, EMP-gehärtete, postatomare Mediensystem mit Künstlicher Intelligenz, das beispielsweise in den beiden TERMINATOR-Filmen von James Cameron als Hintergrund der Handlung dient. Man muss dabei bedenken, dass Kittlers Hauptwerke Mitte der 80er Jahre erschienen sind – geschrieben also zur Zeit des letzten Aufflackerns des Kalten Krieges (1979: NATO-Doppelbeschluss).

Die problematische Zuspitzung des technisch-medialen Apriori hat innerhalb der Medienwissenschaft zu Revisionen geführt, die diese Auffassung in Frage stellen:

> Noch sind weder die Zeichen noch die Maschinen mit sich allein. So möglich es ist, dass die Menschheit sich mittels ihrer Technik selbst entleibt, so unwahrscheinlich ist es, dass nach diesem Crash funktionierende Maschinen übrig bleiben werden. (Winkler 1998: 4)

In Hartmut Winklers Buch *Docuverse* hat diese Skepsis theoretischen Ausdruck gefunden. Winklers Revision liegt die Ansicht zugrunde, dass Computer und ›Netz‹ keineswegs das Ende, sondern eher die Vollendung der Gutenberg-Galaxis darstellen. Während an den frühen Maschinen die Herrschaft der Algorithmen und der semantischen Opposition (0/1) noch augenscheinlich war, so scheint die schöne, neue, aus Icons zusammengebastelte Windows-Welt Taktilität und Bildhaftigkeit zu versprechen. An dieser Interpretation meldet Winkler Zweifel an, denn schließlich verarbeiten die Prozessoren nach wie vor Algorithmen, schließlich operieren sie nach wie vor mit Differenzen, und sie erkennen nicht, ob sie ein Bild generieren.

Nach Winkler haben die strukturalistischen Modelle Schwierigkeiten mit der Theorie des Gedächtnisses. Damit sieht er, dass in einem Modell der Verschiebung jeder Versuch, Verfestigungen und Archive zu denken, Probleme aufwirft:

> Die Sprache ist nichts, als was im Vollzug der Diskurse sich aufstaut, und ausschließlich im Umschlag von Diskurs in System erhält sie ihre Form. Sie ist vom Sprechen vollständig abhängig, aber – und dies wäre der Einwand gegen die Positionen Derridas und Lacans – sie fällt mit der aktuellen Kette, dem Diskurs und den Äußerungen eben nicht zusammen. Verschränkt mit dem Gedächtnis bildet sie das Gegenüber des Sprechens, einen Ort der Beharrung, eine Gegeninstanz. Die Sprache ist das strukturelle Gedächtnis des Sprechens, und sie kann nur funktionieren, weil sie der verteilten menschlichen Gedächtnisse [...] sich bedient. (Winkler 1997: 167f.)

Zentral am Gedächtnis ist nach Winkler das »Vergessen hinein in die Struktur«. Die fortlaufende diskursive Rede erzeugt Verdichtungen und Metaphern, die in struktureller Latenz bewahrt werden.

> Das ›Gedächtnis‹ [...] ist der Ort, wo die aktuellen Wahrnehmungen in Struktur umschlagen. Nicht Auswahl (Selektion), sondern Verdichtung scheint den Prozess zu bestimmen, die Verdichtung selbst nicht ein irreduzibel qualitativer Vorgang zu sein; und Vergessen schließlich nicht ein Verlieren, sondern ein Unkenntlichwerden in der Kompression. (Winkler 1997: 154)

Gegen das technisch-mediale Apriori und das strukturalistische Modell sprachlicher Selbstreferenz beharrt Winkler also auf der Bedeutung des menschlichen Gedächtnisses für Sprache. Denn nur hier kann der als Verdichtung beschriebene Prozess stattfinden, der die Sprache aus der Rede erzeugt. Computer dagegen sind nicht zu einem ›Vergessen in die Struktur‹ fähig.

Winkler begibt sich sozusagen mitten in das Universum des Techno-Strukturalismus – in das ›Docuverse‹ der archivierten, registrierten, adressierten, kopierten und gelöschten Diskurse – hinein, um ihn auf dem heimischen Platz zu besiegen. Seine Theorie rückt das Gedächtnis des Menschen in den Vordergrund, nicht die Künstliche Intelligenz.

Während McLuhan technische Medien als Körperextensionen begreift, nimmt Winkler zunächst das strukturalistische Argument auf, wonach Zeichensysteme und Sprache den Horizont des Leibes immer schon überschreiten und immer schon vorgefunden werden. Zugleich aber erinnert er an McLuhans Anthropologie, wenn er das menschliche Gedächtnis als den Ort der Verdichtung der diskursiven Ketten bestimmt – als einen Ort, der notwendig ist, damit der Redefluss in Sprache überführt werden kann. Mit dem Verweis auf die Rolle des menschlichen Gedächtnisses rückt auch der lebendige Körper ins Blickfeld. Dieser wird als eine Entität begriffen, die sich nicht umstandslos in den Zeichenketten und elektronischen Netzen auflöst. Er gilt Winkler entweder als die ›Stop-Bedingung‹, an der die Verschiebungssysteme der Zeichen ihre materiale Grenze finden (Winkler 1998: 4) oder aber er nötigt die Medien, sich mit ihm im Sinne einer ›Kompromissbildung‹ zu verbinden. Haben z. B. Portable Media genau darin ihre Pointe, dass sie den ›Bruch‹ zwischen Zeichenlogik und Körper moderieren »und, wenn die Medienmaschinen sich nun den Körpern anschließen, Horizont, Medientechnik und Zeichenlogik neu konstellieren?« (Tischleder/Winkler 2001: 102). Technische Meden drängen sich den Körpern mimetisch auf. Sie werden leicht, klein, handlich und multifunktional, während sie sich zugleich zu einem Mediensystem verbinden. Jedes Handy ist auch ein Browser. Zwar müssen Handys noch ›zur Hand‹ genommen werden, aber das Medienimplantat wird denkbar. Die Kompromissbildung zwischen medialer Zeichenlogik und leiblichem Körper verweist auf einen technisch-fleischlichen Hybridorganismus, auf den Cyborg.

In eine ähnliche Kerbe schlagen daher auch neuere Cyborg-Theorien, zum Beispiel Donna Haraways *Cyberfeminismus*. In ihrem inzwischen in den Rang eines Klassikers aufgestiegenen *Manifest für Cyborgs* (Haraway 1995: 33–72) verweist Haraway darauf, dass Technologien nicht nur als Werkzeuge, sondern auch als »mächtige Instrumente zur Durchsetzung von Bedeutungen betrachtet werden« müssen (Haraway 1995: 51). Ausführlich rekonstruiert sie kulturelle und soziale Voraussetzungen und Folgen neuer Kommunikations- und Informationstheorien. Ähnlich wie McLuhan zielt sie auf eine Hermeneutik medialer Technologie; es geht ihr um »ein besseres *Verständnis* vom Zusammenhang zwischen uns und unseren Werkzeugen« (Haraway 1995: 67). ›Technologie‹ und ›Organismus‹ können nicht voneinander getrennt werden. Die Zeit des dualistischen Denkens, d.h. das Denken in den Gegensätzen Technik/Organismus, Kultur/Natur, Geist/Körper, Mann/Frau, ist vorbei. Wir sind Cyborgs. »Cyborgs sind unsere Ontologie« (Haraway 1995: 34). Der Begriff ›Cyborg‹ (=*cy*bernetic *org*anism) soll die innige Verbindung von Bios und Techne bezeichnen, d.h. die unhintergehbare Vermischung von Mensch und Maschine.

Haraway bezieht sich in erster Linie auf postmoderne, neo-marxistische und feministische Ansätze, insbesondere auf feministische Science Fiction. Implizit findet sich ihr bio-kybernetischer Ansatz aber bereits in der Anthropologie McLuhans. Der Revisionscharakter ihrer Theoriebildung zeigt sich am deutlichsten in ihren politisch-strategischen Überlegungen. Denn ihr geht es darum, perfekte Kommunikation und selbstreferentielle Sprache zu stören:

> Cyborg-Politik bedeutet, zugleich für eine Sprache und gegen die perfekte Kommunikation zu kämpfen, gegen das zentrale Dogma des Phallogozentrismus, den einen Code, der jede Bedeutung perfekt überträgt. (Haraway 1995: 65)[4]

Der leibliche Körper markiert ein Problem. Bei aller Medialisierung und Technisierung – mindestens als Cyborg bleibt er erhalten. Der technische Strukturalismus findet am Problem des Körpers eine Grenze. Andererseits sind die Erfolge der mediengenealogischen Ansätze nicht zu leugnen. Neue Fragenhorizonte und neue Sichtweisen werden eröffnet.

---

4   In meinen Augen lässt eine kritische Genealogie des Cyborgs wesentlich weniger Raum für eine illegitime politische Cyborg-Mythologie als Haraway meint. Dies gilt zumindest, wenn man ihre Cyborg-Metapher im engeren Sinne als Verschmelzung von Bios und Techne versteht (Spreen 2000).

5. Die diskursanalytische Perspektive

Mit ›Diskurs‹ meine ich ein sich historisch veränderndes Macht- und Möglichkeitsfeld des Sprechens, das die »allgemeinen, quasi anonymen Bedingungen von Sagbarkeit« (Link 1999b: 150) darstellt. Ein Diskurs besteht aus Aussagen. Das ›strategische‹ Verhältnis dieser Aussagen bestimmt die Struktur dieses Diskurses und legt fest, was wann von wem gesagt werden kann, welche Aussagen sich wiederholen können und in welchem Grad Verschiebungen möglich sind.

Diskursanalyse ist ein Verfahren, das *Problematisierungen* und die kulturelle Umgebung, in der sie erscheinen, als sich historisch verändernde Diskursfelder untersucht (Foucault 1986: 9-21). Das Verhältnis von ›Körper‹ und ›Medien‹ ist ein Diskurs, in dem sowohl ›Körper‹ als auch ›Medien‹ als Probleme erscheinen. Wie verhalten sie sich zueinander? Was sind eigentlich ›Medien‹, was sind ›Körper‹? Wie funktionieren sie? Das Problem, das dieses Verhältnis darstellt, gliedert sich in drei Optionen:

a. Körper gehen im Netz medialer Verschaltung auf. Sie sind ein bloßer Effekt technisch-medialer Konstruktion.
b. An Körpern finden Medien- und Zeichensysteme eine Grenze. Sie sind eine ›Stopbedingung‹ der Zeichenlogik.
c. Körper vermischen sich mit technisch-medialen Systemen. Sie werden Cyborgs.

Diese drei Optionen beschreiben das Diskursfeld, in dem das Verhältnis von menschlichem Leib und der medialen Vermittlung der Summe dieser Leiber zu einem gesellschaftlichen Ganzen gedacht wird. Alle drei finden sich in den dargestellten Medientheorien. Auffällig an der Gliederung des Diskursfeldes ist die Gegenüberstellung von Körperlichkeit und Medialität. Zwar durchbricht die Cyborganthropologie diese Dichotomie, aber auch hier kann man fragen, ob die avisierte Verschaltung der Körper mit technisch-medialen Implantaten oder Portable Media nicht eine recht klare kategoriale Trennung von leiblicher Körperlichkeit und technischer Medialität voraussetzt. Aus einer diskursanalytischen Perspektive gelten ›Körper‹ und ›Medien‹ weniger als klar bestimmbare Seinsweisen, sondern als Probleme, die in Diskursen verhandelt werden und mit Praktiken verbunden sind. D.h. eine diskursanalytisch geleitete Untersuchung zur Frage nach dem Verhältnis von Körper und Medien versucht eine *Geschichte der Problematisierungen* des Körpers in seinem Verhältnis zu Medialität zu entwerfen. Diese historische Betrachtungsweise hat den Vorteil, dass sie kulturelle Muster der Thematisierung von Medien rekonstruieren kann, ohne sich sogleich in die Existenzfragen hineinzubegeben, die insbesondere dann auftauchen, wenn es um das Verhältnis Körper/Medien geht. So mancher fühlt schon das Messer im Bauch, wenn von Cyborgs, selbstreferenziellen Mediensystemen oder strukturalistischer Sprachtheorie die Rede ist. Andere wiederum befrachten jedes neue Medium mit Erlösungs- und Entleiblichungsphantasmen, dass einem in der Tat ›Hören‹ und ›Sehen‹ vergehen möchte. Es empfiehlt sich, von diesen aufgeladenen Fragen Abstand zu nehmen und stattdessen die Geschichte des Problems ›Medien‹ zu rekonstruieren.

In diesem Zusammenhang bietet es sich an, die Diskursstelle der Medien zu untersuchen und dabei auch im Auge zu behalten, welche Rolle der ›Körper‹ spielt. Mit ›Diskursstelle‹ meine ich die Position der Problematisierung eines ›Gegenstands‹

in einem Feld von Praktiken, Technologien und Diskursen zu einem bestimmten historischen Zeitpunkt. Die Rekonstruktion der Diskursstelle der Medien klärt, was in der Moderne unter Medien verstanden werden kann, d. h. sie untersucht das Medienverständnis der Moderne. Sie setzt sich damit einerseits von dem unhistorischen Ansatz der Mediensoziologie ab, die nach den Wirkungen der Medien fragt und dafür recht schematische Modelle gebraucht, wie etwa: Sender/Empfänger, Apparat/Rezipient. Andererseits ist das diskursanalytische Verfahren von der technik-zentrierten Genealogie der Medientheorie abzugrenzen, weil es nach dem kulturellen Kontext von Medientechnologien fragt. Um meine These vorwegzunehmen: Die Probleme, die heute in Bezug auf die technischen Medien verhandelt werden, entstehen, bevor entsprechende Medientechnologien (Radio, Fernsehen, Internet) auftauchen.

Untersuchen werde ich zu diesem Zweck die Medientheorie des politischen Ökonomen der Romantik – Adam Heinrich Müller. Adam Müller gilt gemeinhin als Klassiker des modernen Konservativismus. Dass sich damit die Bedeutung seiner Theorie aber nicht erschöpft, wurde bereits 1925 von Karl Mannheim in seiner Habilitationsschrift dargelegt. Er bezeichnet Müllers Theorie als eine »für uns gleichsam zum geschichtlichen Apriori gewordene Denkform« (Mannheim 1984: 174). Hier wird darüber hinausgehend der Versuch gemacht, Müller als Medien- und Gesellschaftstheoretiker zu verstehen. Diese Rolle Müllers wurde bislang in der Forschung zur Genealogie der Medien (vor allem: Kittler 1995) nicht berücksichtigt.[5]

6. Die Medientheorie der Romantik

Um zu zeigen, dass sich in Müllers Theorie die Diskursstelle der modernen Medien formuliert, werde ich drei Topoi seiner Philosophie darlegen. Erstens seine Gesellschaftsvorstellung, zweitens seine Medientheorie und drittens seine Problematisierung des Körpers. Zuvor allerdings gilt es, den historischen Kontext zu beschreiben, in dem Müllers Überlegungen situiert sind.

Adam Müller wurde 1779 in Berlin als Sohn eines untergeordneten Beamten geboren und starb 1829 in Wien als Adam von Müller, Ritter von Nittersdorf, kaiserlicher Generalkonsul und Hofrat. Hinter diesen Eckdaten verbirgt sich eine abenteuerliche Biographie, eine Biographie, die zu der Zeit passt, in der Müller lebte.

Für eine Genealogie der Moderne ist dies eine höchst interessante Zeit. Es entsteht die moderne Gesellschaft und der ihr entsprechende emphatische Gesellschaftsbegriff, den wir auch heute noch verwenden. Charakteristisch für dieses Soziale ist, dass es als Produktivkraft, als produktives Gefüge von Körpern gilt. Im 18. Jahrhundert erscheint das Soziale als gefährliches Gewimmel undurchschaubarer Kräfte und Bewegungen, die man bändigen, ordnen und beherrschen muss. Der Moderne gilt die Gesellschaft dagegen als *organischer Körper*, der zu stimulieren, zu befreien und zu

---

5 Eine weiterführende Analyse der Diskursstelle der Medien findet sich in meiner Arbeit *Tausch, Technik, Krieg. Die Geburt der Gesellschaft im technisch-medialen Apriori* (Spreen 1998). Dort wird u. a. die Medientheorie Adam Müllers ausführlich gewürdigt und der ›Technisierung‹ der Diskursstelle der Medien nachgegangen.

regieren ist. Für die Wende zum 19. Jahrhundert lassen sich mindestens drei Ursprünge dieses modernen Gesellschaftsbegriffs und dieser modernen Gesellschaftspraxis bestimmen. Zunächst die Entstehung des Sozialen parallel zur Herausbildung der kapitalistischen Warenökonomie in Großbritannien. Dann die Geburt der Gesellschaft aus der politischen Revolution und dem Klassenkampf in Frankreich. Und schließlich die Erweckung der Gesellschaft durch Befreiungskrieg und mediale Mobilisierung in Deutschland. Vor dem Hintergrund der Geschichte des Problems der Medien interessiert mich hier der dritte Fall.

Am 18. Brumaire 1799 ergreift Napoleon die Macht in Frankreich, 1806 bricht das absolutistische Preußen bei Jena und Auerstedt militärisch zusammen. Preußen und die deutschen Staaten stehen unter der Herrschaft Frankreichs und sind Vasallen Napoleons. Vor diesem Hintergrund beginnen Intellektuelle in Preußen, Ideen und Vorstellungen zu entwerfen, wie man die ›Fremdherrschaft‹ wieder los wird. Die Antwort auf diese Frage berücksichtigt die neue Erscheinung des Sozialen. Den begeisterten, durch revolutionäre und nationale Leidenschaften motivierten Heeren Napoleons hat die ökonomisch, politisch und geistig noch im 18. Jahrhundert steckende preußische Monarchie nichts entgegenzusetzen. Napoleons Armeen setzen Macht und Gewalt eines politisch entfesselten Sozialen ein. Berliner Intellektuelle - etwa Adam Müller, Carl von Clausewitz, Heinrich von Kleist - begreifen, dass ein neues Phänomen auf der Bühne der Geschichte erschienen ist: die Gesellschaft. Aber wie verschafft man sich diese sozialen Kräfte? Wie kann man der »blutigen Energie konzentrischer Massen« (Clausewitz 1994: 118) entgegentreten? Wie kann in dem zersplitterten, verteilten, ökonomisch und politisch zurückgebliebenen Deutschland das Soziale geweckt werden? Die Antwort, die Adam Müller formuliert, lautet: Durch die mediale Aktivierung der Herzen.

(1) Seinen Gesellschaftsbegriff entwickelt Müller als Kritik der politischen Ökonomie des Liberalismus und seines Vertreters Adam Smith. Diese Kritik enthält zugleich eine politische Ästhetik, die mit der ersten wirklich modernen Medientheorie verbunden ist. Müller kritisiert die britische Nationalökonomie als zu rationalistisch und zu mechanistisch. Insbesondere kritisiert er die Smithsche Unterscheidung von produktiver und unproduktiver Arbeit. In der organischen Gesellschaft oder - wie Müller meistens sagt - im ›organischen Staat‹ haben alle Teile Anteil an den ›Productions-Kräften‹ des Ganzen, d.h. an der »Nationalkraft«. Das Soziale besteht nach Müller aus einem relationalen Gefüge von einander bedingenden und ausgleichenden produktiven Kräften und Gegenkräften. Deren komplexes Spiel gilt es zu forcieren. Es sind eben nicht nur die ökonomischen Momente, die dem Getriebe der Gesellschaft Schwung verleihen. Müller:

> Der Staat ist nicht eine bloße Manufaktur, Meierei; Assekuranzanstalt oder Merkantilistische Sozietät; er ist die innige Verbindung der gesamten physischen und geistigen Bedürfnisse, des gesamten physischen und geistigen Reichtums, des gesamten inneren und äußeren Lebens einer Nation zu einem großen, unendlich bewegten und lebendigem Ganzen. (Müller 1931: 13)

Mit dieser Beschreibung des Sozialen liefert Müller eine sehr moderne systemische Definition der sozialen Produktivkräfte. Produktiv ist, was innerhalb dieses Systems und durch dasselbe einen Wert bzw. eine Bedeutung zugewiesen bekommt. Produktivität wird ausschließlich als Funktion der »organischen« Vermittlung bestimmt, d. h. in der Form eines *funktional-relationalen Verhältnisses* und damit als ein *Gefüge aus materiellen und immateriellen Beziehungen*. »Produciren heißt«, so Müller, »aus zwei Elementen etwas Drittes erzeugen, zwischen zwei streitenden Dingen vermitteln, und sie nöthigen, dass aus ihrem Streite ein drittes hervorgehe« (Müller 1922a: 390).

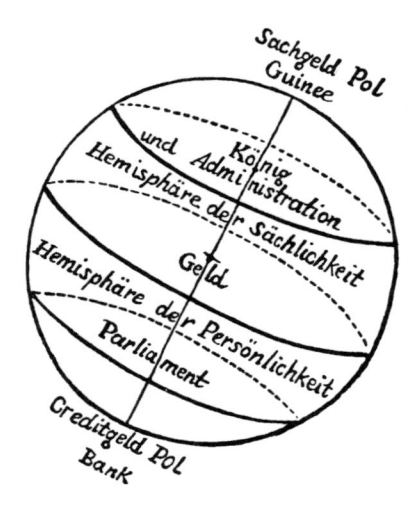

Abb. 2: Die Kugel als Bild des organischen Kräftespiels (aus: Müller 1922b: 277)

Kern des entsprechenden Vermittlungsmodells ist ein dynamisches Schema, das aus gegensätzlichen Kräftevektoren zusammengesetzt ist. Müller selbst nennt seine Philosophie die »Lehre vom Gegensatz«. Außerhalb dieses dynamischen Modells kann nichts für sich Bestand haben. Um seine Idee anschaulich zu verdeutlichen, wählt Müller die Metapher der Kugel:

> Das große Schema aller menschlichen Angelegenheiten ist [...] die Kugel, die Gestalt des großen Körpers, der alle diese menschlichen Angelegenheiten hält und trägt. (Müller 1922b: 125 f.)

Während das ›Netz‹ auf die Verstreuung der Kräfte hinweist, symbolisiert die ›Kugel‹ den organischen Körper, zu dem sich die gegensätzlichen Kräfte verbinden. Tatsächlich ist es in Müllers Philosophie des Gegensatzes nicht möglich, Verluste und Selektionen zu denken. Alles dreht sich immer irgendwie mit. Die Netzmetapher erlaubt es dagegen eher, Fluchtlinien, Ausfaserungen, Risse und Ränder zu thematisieren. Das Neue an Müllers Modell ist jedoch die systemische Auffassung sozialer Produktivität. Diese wird in einem funktional-relationalen, in sich selbst dynamischen Kräftemodell gedacht. Diese funktional-relationale und dynamische Auffassung vom Sozialen haben Netz- und Kugelmodell gemeinsam und kennzeichnen sie als moderne Gesellschaftskonzepte.

(2) Seine Medientheorie entwickelt Müller vor dem Horizont der militärischen Konfrontation mit Napoleon. Dessen Armeen werden von einer sozialen Energie

bewegt, dem die starre und wie eine Maschine agierende Disziplinararmee Preußens nichts entgegenzusetzen hat. Da es mit der Entwicklung der materiellen Produktivkräfte in Deutschland zu Beginn des 19. Jahrhunderts nicht weit her ist und auch die politischen Produktionsverhältnisse entsprechend anachronistisch strukturiert sind, entwirft Müller zur Mobilisierung des Sozialen eine mediale Strategie. Worum es ihm geht, ist nichts Geringeres, als gegen den ›Kriegsgott selbst‹ (Clausewitz) erfolgreich einen Befreiungskrieg zu führen. Darum kommt Müller auf die Diskursverhältnisse in Deutschland zu sprechen.

Für Müller ist der »Verfall der Beredsamkeit in Deutschland« sowohl Grund als auch Folge der vernichtenden militärischen Niederlage im Jahre 1806 bei Jena und Auerstedt. Wenn der moderne Krieg ein Kampf »der National-Kraft gegen die National-Kraft« sein soll, dann kann für Deutschland zu Beginn des 19. Jahrhunderts eigentlich nur umfassende ›National-Ohnmacht‹ festgestellt werden (Müller 1922a: 81).

> Können wir Deutsche von Beredsamkeit sprechen, nachdem längst aller höhere Verkehr bei uns stumm und schriftlich oder in einer auswärtigen Sprache getrieben wird? [...] Und wenn die Natur Talente für die Beredsamkeit über Deutschland so reichlich ausstreute wie über dem Boden irgendeines anderen Landes, so sind es ja in Deutschland nur einzelne, die hören; es gibt kein Ganzes, keine Gemeinde, keine Stadt, keine Nation, die wie mit Einem Ohre den Redner anhörte. Im Gespräch mit dem einzelnen sind wir zu ungebunden, zu unbeschränkt; wir lassen uns gehn, wir reden nachlässig, und so verliert sich aus der Sprache des Volks der allgemeine, bindende Geist; sie zerbröckelt sich in unzählige Dialekte und Idiome; jede Sekte und jede Kotterie verunstaltet sie in ihrer eigenen Manier. (Müller 1967: 297, 298)

Die mediale Botschaft, welche die Sozialgemeinschaft verkündet, kann nur vernommen werden, wenn die Rezeptionsverhältnisse stimmen. Aber im zersplitterten Deutschland stimmen sie noch nicht. Daher »müssen die beiden Haupteingänge der Seele, Auge und Ohr, geöffnet werden« (Müller 1967: 363). Die Menschen sollen mit ›Einem Ohre‹ der Botschaft lauschen, die sie aufruft, eine soziale Einheit zu werden. »Die Kunst zu hören besteht«, so Müller, »in der Fähigkeit, im Sinn des anderen zu hören und doch zugleich sich selbst zu hören« (Müller 1967: 335). Wahres Hören gilt hier als ein Hören des Zusammenhangs zwischen ›sich selbst‹ und dem ›Sinn des anderen‹. Insofern dieses Hören auch »eine Manier des Antwortens« (Müller 1967: 333) ist, erzeugt es eine Kommunikationsgemeinschaft. Wie McLuhan, dem es darauf ankommt, Medien richtig zu verstehen, so hebt auch Müller die Bedeutung richtigen Hörens und Verstehens für die Bildung gemeinsamer sozialer Bande hervor. Mit solchen Überlegungen zum Hören entwirft Müller bereits die Höranordnung des Massenmediums Radio, welches McLuhan später als die ›Stammestrommel‹ des modernen Sozialen bezeichnet (McLuhan 1992: 340-351). Allgemeiner formuliert: In dem strategischen Diskurs Müllers entwirft sich die *moderne Diskursstelle technischer Medialität*. Dem technologischen Stand seiner Zeit entsprechend spricht Müller diese Medialität als ›Gespräch‹ oder ›Beredsamkeit‹ an. Heute sind elektrische und elektronische Kommunikationsmedien in diese Diskursstelle eingerückt.

Die Sprachverhältnisse sind für Müller der Raum, in dem »National-Kraft« geschaffen wird. Das symbolische Medium erweist sich damit als eine Produktivkraft, die jene soziale Gemeinschaft herstellt, die es überhaupt erst ermöglicht, einen ›wahren Krieg‹ (Müller) zu führen. Diskursivität gilt Müller als zentral für die Kriegführung. In Anspielung auf Friedrich Kittler kann daher festgehalten werden, dass es sich bereits bei dieser Kommunikationstechnologie um eine Waffentechnologie handelt. Vor dem Hintergrund des Befreiungskrieges soll das Medium der ›Beredsamkeit‹ die Gesellschaft erzeugen.

(3) Müller beschreibt die mittels medialer Mobilisierungsstrategien produzierte Gesellschaft als einen lebendigen Organismus. Damit wird für ihn der individuelle Körper zu einem Problem. Die problematische Differenz zwischen medial-sozialem und individuellem ›Organismus‹ löst Müller, indem er den Menschen als eine Art Hybridkörper begreift. Seine Beschreibung dieses Hybriden bleibt natürlich innerhalb der Ideenwelt seiner Zeit. Aber eben deshalb erweist sich das Problem Körper/Medium als nicht nur vom technischen Fortschritt der Informations- und Biotechnologie abhängig.

Müller begreift den Menschenkörper als Vereinigung feindlicher Gegensätze, als einen Körper, der ständigen symbolischen Verschiebungen unterliegt. Der folgende Textausschnitt zeigt, dass Müller den Körper des Menschen nicht als bestimmte Entität, sondern als eine Art Effekt relationaler Kräfteverhältnisse begreift:

> Da ferner die Natur [...] dieselbe Menschenformel vom Anfange an in zwei ganz entgegengesetzten Stoffen ausgedrückt hat [...]; da sie den Gedanken ›Mensch‹ in die Mitte zwischen Mann und Weib, als ein unsichtbares Drittes gelegt und uns dergestalt einen abgeschlossenen, festen Begriff vom Menschen versagt hat; da sie auf diese Weise uns genötigt, den Menschen, in beständigen Wechselblicken auf zwei ganz verschiedenen Menschen, also im Fluge, in beständiger Bewegung ... (Müller 1931: 18f.)

Der Menschenkörper bildet hier in sich die mediale Bewegung der Gegensätze – symbolisiert als Geschlechterdifferenz – noch einmal ab, so dass er in dieser Bewegung aufgeht. Bereits die romantische Medientheorie Adam Müllers hat also das Problem, in dem funktional-relationalen Schema medialer Vermittlung einen individuellen Organismus zu denken. Müller versucht dieses Problem zu lösen, indem er den Körper mit der Vermittlung gewissermaßen kurzschließt. Niemals ist man ›Mann‹ oder ›Weib‹ *an sich*; eine solche Identität ergibt sich vielmehr nur aus der Relationierung innerhalb des ›großen Schemas‹.

›Mann‹ oder ›Weib‹ sind demnach eine frühe Form von Cyborgs. Zwar zählt Müller nur zwei Körperentwürfe auf – Mann und Weib –, wohingegen die Science(-fiction) des 20. Jahrhunderts eine nicht mehr abzählbare Menge differenter Körperprojekte anführt, aber die ›Menschenformel‹, für die Müller schwärmt, markiert dieselbe Problemstelle wie am Ende des 20. Jahrhunderts der Cyborg. Auch in der Idee des Cyborgs manifestiert sich das Problem, Körperlichkeit mit technisch-medialer Relationalität zusammenzudenken.

Dieses Problem wird durch eine Mischung von Körper und Medium gelöst. Das Ergebnis dieser Hybridisierung ist, dass der Körper als ein stets wandelbares, offenes Identitätsprojekt erscheint. Dieses Moment der permanenten Metamorphose erscheint bereits in Müllers Medienphilosophie. Jede (körperliche) Identität ist immer nur Moment in einer ›beständigen Bewegung‹.

Die Idee, das soziale Ganze mittels medialer Strategien zu mobilisieren und zu reproduzieren, die Vorstellung des Sozialen als ein funktional-relationales Gefüge und die Erörterung des Verhältnisses von individuellem Körper und medialer Vermittlung finden sich bereits zu Beginn des 19. Jahrhunderts. Diese Problematisierungen können somit nicht lediglich ein Effekt der technischen Entwicklung sein. Das Mediale wird zum Problem, bevor die technischen Strukturen und apparativen Anordnungen erscheinen, in Bezug auf die dieses Problem heute diskutiert wird. Es gibt also eine mit politischen und ökonomischen Diskursen verwobene Diskursstelle der Medien, die nicht Folge neuer Technologien ist, sondern deren Entstehung vorausgeht. Auch das Körperproblem ist Teil dieser Diskursstelle, schon bevor der Leib *online* geht.

Das Medienverständnis der Moderne ist zuerst ein Diskurs. Daher wird man davon ausgehen müssen, dass neue Medientechnologien erst in die immer schon vorgefundene Diskursstelle der Medien eingefügt werden müssen, um gesellschaftlich und kulturell relevant zu werden. Neue Medientechnologien tauchen nicht einfach auf, stürmen nicht einfach aus den Garagen und Ingenieurbüros ins Soziale, um es neu zu strukturieren. Das Erscheinen neuer Medien wird vielmehr von Diskursen und Praktiken begleitet, die ihm einen kulturellen Ort in der Gesellschaft zuweisen.

7. Schlussfolgerungen für die Soziologie

Aus der bisher angerissenen Perspektive lassen sich verschiedene Folgerungen ziehen. Zunächst kann eine Kritik an der Medientheorie formuliert werden. Weiterhin ist der Gesellschaftsbegriff der Soziologie zu hinterfragen. Schließlich ergeben sich bestimmte politische Implikationen.

Die Soziologie hat von der Theorie der neuen Medien bislang wenig lernen wollen. Es ist an der Zeit, ihre Analysen aufzunehmen. Wenn Diskurse strategische Konfigurationen von Aussagen und Praxen sind, die sich der Verfügung durch den als Geschichtssubjekt begriffenen Menschen letztlich entziehen, dann kann eine diskursanalytisch geschulte Soziologie nicht ›den Menschen‹ zum Bezugspunkt und Referenten ihrer Analyse machen. In dieser Perspektive trifft sie sich mit kultur- und medienwissenschaftlichen Herangehensweisen, wie sie etwa von Kittler oder Tholen entwickelt worden sind. Insofern sie sich aber in der Lage zeigt, die Diskursstellen von Technologien und technisch-medial bedingter Vermittlung sozialer Bedeutungsproduktion aufzuweisen, muss sie sich von dem absolut gesetzten technisch-medialen Vermittlungsbegriff der ›Theorie der neuen Medien‹ distanzieren. Soweit ich sehe, erlaubt es die hier angerissene Fragestellung, die genealogische Perspektive der Medientheorie für die Soziologie fruchtbar zu machen, zugleich aber ihren Technik- und Mediendeterminismus zu vermeiden. Damit könnte auch die Mediensoziologie ihren tendenziell asymmetrisch geformten und unhistorischen Blick auf die Wirkung der Medien erweitern.

Die diskursanalytische Fragestellung, die hier in Auseinandersetzung mit der Theorie der neuen Medien skizziert wurde, kann außerdem das komplexe Dispositiv aus Praxen und Diskursen rekonstruieren, welches der modernen Vorstellung von ›Gesellschaft‹ Sinn und dem Sozialen eine eigenständige, aktive Qualität verleiht. Die

Vorstellung eines lebendigen und organischen Sozialen, die für die Moderne kennzeichnend ist, erklärt sich vor dem Hintergrund der kapitalistischen Warenökonomie, neuer technischer Kommunikationsverhältnisse und strategischer Erfordernisse moderner Kriegführung. Das bleibt nicht ohne Bedeutung für den soziologischen Status des Gesellschaftsbegriffs.

Begreift man dieses komplexe Dispositiv aus Praxen und Diskursen als kulturell, so zeichnet sich eine kulturwissenschaftliche Reformulierung soziologischer Grundtheoreme ab. Denn eines lässt sich sicherlich sagen: Soziologie legt in ihren Analysen ›Gesellschaft‹ zugrunde. Sie beschreibt und erklärt Veränderungen gesellschaftlicher Strukturen, Institutionen und Rollen; sie formuliert die sozialen Bedingungen epistemologischer und technologischer Neuerungen usw. Wie sie einerseits dazu neigt, gesellschaftliche Strukturen als Ausdruck menschlicher Verhaltensoffenheit zu betrachten, so klagt sie andererseits darüber, das ›der Mensch‹ hinter diesen Strukturen zu verschwinden drohe. Dieser immer mögliche Perspektivenwechsel ist Teil des soziologischen Wahrheitsspiels. Zu diesem Wahrheitsspiel tritt die heute verbreitete Klage über das ›Ende des Sozialen‹ und das Aufkommen ›postsozialer‹ Verhältnisse hinzu.

Aus der hier vorgeschlagenen Perspektive wird man dagegen die Genealogie der ›Gesellschaft‹ ins Auge fassen müssen. Wann ist ›Gesellschaft‹ ein Schlagwort und das Soziale performativ geworden? Welche begrifflichen Vorläufer gibt es? In welchen Kontexten werden sie eingesetzt? – Dass wir die Welt, in der wir leben, als *soziale Welt* begreifen ist keineswegs selbstverständlich, sondern Ergebnis eines historischen Umbruchs zu Beginn der Moderne. Das Soziale ist in der Diskurskonstellation im Übergang vom 18. zum 19. Jahrhundert entstanden. Durch diese genealogische Verortung verliert es seinen Status als dasjenige, das etwa kulturellen, technologischen oder epistemischen Phänomenen *per se* zugrunde liegt. Damit wird es auch problematisch, Medien schlicht als ›soziale Konstruktion‹ oder ›Institution des Sozialen‹ zu begreifen. Denn umgekehrt ist ›das Soziale‹ auch ein mediales Konstrukt bzw. auch ein Effekt jener Diskurse und Praktiken, die sich zur Diskursstelle der Medien verdichten. Das bedeutet allerdings nicht, dass nun vom ›Tod des Sozialen‹ die Rede sein sollte. Denn nachdem es einmal ›erfunden‹ wurde, *gibt* es das Soziale.

Diskusanalyse wäre also als soziologische Methode zu entdecken. Sie ermöglicht es, die starke Fokussierung auf Technik aus der Medientheorie herauszunehmen und diese damit soziologisch anschlussfähig zu machen. Zugleich hinterfragt sie den Status des Gesellschaftsbegriffs innerhalb der soziologischen Theoriebildung. Damit verbunden lassen sich neue Beiträge zu einer Geschichte der Gesellschaft formulieren. Insbesondere die kriegerischen Gewaltexzesse der Moderne sind ohne das Verständnis des modernen Konzepts ›Gesellschaft‹ kaum analytisch einholbar. Der historische Kontext des Müllerschen Diskurses lässt dies unmittelbar anschaulich werden. Das Soziale ist – auch – eine Waffe. Das führt auf die Frage nach den politischen Implikationen.

Liest man in Foucaults Vorlesungen am Collège de France nach (Foucault 1999), so sieht man, wie Foucault unter dem Titel »In Verteidigung der Gesellschaft« die Frage untersucht, inwieweit die Kategorie des Krieges brauchbar ist, um Gesellschaft zu verstehen. Er beschreibt die Herkunft eines Diskurses, welcher gesellschaftliche Prozesse historisch begreift und in binären Kräfteverhältnissen denkt. Wann wird das

Soziale erstmalig in Kategorien des Krieges, der Schlacht, des Rassenkampfes, der blutigen Auseinandersetzung zweier Gegner gedacht? »In Verteidigung der Gesellschaft« meint zweierlei: Die moderne ›Gesellschaft‹ ist ein Verhältnis von Menschen, die sich gemeinsam in einer polemischen Stellung gegen einen Gegner situiert haben. Zum zweiten verteidigt Foucault einen Gesellschaftsbegriff, der politisch verfasst ist. Damit wendet er sich gegen Positionen, die Gesellschaft in Ökonomie oder Kommunikation auflösen. Gesellschaft ist demnach ein Verhältnis von Gegnerschaften – sowohl nach innen wie nach außen.

Mit der skizzierten genealogischen Reformulierung des Gesellschaftsbegriffs verbinden sich politische Konsequenzen. ›Krieg‹ ist nicht einfach das Außen der Gesellschaft, nicht einfach eine Pathologie des Sozialen. Vielmehr sind Gewaltformen eng mit der für die Moderne charakteristischen Idee des produktiven und dynamischen Sozialen verbunden. Daher möchte ich vorschlagen, den überdeterminierten semantischen Horizont ›der Gesellschaft‹ distanzierter und nüchterner zu betrachten. Dieser kann gefährlich werden. Foucault bezeichnet diese Ernüchterung der sozialen Moderne als »das Problem des Filterns der Barbarei«:

> Welche von all diesen massenhaft auftretenden und zusammengehörigen Zügen der in die Geschichte einbrechenden Barbarei wird man abwehren müssen? Welche wird man beibehalten, um das richtige Kräfteverhältnis [...] wiederherzustellen? (Foucault 1999: 231)

In der Tat stellt sich dieses Problem aller Orten. Nicht nur anhand der Geschehnisse im Kosovo, sondern zum Beispiel auch anlässlich der Entwicklung der Medizin- und Biotechnologie. Es geht also nicht darum, dem Gravitationsfeld des Sozialen ganz zu entkommen, um stattdessen den Verheißungen neuer Technologien oder des globalisierten Kapitals zu erliegen. Das schließt es jedoch nicht aus, ein distanzierteres Verhältnis zu den Heilsbotschaften des Sozialen einzunehmen und den semantischen Kontext ›abzukühlen‹, in dem vom Sozialen die Rede ist.

Literatur

Baudrillard, Jean (1978): Requiem für die Medien. In: ders.: Kool Killer oder der Aufstand der Zeichen. Berlin, 83-118.
Clausewitz, Carl von (^{4}1994 [1832-34]): Vom Kriege. Hinterlassenes Werk. Ungekürzter Text. Frankfurt a.M.
Deleuze, Gilles (1993): Postskriptum über die Kontrollgesellschaften. In: ders.: Unterhandlungen 1972-1990. Frankfurt a.M., 254-262.
Foucault, Michel (1986): Der Gebrauch der Lüste. Frankfurt a.M.
Foucault, Michel (1987): Nietzsche, die Genealogie, die Historie. In: ders.: Von der Subversion des Wissens. Frankfurt a.M., 69-90.
Foucault, Michel (1999): In Verteidigung der Gesellschaft. Vorlesungen am Collège de France (1975-76). Frankfurt a.M.
Haraway, Donna (1995): Die Neuerfindung der Natur. Primaten, Cyborgs und Frauen. Frankfurt a.M.
Horkheimer, Max / Adorno, Theodor W. (1987 [1947]): Dialektik der Aufklärung. Philosophische Fragmente. In: Max Horkheimer. Gesammelte Schriften, Bd. 5. Frankfurt a.M., 12-290.

Hunziker, Peter (1988): Medien, Kommunikation und Gesellschaft. Einführung in die Soziologie der Massenkommunikation. Darmstadt.
Joußen, Wolfgang (1990): Massen und Kommunikation. Zur soziologischen Kritik der Wirkungsforschung. Weinheim.
Kittler, Friedrich (1986): Grammophon Film Typewriter. Berlin.
Kittler, Friedrich (1993): Draculas Vermächtnis. Technische Schriften. Leipzig.
Kittler, Friedrich (^{3}1995): Aufschreibesysteme 1800 1900. München.
Kittler, Friedrich (1997): Kommunikationsmedien. In: Christoph Wulf (Hg.). Vom Menschen. Handbuch Historische Anthropologie. Weinheim/Basel, 649-661.
Link, Jürgen (^{2}1999a): Versuch über den Normalismus. Wie Normalität produziert wird. Opladen/Wiesbaden.
Link, Jürgen (1999b): Diskursive Ereignisse, Diskurse, Interdiskurse: Sieben Thesen zur Operativität der Diskursanalyse, am Beispiel des Normalismus. In: Bublitz, Hannelore / Bührmann, Andrea D. / Hanke, Christine / Seier, Andrea (Hg.): Das Wuchern der Diskurse. Perspektiven der Diskursanalyse Foucaults. Frankfurt a.M., 148-161.
Luhmann, Niklas (1987): Soziale Systeme. Grundriss einer allgemeinen Theorie. Frankfurt a.M.
Luhmann, Niklas (^{2}1996): Die Realität der Massenmedien. Opladen.
Mannheim, Karl (1984): Konservativismus. Ein Beitrag zur Soziologie des Wissens. Frankfurt a.M.
Maresch, Rudolf (1995): Medientechnik. Das Apriori der Öffentlichkeit. In: Die Neue Gesellschaft / Frankfurter Hefte, 9, 790-799.
McLuhan, Marshall (1992): Die magischen Kanäle. Understanding Media. Düsseldorf.
Müller, Adam (1922a [1809]): Die Elemente der Staatskunst. In: Die Herdflamme, Bd.1, Jena.
Müller, Adam (1922b [1816]): Versuche einer neuen Theorie des Geldes mit besonderer Rücksicht auf Großbritannien. In: Die Herdflamme, Bd.2, Jena.
Müller, Adam (1931): Ausgewählte Abhandlungen. In: Die Herdflamme, Bd.19, Jena.
Müller, Adam (1967): Kritische, ästhetische und philosophische Schriften. Bd.1, Neuwied/Berlin.
Riesman, David / Denney, Reuel / Glazer, Nathan (1958): Die einsame Masse. Eine Untersuchung der Wandlungen des amerikanischen Charakters. Reinbek.
Schrage, Dominik (1997): Soziale Bänder. Über zwei Vorschläge zum Einsatz des Radios bei der Ordnung von Gesellschaft. In: Ästhetik & Kommunikation, 96, 31-35.
Spreen, Dierk (1998): Tausch, Technik, Krieg. Die Geburt der Gesellschaft im technisch-medialen Apriori. Berlin/Hamburg.
Spreen, Dierk (^{2}2000): Cyborgs und andere Techno-Körper. Ein Essay im Grenzbereich von Bios und Techne. Passau.
Tholen, Georg Christoph (1994): Platzverweis. Unmögliche Zwischenspiele von Mensch und Maschine. In: Bolz, Norbert / Kittler, Friedrich A. / Tholen, Christoph (Hg.): Computer als Medium. München, 111-135.
Tischleder, Bärbel / Winkler, Hartmut (2001): Portable Media. Beobachtungen zu Handys und Körpern im öffentlichen Raum. In: Ästhetik & Kommunikation, 112, 97-104.
Winkler, Hartmut (1997): Docuverse. Zur Medientheorie der Computer. München.
Winkler, Hartmut (1998): Schmerz, Wahrnehmung, Erfahrung, Genuss. Über die Rolle des Körpers in einer von Medien bestimmten Welt. http://www.uni-paderborn.de/~winkler/koerpad2.html [10.05.01].

Dominik Schrage

Utopie, Physiologie und Technologie des Fernsprechens
Zur Genealogie einer technischen Sozialbeziehung

Der Umzug des Telefons vom dunklen Korridor in die Stube der bürgerlichen Wohnung war, wovon man sich heute auch außerhalb derselben überzeugen kann, bloß einer der ersten Schritte in der Emanzipationsgeschichte dieses Apparats. Mit diesem überwand er, wie Walter Benjamin in den inzwischen kanonischen Erinnerungen an seine Berliner Kindheit schreibt, »die Erniedrigung der Frühzeit in seiner stolzen Laufbahn«. Bis zum Beginn des Ersten Weltkriegs hatte sich der Telefonapparat seinen Platz im Schoße der bürgerlichen Familien erkämpft: Nach Jahren der Verbannung in der »Bergschlucht« des Korridors verspreche er seitdem, so Benjamin, mit den Verlassenen das Bett zu teilen, den Hoffnungslosen das Licht der letzten Hoffnung zuzublinken und Trost in der Einsamkeit zu sein (Benjamin 1981 [1938]: 242f.). Bis zum Siegeszug des Mobiltelefons gewährleistet diese Konzeption des Familienanschlusses eine Synchronisierung der familiaren Intimität mit den Erfordernissen und Möglichkeiten der Großgesellschaft. Die weitere Verwandtschaft, abwesende Familienmitglieder, Ansprüche der Arbeitswelt, große, räumlich verstreute Freundes- und Bekanntenkreise erlangen mit Hilfe des den Wohnraum an die Gesellschaft anschließenden Geräts eine virtuelle und reziprok aktualisierbare Präsenz, die zugleich unvorhersehbar wie möglichkeitssteigernd ist.

Ausgangspunkt meines Beitrags zur Genealogie des Fernsprechens ist nicht der Siegeszug eines funktionstüchtigen Telefonapparats, der aus den Randbezirken des Wohnraums in das Zentrum eines familiaren Sozialgeschehens vorrückt, welches keineswegs mehr nur auf bürgerliche Schichten festgelegt ist. Auch die Schilderung einer ›Erfindungsgeschichte‹ ist nicht intendiert, wenn darunter die – zwar von Rückschritten unterbrochene, aber doch zielgerichtet verlaufende – Umsetzung einer visionären Nutzungsidee bis zur Serienreife verstanden wird. Vielmehr sollen zwei Aspekte des Fernsprechens untersucht werden, aus denen die Telephonie als ein technischer Modus von Sozialbeziehungen entsteht: die soziale Praxis ›Fernsprechen‹ und die technische Konstruktion ›Fernsprecher‹.

Die utopische Plausibilität des Fernsprechens in einem Brief Annette von Droste-Hülshoffs, das neuartige Verhältnis zum Sinnesorgan Ohr in der Physiologie Hermann von Helmholtz' und die beiden unterschiedlich erfolgreichen Projekte der Telefon-›Erfinder‹ Reis und Bell sind Ausgangspunkte der folgenden Betrachtungen. Ihr Ziel ist es nicht, eine erschöpfende Darstellung des Telefonierens zu leisten, vielmehr sollen sie dazu anregen, Technologien als Bestandteil von Kultur zu denken – und soziale Beziehungen als etwas, was unter den Bedingungen moderner Gesellschaft immer schon technisch indiziert ist. Die Geschichte des Fernsprechers und des

Fernsprechens – des Artefakts und seiner Nutzung – ist damit Bestandteil der Transformationen des Selbst- und Weltverhältnisses und des Wissens über den menschlichen Körper.

*

Das Telefonieren als eine technisch generierte Sozialbeziehung aufzufassen bedeutet, die sachtechnischen und diskursiven Aspekte des Fernsprechens gleichermaßen zu berücksichtigen: die Artifizialität der technischen Konstruktion und das Versprechen auf eine sinnliche Erfahrbarkeit des Ferngesprächs. Dabei ist die Genealogie des technischen Geräts im Verhältnis zu den frühen utopischen oder später selbstverständlichen Nutzungszwecken weder auf logische noch auf historische Vor- oder Nachgängigkeiten oder Kausalitätsbeziehungen reduzierbar. Ebensowenig lässt sich ein epistemologisch ›reiner‹, da rationalitätsgesättigter Bereich des Technischen von einem ›unreinen‹, irrational-spekulativen Feld des Diskursiv-Kulturellen abgrenzen. In meinem Beitrag gehe ich davon aus, dass die visionären Gedankenspiele über das Fernsprechen und die verschiedenen Konstruktionsversuche von Fernsprechgeräten sowohl auf dem Weg von den Telefonutopien zum Telefonieren als auch in der Laufbahn des Telefonapparats kaum isoliert voneinander betrachtet werden können.

Dieses komplementäre Verhältnis von technisch-utopischen Zweckideen und technischen Konstruktionspraktiken ist zugleich Teil einer grundlegenden Transformation des Selbst- und Weltverhältnisses von Individuen: Es wird plausibel, sich die Intimität des Gesprächs als technisch vermittelbar vorzustellen. Dass Beziehungen zwischen Personen mit Hilfe des Telefons über große Distanzen aufrechterhalten und eingegangen werden können, sollte deshalb nicht nur als eine neuartige sachtechnische Errungenschaft betrachtet werden; mit dieser Technologie transformiert sich auch das Verhältnis von telefonierenden Individuen zu sich, ihrem Gegenüber und zur Welt im Ganzen. Schon in der Utopie des Fernsprechens, erst recht aber im Zuge der späteren Erfolgsgeschichte des Fernsprechers wird deutlich, dass sich die tradierte Grenzziehung zwischen dem sinnlich erfahrbaren Nahraum und der durch Briefe oder Reisen erreichbaren Ferne verschiebt. Die Überschreitung des Horizonts nahräumlicher Präsenz und die Erweiterung des sinnlichen Erfahrungsraums in die Ferne kommt nicht einfach zu einer als ›ursprünglich‹ gedachten Sozialbeziehung hinzu: Telefonieren ist nicht bloß ein Mittel, persönliche Beziehungen *trotz* distanter Aufenthaltsorte mit Hilfe eines Apparats zu pflegen; es ist ein Beziehungsmodus, der unter den Bedingungen großräumiger und ausdifferenzierter Gesellschaften eine überzeugende Attraktivität erlangt und ein *neuartiges* Verhältnis zum telefonischen Gegenüber ermöglicht – zugleich woanders sein und doch ein Gespräch führen.[1] Der genealogische Rückblick auf die Geschichte des Telefonierens hat so zugleich mit der Herausbildung eines Gesellschaftstyps zu tun, in dem Beziehungen über größere

---

1   Auf die Kontingenzen und Friktionen, die erst auf der Grundlage einer implementierten Telefontechnologie zum Tragen kommen (Anrufe, die nicht kommen, falsche und gestörte Verbindungen, Verwechslungen und Täuschungen aufgrund fehlender Sichtbarkeit, der Wunsch nach räumlicher Präsenz etc.), gehe ich hier nicht weiter ein.

räumliche Distanzen verbreitet sind – und ebenso mit Selbstverhältnissen, die der Individualität der eigenen sinnlichen Erfahrung eine eminente Bedeutung verleihen.

Die Geschichte des technischen Apparats Telefon kann demnach kaum von der Plausibilität des Fernsprechens getrennt werden, welche die Überschreitung des Horizonts mit technisch-akustischen Mitteln zu realisieren verspricht: Der Apparat ›Fernsprecher‹ ist als kommerzielles Produkt für einen Markt von Laien von vornherein auf diese Plausibilität und auf den Wunsch einer großen Zahl von potenziellen Nutzern angewiesen, einen technischen Apparat zu eben diesem Zwecke einzusetzen. Zugleich verweist das technische Design des uns bekannten Telefons auf eine epistemologische Innovation in der physiologischen Akustik, in deren Nachfolge das Verhältnis von Sinnesreizen und wahrnehmender Psyche neu konfiguriert wird. Suchten die Sprechmaschinen des 18. Jahrhunderts die organischen Grundlagen der Phonetik mit Hilfe von Blasebalgen, vibrierenden Lederlappen und Pappmembranen nachzubilden,[2] so konzentrierten sich die Bemühungen der ›Erfinder‹ Philipp Reis und Alexander Graham Bell auf die Umwandlung und Übertragung von Schallwellen: Nicht künstliche Sprechmaschinen, sondern das künstliche Ohr ist die epistemologische Basis der Telephonie. Die im Verlauf des 19. Jahrhunderts rapide wachsenden Erkenntnisse der Sinnesphysiologie finden sich schließlich auch in der Technologie des Telefons wieder. Das Ohr als physiologischer Apparat erlangt in diesem Zusammenhang eine besondere Stellung, die den Anschluss des *Fernsprechers* an den körperlichen Sinnesapparat virtuell ermöglicht. Nicht nur die fiktionale Überbrückung des nahräumlichen Horizonts in den Telefonutopien, sondern auch die physiologische Akustik arbeitet demnach an den Grenzen zwischen Selbst und Welt.

1. Fernes Ohr, nahe Stimme: Eine Utopie des Ferngesprächs

> Ich las neulich von einer Erfindung, die man noch zu vervollkommnen, und zum Besten der Politik auszubeuten hofft; nämlich durch eine, wenig kostbare, Vorrichtung von drahtdünnen Röhrchen unter der Erde, den Schall auf große Wegstrecken so fortzupflanzen, daß man z.B. in Minden nur sprechen, und ein Anderer in Münster das Ohr anlegen darf. – Ich denke mir diese Einrichtungen würden dann Regale, und man förmlich auf BILLETS, nach vorläufiger Bestellung, zu Unterredungen zugelassen; – Ach Gott, Lies, was würden wir da manchen halben Gulden todtschlagen![3]

Nicht der technische Übertragungsvorgang ist in Annette von Droste-Hülshoffs kurzer brieflicher Bemerkung von 1845 erheblich, sondern die Tatsache, dass sie den praktischen Nutzen der Schallübertragung unmittelbar aus ihrer Situation als Briefe-

---

2 Zur mechanischen Spracherzeugung durch den Physiologen Christian Gottlieb Kratzenstein (1791) vgl. Aschoff (1976: 98–102). Kratzenstein gewann mit seinem »Instrument nach Art der vox humana« den Preis der Akademie der Wissenschaften zu St. Petersburg. Die Maschine sagte »Leopoldus secundus – Romanorum Imperator – Semper Augustus«, zu mehr reichte die Luft nicht.

3 So im Brief an Else Rüdiger vom 14.11.1845, in: Annette v. Droste-Hülshoff (1845: 325f.). Den Hinweis verdanke ich Weiher (1976: 102). Weitere und z. T. frühere Gedankenspiele zum Fernsprechen bietet Gold (1989: 105f.).

schreiberin heraus denkt. Dabei trifft sie, was die Tarifierung wie auch die alltägliche Nutzungsform des Telefongesprächs angeht, prognostisch durchaus ins Schwarze. Dies ist viel weniger prophetisch als konsequent nutzungsorientiert gedacht: Die Technik erscheint hier in der Nutzerperspektive, und für Annette von Droste-Hülshoff liegt das Potenzial des Fernsprechers ganz offen zutage. Anders als in den ersten Reaktionen auf die Apparate von Reis und Bell ist die Technik der Telephonie hier kein Spielzeug, sondern ein möglicher Alltagsgegenstand.[4]

Ohne der Frage nach dem ›ersten wirklichen Telefon‹ hier detailliert nachzugehen, kann doch gerade aufgrund der großen Zahl der ›Vorläufer‹ konstatiert werden, dass die Vorstellung einer Übertragung von Sprache in die Ferne um die Mitte des 19. Jahrhunderts in verschiedensten Kontexten anzutreffen war. Die elektrische Telegrafie und die Eisenbahn begannen sich durchzusetzen, und ihre Folgen und Möglichkeiten wurden von den Zeitgenossen diskutiert und ausgemalt.[5] Das technische Gedankenspiel des französischen Telegrafenbeamten Charles Bourseul von 1854[6] wurde z. B. im selben Jahr in durchaus nicht nur technisch motivierter Weise in den *Didaskalia. Blätter für Geist, Gemüth und Publicität* sehr interessiert besprochen:

> ohne andere Vorbereitung müßte dann nur der Eine gegen die eine Metallscheibe reden und der Andere das Ohr gegen die andere halten, so können sie mit einander sich besprechen wie unter vier Augen.[7]

Das Fernsprechen wird in diesen Gedankenspielen fiktional als ein neuartiger Beziehungsmodus zwischen entfernten Personen erschlossen. Die technische Seite des Vorgangs und die Attraktivität seiner Nutzung sind unterschiedlich stark gewichtet; aber auch Bourseuls durchaus treffende Überlegungen sind die Fiktion eines technisch versierten Telegrafenbeamten – sie erheischen nicht den Anspruch auf ›Erfindung‹. Das Faszinierende an der technischen Übertragung der Stimme liegt offenbar darin, dass mit dem telefonischen Fernkontakt eine Erweiterung des Erfahrungsraums durchgespielt wird, welche nicht als bloß fortschreitende Verbesserung der bis dato gängigen Formen der Weltkenntnis angesehen werden kann. Während die Technisierung der Transportmittel eine Optimierung des Reisens ist, stellt die Telegrafie eine Beschleunigung der Nachrichtenübermittlung dar. Zum Reisen und zum Lesen kommt aber mit dem Fernsprechen ein neuer Modus des Fernkontakts hinzu, der es unnötig macht, die körperliche Einheit der Person zu transportieren, ebensowenig aber auf die bloße Übermittlung von alphabetisch kodierten Informationen beschränkt bleibt. Die Übertragung von Sprache lässt es nun möglich erscheinen, das Gespräch, den bislang auf die Schranken des körperlichen Nahraums verwiesenen Austausch individueller

---

4 Zu den Reaktionen ›Telefonie als Spielzeug‹ vgl. für Bell und die USA: Aronson (1978).
5 Zur Eisenbahn: Schivelbusch (1977).
6 Vgl. Weiher (1976: 102f.). – Zu dem Gedankenspiel Charles Bourseuls (1854) »Stellt man sich vor, man spreche nahe bei einer beweglichen Platte, die so biegsam ist, daß keine der Schwingungen verlorengeht, die durch die Sprache hervorgebracht werden; daß diese Platte abwechselnd die Verbindung mit einer Batterie herstellt und unterbricht; so könnte man in einiger Entfernung eine andere Platte haben, die zur selben Zeit genau dieselben Bewegungen ausführt« (zit. n. Horstmann 1952: 19–22; dort auch noch weitere ›Vorläufer‹).
7 Didaskalia 32, 232 (28. 9.1854), Frankfurt a.M., zit. n. Horstmann (1952: 23).

Qualitäten, mit fernen Partnern zu betreiben. Ob und wie genau dies funktionieren könnte, diese Frage ist für die Plausibilität des Fernsprechens zunächst nicht zentral – attraktiv erscheint, *dass* eine irgendwie mögliche Stimmübertragung den Gehörsinn so anspricht, *als ob* die abwesende Gesprächspartnerin sich in Hörweite befände. Tatsächlich behandelt die Technologie des Telefons die durch Sprechen erzeugten Luftschwingungen als Signale, die elektrisch übertragbar sind; die Attraktivität des Telefonierens, wie sie in Annette von Droste-Hülshoffs Brief deutlich wird, liegt aber vor allem darin, dass beim Fernsprechen *mehr* als Informationen oder Nachrichten übermittelt werden: Die Telephonie ermöglicht eine stimmliche Präsenz, die ›unmittelbar‹ sinnlich wahrnehmbar ist – und sich dadurch von der brieflichen Korrespondenz unterscheidet.

Nicht, dass die Erfolgsgeschichte des Fernsprechers ab den 1880er Jahren nur durch die visionären Diskurse des Fern-Sprechens erklärbar wäre; immerhin aber werden bereits in den technischen Utopien des Fernsprechens Einsatzoptionen für eine Technologie sichtbar, die faktisch noch nicht in Sicht ist. Gerade im so selbstverständlichen Einbau des fernsprechenden Apparats in die Situation der Briefe schreibenden Annette von Droste-Hülshoff manifestiert sich eine Perspektive auf die Technik, die dem Blick der Militärstrategen und Wissenschaftler besonders in Deutschland lange verborgen blieb bzw. suspekt war: Die Evidenz des Zwecks ziviler Nutzung, die sich bei Droste-Hülshoff in Form des verheißungsvollen Versprechens auf das Ferngespräch manifestiert. Kein »Nicht-Ort«, wie in klassischen Utopien, steht hier in Frage, sondern das Gespräch zwischen Minden und Münster, zwischen Lies und Annette erscheint als Überwindung des Raumes wünschbar, wünschenswert und im Prinzip technisch realisierbar.

2. Der Apparat Ohr: Die Physiologie des Hörens

Aber die Evidenz des Zwecks ›Fernsprechen‹ kann elektrotechnische oder mechanische Kenntnisse für den Bau eines Fernsprechers nicht ersetzen. Eine Technologie, die Schallwellen als elektrische Impulse überträgt und dem menschlichen Ohr als Sinnesreize darbietet, erfordert zugleich auch ein Wissen über die Funktionsweise des menschlichen Ohrs, das den Bau einer Schnittstelle zwischen Körper und Technik ermöglicht. Einen solchen Zugang zu den Sinnen des Menschen entwickelt die Sinnesphysiologie um die Mitte des 19. Jahrhunderts. Neben die fiktionale Erweiterung der Grenzen des Nahraums in den telefonischen Utopien tritt somit eine neues experimentalwissenschaftliches Feld, in welchem die Sinnesorgane als Mittler zwischen Selbst und Welt – zwischen Psyche und Physis – untersucht werden.

Mit dieser Wendung des physiologischen Interesses vom Bau der Sprechmaschinen zu den Prozessen beim Hören gerät das Ohr in den Blick. Die spätere, physiologisches Wissen reproduzierende Telephonie ist somit auch eine Körpertechnologie, denn erst die physiologische Konzeption des Ohrs als Apparat ermöglicht die Konstruktion des Telefons nach dem Design dieses Apparate-Ohrs. Das utopische Versprechen des Fernsprechens wie auch die Erkenntnisse der physiologischen Akustik erscheinen somit als Symptome eines sich verändernden Verhältnisses von Selbst und

Welt im 19. Jahrhundert; zugleich aber können sie – aus der Perspektive einer Genealogie des Fernsprechens – auch als Möglichkeitsbedingungen für die Konstruktion von Telefonapparaten angesehen werden.

Die Sinnesphysiologie klärt das Verständnis des menschlichen Hörprozesses nicht zu diesem Zweck, aber die epistemische Transformation, die sich exemplarisch in Hermann von Helmholtz' Aufteilung des Hörvorgangs in einen physischen, einen physiologischen und einen psychologischen Teil manifestiert, eröffnet überhaupt erst das Arbeitsfeld und den Gegenstandsbereich der späteren bastelnden Erfinder. Deshalb sollen zunächst die Innovationen in der physiologischen Akustik um 1860 und ihre Tragweite für die Epistemologie der menschlichen Sinneswahrnehmung anhand von Hermann von Helmholtz' *Lehre von den Tonempfindungen* dargestellt werden. Helmholtz teilt die akustischen Prozesse systematisch auf: Zunächst unterscheidet er zwischen der physiologischen und der physischen Akustik. Während sich die physische Akustik mit den schwingenden Körpern beschäftigt, hat die physiologische Akustik die Vorgänge im menschlichen Ohr zu untersuchen; sie unterteilt sich wiederum in drei Teile:

a. Den physischen Teil, für den sich die Frage stellt, »wie das Agens, welches die Empfindung erregt, also im Auge das Licht, im Ohre der Schall, bis zu den empfindenden Nerven hingeleitet wird«.
b. Den physiologischen Teil, bei dem »die verschiedenen Erregungen der Nerven selbst zu untersuchen [sind], welche verschiedenen Empfindungen entsprechen«.
c. Den psychologischen Teil; er betrifft »die Gesetze, nach welchen aus solchen Empfindungen Vorstellungen bestimmter äusserer Objecte, d. h. Wahrnehmungen, zu Stande kommen« (Helmholtz 1863: 6).

Mit Hilfe dieses physiologischen Modells konnten die konfligierenden Positionen des Ohm-Seebeck-Streits der 1840er Jahre in einen einheitlichen Rahmen gestellt werden: *Ohms* Position, dass alle Phänomene der Akustik auf einfache, sinusförmige (harmonische) Schallwellen zurückzuführen seien, betrifft in Helmholtz' Definition die sinnlich empfundenen *Töne*. Sie sind nun einfache, elementare Phänomene, die das Ohr als ›harmonischer Analysator‹ aus den vielfach überlagerten Wellenkomplexen herausfiltert und der Psyche zur Wahrnehmung bereitstellt: Der Output des Organs Ohr an die Psyche. *Seebecks* Annahme der (nicht harmonischen) Kombinationstöne, die er anhand von Experimenten mit Sirenen formuliert hatte, betrifft für Helmholtz den Bereich der (physischen) *Klänge*. Sie erscheinen als komplexe und zusammengesetzte akustische Phänomene, deren elementare harmonische Schwingungen das Ohr in Elemente zergliedert: Der physische Input in das Ohr (Vogel 1994: 286).

Helmholtz unterscheidet dementsprechend zwei verschiedene Weisen der Tonempfindung, was er darauf zurückführt, dass sich das Ohr »verschieden verhält, je nach der Lebhaftigkeit der Erinnerung an die einzelnen zum Ganzen verschmolzenen Gehöreindrücke und je nach Spannung der Aufmerksamkeit«. Auf den Ohm-Seebeck-Streit bezogen, vertritt Seebeck für Helmholtz die Interessen der »Empfindungen des unbefangen auf die Aussendinge gerichteten Ohres«, während »das sich selbst aufmerksam beobachtende und in seinen Beobachtungen zweckmässig unterstützte

Ohr [...] in der That so verfährt, wie das von Ohm aufgestellte Gesetz es vorschreibt« (Helmholtz 1863: 105).

Der physiologische Apparat – hier ganz im Wortsinne das als selbsttätig prozessierender Analysator vorgestellte Ohr – hat damit gegenüber dem Bewusstsein eine autonome Stellung erlangt: Die Sinnesdaten der (physiologischen) Perzeption sind systematisch wie auch zeitlich dem Bewusstsein *vorgelagert*; die sich ›selbst‹- (d. h. ›sein‹ Sinnesorgan) beobachtende Funktion des Bewusstseins – die Apperzeption – erscheint zwar als technisch und durch Einübung steigerbares Vermögen, allerdings immer nach Maßgabe der physiologisch bereitgestellten Sinnesdaten. Gelingt dies nicht oder ist die Aufmerksamkeitsrichtung des Bewusstsein nicht ›selbst‹ beobachtend tätig, so tritt die vom Sinnesorgan analysierte Struktur des Klanges doch in der »Empfindung der Klangfarbe« zu Tage: Die mechanisch erzeugten Analyseergebnisse des Ohrs erscheinen psychisch nunmehr nicht als Daten, sondern als »sinnliche Symbole« äußerer Objekte, nicht als Analysiertes, sondern als Vorgestelltes.[8]

Das menschliche Ohr funktioniert für Helmholtz wie ein physiologischer Apparat, dessen Leistungsspektrum durch Messgeräte verstärkt werden kann und welcher im Endergebnis aus komplexen Klängen die einfachen Töne selbständig herausfiltert, ob diese zu Bewusstsein kommen oder nicht. Durch technische Hilfsmittel wie Resonanzröhren sowie durch »Abstractionskraft des Geistes« und »eine gewisse Herrschaft über die Aufmerksamkeit« können auch mit »unbewaffnetem Ohr« oder ungeschulter Aufmerksamkeit nicht wahrnehmbare Töne nachgewiesen werden.[9]

3. Der künstliche Klang: Experimentaltechnik

Seebecks Experimente mit der Sirene – die Helmholtz aufgreift – hatten im Kern darauf beruht, dass die Sirene als Artefakt mit durchsichtigen Konstruktionsmerkmalen erstmals ›künstliche‹ Klänge erzeugte: Dass die aus der Sirene entweichenden akustischen Phänomene aus den Impulsen zusammengesetzt waren, die von den einzelnen Luftstößen ausgingen, war dem Konstruktionsprinzip der Sirene selbst zu entnehmen. Dass sie als einheitlicher Ton wahrgenommen wurden, machte die Irritation aus, welche die Harmonielehre letztlich nur noch als einen Sonderfall der Akustik erscheinen ließ. Nicht mehr die Annahme einer prästabilen Harmonie zwischen Natur und menschlicher Wahrnehmung derselben, sondern die Zergliederung und Erforschung der Wahrnehmungsvorgänge durch die Konstruktion von ›künstlichen‹ Klängen

---

8   Die nicht-analytische Erscheinungsweise der Sinnesempfindungen nennt Helmholtz auch »nicht dem bewußten Verstande gegeben«. Man kann hier durchaus vom physiologischen Unbewussten sprechen (Helmholtz 1863/1896: 589).

9   Helmholtz (1863: 85, 92). Diese Überlegungen formuliert Helmholtz anhand des Problems der Obertöne. Sie können auf der Grundlage der harmonischen Reihen postuliert werden, sind aber nicht in jedem Fall tatsächlich wahrnehmbar. Sind sie gar nicht existent, oder handelt es sich um eine Sinnestäuschung, wenn sie nicht gehört werden? Dies war eine der Fragen des Ohm-Seebeck-Streits. Die Helmholtzsche Physiologie harmonisiert diese widerstreitenden Realitätsaussagen durch die Einführung der physiologischen Empirie, die auch als (physiologisches) Unbewusstes auftreten kann.

strukturiert nun die physiologische Akustik. Der Rückschluss auf die physiologischen Wahrnehmungsprozesse durch die Herstellung künstlicher Töne erlaubt qua Konstruktion die völlige Einsicht in das Bauprinzip zumindest des (Versuchs-) Apparats, die Beobachtung einer Situation, in der aus der Konstruiertheit der apparativen Seite des Prozesses Aufschlüsse über die physiologische Seite möglich waren. Die künstlichen Klänge, welche die Experimentaltechnik der Sirene erzeugt, ermöglichen ein Verständnis des Ohrs als Apparat.

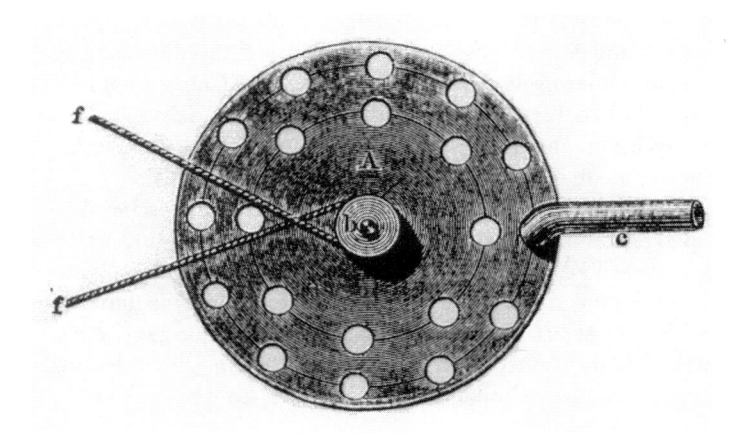

Nicht nur die divergierenden Positionen in den Debatten der Akustik werden damit in den Horizont eines arbeitsteilig vorgehenden Wissenschaftsprogramms gestellt. Vielmehr rückt die Physiologie als Naturwissenschaft in die Funktion eines Bindeglieds, welches die Lücke zwischen den äußeren Gegenständen – der Physik – und dem inneren Sinn – der Psychologie – schließt. Die Experimentaltechnologie der Sirene wird in der Physiologie von Helmholtz Teil eines großangelegten Forschungsprogramms, welches auf der Annahme prinzipieller Kommensurabilität – durchgehend messbarer Vermittlung – zwischen Physik, Physiologie und Psychologie des Schalls basiert. Hier knüpft dann die technische Schnittstelle der Telephonie an.

Gerade durch die Dreiteiligkeit des physiologischen Modells ist eine Loslösung der physiologischen Reize von einer sie emittierenden Quelle überhaupt denkbar und machbar. Innerhalb der physiologischen Akustik als Grundlagenforschung ist dies zunächst nur für Experten spektakulär. Dass aber die in den Laboren praktizierte und theoretisch längst formulierte Trennung von Geräuschquelle (schwingender Körper), Schallwelle (komplexer Klang) und empfundenem Ton (›psychischer‹ Effekt) auch außerhalb der Experimentalanordnung auf Interesse stößt, kann durchaus als Entwendung naturwissenschaftlichen Wissens bezeichnet werden: Die Experimentaltechnik der Sirene findet sich in einem neuen Kontext wieder – sie trifft sich mit den Visionen des Fernsprechens.

4. Das künstliche Ohr: Medientechnik

Im Gegensatz zu den Versuchen Helmholtz' sind die telefonischen Ambitionen des Physiklehrers und Autodidakten Philipp Reis außerhalb der Konventionen wissenschaftlicher Grundlagenforschung anzusiedeln. Vom Standpunkt der akademischen Forschung aus betrachtet war er bis zur ›Entdeckung‹ des in der Telephonie liegenden Potenzials durch die Verbreitung des amerikanischen Bell-Apparats ein Außenseiter.[10] Allerdings führt auch Reis seine eigene Motivation für die in seiner Freizeit durchgeführten physikalischen Experimente nicht auf rein wissenschaftliche oder praktische Gründe zurück: In seinem Bericht *Über Telephonie durch den galvanischen Strom* von 1861 führt Reis seine Vision, »die Tonsprache selbst direct in die Ferne mitzutheilen«, auf den prägenden »Jugendeindruck« eines Jahre zurückliegenden und gescheiterten Experiments zurück:

> Ich konnte den Gedanken an jenen Erstlingsversuch und seine Veranlassung trotz aller Einsprache des Verstandes nicht los werden, und so wurde denn, halb ohne es zu wollen, in mancher Musestunde das Jugendproject wieder durchgenommen [...]. (Reis 1952, 34)

Es verdient besonderes Interesse, dass Reis sein telefonisches Projekt gegen die »Einsprache des Verstandes« durchführt – die Motivation durch eine solche ›irrationale‹ fixe Idee erscheint in seiner Darstellung geradezu als eine notwendige Bedingung für ein solches Projekt. Zwar sei schon vorher an eine »Reproduction der Töne in gewissen Entfernungen durch Hülfe des galvanischen Stromes [...] *gedacht*« worden; »aber an der praktischen Lösung dieses Problems haben jedenfalls gerade diejenigen am meisten gezweifelt, welche durch ihre Kenntnisse und Hülfsmittel befähigt gewesen wären, die Aufgabe anzugreifen« (Reis 1952, 34).

Es ist unschwer zu erkennen, dass damit die Wissenschaft gemeint ist. Gegen deren Kritizismus wendet Reis seine visionär befeuerte Naivität; zwar scheitern seine ersten, »mit viel Begeisterung für das Neue und nur unzureichenden Kenntnissen in der Physik« durchgeführten Versuche; doch als »Jugendeindruck« wirken sie fort und lenken das Schaffen des Erfinders gegen den Verstand und die Wissenschaft. Trotzdem »gleich der erste Versuch mich von der Unmöglichkeit der Lösung fest überzeugte«, treibt der Stachel der Vision den Geist des Erfinders so lange um, bis ein »Einfall« die visionäre Frage umformuliert:

> Wie sollte ein einziges Instrument die Gesammtwirkungen aller bei der menschlichen Sprache bethätigten Organe zugleich reproduciren? Diese war immer die Cardinalfrage. Endlich kam ich auf den Einfall, diese Frage anders zu stellen:
> Wie nimmt unser Ohr die Gesammtschwingungen aller zugleich thätigen Sprachorgane wahr? (Reis 1952: 34)

Die Umformulierung der Ursprungsfrage mag ein »Einfall« gewesen sein; dieser leitet aber die Bemühungen des Erfinders in der Folge auf das Gebiet der experimentellen

---

10 Ein von Reis an die renommierten Poggendorfschen Annalen gesandter Forschungsbericht wurde abgelehnt. Da er bereits 1874 starb, waren die Bemühungen zu seiner ›Ehrenrettung‹ retrospektiver Natur. Vgl. die biografische Skizze bei Horstmann (1952: 27–33) sowie ausführlich bei Thompson (1883).

Sinnesphysiologie, auf das Gebiet also, wo der einflussreiche Ohm-Seebeck-Disput stattgefunden hatte und das Helmholtz zur selben Zeit experimentell untersucht. Anders als die an der Tonempfindung orientierten und analytisch vorgehenden physiologischen Versuche Helmholtz' sind die Experimente Reis' praktisch und konstruktiv orientiert: Der erste Apparat besteht aus einem groben Modell des menschlichen Ohrs in Originalgröße.

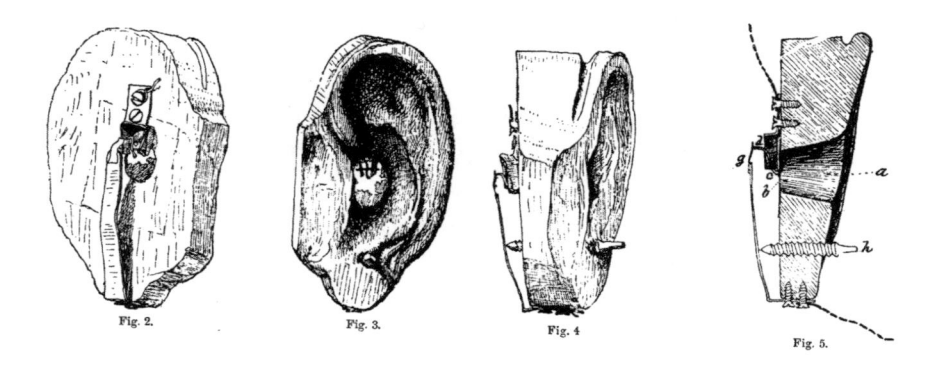

Fig. 2.   Fig. 3.   Fig. 4   Fig. 5.

Das Trommelfell wird aus einer Wurstpelle nachgebildet, die auf den ausgehöhlten Spund eines Bierfasses aufgezogen ist. Darauf ist mit Siegelwachs das Endstück eines Platindrahtes befestigt, welcher mit der Membran schwingt und dabei je nach Lage mit einem darüber liegenden Kontakt in Berührung kommt (Thompson 1883: 15). Diesen Apparat entwickelt Reis in der Folgezeit weiter: *Reis baut ein künstliches Ohr.* Dieses künstliche Ohr ist funktionell das spätere Mikrofon. Durch die Kombination eines künstlichen Ohres mit einer elektrischen Leitung kann, so die Vision, die Tonsprache direkt in die Ferne mitgeteilt werden: Die Luftschwingungen »hier« werden vom künstlichen Ohr in elektrische Signale verwandelt, nach »dort« übertragen, rückgewandelt und versetzen die Membranen des physiologischen Apparats Ohr in Schwingung.

Helmholtz' Aufteilung des Hörvorgangs in einen physikalischen, einen physiologischen und einen psychologischen Teil findet sich nun bei Reis praktisch zugespitzt:

> Ohne unser Ohr ist jeder Ton nichts, als eine in der Secunde mehreremal [...] wiederholte Verdichtung und Verdünnung eines Körpers. [*physikalischer Teil,* D. S.] Findet dieses in demselben Medium statt, in dem wir uns befinden, so wird die Membrane unseres Ohres bei jeder Verdichtung nach der Paukenhöhle zu gedrängt, um bei der nachfolgenden Verdünnung sich nach der entgegengesetzten Seite zu bewegen. [...] Die Bestimmung der Gehörwerkzeuge ist es demnach, jede in dem sie umgebenden Medium entstehende Verdichtung und Verdünnung bis zu dem Gehörnerv mit Sicherheit zu übermitteln. [*physiologischer Teil,* D. S.] Die Bestimmung des Gehörnervs ist aber, die in gegebener Zeit erfolgten Schwingungen der Materie [...] zu unserem Bewußtsein zu bringen. – Hier erst wird gewissen Combinationen ein bestimmter Name; hier erst werden die Schwingungen *Töne* oder *Mißtöne* [*psychologischer Teil,* D. S.]. (Reis 1952: 34f.)

Anders als bei den helmholtzschen Experimenten interessiert hier nicht der exakte Ablauf der physiologischen Prozesse des Hörens – zu deren Erforschung hatten die künstlichen Töne der Sirene gedient. Entscheidend ist für das Projekt des Philipp Reis die Möglichkeit, die Hörprozesse in drei Teilbereiche aufzuteilen und die daraus zu ziehende Konsequenz: »*Das vom Gehörnerv Empfundene ist demnach einfach die zu unserem Bewußtsein gelangende Wirkung einer Kraft*«, *die die Schallwellen auf die Gehörwerkzeuge ausüben*. Es ist weiterhin allein der »Gang dieser Schwingungen«, der »in uns den Begriff (die Empfindung)« hervorbringt, »und jede Gangänderung muss den Begriff (die Empfindung) ändern.« Diese analytische Konsequenz wird von Reis nun nicht grundlagentheoretisch, sondern technisch weitergeführt:

> Sobald es also möglich sein wird, irgendwo und auf irgendeine Weise Schwingungen zu erzeugen, deren Curven denjenigen eines bestimmten Tones oder einer Tonverbindung gleich sind, so werden wir denselben Eindruck haben, den der Ton oder die Tonverbindung auf uns gemacht hätte. (Reis 1952: 35)

Das 1861 in Frankfurt am Main vorgeführte Gerät war zwar in der Lage, Musikdarbietungen aus einer Entfernung von 300 Fuß zu übertragen; aber die verständliche Übermittlung der menschlichen Stimme, vor allem der Vokale, schaffte es nicht, besonders bei spontan geäußerten Sätzen. Doch für die Weiterentwicklung des Geräts in Richtung einer praktischen Verwendung schien sich niemand zu interessieren; Reis entwickelte seinen Telefonapparat in Eigenregie weiter und baute verschiedene Gerätetypen, die er als *wissenschaftliche Versuchsapparate* weltweit vertrieb.

5. Patentierung, Perfektionierung, Popularisierung

Unter günstigeren äußeren Bedingungen verläuft die ›offizielle‹ Erfindung des Telefons durch Alexander Graham Bell. Sein Initialinteresse für die Akustik speist sich aus seiner Tätigkeit als Taubstummenlehrer in Schottland und aus der Suche nach einer Erklärung für die Lautbildung. Auf der Grundlage von Helmholtz' *Tonempfindungen* – die er aber aufgrund mangelhafter Deutschkenntnisse nur unzureichend versteht – führt er Experimente mit Stimmgabeln durch. 1870 emigriert er nach Kanada und gelangt 1871 nach Boston/USA, wo er an einer Taubstummenschule lehrt. Er freundet sich mit den Vätern zweier Schüler an: Greene Hubbard, Patentanwalt, und Sanders, Kaufmann. Greene Hubbard und Sanders finanzieren seine ersten Versuche, aus denen 1875 ein Patent über den »Autograph-Telegraph« wird. Bereits 1873 wird Bell an den Lehrstuhl für Sprachphysiologie der Universität Boston berufen (Mache 1989: 50f.).

Diese günstigen Bedingungen – Geldgeber, patentrechtlicher Beistand, wissenschaftliche Stellung, praktischer Hintergrund – sind die notwendigen Voraussetzungen für eine erfolgreiche ›Erfindung‹ (Vermarktung) der Telephonie. Immerhin war auch in den USA nicht nur die technische Verbesserung der Übertragungsapparate, sondern ebenso die juristische Absicherung der Erfindung (Patent) nötig und, als eigentliche Basis für eine Durchsetzung der neuen Technologie, eine Popularisierung des neuartigen Nutzungszwecks, den diese überhaupt erst ermöglichte.

Die ›Erfindung‹ des Telefons durch Bell ist demnach als ein komplexer Prozess anzusehen: Die *technische Weiterentwicklung* des Apparats verläuft durchaus ähnlich wie bei Reis: Die Vision des Fernsprechens ist zunächst ausschlaggebender als die technischen, insbesondere elektrotechnischen Fähigkeiten Bells. Bell hält zunächst Vorträge vor Publikum und führt zwar tönende, aber nicht artikuliert sprechende Apparate vor, während die technische Verbesserung des Apparats selbst im »Zickzack-Kurs« verläuft (Mache 1989: 50–53).

Angesichts der Tatsache, dass Bell in den 1870er Jahren nicht der einzige war, der an der Entwicklung telefonischer Apparate arbeitete, ist die *juristische Absicherung* der patentrechtlichen Ansprüche ein – zumindest für Bell und seine Geld- und Ratgeber – ebenso wichtiges Arbeitsfeld, wie Bells »Leitspruch« bezeugt:

> Wenn ich es schaffe, dieses Patent ohne Einfluss anderer zu sichern, ist das ganze Ding meins, und ich bin des Ruhms, Glücks und Erfolgs gewiss, wenn ich nur weiter daran arbeite, meinen Apparat zu perfektionieren. (zit. n. Mache 1989: 52)

Die juristische und die technische Konstruktion greifen ineinander. Das Bell-Patent von 1876 »Improvement in telegraphy« ist zum Zeitpunkt seiner Beantragung wohl ausgefeilter als der patentierte Apparat selbst: Der als erste telefonische Sprachübertragung berühmt gewordene Satz »Mr. Watson come here, I want to see you!« erklingt sieben Tage nach Erteilung des Patents eher zufällig und mit Hilfe eines nicht vorgesehenen Versuchsaufbaus. Die Formulierung des Patents war allerdings so geschickt nicht nur zur Sicherung eigener, sondern auch zur Inanspruchnahme fremder oder noch gar nicht in Aussicht stehender Verfahren ausgearbeitet, dass dieses in den diversen Gerichtsverfahren während der 1880er Jahren standhielt (Mache 1989: 53–59).

Die *Popularisierung* des Fern-Sprechens als neuartigem Zweck für eine neuartige Technik ist das dritte Aktionsfeld der ›Erfindung‹: Dabei ging es für Bell und seine Unterstützer – und in diesem Punkt auch für die Konkurrenten – zunächst darum, die Telefontechnologie als eine eigenständige Technologie mit neuartigen Nutzungsoptionen von der Telegrafie *abzugrenzen*. Die Telegrafie war in den 1870er Jahren in den USA bereits weitgehend etabliert, und gegenüber dieser funktionierenden, weitreichenden und -verbreiteten Nachrichtentechnologie musste die *spezifische Nutzung* der noch in der Entwicklung stehenden Telephonie profiliert werden. Dies war um so schwieriger, als Bell selbst in seinen öffentlichen Vorführungen Musik übertrug und auch daran arbeitete, mehrere Empfängerstationen an einen Sender anzuschließen. Die *dialogischen Möglichkeiten* des Telefons schilderte Bell nur am Rande dieser Vorführungen, da die Zweiwegkommunikation noch nicht befriedigend funktionierte.[11] Entscheidend für die Publizität und Popularität des Telefons in den späten 1870er und 1880er Jahren in den USA, für die massenhaften Anleitungen, wie man telefoniert und wozu das gut ist, und dann auch für den Erfolg der dialogischen Telephonie scheint, so meint Sidney Aronson, vor allem die Tatsache zu sein, dass es

---

11 Dafür gab es auch technische Gründe: Das gleichzeitige Senden und Empfangen mit demselben Gerät war noch nicht ausgereift. Zudem boten die öffentlichen Vorträge Bell auch die Möglichkeit, seine trotz der finanziellen Unterstützung stark strapazierten Finanzen aufzubessern (vgl. Aronson 1978: 19 f.).

die geschäftliche und die private Sphäre zu verbinden und zu durchmischen vermag. War dies im militärisch geprägten Preußen der gleichen Zeit offenbar eines der entscheidenden Hemmnisse – die US-amerikanischen Geschäftsleute jedenfalls begrüßten die Möglichkeit, »ihre Büros für einige Tage am Stück zu verlassen und doch in enger Verbindung mit ihnen zu bleiben.«[12]

6. Das telefonische Zwischenreich

Die Episoden aus der Genealogie des Telefons, die in diesem Beitrag erörtert wurden, situieren die Utopie, die Physiologie und die Technologie des Fernsprechens im Kontext umfassender epistemologischer und sozialer Transformationen. Ob in den utopischen Gedankenspielen, der physiologischen Experimentaltechnik oder den Projekten der ›Erfinder‹, mit dem Fernsprechen bildet sich ein Modus der Fernbeziehung heraus, der in den starren Dichotomien des 19. Jahrhunderts eine Zwischenstellung einnimmt:

a) Die romantische Figur des Gesprächs als Dialog inkommensurabler Individualitäten erscheint in der Vision des *Fern*gesprächs als über die Grenzen des Nahraums hinaus erweiterbar: Die Sphäre des Privaten muss keine körperliche Präsenz beinhalten – die subjektive Entfaltung durch den Dialog der Seelen kann dank der Telephonie auf die Einheit des Orts verzichten. Die zunächst fiktional erschlossene Technologie des Fernsprechens verspricht damit eine ungeahnte Ausweitung der Disponibilität persönlicher Gespräche, gerade weil Mobilität nicht erforderlich ist; das Zwischenreich des telefonischen Dialogs bezeichnet in diesem Sinn die Ausweitung des sinnlichen Erfahrungsraums über den nahen Horizont hinaus.

b) Mit der Verlagerung des physiologischen Interesses vom Bau der Sprechmaschinen zur Erforschung der Prozesse im Ohr wird diesem zugleich in eine produktive Zwischenstellung bei der Wahrnehmung akustischer Phänomene eingeräumt. Die Physiologie Hermann von Helmholtz' konzipiert das Ohr als einen Apparat, der die Sinnesreize *vor* der bewussten Verarbeitung in der Psyche entscheidend vorverarbeitet. Damit wird das Organ Ohr in der physiologischen Akustik zu einer intermediären Instanz, die zwischen der physischen Außenwelt und den Prozessen im Bewusstsein vermittelt: Psychische Effekte sind von physiologischen Vorgängen beeinflusst, die unterhalb der bewussten Wahrnehmung *wie Technisches* prozessieren.

c) Der experimentell-konstruktivistische Zugang der physiologischen Akustik macht es möglich, den Hörvorgang in zwei voneinander trennbare Prozesse zu zergliedern: den Weg der Schallwellen zum Ohr, und den Weg von der physiologischen Empfindung zur psychischen Wahrnehmung. Dadurch kann die Funktionsweise der physiologischen Prozesse eigenständig erforscht werden. Die ›künstlichen Klänge‹ der Sirene als Experimentaltechnik lassen es zu, auf die Struktur des ›Apparat Ohr‹ rückzuschließen.

---

12 Special Reports: Telephone 1907, zit. n. Aronson (1978: 29).

d) Das ›künstliche Ohr‹ des Philipp Reis bezeichnet dann die Einschleifung der elektrischen Um- und Rückwandlungstechnik in dieses Paradigma. Geräuschquelle und Empfindung sind durch diese Zwischenschaltung voneinander entkoppelbar. Die Zwischenstellung des Organs Ohr und seine experimentaltechnisch erschlossene Funktionsweise ermöglichen die Konstruktion einer potentiell beliebig verlängerbaren Reizbahn – der Leitung.

e) Hatte Reis in seiner Projektbeschreibung die Vision vom Fernsprechen noch als private Marotte dargestellt, die sich seiner von Jugend an bemächtigt habe, so wird die Plausibilisierung des Fernsprechens bei Alexander G. Bell zum integralen Bestandteil seiner Erfindungsstrategie. Nicht nur die technische Konstruktion, sondern auch die Popularisierung ihrer Nutzung wird zum Bestandteil des ›Erfindungs-‹ Prozesses. Die »enge Verbindung« zu entfernten Orten, welche das Telefon ermöglicht, ist als neuartiger Modus technischer Sozialbeziehungen, als Gesprächsoption für Laien zu verbreiten: Als Medium entsteht das Telefon nicht nur durch die technischen Konstruktionsversuche zwischen den physiologischen Experimente und ihrer telephonischen Umnutzung durch die ›Erfinder‹, sondern auch in seiner Durchsetzung als plausible Gesprächsoption, als selbstverständlicher Bestandteil einer sozialen Wirklichkeit.

Die Telephonie stellt so einen neuartigen Typ von Selbst- und Weltverhältnis dar, welches die tradierten Ordnungskategorien von Innen- und Außenwelt, Privatraum und Öffentlichkeit, Physis und Psyche unterläuft. Die physiologische Artifizialisierung des Körpers ermöglicht die Erweiterung der Sphäre des persönlichen Dialogs, die Droste-Hülshoff so praktisch fand: Die stimmliche Intimität des Gesprächs erweist sich als technisch übertragbar. Die Um- und Rückwandlung der Stimme spricht nicht mehr die nacherlebende Vorstellung der autonomen Leserin an, sondern richtet sich mittels der »unmittelbaren Naturgewalt der sinnlichen Empfindung« (Helmholtz 1863: 3) an die Fern-Sprechenden. Telephonie ist damit auch ein neuartiger Modus von Subjektivität, des sinnlichen Empfindens über räumliche Distanz hinweg. Das persönliche Gespräch ist von der Präsenz im Nahraum entkoppelt – im telefonischen Zwischenreich wird die nahe Stimme der entfernten Person zum Bestandteil einer artifiziellen Wirklichkeit.

Als situierungsunabhängige Erlebnistechnologie ist die Telephonie zugleich auch die Basis weiterer elektrischer Medien. Sie gründen auf der mit dem Fernsprechen erstmals fiktional, experimentell und technologisch durchgespielten Entkopplung des Übertragungsvorgangs vom subjektiven Erleben des Übertragenen. Das Radio erweitert die Technologie des Telefons und macht potentiell das Gesellschaftsganze zu seinem Publikum, indem statt elektrischer Leitungen die Rundwirkung der Hertzschen Wellen als Übertragungsbahn genutzt werden – dies um den Preis der Reziprozität. Allerdings setzt der Schritt vom dialogischen Gespräch zum radiophonen Erleben in gesellschaftlicher Reichweite ganz neue Möglichkeiten der Produktion und Steuerung des subjektiven Erlebens frei, die in den 1920er Jahren zuerst in den Experimenten mit dem Hörspiel erschlossen werden. Sie beruhen, wie Massenmedien überhaupt, weder auf einer wie auch immer dialogisch vorgestellten Kommunikation zwischen personalen Akteuren, noch auf dem eigenständigen Handeln einer an einem Ort versammelten Masse à la Le Bon, sondern auf dem simultanen Erleben eines großen Publikums, welches aus individuell empfindenden und räumlich verstreuten Einzelnen besteht.[13]

7. Technologie und Diskurs

Die Zusammenschau der technischen Konstruktionspraktiken, der Transformationen wissenschaftlichen Wissens und der Selbst- und Sozialverhältnisse in technischen Umwelten ergab in meinem Beitrag eine Perspektive auf die Genese des Fernsprechens, welche sich weder auf die Technikgeschichte eines Apparats, noch auf die Herausbildung neuartiger Weisen instrumentellen Umgangs mit demselben reduzieren ließ. Utopie, Physiologie und Technologie des Fernsprechens wurden als diskursive, epistemische und praktische Momente der Telephonie skizziert, wobei keine Entscheidung getroffen wurde, ob dem Fernsprechen oder dem Fernsprecher, dem Handeln oder dem Apparat der Vorrang gebührt. Stattdessen kann die Genealogie dessen, was wir heute ganz selbstverständlich und sogar drahtlos tun, als Herausbildung einer neuartigen, sachtechnisch ermöglichten Beziehung über Distanzen hinweg betrachtet werden, die zugleich verursachendes und verursachtes Element moderner Wissensordnungen ist: ›Die Technik‹ des Fernsprechers beinhaltet so sehr ein Wissen über den menschlichen Körper, wie das physiologische Wissen den Körper als Apparat vorstellt – der Erfinder des Telefons plausibilisiert die Nutzung seines funktionstüchtigen Geräts, wie die frühe Utopie des Ferngesprächs die Möglichkeit einer technischen Überwindung der Distanz für das intime Gespräch imaginiert.

Damit wird Michel Foucaults Konzept der Genealogie historisch weitergeführt. Die Untersuchung von Diskursen, in denen der Bezug auf technische Artefakte, auf Praktiken der technischen Konstruktion und der Techniknutzung ein strukturierendes Merkmal darstellt, muss allerdings einem Problem Rechnung tragen: Die Semantik der foucaultschen Diskursanalyse bedient sich einer technizistischen Metaphorik; sie versucht dadurch, Prozesse zu kennzeichnen, die ohne Urheber, innerhalb komplexer und wandelbarer Wechselverhältnisse und in produktiver Weise wie Technisches prozessieren.

Bei der Analyse von Diskursen aber, in denen Sachtechniken explizit verhandelt werden, stößt die im Kontext der foucaultschen Untersuchungen produktive, da Distanz herstellende technizistische Semantik an Grenzen. Es wird schwierig, mit Begrifflichkeiten wie ›Selbsttechniken‹ den historischen Wandel von Haltungen zu sich zu beschreiben, wenn der explizite Rekurs auf ›Technik‹ die untersuchten Diskurse strukturiert oder technische Verfahren und Apparate für die analysierten Praktiken relevant sind. Aus diesem Grund halte ich es für sinnvoll, bei diskursanalytisch orientierten Untersuchungen von Technologien auf Konzepte wie Selbsttechniken zu ver-

---

13 Vgl. dazu meine Dissertation (Schrage 2001), in der mediale Konstruktionen von Subjektivität durch das Radio mit den sozialregulativen Programmatiken psychotechnischer Normalisierung der 1920er Jahre kontrastiert werden. Der vorliegende Beitrag greift auf die Argumentation und das Material des zweiten Teils der Arbeit zurück.

zichten und stattdessen von Selbstverhältnissen zu sprechen, wenn historisch spezifische Haltungen zu sich in technischen Umwelten beschrieben werden.

Damit wird es auch wichtig, die Differenz von untersuchten Praktiken der Konstruktion und einer erkenntniskritischen Verwendungsweise des Konzepts ›Konstruktion‹ kenntlich zu machen. Tatsächlich ist letztere vor allem dazu geeignet, im Sinne einer Strategie der Entselbstverständlichung den Blick auf Konstitutionsprozesse von Wissen zu lenken: Dabei geht es darum, die *Hergestelltheit* von scheinbar evidenten Wissensobjekten herauszuarbeiten. Als Konstruktionen im sachtechnischen Sinne sind jedoch spezifische Praktiken in wissenschaftlichen, technischen und ästhetischen Kontexten anzusehen, denen eine Reflexion auf die *Herstellbarkeit* neuartiger Wissensformen und Erlebnisweisen vorausgeht. Dann ist ›Konstruktion‹ nicht nur ein erkenntniskritisches Konzept, welches an zu analysierende Wissensbestände herangetragen wird, sondern zugleich auch ein wichtiges Element – ein explizites ›Ziel‹ – der analysierten Diskurse selbst. Bei Untersuchungen der Konstitution solcher Wissensformen geraten dann die Herstellungsbedingungen neuartiger medialer, wissenschaftlicher und technischer Umwelten in den Blick, eine Perspektive, die der vorliegende Beitrag exemplarisch am Beispiel des Telephons zu verdeutlichen suchte.

Solche diskursanalytisch inspirierten Untersuchungen von Technologien, und insbesondere von Medientechnologien wie der Telephonie, müssen dann auch berücksichtigen, dass sich der Status und die Funktionsweise von Diskursen – oder allgemeiner: von Wissen – im Zuge medientechnischer Innovationen mit der Wende vom 19. zum 20. Jahrhunderts selbst verändert: Dies ist die Frage nach neuartigen – technischen – Modi der Produktion und Rezeption von Diskursen, nach den materialen Grundlagen der Zirkulation von Aussagen. Friedrich Kittler hat diese tiefgreifende medientechnische Zäsur der Wissensordnung in seinen Arbeiten beschrieben; allerdings verengt er die machtanalytische Perspektive Michel Foucaults einer eigenständige »Materialität der Diskurse« auf eine den Diskursen wiederum zugrundeliegende Materialität technischer Medien. Die Geschichte der technischen Medien stellt sich so als ein determinierender Prozess dar, der auf »Vollendung« ausgerichtet ist.[14] Das, was durch Kommunikationsmedien übermittelt wird, erscheint unter den informationstheoretischen Voraussetzungen dieses Ansatzes als »Nachrichten«, die »Befehle« sind, »›nach‹ denen Personen sich zu ›richten‹ haben« (Kittler 1997: 649).

Liest man – wie Kittler – die Geschichte des Telefons vom militärischen Kontext des telegraphischen Fernschreibens her, so scheint es nahliegend, den Informationsgehalt von Signalen mit der Semantik eines nun auch stimmlich übertragbaren, determinierenden Befehls zu identifizieren: Die elektrophysiologischen Signale werden zur Materialität des Diskurses. Selbstverhältnisse in artifiziell-medialen Wirklichkeiten lassen sich dann als Epiphänomene medientechnischen Prozessierens dechiffrieren. Mit den vorliegenden genealogischen Betrachtungen zur Telephonie aber wird die Diffe-

---

14 Vgl. Kittler (1997: 660). – Die für die kittlersche Medientheorie zentralen Ausgangshypothesen besagen, Medien seien ursprünglich »Mißbrauch von Heeresgerät« und stellten als unhintergehbarer, universaler und automatischer Kommunikationsverbund den Menschen als ihren Effekt technisch her; vgl. auch Kittler (1986: 149, 5). Dort heißt es: »Von den Leuten gibt es immer nur das, was Medien speichern und weitergeben können«.

renz zwischen dem Niveau der übertragenen Signale (Frequenzen) und dem der diskursiven Materialität (Effekte der Nutzung) deutlich. Nicht ohne Grund hatte Alexander G. Bell seine Mühe damit, den Zeitgenossen den Unterschied zwischen Telegraphie und Telephonie verständlich zu machen – und erst als die stimmliche Intimität des Fernsprechens als eine Erweiterung der Privatsphäre plausibel wurde, konnte die erfolgreiche Laufbahn des Telefons als zivile Technologie beginnen. Militärisch war es bis zum Ersten Weltkrieg bedeutungslos.[15]

Für an Foucaults Arbeiten anknüpfende Untersuchungen neuartiger Wissensformen in artifiziellen Wirklichkeiten ist die Identifizierung von Signal und Diskurs vor allem machtanalytisch uninteressant: Werden doch diskursive Effekte auf das Prozessieren eines monolithischen technisch-medialen Komplexes zurückgeführt, der selbst einer linearen Eigendynamik unterliegt und Kontingenzen lediglich als vorläufige Unterbrechungen kennt. Interessanter hingegen ist es, technisch-mediale Diskursmodi wie das Fernsprechen, das Fernsehen, die Infografik etc. als Bestandteile artifizieller Wirklichkeiten zu beschreiben, die weder – wie der Befehl – unmittelbar determinierend auf das Handeln von Individuen wirken oder als Entfremdung von einer eigentlichen, technikfreien Seinsweise aufgefasst werden, noch auf den instrumentellen Charakter von Werkzeugen reduziert werden können. Zugleich kann eine solche Konzeption artifizieller, d. h. weder naturwüchsiger noch traditioneller Wirklichkeiten den Ausgangspunkt bilden für eine Soziologie technisch indizierter Beziehungen, die nicht verlustfrei auf dem Modell eines technikfreien *face to face*-Kontakts abbildbar sind, da sie nicht auf die Einheit von Zeit, Raum und personaler Identität festzulegen sind.

Literaturverzeichnis

Aronson, Sidney H. (1978): Bell's electrical toy: What's the use? The sociology of early telephone usage. In: Pool, Ithiel de Sola (Hg.): The social impact of telephone. Cambridge. Mass./London, 15-39.
Aschoff, Volker (1976): Von der Ursprache zur Sprechmaschine. In: Nachrichtentechnische Zeitschrift 29, 98-102.
Benjamin, Walter (1981 [1938]): Berliner Kindheit um Neunzehnhundert. In: ders.: Gesammelte Schriften Bd. 4, Frankfurt a. M., 235-303.
Droste-Hülshoff, Annette von (1992 [1842]): Historisch-kritische Ausgabe (bearb. von Winfried Woesler): Bd. X,1 (Briefe 1843-1848). Tübingen.
Gold, Helmut (1989): »Gestörte Verbindung – guter Draht«. Vom Einzug des Telefons in die Literatur. In: Hessische Blätter für Volks- und Kulturforschung (N. F.) 24, 105-112.
Helmholtz, Hermann von (1896 [1863]): Die Lehre von den Tonempfindungen als physiologische Grundlage für die Theorie der Musik. 5. Aufl. Braunschweig.

---

15 Gerade die Tatsache, dass Telefongespräche nicht schriftlich dokumentierbar sind und zudem kein Spezialwissen erfordern, war das entscheidende Hemmnis bei der militärischen Implementierung des Telefons, das in Deutschland erst unter den Bedingungen des Stellungskriegs 1916 aufgehoben wurde – 1914 gab es in Berlin bereits 122.000 Hauptanschlüsse. Die Zahl stammt aus Schwender (1997: 38). Für eine differenziertere Perspektive auf den Zusammenhang von Medien und Krieg vgl. Kaufmann (1996).

Horstmann, Erwin (1952): 75 Jahre Fernsprecher in Deutschland. 1877-1952. Frankfurt a. M.
Kaufmann, Stefan (1996): Kommunikationstechnik und Kriegführung 1815-1945. Stufen telemedialer Rüstung. München.
Kittler, Friedrich (1986): Grammophon Film Typewriter. Berlin.
Kittler, Friedrich (1997): Kommunikationsmedien. In: Wulf, Christoph (Hg.): Vom Menschen. Handbuch Historische Anthropologie. Weinheim/Basel, 649-661.
Mache, Wolfgang (1989): Reis-Telefon (1861/64) und Bell-Telefon (1875/77). Ein Vergleich. In: Hessische Blätter für Volks- und Kulturforschung (N.F.), 24, 45-62.
Reis, Philipp (1952 [1860]): Über Telephonie durch den galvanischen Strom. In: Jahres-Bericht des Physikalischen Vereins zu Frankfurt am Main. Nachdruck in: Horstmann, Erwin: 75 Jahre Fernsprecher in Deutschland. 1877-1952. Frankfurt a.M., 34-38.
Schivelbusch, Wolfgang (1977): Die Geschichte der Eisenbahnreise. Zur Industrialisierung von Raum und Zeit im 19. Jahrhundert. München/Wien.
Schrage, Dominik (2001): Psychotechnik und Radiophonie. Subjektkonstruktionen in artifiziellen Wirklichkeiten 1918-1932. München.
Schwender, Clemens (1997): Wie benutze ich einen Fernsprecher? Die Anleitungen zum Telefonieren im Berliner Telefonbuch 1881-1996/97. Frankfurt a.M.
Thompson, Silvanus P. (1883): Philipp Reis: Inventor of the telephone, London/New York.
Vogel, Stephan (1993): Sensation of tone, perception of sound, and empiricism: Helmholtz's physiological acoustics. In: Cahan, David (Hg.): Hermann von Helmholtz and the foundations of nineteenth-century science. Berkeley/Los Angeles/London, 259-287.
Weiher, Sigfrid von (1976): Vorahnungen zum Fernsprechen und das erste wirkliche Telephon von Philipp Reis. In: Nachrichtentechnische Zeitschrift 2, 29, 102-105.

Günther Landsteiner

Benutzerfreundliche Interfaces
Strategische Wahlen in der Erkenntnis und Konstruktion
der Mensch-Computer-Verhältnisse

Mit dem Computer liegt heute ein Typ technischer Artefakte vor, dessen Stellenwert sich nicht in einer bloßen Gegenüberstellung von Mensch und Maschine bestimmen lässt. Als Medium steht der Computer im Brennpunkt von Gegenwartsanalysen, deren Interesse in aller Regel den transformativen Kräften gilt, die mit ihm einhergehen. Medientheorien lenken den analytischen Blick darauf, dass diese ›symbolische Maschine‹ Mensch und Gesellschaft in tieferer Weise erfasst und das Dasein in der von ihr geprägten Medienepoche entschieden mitbestimmt. Mit der epochalen Zäsur wird bei der Thematisierung digitaler Technologie immer schon gerechnet, was die Reduktion aufs Technische als Abgetrenntes verbietet und die Ortung sozio-kulturellen Wandels auf die Tagesordnung setzt. Gerade am Computer, der jede Art von Daten prozessiert und damit alle vorhergegangenen Medien in sich aufzuheben vermag, hat sich der Verdacht genährt, dass das Gewicht der technischen Trägermedien für die historisch-gesellschaftliche Existenz des Menschen kaum zu unterschätzen ist.

Welcher Stellenwert für die Wirkungs- und Entfaltungslogik der digitalen Technologie aber kann den Benutzer-Schnittstellen zugemessen werden? Wenn auf den heute üblichen *Personal Computers* der simultane Zugriff auf laufende Programme und ›offene‹ Dokumente den Normalfall darstellt, eröffnet sich an der Schnittstelle eine Multiplizität von Kommunikations-, Arbeits- und Freizeitaktivitäten. Folgt man einer prominenten Diagnose, so breitet sich eine allgemeine Präsenz des Möglichen über die Bildschirme aus. »Wir haben gelernt, Interfaces für bare Münze zu nehmen. [...] Inwieweit ist ein Bildschirmdesktop weniger real als ein ›echter‹?« (Turkle 1998: 33f.) Altbekannte Grenzen verschwimmen im »zyklischen Pendeln zwischen der realen Welt, RL, und einer Reihe virtueller Welten« (Turkle 1998: 15), und in der ›Vernetzung‹ liegen die Bildung neuer Gemeinschaften, Identitätswandel und -auflösung nahe. Alles scheint sich so abzuspielen, als ob die Schnittstellen zwischen Mensch und Computer als Eintrittstore in die digitalen Welten, in denen Wissen und neuartige Erfahrungen bereitliegen, sich unmittelbar mit den Transformationskräften des Mediums verbänden, deren Sog Subjektivitäten wie soziale Beziehungen längst erfasst hat. Die Leistung der Interfaces besteht dann darin, jene Bewegung zu tragen, in der sich die Freiheitsgrade der menschlichen Existenz massiv erhöhen, an ihnen fallen »Simulation, Navigation und Interaktion« ineins. »Identität am Computer« ist kaum noch mehr als die Summe aufgeteilter Präsenz, und die lokalen Bedienungsakte am Gerät verschwistern sich recht umstandslos mit dem Allgemeinen nicht nur der von ihnen hergestellten technischen Effekte, sondern zugleich einer ›postmodernen‹ Gesellschaftsverfassung, die vom Simulativen getragen ist (Turkle 1998: 10–38).

Gegenüber der Ausbreitung eines solchen Digital-Technologischen, das niemanden und keine Sphäre unberührt lässt, bleiben dann als Gegenpol allenfalls neue Gestaltungserfordernisse, die sich für den Einzelnen als Forderungen einer erneuerten Selbsttechnologie abzeichnen. Wer auf der Höhe der Zeit ist, insistiert demnach auf einem Rest, der trotzdem bleibt:

> Der Blick auf den Bildschirm als paradigmatische Verhaltensweise des ›informierten Menschen‹ (ersetzt) nicht die Ausarbeitung individueller Formen und Stile. [...] Die Erfindung des individuellen Gebrauchs setzt der Entgrenzung durch Information und Kommunikation eine bewusste, kalkulierte Begrenzung entgegen und stellt so die Form wieder her. (Schmid 2000: 136)

Durch die Wahlakte eines selbstbestimmten Lebensstils gelingt es, sich noch einmal zu distanzieren. Die Benutzer-Schnittstellen werden zum letzten Anhaltspunkt einer Lebenskunst, die sich am Wegsehen oder notfalls Abschalten festmacht.

Für all die medienphilosophischen Thesen, die den *Cyberspace* vor allem als Entgrenzung bestimmen – indem sie von der vernetzten Gesellschaft, vom »homo s@piens« oder von der Verschmelzung des Humanen und des Digital-Technischen im Cyborg handeln –, scheint das Interface kaum der Rede wert. Freilich ist zeitgleich mit diesen Deutungsbestrebungen andernorts ein Diskurs erschienen, der genau diese Schnittstellen zum Gegenstand eines spezifischen Wissens gemacht und zu seinem Praxisfeld erhoben hat. Unter dem Begriff der *Usability*, der Benutzerfreundlichkeit bzw. Benutzbarkeit, verhandelt er die Mensch-Maschine-Beziehungen. Angesiedelt an universitären Instituten mit Bezeichnungen wie *Human-Computer Interaction, Usability-Engineering, Human Factor Research, Software-Ergonomie* oder *Information Engineering* – um nur die wesentlichsten zu nennen – und in spezialisierten Beratungsunternehmen tritt dieser Diskurs innerhalb und an der Seite der *Computer Sciences* auf. Ohne mit ihm unmittelbar zusammenzufallen, unterhält er eine Nähe zum Ingenieurswesen, dem sich die heute im Einsatz befindlichen Computer verdanken. Dieser von medientheoretisch-geisteswissenschaftlicher Seite bislang nicht wahrgenommene Diskurs soll im Folgenden näher in Augenschein genommen werden, um zu erkunden, welches Aussagefeld er konstituiert, welche Wissensgegenstände und Verfahren er ausbildet und welche begriffliche Architektur an ihm freigelegt werden kann (vgl. Foucault 1986). Indem er auf einem längst etablierten Praxisfeld operiert, verschafft sich dieser Diskurs neben den Entwürfen der Erfinder und neben den medien- und kulturwissenschaftlichen Analysen, die auf die Signatur der Zeit aus sind, nachdrücklich Geltung. Er situiert die Technologie in seinen wissenschaftlichen Äußerungen und schreibt sich in die Erscheinungsformen des Digitaltechnologischen ein, indem er dessen *front-ends* de facto mitgestaltet. Sein sinnstiftender Bezug auf die Neuen Informations- und Kommunikationstechnologien legt daher nahe, zudem in Erfahrung zu bringen, ob er für die Bestimmung des Status des Digital-Technologischen Gewinn abzuwerfen vermag. Denn er zeichnet ein nüchternes und ernüchterndes Bild, das in einer »Bestandsaufnahme des tatsächlich von Computerbastlern und Softwareprogrammierern bisher Erreichten« (Krempl 2000: 219) gründet und sich Antizipationen und Analysen des Verlaufs der gegenwärtigen Medienepoche irritierend in den Weg stellt.[1]

Interaktivität – Intuitivität

Seit die Graphische Benutzerschnittstelle (*Graphic User Interface/GUI*) zum ersten Mal auf Apples Lisa-Computer erschienen ist, scheint das Opake zum Signum des Informationszeitalters geworden zu sein. Mit der Schreibtisch-Metapher und den typischen Interaktionselementen der Fenster, Menüs und Dialogstrukturen haben diese Schnittstellen die zuvor üblichen Befehlszeilen-Eingaben (*command-line interfaces*) abgelöst. Heute ubiquitär anzutreffen und in allen Systemen verwirklicht, sind GUIs bereits so selbstverständlich im Umgang mit dem Computer, dass kaum ein Benutzer sie noch bewusst als Besonderheit wahrnimmt. Sie haben den Komfort des Nutzers obsiegen lassen, indem sie der Oberfläche den Vorrang vor den in die unsichtbaren Tiefenschichten der Maschine verbannten logisch-strukturierten Verrechnungsprozessen eingeräumt haben. Das Hantieren mit Daten, das sich hier mühelos und ohne ›höhere Ambitionen‹ eines technischen Wissens vollzieht, verdrängt einen Einblick, der das Bild des Gebrauchs einer nach wie vor dem Werkzeug verwandten Maschine anleiten konnte. Was am Computer technisch-rechnerisch war, sich offenkundig einer analytischen Vernunft verdankte, verschwindet unter dem GUI in einer Ebene, die man in der Regel ignoriert.

Ein Disput war bekanntlich die Folge, dessen Spuren bis heute anwesend sind. Als Glaubensstreit über zwei rivalisierende ›Ästhetiken‹ hat er die Nutzergemeinde gespalten, und unter akademischen Beobachtern wurden divergierende Deutungen provoziert: Was allgemein als historische Geburtsstunde und prinzipielle Möglichkeitsbedingung des heutigen Datenverkehrs gilt, mochte eine entscheidende Rolle darin spielen, »die Computer ein wenig näher an das Vertraute heranzuführen« und so »von den schwarzen Künsten der Informationsauffindung zu befreien« (Levy 1995: 249f.; Übers. d. A.). Sie mochte von der Auseinandersetzung mit Schichten des Geräte-Innenlebens zwar entbinden, aber zugleich davon ablenken, dass diesseits des Simulativen in Wahrheit kalte Verrechnung herrscht. Welche Deutung man hier auch bevorzugt – eine konstitutive Leistung der Graphischen Benutzeroberflächen wird in jedem Falle angesetzt. Gerade Beschreibungen einer ›Kultur virtueller Realität‹ sind auf die Durchsichtigkeit der Interfaces angewiesen, in denen sich ein glatter Durchgriff auf Datenlandschaften, kommunikative Beziehungen, Wissen und Erkenntnisse herstellt, da die verlorene Transparenz der Computer in eine neuartige Transparenz der Welt umschlägt. Eine unwiderrufliche Bewegung hätte dann den Computer von einer ›number crunching machine‹, deren Bedienung denn auch über weite Strecken dem Programmieren mit seiner Klarsichtigkeit gegenüber den Grundlagen der Verrechnung glich, in einen opaken Simulationsapparat überführt, anhand dessen so gut wie alles möglich ist, ohne ihn dabei durchschauen zu wollen oder auch zu können

---

1   Die hier präsentierte Auseinandersetzung geht auf zwei Forschungsprojekte zur Landschaft europäischer Usability-Expertise zurück, die in den Jahren 1999 und 2000 durchgeführt wurden, und die in diesem Rahmen geführten Tiefeninterviews mit HCI- und Usability-Experten (Inhabern entsprechender Lehrstühle sowie Leitern von Usability-Abteilungen in der Industrie). Gedankt sei an dieser Stelle auch Wolfgang Neurath, dessen Diskussionsbeiträge stets einen inspirierenden Beitrag zur Aufarbeitung dargestellt haben.

(Turkle 1998: 25 ff.). Unter dem Stichwort der Interaktivität kondensieren die Erwartungen an Eigenschaften des Mediums, durch die gesellschaftliche Realität nicht nur entschieden angereichert wird, sondern auch umschlägt. Nur dann lassen sich Analysemodi wie der folgende in Anschlag bringen: »The human spirit reunites its dimensions in a new interaction between the two sides of the brain, machines and social contexts« (Castells 1996: 328).

Im Alltag mögen Sehnsüchte nach einem Einblick in die ›nackte‹ Maschine, der die verschleiernde Maske noch einmal vom ›wahren‹ Gesicht gerissen wird, um die physischen Grundlagen der Automation zutage treten zu lassen, noch ab und an wach werden (vgl. ZEIT-Magazin Nr. 49/1997). Im Großen und Ganzen hat man sich jedoch offenbar an den Umgang mit der »opaken Technologie« gewöhnt. Im Sinne einer Alltagsgängigkeit des Informationellen erscheint denn auch kaum vorstellbar, wie im Vorübergehen und unproblematisch der nackte Geldautomat oder ein nacktes Informations-Terminal bedient bzw. benutzt werden könnten, ganz zu schweigen von Videorecordern, Küchengeräten, Steuerungssystemen und anderen *embedded chips*. Denn nur 2% aller heute im Einsatz befindlichen Prozessoren sind in PCs eingebaut, denjenigen Geräten also, die die Alltagssprache vor allem mit ›Computer‹ meint (Krempl 2000: 218). Die Schnittstellen, mithilfe derer all diese digitalen Maschinen im Alltag erscheinen und sich in ihn eingliedern, sind so diversifiziert wie der heutige Technologieeinsatz vielfältig.

In allen Fällen geben sich die Benutzer-Schnittstellen bei näherem Hinsehen als nicht verzichtbare Zwischenwelt zu erkennen, die die ›Zugangswege‹ zur Informationswelt bereitstellt (de Kerckhove 1998: 195). Gerade was sich im Einsatz der Graphischen Benutzeroberflächen vollzieht, ist mit dem Motiv einer Verschleierung des Technischen und einem Abbau der Einsichtigkeit schlecht gefasst. Sie provozieren zur Interaktion mit den Datenbeständen und eröffnen den Zugang zu einer – heute gern als schier endlos nutzbar betrachteten – Datenwelt, die sonst nur Abgelegtes, Weg-Gespeichertes wäre. So ist das Interface weit mehr als ein Design, das dem Rechner nachträglich ›aufgesetzt‹ wurde. Ebenso ist das Interface offenkundig von anderer Art als eine Gebrauchsanweisung älteren Stils, die schlicht den instrumentellen Zugang zur im Gerät geborgenen Funktionalität erklärte (Tholen 1997: 99). Vielmehr implizieren die heutigen Schnittstellen ein Verstehen zunächst noch unklarer Art, das Erkennen, spielerisches Erkunden und Bedienen ineinander verfließen lässt. Die Interaktivität des Mediums verdankt sich wesentlich der seiner Bildschirme – genauer: seiner *front-ends*, dem Ensemble seiner Ein- und Ausgabegeräte, wie der Maus als Zeigeinstrument. Mag sich hernach und in Teilen Interaktivität als Kommunikationsbezug (mit Menschen, in Gemeinschaften) herstellen, ist doch Bemerkenswertes immer schon vorausgesetzt: dass der Nutzer, der der Maschine als einer ›black box‹ gegenübersteht und mit ihr einzig durch ein ›Nadelöhr‹ verbunden ist (Krämer 1995: 227), die bereitliegenden Datenbestände tatsächlich erreicht. Wenn sich heute von den Effekten der GUIs und der alltagstauglichen Geräte einer Informationswelt sprechen lässt, so deshalb, weil sich in den Interfaces Sinneseindrücke und Bedienungen zu bewältigbaren Handlungsmustern verflechten.

Alles in allem scheint der Traum von der zuhandenen und handhabbaren Information mithin verwirklicht, der sich mit den Namen Vannevar Bush, Douglas C.

Engelbart und Ted Nelson verbindet.² Wenn heute »lebensechtere Maschinen auf unseren Arbeitstischen« stehen und »subjektive Computer« »Projektionen des Selbst auf den Computer [als] etwas ganz Alltägliches« erscheinen lassen können (Turkle 1998: 37, 44), wenn Präsenzen an entfernten Orten wie Banken, Webshops oder Bibliotheken symbolisch geschaffen werden, unter Ausschluss der Physis Anwesenheiten in Datenwelten möglich sind, so verdankt sich all dies einem geglückten GUI. Dass dies – der glatte Durchgriff ohne Reibungsflächen – keineswegs der Regelfall ist, bestimmt den Einsatzpunkt des Usability-Diskurses. Die Herangehensweise dieses Diskurses ist bestimmt von einem entschiedenen Einspruch:

> Well designed GUIs have numerous advantages for the users, but these advantages are too often not exploited by appropriate design. Too many systems still show typical GUI-usability problems. (CURE 2000: o. S.)

Wo Informationen gehandhabt werden, gehört Unübersichtliches, Lästiges und Irritierendes dazu, die praktischen Erfahrungsweisen des Digital-Technologischen sind von ihm durchsetzt. 85% aller Nutzer insultieren ihren Computer zumindest gele-

Das Image der Transparenz des *Graphic User Interface* am Beispiel des elektronischen Zahlungsverkehrs (Quelle: c't magazin für computertechnik 10/2000)

gentlich, wie empirische Studien zeigen, und attackieren ihn zuweilen auch physisch (Krempl 2000). Unübersichtlichkeit der Kontrollelemente, Darbietung bedeutungsloser Informationen, die dem Benutzer als unnütze Fragen erscheinen, esoterische Terminologie (›programmerisms‹), uneindeutige oder gar falsche Fehlermeldungen (die

---

2 Diese Geschichte der Vorläufer ist für die genuine Sphäre der Graphischen Benutzeroberflächen das, was für die Geschichte des Digital-Technologischen überhaupt die allgemeine Turing-Maschine ist (Levy 1995: 248 f.). So weit zu sehen ist, steht sie den bislang weit häufigeren Aufarbeitungen, die sich auf die Verrechenbarkeit der Daten konzentriert haben, weitgehend unvermittelt gegenüber.

freilich dennoch mit ›o.k.‹ zu bestätigen sind, um fortfahren zu können), überkomplexe Auswahlmenüs, verwirrende Gestaltung visueller Elemente – mit ihrer zunehmenden Verbreitung stellt die Technologie zugleich eine reichhaltige Sammlung des Unzulänglichen bereit. All diese Elemente erweisen sich als Quellen von Verständnishindernissen, die die Mensch-Maschine-Interaktion permanent hintertreiben, wenn nicht verunmöglichen.[3] »The user, the citizen, the client, the human is struggling with unusable systems, which build barriers between the person and the system she/he wants to use« (CURE 2000: o. S.). Was zusammenspielen soll, um Steigerungen in einem synergetischen Gesamtsystem Mensch-Maschine hervorzurufen, ja – wenn es nach manchen Propheten des Digitalzeitalters geht – gleichsam organisch zusammenwachsen soll, bleibt mehr als nötig getrennt.

Mit seinem Vorwurf, dass konkrete Realisierungen der Technologie eher zur Errichtung unnötiger Barrieren beitragen, als die prinzipiell ortbaren Möglichkeiten der GUIs auszuschöpfen oder gar zur ›Datenimmersion‹ (Halbach 1994: 200 ff.) zu führen, erinnert dieser Diskurs zugleich an die fortlaufende Arbeit, durch die heutige Umgangsweisen mit Daten und Informationen ermöglicht und bestimmt werden. Die Informations- und Kommunikationstechnologien unterliegen einer Herstellungsperspektive, in der jedes Gerät und jede Applikation so und nicht anders in die Welt kommen, um so und nicht anders verwendet zu werden, und die in ihr angelegten Vollzüge im Umgang mit Daten so und nicht anders zu unterstützen. Man betreibt eine Anklage im humanistischen Tonfall, die ein Versagen benennt und es nicht auf Seiten der Benutzer und mangelnder Anpassungen, sondern auf Seiten der Technologie anschreibt:

> Usability is an ubiquitous problem of today's society. Most systems of our daily life lead into frustration and loss of time rather than improvements in working or private environments. This is the result of ignorance of appropriate know how to develop usage oriented systems and to integrate usability knowledge. (CURE 2000: o. S.)

Der Usability-Diskurs schiebt sich so zwischen die Entwicklungsprozesse, in denen Funktionalitäten in Gestalt von Geräten und Programmen geschaffen werden, und industrielle Designentscheidungen, die die Erscheinungsweisen der Produkte vor allem aus Marketingüberlegungen heraus bestimmen. Das ›Design‹, von dem hier gehandelt wird, meint nicht oberflächliche Attraktivität, sondern die sachlichen Bedingungen bedienungsgerechter Oberflächen.

Wo andernorts schlicht von Schnitt-Stellen die Rede ist, von Vergegenständlichtem also, setzt dieser Diskurs *Human-Computer Interaction* (HCI), handelt damit vom Vollzug und privilegiert so das miss- oder gelingende Zusammenspiel von Mensch und Maschine als Punkt der Aufmerksamkeit. »The focus [...] is on how people communicate and interact with a broadly-defined range of computer systems« (CHI 2000: 38).

---

3 Neben der detaillierten Entfaltung der Elementik des Hinderlichen und Misslungenen in der wissenschaftlichen Literatur dieses Feldes wird u. a. vom US-amerikanischen Usability-Unternehmen *Isys Information Architects Inc.* in seiner ›Hall of Shame‹ eine umfangreiche Sammlung von Interface-Elementen, die aus dieser Sicht »als Designpraktiken der Auslöschung würdig« sind, online zur Verfügung gestellt: http://www.iarchitect.com/mshame.htm.

Er weist der Benutzeroberfläche die Position des Mittels an, dessen Zwecke in bestimmter Weise angebbar werden, um sodann für Entwurf wie Bewertung dieser vermittelnden Konstruktion herangezogen werden zu können. Eine allgemeine Regel für eine erfolgversprechende Herangehensweise an das Digital-Technologische gibt er mit der Generalformel: »Einfach, befriedigend, erfreulich und effizient zu nutzen«. Entlang dieser Formel bezeichnet er eine technische Entwicklungsaufgabe, die nur unzureichend erfüllt ist und erst unter seinem Eingreifen zu einem befriedigenden Ergebnis kommen wird.

Es ist der tatsächliche Gebrauch der Technologie, auf den in diesem Diskurs alles zuläuft und an dem sich alles bemisst, wenn er *systems in use* verhandelt. Wenn es um die Reibungen geht, die hier nur allzu oft auftreten, so liegen die Problemlösungsstrategien für ihn weit weniger im Bereich des Technikvisionären, das eine Beseitigung von Verständigungsproblemen zwischen Mensch und Computer in Form einer Leistungssteigerung der Maschinen im Auge hat. Nicht ›verständige‹ – intelligente, emotionale, symbol-deutende – und vom Menschen unabhängige Maschinen sind in die Welt zu setzen; seine Strategien beziehen sich vielmehr auf den spezifischen Charakter der Informationsräume, die in sie Eingestellten zu orientieren oder eben zu desorientieren. Dieser Diskurs handelt von Informationsdarstellung, Interaktionselementen und der genauen Gestaltung von Ein- und Ausgabemedien, den heutigen Maschinen also und den Bedingungen, zu denen mit ihnen Informationen handhabbar gemacht werden können und müssen. Betroffen sind davon Multimedia-Anwendungen und Online-Dienste, Workflow-Oberflächen, *Consumer Products* ebenso wie Kraftwerkssteuerungen, Flugsicherheitssysteme oder Lernumgebungen. Durchgängig tritt an die Stelle eines noch ausstehenden ›verständigen‹ ein ›verständnisvoller‹ Computer, der sich diesseits der Frage nach der Emulierbarkeit des Menschlichen ansiedelt.

Verständnisvoll zu sein, ist weder den Prozessoren noch den Netzen inhärent, sondern wird in die Maschinen bei der Gestaltung ihrer *front-ends* hineingelegt. Anforderungen der Technikentwicklung vor allem im Software-Bereich sortieren sich entlang dieser Aufgabenstellung:

> The benefits of good user interfaces (UI) are obvious, but (they) are often more difficult to engineer than other parts of the system. (Reiterer 2000: 225)

Wo zum heutigen Stand Computer bedient und die in ihren Tiefen geborgenen Informationen gehandhabt werden müssen, scheidet sich in den eingerichteten Orientierungsräumen permanent das Deutbare und Sinnhaft-Evidente vom Fraglichen, das Verständnisprobleme aufwirft und Handlungsabläufe behindert. In der Regel der ›Intuitivität‹ der Benutzerschnittstellen kommt das Gelingen der Interface-Konstruktion für den Benutzbarkeitsdiskurs auf den Begriff. Mit ›Intuitivität‹ zielt er auf das Fraglos-Werden dessen, was eben noch Neu- und Andersartiges war. Mit Funktionen der *Konstanz* und *Konsistenz*, der *Vorhersehbarkeit* und der *Erwartbarkeit* wird benannt, wodurch das Interface eine bekannte Situation schafft und so die Technologie in die Selbstverständlichkeiten von Konventionen und unmittelbar Einsichtigem einbettet (Johnson 1999: 256).

Nutzung – Gestaltung

Man muss den Benutzer verstehen, um eine Technologie zu schaffen, die nicht länger an ihren misslingenden Mensch-Maschine-Beziehungen krankt. Von hier aus, so dieser Diskurs, lässt sich ein Korrektiv für die Vielzahl der Entwicklungsprozesse in Industrie und Multimedia-Schmieden ausbilden und ein allgemeines Defizit, das die Technologie in ihrer verwirklichten Form kennzeichnet, abbauen. Man muss sich damit auseinandersetzen, welche Informationen der Benutzer wünschen und benötigen wird, wie er mit ihnen umgehen wird, welche ihn vor Probleme stellen oder nicht hilfreich sein werden. Denn wenn die Technologie in ihrem tagtäglichen Einsatz einen Mangel leidet, so deshalb, weil es Hardware- und vor allem Software-Ingenieuren nicht gelingt, die von ihnen entworfenen Funktionalitäten für den Datenzugriff dem Benutzer in einer ihm zugänglichen Weise darzubieten. Dies betrifft Arbeits- wie Freizeitzusammenhänge, weit verbreitete Software ebenso wie Expertensysteme und Sonderlösungen. Dabei werden unter all diesen Anwendungen diejenigen als die prekärsten ausgewiesen, die nicht einem kleinen, hoch spezialisierten Kreis von Anwendern vorbehalten sind, nicht mit einem hohen Schulungsaufwand verbunden werden können oder mit derart hohen Freiheitsgraden einhergehen wie das Spiel. Gerade hier dreht sich alles um das ›Offenstehen‹, eine unmittelbarere Einsicht in die Operationalität der Interfaces, die ohne dauerndes zu Rate Ziehen von Handbüchern und ohne tieferes technisches Hintergrundwissen zuhanden sein soll. Um die Schnittstellen auf die richtige Bahn zu lenken, muss man sie verstärkt von Seiten des Nutzers her entwickeln:

> Quality of use [...] cannot be obtained simply by fixing a few labels and buttons on the user interface at the end of the development cycle; the product has to be designed for the user and with the user. Knowledge of user requirements, understanding of the social and physical environment of usage, the involvement of users in the design process can ensure that technology is successfully deployed and adopted by its users. (Broadbent 1998: 2)

Die Forderung, dass es möglich sein müsse, Computer zu verwenden ohne darüber nachzudenken, ohne unversehens in einen Raum des Problematischen eingestellt zu sein und zu problemlösendem Handeln genötigt zu werden, findet die Bedingungen ihrer Einlösung in den verschiedenen Techniken und Verfahrensweisen, mit denen die spezialisierten Experten der Benutzbarkeit die Probleme und Bedarfslagen der Interaktion sichtbar machen. Um dem Ziel des ›guten User Interfaces‹ näher zu kommen, stützt sich dieser Diskurs auf eine Kenntnis der ›wirklichen Kerne des Verstehens‹. Gesetze der menschlichen Informationsverarbeitung, Kognitionsforschung, Wahrnehmungspsychologie, Arbeitswissenschaften und ethnographische Beobachtungsverfahren erlauben es, den Problemen des Benutzers eine wissenschaftliche Form zu verleihen und ein Optimierungskalkül zu entwickeln. Das Maß des Menschlichen lässt sich bestimmen und an die Digitaltechnologie herantragen, indem die Erkenntnisverfahren dieser etablierten Wissenschaftsdisziplinen nochmals zusammengezogen und anhand von neuen Entwicklungen und Produkten beständig vorangetrieben werden. Ein Reich scheinbarer Banalitäten, in denen es doch ums Ganze geht, da sie insgesamt die Gestalt und Gangbarkeit der Benutzeroberflächen ausmachen, eröffnet sich damit dem Zugriff von Experten. Es lässt sich anhand von Zugangsweisen wie ›Visuelle

Wahrnehmung und Datenvisualisierung‹, ›Basisphänomene des menschlichen Erinnerns und Problemlösens‹ oder ›Basiskonzepte und Anwendungen der Aktivitätstheorie‹ behandeln (vgl. CHI 2000). Im Rückgriff auf diese Konzepte lässt sich die Brauchbarkeit der Schnittstellen auch von einer qualitativen Größe zu einer messbaren machen, so dass gezielte Verfahren zur Entdeckung von Störendem und Obstruktivem in Anschlag gebracht werden können.

Im Zentrum stehen dabei ›Testen‹ und ›Evaluieren‹, durch die andernorts getroffene Designentscheidungen beleuchtet werden können und eine Kritik auf der Grundlage empirisch gesicherten Wissens möglich wird. Vor allem das *Usability-Labor* (Nielsen 1993; 1994) verschafft der Fundamentalperspektive Geltung, dass das Digital-Technologische in seiner konkreten Verwirklichung an seinem Potenzial und seinen prophezeiten Wirkungen vorbeigeht. Das Labor bestimmt einen Ort, an dem sich Benutzer-Probleme im Umgang mit der Software rechtzeitig zeigen. Wo es nicht zum Einsatz kommt, stehen mit *Expert Review, Usability Inspection* und *heuristischer Evaluation* immer noch probate Mittel zur Verfügung, um ein Wissen über Gestaltungsprinzipien begutachtend anzulegen, den Entwicklern beratend zur Seite zu stehen und korrektiv auf ihr Schaffen einzuwirken. So zieht sich das Experimentelle der Technologie-Verwirklichung zurück, wandert ab in umgrenzte Zonen, wo die Erkundung des menschlichen Informationsverhaltens im Direktbezug auf die aus den Entwicklungsabteilungen kommenden Anwendungen vor sich geht. In der Realität des gesellschaftlichen Technologieeinsatzes hingegen hat keinen Ort, was unter die Perspektive des Dysfunktionalen gerät. Der fragliche Ausgang des Experimentellen steht in scharfem Kontrast zum Getesteten, Abgeglichenen und Konformen, das die Reibungslosigkeit eines Technologieeinsatzes mit erwartbarem Ausgang zu garantieren vermag.

Die Gestalt dieser Sorge um das Interface grenzt sich nicht von ungefähr gegen das Tun der Software-Ingenieure, der Entwicklungsabteilungen der Industrie und der Kreativitätsschmieden im Multimedia-Bereich, von Marketing-Managern und Grafikern ab. Sie treibt einen Keil zwischen das, was durch Test und Norm mit der Annahme einer entscheidenden Produktivierung versehen ist, und das Freischwebende einer fortschreitenden Innovation, die in jede Richtung verlaufen könnte. Sie bildet eine Demarkationslinie zu all dem Andersartigen, Neuen und Überraschenden aus, das nicht nur im gesellschaftlichen, sondern auch im analytischen Blick auf die Technologie vorherrscht und hier zum lediglich Ausgedachten, Erfundenen, Kreativen ohne gesicherten Boden gerät. Weit entfernt davon, das Innovationsgeschehen hemmen zu wollen, weist man der Suche nach neuen Gestaltungsformen doch einen umgrenzten Spielraum zu, der zweckgerechten Interaktionsmitteln Vorrang gibt.

Mit der grundsätzlichen Annahme der Existenz von *Design-Anforderungen*, die für jede Anwendung der Digitaltechnologie bestehen, lässt sich das Widerständige gegenüber der Maschine spezifizieren und die Ambition eines ›Human-Centred Design‹ verfolgen. Von hier aus lässt sich das offene Bedürfnis benennen, um einer drohenden Defizienz bereits im Vorfeld zu begegnen. Eingeschrieben sind derartige Anforderungen in die antizipierte Nutzungssituation, deren mangelnde Kenntnis als fatal für den Fortgang der Technologie gelten muss.

Dabei ist es nicht ein allgemein-anonymes Bild des Gebrauchs, mit dem sich der Diskurs von der Benutzbarkeit zufrieden geben könnte. Die Mensch-Maschine-Interaktion wird erst greifbar im Vollzug einer bestimmten Aktivität, die innerhalb einer spezifischen Anwendungssituation und von einer spezifizierten Nutzergruppe gesetzt wird. Nun erst tritt der Gebrauchsakt aus einer Unklarheit heraus, durch die genauere Kenntnis dieses Ensembles wird ein erfolgversprechendes Interface konzipierbar und der Grad seiner Gelungenheit bewertbar (Myers 1994; Hix/Hartson 1993). Der Benutzer wird in Form von ›Problemen‹ und von ›Bedürfnissen‹ sichtbar. Die allgemeine ›Regel der einfachen Handhabung‹, die die Partei des Users ergreift, ihm Mühen und leidvolle Erfahrungen ersparen soll (Johnson 1999: 254), setzt sich nun anhand von Kriterien wie der Fehlerreduktion bei der Bedienung eines Programms um. Um den Computereinsatz von Hinderlichem zu befreien, interessiert man sich für die erwartbaren Verhaltensweisen der Benutzer, für Wahrnehmungsweisen, Aufmerksamkeitsspannen und Stressfaktoren im Horizont des Instrumentellen und Zweckgebundenen. Benutzbarkeit versteht sich in dieser Konzeption wesentlich als Verbesserung der menschlichen Performanz beim Vollzug von Aufgaben mittels eines interaktiven Computersystems. Damit kann jene Leistungssteigerung im synergetischen Zusammenspiel von Mensch und Maschine, um die es auch Medienphilosophen geht, nicht nur ins Auge gefasst, sondern auch beschrieben, bemessen und in bestimmter Weise hergestellt werden.

Task performance, Zielerreichung, ist hier der Parameter einer Klugheitslehre im Umgang mit dem Nutzer, die das Resultat des Zusammenspiels von Mensch und Maschine zum privilegierten Gegenstand erhebt. Wenn die erfolgreiche Interface-Gestaltung in der Nutzer-Zufriedenheit zum Ausdruck kommt, so folgt die Idee vom ›guten User Interface‹ zugleich den Konturen der Aufgabenbewältigung und der Arbeit. Weit mehr als das Bild des freizügig-beliebigen Internets ist es der vereinzelte Arbeitsplatz, der für den Diskurs über Interfaces und deren Benutzbarkeit Pate steht[4] – auch wenn in den letzten Jahren die Web-Anbindung zunehmend in die Gestalt dieses Arbeitsplatzes interveniert. Problemstellungen in der Informationsvisualisierung etwa beziehen sich direkt auf Entscheidungsfindungen durch Nutzer. In diesem Horizont »wird die Unterstützung des gezielten Findens sowie des schnelleren Verständnisses und die rasche Anwendbarkeit der präsentierten Informationen zur Hauptanforderung an heutige Informationssysteme« (Kuhlen et al. 1998: 66). Für kommerzielle Anwendungs- und Bürosoftware, auf die sich der Diskurs von der Benutzbarkeit der Computer vor allem konzentriert, für Lernumgebungen, Assistentensysteme und Online-Tutorials ist durchgängig der Topos der *Unterstützung* tonangebend. Er gibt zur Entwicklung von Prozess- und Wissensmodellen Anlass, die veranschlagen, was vom prospektiven Nutzer wie getan werden muss und so Abschätzungen und Bewertungen in Gang setzen. In der Rede vom *Human Factor*

---

4 Selbst noch anhand der Entwicklung des ersten dem Endverbraucher zugänglichen, bahnbrechenden GUI auf Apples Lisa-Maschine ist diese Herkunftslinie nachvollziehbar, es ist das *business equipment* im Büroeinsatz im Horizont der Ausweitung hin zum *general purpose computer*, das leitend für die Entwicklung des ikonischen Desktop gewesen ist und mit den Leitideen »friendly, easy and enjoyable to use« verbunden wurde (Ludolph/Perkins/Smith 1997).

schließlich erscheint der menschliche Anteil im Digitaltechnologischen als Ablaufstörung und nimmt die Gestalt desjenigen an, das die mögliche Perfektion, die sich mithilfe der Maschine erreichen ließe, permanent hintertreibt. ›Sicherheitskritische Systeme‹ wie Schiffsnavigation, Fluglotsensysteme oder Kernkraftwerkssteuerungen stellen die Arbeit am Interface dann unter die Vorzeichen einer »Verlässlichkeit von Mensch-Maschine-Systemen« und einer »gestaltungsrelevanten Abschätzung menschlicher Fehlermöglichkeiten im Umgang mit der Technik«. Die Analytik von Schnittstellen und die Entwicklung von Gestaltungslösungen durch eine kognitive Modellierung der künftigen Nutzer und Arbeitsanalysen erfolgen im Interesse eines übergreifenden ›Sicherheitsmanagements‹ (ZMMS 2000: 4 f.). Und die Perspektive auf das Internet kehrt sich in diesem Diskurs nachgerade um, wenn die allzu anarchische Produktion seiner zahllosen *Sites* als weitgehend unberührt von Benutzbarkeits-Prinzipien gilt, während zugleich die Werkzeuge zu seiner Nutzung, die Clients wie die Produktionshilfen für Webauftritte, im Schussfeld der Kritik stehen (IJHCS 1997).

Wo sich alles am mühelosen Datenzugriff bemisst, müssen permanent die angebrachten Gestaltungsweisen von den unangebrachten sortiert werden. Die Multiplizität der digitaltechnologischen Anwendungen fordert diesen Diskurs permanent heraus und lässt ihn nicht zur Ruhe kommen. Um ihren Zielen näher zu kommen, muss die Experten-Gemeinde laufend die Vielzahl von sich erweiternden und erneuernden Nutzungsweisen der Technologie berücksichtigen und all die Hindernisse erkennen, die sich unter – bzw. eben *in* – den Oberflächen dieser Entwicklungen verbergen. Daher muss es ihr darum zu tun sein, die artifizielle Laborsituation zu überwinden, durch ›naturalistische Beobachtungen‹ die Erkenntnisweisen immer mehr zu verfeinern und Techniken der Beobachtung vor Ort, *contextual inquiries*, Benutzer-Interviews und Fokusgruppen, anzuwenden (CHI 2000: 11). Auch reicht das Labor mit seinen Tests nicht mehr aus, um die erkannten Designanforderungen in bestmöglicher Weise in den Entwicklungsprozess hineinzutragen. Die Sorge um die Benutzbarkeit greift über diesen angestammten Ort hinaus – Evaluationen sind im Entstehungsprozess möglichst weit vorzuverlagern, frühzeitig auf Prototypen anzuwenden, zu deren Erstellung man eine ganze Anzahl von differenzierten Techniken entwickelt hat, und genaue Anforderungsprofile in Bezug auf Nutzer wie Organisation sind dem Entwicklungsprozess am besten bereits vor seinem Einsetzen vorzugeben. Die Vielzahl an verfeinerten Methoden, die heute zu dieser sorgsam modulierten Einflussnahme auf die Produktgestaltungen vorliegen, erhalten nochmals ihre Position angewiesen, indem für ihre Gesamtheit üblicherweise das vierstufige Modell ›Analyse-Design-Implementation-Evaluation‹ veranschlagt wird.

Bei alldem ist es das Eigentümliche dieses Diskurses, dass die in ihm verkörperte Sorge dem eigentlichen Gegenstand gegenüber nur praktisch werden kann, indem der Umweg über die Programmierer, Mediengestalter und industriellen Entwicklungsabteilungen eingeschlagen wird, die laufend hervorbringen, womit der Benutzer tatsächlich umgeht. So ergibt sich als zweite, gleichgeordnete Definition all der Benutzerorientierten Anstrengungen *design change effectiveness* (John/Marks 1997: 188) – der Wirkungsgrad der Einflussnahme auf die Entwicklungsprozesse, die diesem Diskurs vorerst äußerlich sind. Indem er in Verstehensbedingungen begründete Handhabbarkeit zur wesentlichen Intention von fortlaufender Technikentwicklung formuliert, wird der Benutzbarkeits-Diskurs gegenüber den dispersen Konstruktionsakten reflexiv. Was Programmierer und Mediengestalter in isolierten Zonen hervorbringen, muss an anderen Orten als verstandenes Interface und begehbarer Datenraum wiederkehren können.

Umsorgung

Da es der Produktentwicklung in ihrer Konzentration auf technische Funktion an Orientierung am Gebrauch mangelt, und deshalb jede Software-Entwicklung mit der massiven Drohung ihres Scheiterns am Interface konfrontiert ist, muss sie Gestaltungshinweise von spezialisierten Experten erhalten. ›Benutzer verstehen‹ wird erst unter dieser Bedingung äquivalent zu »praktischen Schritten für den Designer, die ihn zum Erfolg führen werden« (CHI 2000: 11, Übers. d. A.). Die Aufforderung, »bessere Arbeit beim System-Design zu machen« (CHI 2000: 11), präzisiert sich in der Frage, wie die Entwicklung der Benutzerschnittstelle in die Software-Entwicklung eingebettet werden kann. Abschließende Begutachtungen des bereits fertiggestellten Produkts erscheinen lediglich als Minimalbedingung, um den künftigen Benutzern wenigstens die schlimmsten Fehler zu ersparen. Dem summativen Evaluieren, das im abschließenden Urteil einen Defizit-Katalog erbringt, steht die richtungsweisende Intervention gegenüber, das Konstruktive und Formative, das die Einschreibung der Benutzermerkmale und der Gebrauchskontexte erst wirklich ins Werk setzt. Im Kern geht es dem Usability-Diskurs darum, eine Vorgehensweise zu beeinflussen, zu formieren und zu transformieren, die abseits seiner Interventionen kaum befriedigende Ergebnisse zeitigt. Er verwirklicht sich insofern, als er tatsächlich handlungsleitenden Charakter annimmt.

Das Anliegen der Durchdringung des Produktionsprozesses führt freilich in eine Weichenstellung, die die Gemeinde spaltet und eine ihrer wesentlichsten Differenzierungslinien darstellt. Einerseits sucht man den Erfolg darin, sich dem Produktionsprozess immer weiter anzunähern und gleichsam anzuschmiegen, indem man dessen präformierte Organisationsformen und Zwänge anerkennt und berücksichtigt, sich etwa den üblichen Kosten-Nutzen-Rechnungen unterwirft und Verfahren anbietet (wie *discount usability*), die diesen Prozess möglichst wenig unterbrechen. Andererseits sieht man die Erfolgsbedingungen der praktischen Intervention darin, dass all die in Erfahrungen und Gesetzlichkeiten begründeten Klugheitsregeln in ein explizites Regelwissen überführt und in dieser Form an die Entwickler heran getragen werden.

Schon bald nach dem Erscheinen der ersten GUIs wurde deren historische Entwicklung von Kodifizierungen der Schnittstellen-Gestaltung begleitet, die eine Konformität der Interaktionselemente in Weiterentwicklungen aus fremder Hand sicherstellen sollten. Solche *Style Guides* liegen heute in großer Zahl vor und begleiten alle im Alltag bekannten Systeme und Plattformen. Im Kontext ihrer Anwendung und sichtbarer Problemlagen hat sich das Wissen um gelungene Interfaces rasch von dem Wissen einiger verstreuter Experten zu einem generalisierten und fixierten Regelbestand entwickelt. Man hat all die »Dimensionen, Heuristiken, Prinzipien« (Scapin/Bastien 1997: 220) zunehmend zusammengeführt, abgeglichen und in eine Form gegossen, die sie vom intervenierenden Experten unabhängig macht und jeden Software-Ingenieur fortan begleiten kann. In formalisierter Weise wird nun ein ehemals verstreuter und ›weicher‹ Wissensbestand präsentiert, auf dessen Grundlage man Methoden und Werkzeuge zur Entwicklung der Benutzerschnittstellen bereitstellt. Spätestens wenn ein solcher Regelsatz dem Programmierer im Entwicklungswerkzeug selbst entgegentritt, verschafft sich das Benutzbarkeits-Wissen nachdrücklich und unumgehbar Geltung. Mit *User Interface Software Tools, Tools for Working with Guidelines* oder *Computer Aided Usability Engineering* hat die Aufmerksamkeitszone Benutzbarkeit nicht zuletzt eine eigene Schicht von Software ins Leben gerufen, die sich zwischen den ›wahren‹ Rechner in seiner mathematischen Reinheit und die Anwenderprogramme schiebt. Sie bezieht Software-Entwicklung ebenso auf die Rechnerarchitektur wie auch auf die Nutzung des Wissens über Benutzbarkeitsregeln. Von ihr wird, wer Programme und Funktionen schafft, zugleich zur gebrauchsfähigen Benutzeroberfläche hingeführt, deren Funktionen er zwar einrichtet, deren Interaktionselemente aber nicht länger in seinem freien Belieben stehen. Richtlinien-Kompendien wie das vom SIERRA-Projekt vorgelegte, das 3600 Designregeln unterschiedlicher Provenienz zusammenfasst (Vanderdonckt 1999), verdanken sich freilich nicht nur den Ambitionen einer Expertengemeinde. Sie ermöglichen auch die Aktualisierung von Regulativen, die von anderer Seite an die Technologie herangetragen werden: die EU-Richtlinie zur Gestaltung von Bildschirmarbeitsplätzen (90/270 EWG) gibt in fünf allgemein gehaltenen Sätzen Mindestanforderungen an die Mensch-Computer-Schnittstelle vor. Der technische Standard DIN EN ISO 29241 enthält softwareergonomische Anweisungen, die in Teilen die Schnittstellengestaltung betreffen. Die zusätzliche DIN EN ISO 13407 wendet sich direkt Kriterien für den Entwicklungsprozess multimedialer Schnittstellen zu. Eine internationale Normung durch überstaatliche Instanzen trifft auch das Universum der Interfaces, mithilfe derer sich die Digitaltechnologie heute im gesellschaftlichen Gebrauch befindet.

Das Wissen und die Verfahrensweisen dieses Diskurses in die verteilte Produktion der Technologie einzuschreiben, bedeutet nichts anderes, als diese Produktion endlich mit einer Garantie der erfolgträchtigen, da nicht-beliebigen Form auszustatten. Umsicht ist gefordert, was die Praktiken der Benutzer anbelangt, und Vorsicht bei den unzähligen Wahlen, die eine konkrete Gestaltungsweise ausmachen. Im Usability-Diskurs ist die Mensch-Computer-Interaktion der Frage der Benutzbarkeit gleichgestellt, er inkorporiert alle ihre verschiedenen Aspekte und überlässt so wenig wie möglich dem Zufall (vgl. Scapin/Berns 1997). Um einem beschreibbaren Erfolg der Technologie näher zu kommen, verwandeln sich die Erwartungen an Entfaltung und Wirkung der Technologie in eine Politik der kleinen Schritte. Die Sorge, die dieser Diskurs verkörpert, weitet sich beständig aus, und befragt auch noch die Bedingungen der eigenen Praktikabilität. Man entwirft Planungsinstrumentarien für die Benutzbarkeits-Evaluierung, stellt experimentelle Vergleiche der prognostischen Kraft von Bewertungstechniken an, etabliert formale Spezifikationsmethoden für Designanforderungen und Planungshilfen für die expertenseitige Evaluationspraxis – und verdoppelt damit die Problematik der Benutzbarkeit in derjenigen der Benutzbarkeit des Benutzbarkeits-Wissens. Dieser Diskurs oszilliert um die Frage, welche Vor- und Nachteile mit unterschiedlichen Graden der Formalisierung seiner Kenntnisse und den damit verbundenen Interventionsformen einhergehen (Reiterer 2000). Zutiefst von der Überzeugung durchzogen, dass die bloße Konfrontation mit einem Korrektiv nicht ausreichen kann, um die ›wildwüchsigen‹ Praxisformen der Interface-Gestaltung zu transformieren, zielt er auf die völlige Durchdringung dieser Praktiken ab. Es geht um Handeln auf Distanz (Latour 1987), das zur permanenten Reflexion über die Bedingungen seines Erfolges auffordert. Letztlich soll keine Entwicklungsabteilung mehr ohne Usability-Experten auskommen, die alle Phasen des Produktionsprozesses unmittelbar mit beeinflussen, oder aber kein Software-Ingenieur mehr ohne Usability-Leitlinien tätig werden und kein Produkt ohne Normenkonformitäts-Sicherungsverfahren erstellt werden. Jene Praktiken, die ein Interface hervorbringen, sollen sich von einer praktischen *Kunst*, die die Bedingungen ihres Erfolges in implizitem Wissen, Finten und Techniken findet (de Certeau 1988: 131–154), in eine regelgeleitete und berechenbare Praxisform verwandeln.

Will man einen übergeordneten Bezugspunkt des benutzbarkeitsbezogenen Wissens- und Regelkomplexes angeben, so findet er sich am ehesten in der ›Gewährleistung von Qualität‹. Was erreicht werden kann und soll, formuliert sich zum Versprechen eines *allgemeinen* Nutzens, der sich nicht auf die Erlebnisse einzelner Datennavigierender beschränkt. Vor allem im Begriff der *Effizienz*, der von diesem Diskurs regelmäßig in Selbstbeschreibungen herangezogen wird, weist sich der übergreifende strategische Wert aus, der dem Wissen um die Benutzbarkeit und den Verfahren zu ihrer Sicherstellung zukommt.[5] Gemeint ist dabei die erwartbare Gestalt von Nutzungsakten genauso wie eine darüber hinaus weisende Optimierung der Informations- und Kommunikationsgesellschaft.

Zum einen werden die verschiedenen Technologie-Anwendungen in einen definierten Raum der Konkurrenz eingestellt. Von ihm lässt sich ein doppelter Effekt erwarten. Ist die Anstrengung um die Benutzbarkeit eines Produktes verbürgt, das auf dem Markt erscheint, verhilft dies zu einer besseren Sortierbarkeit der Produktpalette, zu wohlbegründeteren Wahlen von Konsumenten und somit zu deren besserer Ausstattung, was ihre Navigationsmittel im Datenraum anbelangt. Untrennbar ist dieser Konkurrenzraum auch der der Anbieter von Produkten, die folgerichtig zum Hauptadressaten der Benutzbarkeits-Experten werden. Benutzbarkeit verhilft zum Marktvorteil, die Sorge um sie reicht Management und Marketing die Hand und komplettiert beide erst. Denn ›Zielgruppen‹ der Produktentwicklung werden aufgrund dieses Wissens anders identifiziert, als es die üblichen Marketing-Kriterien erlauben. Und sie werden nicht nur mit einer vornehmlich ästhetischen ›Schnittstellen-Kosmetik‹ bedient, die ihre Wirkung stets auch verfehlen kann, sondern nun darüber hinaus mit ihren erkannten Eigenschaften in das System eingeschrieben. Damit sich dieses Versprechen einlösen kann, muss freilich zuvor der Nutzer zur zentralen Sorge des

---

5 So legt etwa ein prominentes deutsches Institut dar: »Die Qualität der Interaktion zwischen Mensch und Maschine ist eine zentrale Herausforderung bei der Gestaltung interaktiver Produkte. Moderne Navigationssysteme müssen den Bedürfnissen und Vorstellungen des Menschen entsprechen. Ergonomisches Design erhöht nicht nur die Produktivität des Benutzers. Es bietet auch die Chance, sein Produkt erfolgreich auf dem Markt zu positionieren. [...] Schnelle und intuitive Bedienbarkeit interaktiver Produkte erhöht die Akzeptanz beim Anwender« (Fraunhofer IAO 1999: 2).

Managements der industriellen Produktion von Technologieanwendungen werden. Ihr rechnet die Erfahrungswissenschaft ›Usability‹ Desorientierung, vergebliche Mühen und vergeudete Ressourcen vor. Sie bietet einen Ausweg aus einer Lage an, in der über die Hälfte aller entwickelten Software niemals genutzt wird. Um schlecht gegründeten Produktionsverfahren zu entkommen, ist Usability im Raum der heute immer weniger umgehbaren Qualitätssicherungsverfahren wahrzunehmen und zu positionieren – eine Aufgabe, an der kein Management mehr vorbeikommt (Seawrigth/Young 1996). Die *Human-Centredness* der Produkte ist nur über die der herstellenden Betriebe erreichbar. Sie sind aufgefordert, entschieden Ressourcen für eine wohl verstandene Orientierung am Kunden zu mobilisieren, die erst dadurch zu sich selbst findet, dass ihre Verwissenschaftlichung durch geeignete Managementtechniken mit Durchsetzungskraft ausgestattet wird.

Zum andern erschließt sich die Qualitätsvorstellung, die mit der Idee der einfachen Handhabung einhergeht, mit dem Begriff der *Zugänglichkeit* der Technologie. Gebrauchsweisen und -bedingungen werden nicht nur in Bezug auf ein Gedeihen der IKT-Märkte und auf eine fortlaufende Produktivierung interessant, die Hinwendung zu ihnen bringt auch Umstände an den Tag, die einer weiteren Technologieverbreitung im Wege stehen. Sogenannte ›besondere Benutzergruppen‹ sind solange vom Datenaustausch ausgeschlossen, als es nicht gelingt, sie durch geeignete Gestaltungsformen der Schnittstellen an die Technologie heranzuführen. Was Behinderte und ältere Menschen – diejenigen Gruppen, mit denen man sich in diesem Kontext in erster Linie befasst – mit ihren spezifischen ›Benutzer-Anforderungen‹ augenfällig machen, weitet sich jedoch zur Frage nach den vielleicht unscheinbaren Ursachen aus, denen sich Abstände zwischen ›Informationsgewinnern‹ und ›Informationsverlierern‹ verdanken. Das führt zur Forderung, die feinen Differenzen in Haltungen und Fähigkeiten weiter und genauer zu verfolgen und besser in unterschiedlichsten Applikationen zu ›implementieren‹ (Smith/Dinn 1999). Das scheinbar so unmittelbar auf die Verfasstheit von Gegenwartsgesellschaften einwirkende Internet wird Gegenstand einer breit angelegten *Web Accessibility Initiative* (WAI 2000), die seine Verheißungen als aufgeschobene charakterisiert. Das Vorhaben, Benutzbarkeits-Probleme abzubauen und fortan alle und jeden zur Informationsteilhabe zu befähigen, verdichtet sich zur Kritik an eingerichteten Interface-Verhältnissen. Wo die Beobachtung ungleicher Wahrnehmungen, Fähigkeiten und Haltungen eine bemerkenswerte Inhomogenität der tatsächlichen wie potenziellen Nutzer zutage fördert, ist auch die Homogenität eines Informations- und Kommunikationsraumes, der sich mit der Gesellschaft als ganzer deckte, massiv beeinsprucht.

Zum Dritten bezieht sich das Kalkül auf den *effizienten Arbeitsprozess*. Ein Interface ist nur dann erfolgreich, wenn mit seiner Hilfe tatsächlich so mit der Maschine interagiert wird, dass sich Reibungsflächen minimieren, Ziele erreicht werden und positive Nutzer-Erfahrungen an die Stelle von Stress und Frustration treten. Indem das Ergebnis des Maschineneinsatzes in Bezug auf eine Aufgabenerledigung den übergeordneten Parameter der Anstrengungen bildet, changieren die ›Probleme‹ und ›Bedürfnisse‹, von denen gehandelt wird, zwischen solchen der Anwender selbst und solchen der Arbeitsteilung und des Managements. Nicht nur dann, wenn etwa Lösungen des CSCW (*Computer Supported Cooperative Work*) geschaffen oder verbessert werden, geht es auch um eine Prozessoptimierung, die Arbeitskräfte instand setzt, die ihnen zugewiesenen Aufgaben zu vollziehen. Für Aufgaben, die mithilfe des Computers innerhalb von Organisationen vollzogen werden, geht in die Design-Anforderungen die Betriebsorganisation mit ein. An Anwendungsfeldern, die es mit sich bringen, »Wissensmodelle spezieller Domänen aufzubauen« oder den »Kompetenzerwerb in der Arbeitstätigkeit zu bewerten« (ZMMS 2000: 4), tritt klar zutage, dass sich der Eigenschaftsraum eines Nutzers in ein allgemeines Modell des wohlbemessenen Arbeitsablaufes eingliedert. An der ergonomischen Aufmerksamkeit für Mensch-Maschine-Interaktionen wird eine tayloristische Herkunftslinie sichtbar, die sich im Zwischenraum der strategischen Bezugspunkte von Nutzer-Zufriedenheit und System-Verlässlichkeit weiter schreibt.

Die Antizipation der Nutzungssituation weist diesem Diskurs seinen Pfad an und erlaubt es ihm, die gebotene Form der digitalen Technologie zu bestimmen, die sie mithilfe der Benutzeroberflächen anzunehmen vermag. Die Qualitäten, die aufgrund dieses Verortens und Entwerfens den Interfaces dann zukommen sollen, lassen sich bei genauerem Hinsehen als *Lenkung* fassen, die ebenso Räume eröffnet wie Plätze anweist. All die kleine Schritte der fortlaufenden Verbesserung, die Verfolgung unscheinbarer Elemente und ihrer Verkettungen, gelten letztlich dem Möglichkeitsraum, den der Benutzer vorfindet, wenn er sich mit seinem Gerät einlässt. Dieser Raum muss – das erbringt die diskursanalytische Betrachtung der Rede von der Benutzbarkeit – eingerichtet und in umsichtiger Weise konturiert werden.

Formation

Die konkreten Orientierungs- und Handhabungsmittel konstruieren die Morphologie der Datenräume mit, und dass uns heute ein ›Docuverse‹ (Winkler 1997a) offen steht und ›Datenlandschaften‹ begeh- und erfahrbar werden, deren Charakter sich mit Metaphern wie denen der Architektur und Urbanität ein Stück weit erschließen kann, verdankt sich nicht zuletzt ihnen.

Eine Prägung des heutigen Umgangs mit Datenwelten durch hergebrachte Kultur- und Geistestechnologien ist von medientheoretischer Seite wiederholt festgestellt worden. Der Computer operiert diesen Einsichten zufolge zu einem nicht unbeträchtlichen Teil auf einem Territorium, das von zum Kulturbestand geronnenen Vorläufertechniken sondiert und bereitet ist (Krämer 1998; Winkler 1997b). Indem sie die bekannten oder zumindest rasch erkundbaren Orte schaffen, an denen Daten evidente Gestalt annehmen, geben sich Interfaces als konstitutive Elemente solcher soziohistorischer Gravitation zu erkennen.

Sie aktualisieren dabei nicht nur typographische Modelle oder eingeführte Gedächtnisoperationen, sondern auch jene Grundlagen der Erkenntnisverfahren zur Ortung des Nutzer-Bedarfs, die die im Vorlauf zu bewältigende Nutzungssituation sichtbar machen. Während man die partiell erkennbare Verankerung des heute existierenden Datenumgangs in hergebrachten Perzeptions- und Handhabungsmodi gerne unter die Vorzeichen des Vorläufigen stellt, das sich im Fortgang einer weiteren Verwirklichung des Mediums abbauen wird, dürften die Interfaces kaum auf ihr eigenes Verschwinden hin angelegt sein. In der eigentümlichen Schichtung der Digitaltechnologie in Hard- und Software logieren sie offenbar nicht wie Schmarotzer zwischen Sphären, die ebenso gut ohne sie auskommen könnten. Als ›Look and Feel‹ erzeugen sie die subjektive Wahrheit des benutzten Computers als Erfahrungswelt, als sinnliche und sinnhafte Konkretion einer bekannten und unmittelbaren Welt der benutzten Programme, in der der je begangene Informationsraum seine »eigene Logik und eigene Statuten« erhält (Johnson 1999: 256). Das verlässliche Terrain diesseits anstehender Verständigungen und Problemlösungen kommt dabei erst durch den Einsatz eines Wissens zustande, das auf Bedingungen rekurriert, unter denen User ›da abgeholt werden können, wo sie stehen‹.

Wo die symbolischen Maschinen Daten und Informationen in leicht zugänglicher Weise zur Erscheinung bringen, beginnen wir unter Umständen tatsächlich, »unser Bild im Spiegel des Computers zu erblicken« (Turkle 1998: 9). Ob damit eine ungehemmte Bewegung dahin führt, »uns mit anderen Augen [zu] sehen« (Turkle 1998: 9), wird angesichts des Benutzbarkeits-Wissens fraglich. Denn dieser Diskurs rechnet mit einem Subjekt, das sich von den Denk-, Wahrnehmungs- und Handlungsschemata, die seinen Habitus bislang bestimmt haben, nicht umstandslos freimachen kann. *Passung* und *Gangbarkeit* werden hier zu den Parametern, an denen sich das Digitale als gesellschaftlich Eingesetztes und Verweltlichtes bemisst. Das Intuitive der Handhabung und Nutzung, das zum heutigen Stand für diese Erfahrungswissenschaft nach wie vor den Optimalfall des Datenzugriffs darstellt, verdankt sich der Überbrückung eines Spalts zwischen Mensch und Technologie, die dem User eine Deutungs- und Orientierungsarbeit erspart, die zu leisten er unter Umständen gar nicht imstande wäre.[6]

Eine Identifikation von Anschlusspunkten für eine Übersetzungsleistung, die den Computer zum decodierbaren – also sozialen – Ort macht, ist immer schon gefragt. Sie finden sich augenscheinlich auf einem symbolischen Terrain, das der Computer weniger schafft als ererbt. Die gern beschworene Verführungskraft der digitalen Kunstwelten verdankt sich damit in weiten Teilen weniger einer radikalen Andersheit als einer Fähigkeit, soziale Bestände ernst zu nehmen und aufzugreifen.

Folgt man dem Diskurs über Human-Computer Interaction und Usability, geht es beim Eintritt in die virtuellen Welten unter dem Stichwort der *Zugänglichkeit* um das Mit-Teilen von Be-Deutung. Interfaces als ›Zwischenwelten‹ vollziehen die fundamentale Aufgabe, User durch Informationsvisualisierung und Interaktionselemente an Artefakte heranzuführen, die die für sie bislang vorfindliche Welt komplettieren und anreichern. Nicht zufällig spricht diese Forschungsrichtung von *Metaphern*, wo die visuelle Elementik, die auf dem Bildschirm erscheint, konzeptuell verhandelt wird (Gaver 1995). Indem den Maschinen das Vermögen verliehen wird, erfolgreich Zuschreibungen auf sich zu ziehen (Tholen 1997), baut sich eine Konfrontation ab, die sich im deutschsprachigen Begriff der Schnitt-Stelle immer schon semantisch verdichtet hat. Der signifikative Rahmen, der damit den zunächst unklar-amorphen Orten der

---

6 In diesem Sinne stellt die Idee des Computerführerscheins, einer berechenbaren und normierten Benutzerkompetenz, das Gegenbild für den Umgang mit der Last dar, die dieser Technologie durch wohl gewählte GUI abgenommen werden soll.

Informationsflüsse verliehen wird, unterwirft freilich jede solche maschinelle Ergänzung auch Bindungskräften. Sinn, Alltag und Lebenswelt tauchen unvermutet auf, wo man das Symbolische bereits für maschinell aufgehoben oder – je nach Deutung – die Imagination für freigesetzt hielt. Auf diesem Terrain werden die Selbstbezüglichkeiten eines allzu autarken Ingenieurswesens, gegen das der Usability-Diskurs im Interesse einer gesellschaftlichen Einbettung der Technologie antritt, überwunden.

Er liegt damit zu nicht nur einer der grundlegenden Annahmen quer, die verschiedene Spielarten der neueren Medientheorie für ihre Ortung des Status der Digitaltechnologie getroffen haben. Er nimmt entschieden Abstand von einer Überschreitungsbewegung, die unter autorlosen technischen Verhältnissen die Verfasstheit der Gesellschaft umschlagen lässt. Stattdessen geht er von einem Strukturierungserfordernis aus, das aus bloßen Verrechnungsprozessen mehr macht – als dasjenige, was unter vorfindlichen Bedingungen *relevant* ist. Er widerspricht damit nicht nur einer selbstwüchsigen Informations- und Kommunikationsordnung, in der die Anwesenheit der technischen Mittel die angebrachten Formen der Lebensführung und des Sozialen unter einen nicht länger hinterfragbaren Zugzwang setzte (vgl. zur Ontologie der ›Autotechnopoiesis‹: Valentine 2000). Er verweist damit diese Technologie zugleich auf eine Differenzierungsbewegung, die sich mit der Rückführung auf die allgemeine Turingmaschine nicht mehr adäquat fassen lässt. Die Interfaces, mittels derer der Computer in die Arbeits- und Freizeitwelten Einzug hält, gehören nicht einer fundamentalen Ordnung des Binären an (Vief 1994), sondern der eines nicht-beliebigen Signifikationsgeschehens. In der ebenso personalisierten wie standardisierten Welt der GUIs geht es nicht um eine Gleichgültigkeit des Rechners selbst gegenüber den unterschiedlichsten in ihn eingespeisten Datensorten, sondern um die Möglichkeit, einen der prinzipiell veranschlagbaren Fuktionsmodi der Maschine entlang einer ab- und vorhersehbaren Sinnbestimmung erfolgreich zu installieren. Dass sich verortete Benutzer nicht so umstandslos in sie hineinziehen lassen, tritt in den vielfältigen Widerständigkeiten und dem Scheitern, das dieser Diskurs laufend belegt, klar zutage.

Indem sie sich auf die Evidenzen des Alltags wie der Arbeitsorganisation verlassen, kommt den heutigen Interfaces der Charakter des wohlgestalteten Mittels zu, mithilfe dessen sich das Informationelle in sozialen Situationen ansiedelt. Eine Engführung dessen, was auf dem Computer erscheint und was sich mit dem herangerückten Ausschnitt der Datenwelt wie tun lässt, was in der Folge ein wahrscheinliches Resultat seiner Verwendung darstellt und was nicht, zeichnet sich dabei ab. Die Schnittstellen der heutigen Computer deswegen lediglich als Verstellung des Möglichkeitsraums des Mediums zu betrachten, das dann gerade jenseits heute verfügbarer Formen erst seine spezifischen Leistungen entfalten wird, hieße jedoch, das Geschehen im Dunkeln zu belassen, das mit dem Gebrauch der Technologie mittels der tatsächlichen Interfaces einhergeht. Dies lässt sich als die praxistheoretische Aufforderung verstehen, die vom Benutzbarkeits-Diskurs ausgeht. Immerhin sind die Gebrauchsweisen des Computers dem medientheoretisch-geisteswissenschaftlichen Diskurs bislang nur dort nicht trivial erschienen, wo sie auf das Neu- und Andersartige der Technologie direkt zulaufen und diese Technologie im Modus der Überschreitung anschreiben lassen. Während so das Spiel alle anderen Einsatzformen der Technologie überschrieben hat (Turkle 1998; Krämer 1998; Halbach 1994), haben die Thesen von der Vernetzung und

Verschmelzung gänzlich darauf verzichtet, sich von den *systems in use* ein Bild zu machen.

Mit der beschriebenen Abweisung des Experimentellen aus dem Alltag jedoch und mit der Normierung der Benutzbarkeits-Grundlagen fällt neues Licht auf die Ensembles, die die handhabbar gemachte Technologie im Einsatz bildet. Hier, wo sich die Eigenschaftsräume der Systeme gerade im Zusammenspiel von Programmen, Daten und Sinnen bilden, gewinnen die »in Apparaten vergegenständlichten Anteile der menschlichen Existenz« (Reck 1998: 244) an Gewicht. Die verwirklichten Interfaces – ob nun vom Usability-Diskurs mitgestaltet oder vorerst noch ›wildwüchsig‹ – lassen die ›implementierten‹ Perzeptions- und Handhabungsmodi zu Mechanismen gerinnen und nehmen so entschieden Einfluss auf die Schaffensprozesse, die sich auf die Anwendung des Computers stützen. Sie treten als weitere Elemente in die Sphäre all dessen ein, was den Alltagpraktiken fortlaufend Anhaltspunkte bietet und Stützen verleiht. Als das, womit unmittelbar umzugehen ist, wenn Informationsflüsse und Datenaustausch in Gang kommen sollen, werden sie zum Gegenstand von Aneignungsprozessen. Im Datenraum heimisch werden, versteht sich dann als Aktualisierung des strukturiert-strukturierenden Sinnes, den die Interfaces ebenso anbieten wie auferlegen. Der ›entdeckende‹ Benutzer auf seiner ›Datenreise‹ tritt in Räume ein, die andere für ihn konfiguriert haben, um ihn zu orientieren, ihn in und durch die Informationsräume zu leiten und bei der Erledigung seiner Aufgaben zu unterstützen.

Die Technifizierung der Kunst aber, Nutzer im Datenraum zu lenken, gemahnt an eine Gestalt der Sorge um Praktiken, die man die pastorale genannt hat. Sie zielt darauf ab, durch An-Leiten und ›weiches‹ Führen Ordnung da herzustellen, wo ›harte‹ Reglementierungen nicht veranschlagt werden. Sie setzt einen Wahrnehmungs- und Erkenntnisrahmen, der Praktiken auf prä-formierte Bahnen lenkt (Foucault 1983; 1994). Wenn heute nach Maßgabe eingerichteter HCI-Verhältnisse ›navigiert‹ und ›interagiert‹ wird, so versieht der Benutzbarkeits-Diskurs die Einrichtung dieser Verhältnisse mit strategischen Bezügen, die die diskursanalytische Betrachtung am multivalenten Begriff der Qualitätssicherung sichtbar macht. Mit seiner doppelten Stoßrichtung, Praktiken sowohl der User als auch der Ingenieure zu führen, rückt er den Computer in den Horizont einer Re-Regulierung des sozialen Spiels (Bourdieu 1987) ein, an dem er nun seine zunehmenden Anteile hat.

Literatur

Bourdieu Pierre (1987): Sozialer Sinn. Kritik der theoretischen Vernunft. Frankfurt a.M.
Broadbent, Stefana (1998): There is More to Usability than User Testing. In: European Journal of Engineering for Information Society Applications, 1, 1. Zugänglich unter: http://www.nectar.org/journal/01/004.htm [geöffnet am 29.09.00].
Castells, Manuel (1996): The Information Age. Economy, Society and Culture, Vol. 1: The Rise of the Network Society. Oxford.
Certeau, Michel de (1988): Kunst des Handelns. Berlin.
[CHI] Conference on Human Factors in Computing Systems (2000): The Future Is Here. 1.–6. April 2000. The Hague, Netherlands. Advance Program. New York: ACM. Auch zugänglich unter: http://www.acm.org/chi2000 [geöffnet am 04.03.00].

[CURE] Center for Usability Research & Engineering (2000): We make Systems Usable. Wien.

Kerckhove, Derrick de (1998): Brauchen wir, in einer Wirklichkeit wie der unseren, noch die Fiktion? In: Vatimo, Gianni / Welsch, Wolfgang (Hg.): Medien-Welten-Wirklichkeiten. München, 187-200.

Foucault, Michel (1983): Der Wille zum Wissen. Sexualität und Wahrheit, Bd. 1. Frankfurt a.M.

Foucault, Michel (1986): Archäologie des Wissens. Frankfurt a.M.

Foucault, Michel (1994): Omnes et singulatim. Zu einer Kritik der politischen Vernunft. In: Vogl, Joseph (Hg.): Gemeinschaften. Positionen zu einer Philosophie des Politischen. Frankfurt a.M., 65-93.

Fraunhofer Institut für Arbeitswirtschaft und Organisation (1999): Design interaktiver Produkte. Dialog zwischen Mensch und Produkt. Stuttgart.

Gaver William W. (1995): Oh what a tangled web we weave. Metaphors and mapping in Graphical Interfaces. CHI 1995 proceedings short papers. Zugänglich unter: http://www.acm.org/sigchi/chi95/Electronic/documnts/shortpr/wwg2bdy.htm [geöffnet am 22.05.01].

Halbach, Wulf R. (1994): Interfaces. Medien- und kommunikationstheoretische Elemente einer Interface-Theorie. München.

Hix, Deborah / Hartson, Rex (1993): Developing User Interfaces: Ensuring Usability through Product and Process. New York.

Myers, Brad A. (1994): Challenges of HCI Design and Implementation. In: Interactions, 2, 1, 73-83.

[IJHCS] The International Journal of Human-Computer Studies (1997): Special Issue on World Wide Web Usability, 47, 1. London.

John, Bonnie E. / Marks, Steven (1997): Tracking the effectiveness of usability evaluation methods. In: Behaviour and Information Technology, 16, 4/5, 188-202.

Johnson, Steven (1999): Interface Culture. Wie neue Technologien Kreativität und Kommunikation verändern. Stuttgart.

Krämer, Sybille (1995): Spielerische Interaktionen. Überlegungen zu unserem Umgang mit Instrumenten. In: Florian Rötzer (Hg.): Schöne neue Welten? Auf dem Weg zu einer neuen Spielkultur. München, 225-236.

Krämer, Sybille (1998): Zentralperspektive, Kalkül, Virtuelle Realität. Sieben Thesen über die Weltbildimplikationen symbolischer Formen. In: Vatimo, Gianni / Welsch, Wolfgang (Hg.): Medien-Welten Wirklichkeiten. München, 27-38.

Krempl, Stefan (2000): Maschinen-Menschen, Mensch-Maschinen. In: c't 2000, 9, 218-223.

Kuhlen, Rainer / Pree, Wolfgang / Reiterer, Harald / Scholl, Marc H. / Wagner, Dorothea (1998): Jahresbericht der Fachguppe Informatik und Informationswissenschaft, Fakultät für Mathematik und Informatik der Universität Konstanz. Konstanz.

Latour, Bruno (1987): Science in Action. Milton Keynes.

Levy, Steven (1995): Insanely Great. The life and times of Macintosh, the computer that changed everything. London/New York/Ringwood/Toronto/Auckland.

Ludolph, Frank / Perkins, Rod / Smith, Dan (1997): Inventing the Lisa Interface. In: Interactions 4, 1, 40-53. Auch zugänglich unter: https://secure.acm.org/pubs/citations/journals/interactions/1997-4-1/p40-perkins/ [geöffnet am 18.03.01].

Myers, Brad A. (1994): Challenges of HCI Design and Implementation. In: Interactions 2, 1, 73-83.

Nielsen, Jacob. (1993): Usability Engineering. Boston.

Nielsen, Jacob (1994): Usability Laboratories: A 1994 Survey. Zugänglich unter: http://www.useit.com/papers/uselabs.html [geöffnet am 22.05.01].

Reck, Hans Ulrich (1998): Sprache und Wahrnehmung an Schnittstellen zwischen Menschen und Maschinen. Ein Gespräch zwischen Nicolas Anatol Baginsky, Olaf Breidbach, Christian Hübler, Peter Gendolla und Hans Ulrich Reck. In: Der Sinn der Sinne, hg. v. Kunst- und Ausstellungshalle der Bundesrepublik Deutschland. Göttingen, 244-271.

Reiterer, Harald (2000): Tools for Working with Guidelines in Different Interface Design Approaches. In: Vanderdonckt, J./ Farenc C. (Hg.): Tools for Working with Guidelines. London, 225-236.

Scapin, Dominique L./ Berns, Thomas (1997): Usability Evaluation Methods. In: Behaviour & Information Technology, 16, 4/5, 185-187.

Scapin, Dominique L./ Bastien, Christian J. M. (1997): Ergonomic Criteria for evaluating the ergonomic quality of intractive systems. In: Behaviour & Information Technology 16, 4/5, 220-231.

Schmid, Wilhelm (2000): Philosophie der Lebenskunst. Eine Grundlegung. Frankfurt a.M.

Seawright, Kristie A. / Young, Scott T. (1996): A Quality Definition Continuum. In: Interfaces. An International Journal of the Institute for Operations Research and the Management Sciences, 26, 3, 107-113.

Smith, Carmel / Dinn, Andrew (1999): User Centered Design: the key to a ›user-friendly‹ Information Society. In: European Journal of Engineering for Information Society Applications 2, 1. Zugänglich unter: http://www.nectar.org/journal/04/016.htm [geöffnet am 22.09.00].

Tholen, Christoph G. (1997): Digitale Differenz. In: Warnke, Martin / Coy, Wolfgang / Tholen, Christoph G. (Hg.): Hyperkult. Geschichte, Theorie und Kontext digitaler Medien, Basel/Frankfurt a. M., 99-118.

Turkle, Sherry (1998): Leben im Netz. Identität in Zeiten des Internet. Reinbek.

Valentine, Jeremy (2000): Information Technology, Ideology and Governmentality. In: Theory, Culture & Society 17, 2, 21-43.

Vanderdonckt, Jean (1999): Development Milestones towards a Tool for Working with Guidelines. In: Interacting with Computers 2, 12, 81-118. Auch zugänglich unter: http://www.elsevier.nl/gej-ng/10/23/72/31/21/show/toc.htt [geöffnet am 16.04. 01].

Vief, Bernhard (1994): Die Bits als Elementarzeichen. In: Kamper, Dietmar/ Wulf, Christoph (Hg.): Anthropologie nach dem Tode des Menschen. Vervollkommnung und Unverbesserlichkeit. Frankfurt a.M., 170-184.

[WAI] Web Accessibility Initiative (2000): zugänglich unter: http://www.w3.org/WAI/ [geöffnet am 22.05. 01].

Winkler, Hartmut (1997a): Docuverse. Zur Medientheorie der Computer. Mit einem Interview von Geert Lovink. München.

Winkler, Hartmut (1997b): Über Computer, Medien und andere Schwierigkeiten. In: Ästhetik & Kommunikation, 96, 54-59.

[ZMMS] Zentrum für Mensch-Maschine-Systeme (2000): Zentrum für Mensch-Maschine-Systeme an der Technischen Universität Berlin. Berlin.

Markus Stauff

Medientechnologien in Auflösung
Dispositive und diskursive Mechanismen von Fernsehen

Der Status von Medientechnologien als Erkenntnisobjekt gleitet gegenwärtig zwischen höchster Evidenz und radikaler Verflüchtigung: Eine zunehmende Präsenz technischer Artefakte in allen Praxisbereichen verleiht ihnen Relevanz für kulturelle oder soziale Entwicklungen. Der veränderte Erlebniswert einer Zugfahrt seit der Durchsetzung von Handys wird zumindest von den Verweigerern dieser Technologie immer wieder erörtert. Durch die Einführung immer neuer technischer Gadgets wird die Differenz zwischen *early adopters* und eher zögerlichen oder gar skeptischen Anwendern fortlaufend erneuert, und die Medientechnologien werden so zum prominenten Diskussionsgegenstand. Von einem – häufig in kritischer Absicht postulierten – Verschwinden der Technik hinter den übermittelten Inhalten kann kaum noch die Rede sein. Entsprechend haben in den Geistes-, Kultur- oder Sozialwissenschaften Medien und Technologien als Forschungsobjekt auf breiter Front Einzug gehalten. Auch darüber hinaus dürfte es kaum noch einen Praxisbereich geben, der in der Selbstbetrachtung nicht auch die Medien als entscheidenden Einflussfaktor benennt; in ihnen überschneiden sich heterogene Strategien und Institutionen. »Man braucht nur den Standard des Fernsehbildes um ein paar Zeilen zu verändern, und schon geraten Milliarden Francs, Millionen Fernsehzuschauer, Tausende Fernsehfilme, Hunderte von Ingenieuren und Dutzende Generaldirektoren in Bewegung« (Latour 1998: 8). Indem politische und ökonomische, pädagogische und medizinische Sachverhalte diskursiv mit Schlagworten wie ›Informatisierung‹ oder ›Vernetzung‹ gekoppelt werden, gerinnen Medientechnologien zu einem Gegenstandsbereich, von dem umfassende historische Transformationen und allgemeine soziokulturelle Strukturmerkmale abgeleitet werden: »Medien übertragen nicht einfach Botschaften, sondern enthalten eine Wirkkraft, welche die Modalitäten unseres Denkens, Wahrnehmens, Erfahrens, Erinnerns und Kommunizierens prägt« (Krämer 1998a: 14). Wenn Medien einen so grundlegenden Einfluss auf die Strukturen der Gesellschaft und die Wahrnehmungsformen der Individuen haben, dann wird nach ihren Macht- und Subjekteffekten zu fragen sein.

Dieser Evidenz der Medien als stabilen und eindeutigen Objekten steht allerdings ihre zunehmende Verflüchtigung entgegen. An die Stelle epochaler Medienwechsel (›Gutenberggalaxis‹ etc.) tritt die Wucherung und Ablösung immer neuer medialer Realisierungsformen. Zwischen DVD und Napster, zwischen Digitalem Bezahlfernsehen und Palm Top lässt sich kaum noch eine eindeutig klassifizierbare (geschweige denn auf Dauer angelegte) technische, kommunikative oder institutionelle Struktur erkennen. Parallel dazu ist eine diskursive Explosion festzustellen, die zur Streuung der Medien beiträgt, indem diese symbolisch aufgeladen, intertextuell vernetzt und häufig für widersprüchliche Praktiken in Anspruch genommen werden. Es drängt sich der Verdacht auf, dass das Gerede um die Medien mehr Wirksamkeit entfalten könnte als die eigentliche Apparatur.

Deshalb möchte ich im Folgenden der Frage nachgehen, ob die Medientechnologien durch diese zunehmende Streuung und Verflüchtigung ihrer Prägekraft beraubt werden. Worauf – so könnte in der Umkehrung formuliert werden – gründen die Macht- und Subjekteffekte von Medien, wenn sie nicht (mehr) auf eine stabile und evidente technische Struktur reduziert werden können? Im Anschluss an eine theoretische Diskussion dieser Frage möchte ich am Beispiel des Fernsehens zeigen, dass dieses gerade durch die Heterogenität seiner Bestandteile und seine fortlaufende Mo-

Homepage der ZDF-
Internet-Soap ETAGE ZWO

difikation spezifische Funktionen in historischen Machtformationen erfüllt. Das Fernsehen bietet sich hier als Modellfall an, da es einerseits das vielleicht letzte, verbindliche ›Leitmedium‹ darstellt. Zumindest über einige Jahrzehnte hinweg konnte es Politik und Alltag, Gesellschaft und Kultur, Kunst und Ökonomie seinen Stempel aufdrücken. Darüber hinaus trat es uns auch in einheitlicher apparativer und symbolischer Gestalt gegenüber – was sich nicht zuletzt durch Bilder des Fernsehens im Kino bestätigt (Hoffmann/Keilbach 2001). Entsprechend wird Fernsehen auch als ›Kulturtechnik‹ bezeichnet (Doelker 1989). Andererseits ist das Fernsehen überdeutlich eine Medientechnologie, die durch fortlaufende Transformationen gekennzeichnet ist. In den gut 50 Jahren seiner Existenz wurde durch die Einführung von Videorekordern und Fernbedienung, von Satelliten und Kabel, von Fernsehtext und unterschiedlichen ökonomisch-institutionellen Modellen (öffentlich-rechtlich, werbefinanziert, Pay per View etc.) die Gesamtkonstellation Fernsehen ununterbrochen und grundlegend modifiziert. Gerade deshalb bietet es sich an, am Beispiel des Fernsehens der Frage nachzugehen, inwiefern die Macheffekte von Medientechnologien eher stabilen Strukturen oder eher einem ständigen Wechsel zuzuschreiben sind.

Die Materialität der Medien

Theoretisch ist der Befund einer Verflüchtigung vor allem deshalb brisant, weil das kulturprägende Potenzial von Medientechnologien gerade mit ihren materiellen Eigenheiten begründet wird: »Kraft ihrer medialen Materialität sagen die Zeichen mehr, als ihre Benutzer jeweils meinen« (Krämer 1998b: 79). Die technischen Konstellationen schaffen längerfristige Strukturen, die der jeweiligen Situation, den Handlungen und Intentionen weitgehend entzogen sind. Schrift, Buchdruck, Telegraphie und Fernsehen machen mit ihren institutionalisierten technischen und symbolischen Anordnungen bestimmte Formen der Kommunikation und Wahrnehmung verbindlich und schaffen somit für Politik und Handel, für Mentalität und Subjektivität eindeutige Voraussetzungen. In diesem Sinne werden Medien als ›Kulturtechniken‹ bezeichnet: Sie erschaffen und begrenzen den Möglichkeitsraum kultureller Formen. Ihre Machteffekte beruhen in dieser Perspektive auf der Festschreibung von Optionen, die sich insbesondere in der Anordnung der Technik – von Hartmut Winkler als »das Apparative der Apparaturen« bezeichnet (1999: 50) – kristallisiert.

Diese widerspenstige Materialität zeigt sich auch noch in aktuellen Technik-Konfrontationen: Nicht nur haben wir mit den ›unbeabsichtigten‹ und überaus langfristigen Folgewirkungen der Kerntechnik zu kämpfen, auch in der alltäglichen Auseinandersetzung erfahren wir Computer oder Videorekorder als eigensinnige Artefakte, die uns – neben einer enormen Frustrationstoleranz – je spezifisch vorgeschriebene Umgangsweisen abverlangen.

Dennoch steht dieser Materialität der einzelnen Geräte zumindest gegenwärtig eine ununterbrochene Umformung des medialen Systems und eine fortlaufende Erneuerung seiner einzelnen Komponenten gegenüber. Die subjektive Kaufentscheidung für ein Gerät wird immer mehr zu einem Wetteinsatz darauf, ob diese oder eine andere Technologie sich durchsetzen wird. Entgegen einem Verständnis von Medientechnologien als Verfestigungen bestimmter Strukturen scheint ihre dominante Funktion immer mehr darin zu bestehen, uns fortlaufend mit neuen Anforderungen und entsprechend wechselnden, gleichermaßen produktiven wie restriktiven Folgewirkungen zu konfrontieren.

Das Versprechen kommender Medien

Gegen eine vorschnelle Verabschiedung von der Vorstellung verbindlicher medientechnischer Konstellationen regen sich allerdings zahlreiche Widerstände. Obwohl die Bestimmung einer – gegenwärtige kulturelle Entwicklungen prägenden – Medientechnologie zunehmend schwer fällt, wird weiterhin mit dem Modell prägnanter medialer Identitäten argumentiert. So wird in unterschiedlichen Praxisbereichen (trotz und entgegen der zunehmenden Vervielfältigung) eine künftige Standardisierung versprochen und eingefordert. Käuferinnen und Käufer erwarten – so zumindest ihre selbsternannten Vertreter in Wirtschaft und Politik – einen verbindlichen Standard; die Industrie fordert, obwohl sie doch von dem beschleunigten Wechsel eindeutig profitiert, von der Politik verbindliche Regelungen der sogenannten Rahmenbedingungen, um Investitionssicherheit zu erhalten.

Auch die Apparaturen selbst scheinen gegen ihre eigene Flüchtigkeit anzugehen, indem sie sich durch diskursive Versprechungen und technische Andeutungen als Vorstufe eines perfektionierten und somit endgültigen Mediums präsentieren. Die Nutzung des Internet lässt uns nicht nur fortlaufend auf Seiten stoßen, die unter dem Vorbehalt ›under construction‹ zu lesen sind, sondern auch auf Applikationen, die zwar jetzt schon verfügbar, aber nur in einer Zukunft mit größerer Bandbreite, besserer

Anweisungen aus dem Premiere World-Programmheft, Mai 2001

Anweisungen aus dem *Premiere World*-Programmheft, Juli 2001

Bildqualität, schnelleren Prozessoren tatsächlich handhabbar sind. Durch explizite Leerstellen, die eine weitere Vervollständigung des jetzt nur Vorläufigen in Aussicht stellen, integrieren die Medientechnologien ihre eigene (›vollkommene‹) Zukunft. Besonders deutlich wird dies am Beispiel der d-box zum Empfang von digitalem Fernsehen.[1] Mehrere Menüpunkte des Interface sind noch ohne Funktion; will man sie dennoch aufrufen, erscheint auf dem Fernsehmonitor die Auskunft: »Dieser Eintrag steht leider noch nicht zur Verfügung.« In der Bedienungsanleitung zu dem Gerät wird das Versprechen konkretisiert: »Dieser Menüpunkt steht momentan noch nicht zur Verfügung. Die Software der d-box wird jedoch regelmäßig aktualisiert. Sodass wir Ihnen diese Funktion schon bald im Rahmen einer erweiterten Softwareversion anbieten können. Sobald es soweit ist, werden wir Sie selbstverständlich informie-

---

1 Die d-box ist ein Empfangsgerät, mit dem v.a. die digitalen Angebote von *Premiere World* empfangen und entschlüsselt werden können. Sie gilt vielen – durchaus zutreffend – als technisch rückständig; dies kann aber kaum ein Argument sein, sie in eine Analyse des medialen *state of the art* nicht einzubeziehen, will man nicht die geschilderte Teleologie selbst reproduzieren. Es scheint mir ein erhebliches Defizit medienwissenschaftlicher Forschung zu sein, dass diese allzu häufig von den – spekulativ aus den postulierten Potenzialen einer Technik abgeleiteten – zukünftigen Möglichkeiten handelt. Auch wenn dies im Sinne einer Auseinandersetzung um unterschiedliche Visionen und Leitbilder, die den weiteren Entwicklungspfad mitbestimmen, plausibel sein mag, sollte dies doch nicht dazu führen, die je aktuellen medialen Konstellationen in ihrer Produktivität nicht ernst zu nehmen.

ren« (S. 28). Auch auf der Homepage von *Premiere World* wird diese Zukunftsorientierung reproduziert, wobei die verschiedenen Medien deutlich in kompensierende Wechselbeziehung gebracht werden: »Die elektronische Programmvorschau Ihrer d-box wird schon bald um weitere Funktionen (z. B. Kalender, Genre-Auswahl, folgende Sendungen) erweitert. Bis dahin können Sie sich in der Telethek über die derzeit laufende Sendung informieren.«

Den Medientechnologien ist das Versprechen eingebaut, dass dereinst die Restriktionen (die einem Medium seine spezifische Produktivität verleihen) überwunden sein werden. ›Der Tag wird kommen‹ – scheinen die Medien mit John Wayne (THE SEARCHER, John Ford, USA 1956) zu sagen –, an dem die Medien nicht mehr störend auffallen, weil sie dann alles Wünschbare ›auf Knopfdruck‹ realisieren. Dieses Versprechen findet wiederum durch einen Verweis auf ›handfeste‹ technische Tatsachen seinen Rückhalt: Digitalisierung und Vernetzung bilden demnach die gemeinsame Basis nicht nur der gegenwärtigen Medieninnovationen, sondern auch ihrer Extrapolationen in die Zukunft. Die postulierten Potenziale der technischen Verfahren bürgen für die prinzipielle Realisierbarkeit der Versprechungen. Somit ließe sich also weiterhin eine technische und apparative Konstellation als Dreh- und Angelpunkt von Kommunikationsverhältnissen und Kulturproduktion bestimmen.

Genau diese Perspektive wird auch in zahlreichen medientheoretischen Überlegungen der letzten Jahre verfolgt, die aus der Digitaltechnik Effekte für alle Praxisbereiche ableiten. Die vielfältigen Realisierungsformen von Medientechnologien werden als ein Oberflächenphänomen verstanden, das gegenüber dem grundlegenden Prozess der Digitalisierung lediglich sekundär ist (oder – in kritischer Wendung – diesen verschleiert): »Und da alle technischen Systeme heute digitalisierbar sind, können alle Daten im selben Speicher abgelegt werden. Der Medienverbund funktioniert dann als computergesteuertes Algorithmensystem« (Bolz 1994: 10). Eine Einsicht in die Prinzipien der Computertechnologie verspricht somit auch Auskunft über die kulturellen Entwicklungen, da die Digitaltechnik diesem Modell zufolge »[...] das Betriebsgeheimnis einer Kultur [ist], die sich heute anschickt, ihre literarisch-humanistische Identität wie eine Schlangenhaut abzustreifen« (ebd.). Die spezifischen Operationsweisen der Technologien prägen sich den politischen und sozialen Institutionen auf, so dass deren Machteffekte unmittelbar auf denen der technischen Anordnungen aufruhen: »Zunächst einmal liegt es nahe, die Privilegebenen eines Mikroprozessors als Wahrheit genau derjenigen Bürokratien zu analysieren, die seinen Entwurf in Auftrag gegeben und seinen Masseneinsatz veranlaßt haben« (Kittler 1994: 214).

Auch diese medientheoretischen Positionen partizipieren – Hartmut Winkler hat dies im Detail gezeigt – an dem Versprechen eines perfekten, umfassenden und alle Beschränkungen überwindenden Mediums. Die Medien werden Teil einer Utopie der »Unifizierung«, die die Einführung digitaler Medien zwar mit imaginärem ›drive‹ versieht, dabei aber die produktiven medialen Differenzierungen notwendigerweise ignorieren muss: »[...] alles, was für einzelne Medien spezifisch wäre, scheint vor der vereinigenden Kraft des Digitalen sich zu erübrigen« (Winkler 1997: 59).

Die Realisierung dieser Utopie wird auf sich warten lassen; vorerst kann das Versprechen einer künftigen medialen Einheit als Antriebsmechanismus der weiteren Vervielfältigung und Ausdifferenzierung verstanden werden. Zum einen kann daraus der Schluss gezogen werden, dass der Status von Medientechnologien – und mithin ihre Macht- und Subjekteffekte – in Veränderung begriffen ist. Zum andern kann dies aber auch zum Anlass genommen werden, einige medientheoretische Prämissen

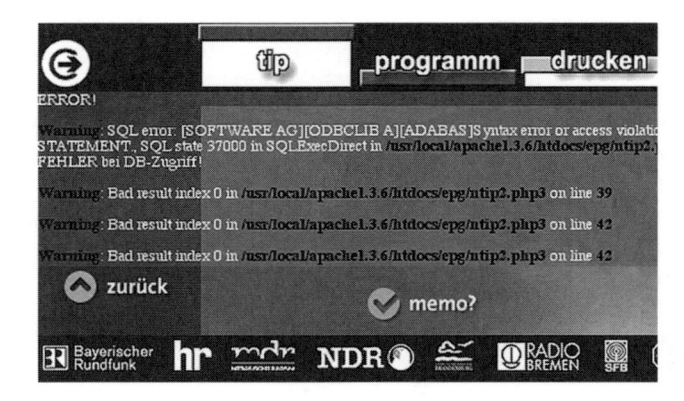

Fehlerhafte Darstellung einer Internet-Seite von ARD-Digital (Ausschnitt)

grundlegender zu diskutieren.[2] Denn die Ambivalenzen der aktuellen Konstellation weisen zugleich auf Defizite einer dichotomisierenden Diskussion hin, die Medientechnologien entweder als unverfügbare und determinierende Anordnungen oder als bloße Instrumente einer guten oder schlechten Verwendung denkt.

Als Folie für eine solche Auseinandersetzung bietet sich das Konzept des Dispositivs an, weil dieses durch unterschiedliche Akzentuierungen selbst zwiespältig bleibt. Einerseits wird mit dem Dispositivbegriff auf die Machtwirkung materieller Anordnungen hingewiesen. Andererseits stellt er aber auch ein Instrumentarium zur Verfügung, das es möglich macht, Medieneffekte in vielfältigen Überschneidungen von Apparaten, Diskursen und Praktiken zu lokalisieren.

Dispositivmodell 1: ›Panopticum‹

Auch unabhängig von der Verflüchtigung der Medien besteht eine grundlegende Schwierigkeit der medienwissenschaftlichen Forschung darin, ihre Gegenstände zu spezifizieren und deren Eigenheiten zu benennen. Diesseits abstrakter Begriffsklärungen (wie sie etwa mit der systemtheoretischen Unterscheidung von Medium und Form vorliegen) stellen sich Medien empirisch als höchst komplexe und grenzenlose Gebilde dar. Alle Medientechnologien der Moderne verschalten netzwerkartig unterschiedliche technische Artefakte, die eine je andere Geschichte und je spezifische Strukturierungen aufweisen. Außerdem bringen sie eine Vielzahl sozialer, ökonomischer, kultu-

---

2   Die beiden Perspektiven sind hier insofern miteinander verbunden, als einerseits für unterschiedliche Medien und ›Epochen‹ auch unterschiedliche Zusammenhänge zwischen Technik und Kultur, Institutionen und Machteffekten angenommen werden können. Andererseits können aber neuere Medienkonstellationen auch neue Perspektiven auf vergangene mediale Wirkungsweisen eröffnen.

reller Praktiken zur Überschneidung und regen dadurch Modifikationen der jeweiligen Operationsweisen an.

Neben zahlreichen anderen Modellen wurde wiederholt auch das bei Foucault formulierte Konzept des Dispositivs in Anschlag gebracht, um dieses Zusammenspiel heterogener Elemente zu fassen. Mit Dispositiv wird ein »entschieden heterogenes Ensemble« von Institutionen, Praktiken, Techniken etc. bezeichnet (Foucault 1978: 120), dessen spezifische Machteffekte nicht auf einer zentralen Absicht oder einer hierarchischen Gliederung beruhen, sondern sich alleine aus der Anordnung und Wechselwirkung der Elemente in einer solchen Konstellation ergeben. Es sind also eher die spezifischen Effekte als eine homogene äußere Gestalt, die die Einheit eines Dispositivs definieren. Diskursen, Praktiken und institutionellen oder technischen Anordnungen wird dabei gleichermaßen Materialität im Sinne einer regelhaften (›technologischen‹) Wirksamkeit zugesprochen.

Dennoch spielen die Technologien, die in Apparaten oder Artefakten realisiert sind, in der Auseinandersetzung um den Dispositivbegriff häufig eine besondere Rolle: Sie verschaffen der These, dass sich Machtformen in materiellen Anordnungen verselbständigen und somit losgelöst von (personaler) Herrschaft und Befehlen funktionieren, besondere Evidenz. Dispositive entfalten ihre Wirksamkeit, indem sie Individuen bestimmte Positionen (in Relation zu Wissensobjekten, zu anderen Individuen etc.) zuweisen und somit eine spezifische Form des Welt- und Selbstverhältnisses produzieren. Daraus resultieren geregelte Wissens- und Handlungsformen, die mit bestimmten Zielsetzungen, Optionen und Strategien (einer immanenten ›Rationalität‹) verbunden sind. Diese Funktionsprinzipien von Dispositiven lassen sich am Beispiel handfester Artefakte sehr viel eindringlicher verdeutlichen als unter Verweis auf (meist vergangene) Praktiken und Diskurse. Nicht zuletzt deshalb nimmt das Panopticum – das Modell eines Gefängnisbaus – in der Foucaultrezeption eine so prominente Stellung ein.

Damit befinden sich die Medientechnologien in einem zwiespältigen Verhältnis zum Modell des Dispositivs: Während sie einerseits als apparative Elemente Teilfunktionen innerhalb von umfassenderen Dispositiven übernehmen, können sie doch andererseits auch selbst als funktionierende Dispositive analysiert werden. Wenn also der Dipositiv-Begriff eine Perspektive bietet, die heterogenen Elemente der Medientechnologien von ihren gemeinsamen Effekten aus zu untersuchen (er würde dann als *methodische* Anleitung in Dienst genommen), so kann er doch auch sehr viel direkter – im Sinne einer *Theorie* ihrer Funktions- und Wirkungsweise – auf die Medien angewendet werden. Die Konsequenz daraus wäre, die Effekte der Medien in erster Linie in den Wissens- und Wahrnehmungsformen zu verorten, die aus der Apparatur und der Position, die sie uns einzunehmen zwingt, resultieren: Weltkarten, Panoramen oder Museen als Produktionsmaschinen historisch spezifischer Welt- und Selbstverhältnisse. Allerdings wird den Medientechnologien damit eine eigenständige Wirksamkeit zugesprochen, die häufig mit einem – zur foucaultschen Stoßrichtung gegenläufigen – monolithischen Machtbegriff korrespondiert. Während nämlich Foucault ein relationales Modell von Macht entwirft, erhält die Macht hier – im Dispositiv eines Mediums – ein Zentrum und eine Quelle.

Dispositiv Kino

Einen Ausgangspunkt findet die Theoretisierung einzelner Medien als Dispositive in der sogenannten Apparatustheorie, die in Abwendung von einer Differenzierung unterschiedlicher filmischer Formen und Inhalte auf die grundlegende Wahrnehmungsanordnung und daraus resultierende ideologische Effekte der Institution Kino aufmerksam macht:[3] »Das Sehen von Filmen unterliegt [...] Bedingungen, die zur Konstruktion einer bestimmten An-Ordnung geführt haben, dem Kino« (Paech 1985: 41). Im Kino blicken die stillgestellten Zuschauer auf ein apparativ reproduziertes, zentralperspektivisches Bild; sie werden damit in die Position der Kamera versetzt und verfügen insoweit über den vor ihnen ausgebreiteten Raum, wie sie dieser apparativen Konstellation zugleich ausgeliefert sind. Ermächtigung des Blicks und Unterwerfung unter diese Übermacht gehen Hand in Hand. Die Anordnung produziert ›souveräne‹ Subjekte, indem sie die Zuschauerinnen und Zuschauer als Gegenüber einer vollständigen und zugleich geordneten (perspektivierten) Welt positioniert.

Ein gemeinsamer Bezugspunkt der Auseinandersetzungen um dieses Modell ist – neben psychoanalytischen Theoremen und Platons erkenntnistheoretischer Höhle – das von Bentham entworfene, von Foucault analysierte Panopticum: Eine architektonische Anordnung, welche die für das Disziplinarregime kennzeichnenden Wahrnehmungs- und Wissensrelationen machtvoll in Stein einschreibt.[4] In Analogie dazu schreibt das Kino die zentralperspektivische Darstellungsform, die in der Renaissance als *Konvention* eingeführt wurde, unveränderlich in die Kamera ein und die ideale Betrachterposition, die vor einem gemalten Bild eingenommen werden *kann*, ist in der Architektur des Kinosaals ›verewigt‹; eine von möglichen Welt-Sichten wird technisch standardisiert.

Auch wenn diese Argumentation kultur- und medienhistorische Kontexte nicht völlig ausschließt, so identifiziert sie doch für das Panopticum genau so wie für das Kino eine interne Logik, aus der seine Machteffekte abzuleiten sind. Die rigide und unveränderliche Anordnung schreibt ihr ›Programm‹ – gerade indem sie ihre Technizität durch Transparenz auf eine scheinbar vollständige Welt vergessen macht – in die Subjektivität der Zuschauer ein. Die materielle Anordnung fungiert als geronnene Macht.[5]

---

3   Kontext dieses Modells, das in der französischen Filmtheorie der 70er Jahre entstanden ist, sind Auseinandersetzungen um die Möglichkeiten einer politischen Filmpraxis. Gegen alle Versuche, Filme durch die Wahl bestimmter Themen und formaler Verfahren zu politisieren, wird von der Apparatustheorie die Ideologiehaltigkeit des Systems Kino behauptet, die nur durch einen epistemologischen Bruch zu überwinden sei; eine kritische Darstellung findet sich bei Rodowick (1994: 76 f.).

4   Das architektonische Modell des Panopticums sieht eine Anordnung von Zellen um ein Zentrum herum vor, von dem aus die Zellen einsichtig sind, das aber selbst intransparent bleibt. Dadurch verselbständigt sich die Kontrollfunktion unabhängig davon, ob im Zentrum tatsächlich ein Aufseher anwesend ist. »Die Durchsetzung der Disziplin erfordert die Einrichtung des zwingenden Blicks: eine Anlage, in der die Techniken des Sehens Machteffekte herbeiführen und in der umgekehrt die Zwangsmittel die Gezwungenen deutlich sichtbar machen« (Foucault 1977: 221).

Das Zentrum der Macht

Das Panopticum hat bei Foucault modellhaften Charakter. Es erscheint als idealtypische Bündelung heterogener Technologien, die nur, weil sie auch außerhalb des Panopticum am Wirken sind, dieses wirken lassen.[6] Im Modell des Kinodispositivs wird es jedoch in einen weitgehend isolierten Sachverhalt überführt. Die Theorie verdoppelt die Festschreibung der Macht in Stein. Auch wenn keine Intentionen und kein Herrschaftsverhältnis postuliert werden, so geht die Macht in diesem Modell weiterhin von einem Zentrum aus – und lässt sich an der Apparatur entziffern. Dies ist auch deshalb bemerkenswert, weil damit für die Apparate ein Bedeutungs- und Machtmodell in Anschlag gebracht ist, das für textuelle Strukturen weitgehend abgelehnt wird. Die Vorstellung einer Abgeschlossenheit und Identität einzelner Texte wurde durch die Einsicht in Intertextualität, Interdiskursivität und Differenzialität nachhaltig irritiert. Auch die Machteffekte (bzw. der ideologische Gehalt) medialer Texte (Filme, Fernsehsendungen etc.) wurden in der Folge mit beträchtlichem methodischem und theoretischem Aufwand in textuelle (Diskurse) und soziale Konstellationen (Praktiken, Artikulationen) hinein verschoben. Nun hat es den Anschein (und dies gilt keineswegs nur für die Apparatustheorie), als wäre die Technik dem konventionellen Machtbegriff zu Hilfe gekommen. In einer Reihe durchaus unterschiedlicher Ansätze verkörpert die Medientechnologie *eine* spezifische Machtform. Damit wird zugleich eine (zu) eindeutige Dichotomie geschaffen: wenn die Macht auf der starren apparativen Anordnung gründet, dann werden (schon aufgrund semantischer Oppositionen) Flexibilität, Modifikation, Bewegung zu widerständischen Elementen.[7]

Spätestens mit der Anwendung des am Kino entwickelten Dispositivbegriffs auf das Fernsehen werden diese Defizite deutlich. Angesichts der Möglichkeit, zwischen

---

5   Die Darstellung der Apparatustheorie muss den komplexen und heterogenen Ansatz stark vereinfachen; eine umfassende Darstellung findet sich bei Winkler (1992). Dementsprechend sind die hier geschilderten Tendenzen bei einigen Beiträgen weniger aufzufinden als bei anderen. Dennoch scheint es mir bezeichnend, dass gerade in der weiteren Diskussion (und insbesondere in zusammenfassenden Referaten) der Apparatustheorie die Analogie zum Panopticum und damit die apparative Anordnung eher an Bedeutung gewinnt als relativiert wird. Wo kulturhistorische Kontexte berücksichtigt werden – indem etwa für Film und Eisenbahn festgestellt wird, dass diese in der »spezifischen Ordnung ihrer Elemente im Verhältnis zur subjektiven Wahrnehmung« übereinstimmen (Paech 1985: 42) – bleibt die Verbindung der Anordnungen weitgehend unklar.
6   So könnte man bei Foucault davon sprechen, dass die ›Disziplin‹ oder auch das ›Kerkersystem‹ als Dispositive zu verstehen sind, für die das Panopticum vor allem ein – wenn auch prinzipiell operationales – Sinnbild ist: »Das Kerkersystem schließt Diskurse und Architekturen, Zwangsregelungen und wissenschaftliche Thesen, wirkliche gesellschaftliche Effekte und nicht aus der Welt zu schaffende Utopien, Programme zur Besserung der Delinquenten und Mechanismen zur Verfestigung der Delinquenz zu einem einzigen Komplex zusammen« (Foucault 1977: 349).
7   An der Universität frisch mit der Apparatustheorie vertraut gemacht, kursierte, wenn wir im Kino nur noch einen Platz ganz am Rand, mit Schrägsicht auf die Zentralperspektive erhielten, der Witz: ›Wir versuchen, dem Dispositiv zu entgehen.‹ – Vielleicht steckt auch darin etwas Wahrheit über die Theorie.

einer Vielzahl an Programmen zu wechseln und angesichts der Einbettung des Fernsehens in den heterogenen Lebensalltag bleibt die Positionierung dem Apparat gegenüber uneindeutig. Fernsehen wird vorwiegend zerstreut und parallel zu anderen Tätigkeiten geschaut. Vor dem Hintergrund des geschilderten Dispositivmodells (und allgemeiner eines konventionellen auf ein Zentrum ausgerichteten Machtbegriffs) figurieren diese vielfältigen Optionen als zunehmende Freiheitsgrade der Rezeption gegenüber einer vorgegebenen Konstellation: Die Zuschauerinnen und Zuschauer können den Machtwirkungen des starren Dispositivs entkommen. Hier zeigt sich, dass gerade Modelle, die die Machtwirkungen der Medien etwa unter Hinweis auf die Zuschaueraktivitäten relativieren, den grundlegenden Vorstellungen des Modells weiterhin verpflichtet sind: Nur wenn es eine Macht ›in‹ einem Medium gibt, kann die ›eigensinnige‹ Nutzung oder ein Wechsel zwischen medialen Angeboten als Widerstand identifiziert werden.

Der Dispositivbegriff muss allerdings nicht notwendigerweise zu einer solchen Identifizierung von Macht mit einer starren Anordnung und einer apparativen Logik führen. Foucault hat ja gerade unter Hinweis auf das ›Dispositiv Sexualität‹ einen relationalen Machtbegriff entfaltet, der die Vorstellung einer homogenen und lokalisierbaren Macht untergräbt. Während das Panopticum als architektonische Form tatsächlich eine gewisse Starrheit und eine Positionierung der Körper impliziert, funktioniert das Sexualitätsdispositiv geradezu gegenteilig[8]: Eine Streuung und Vervielfältigung des Gegenstands ist hier die Voraussetzung für die Machtwirkungen; die Individuen werden nicht in eine vorgeschriebene Position versetzt, sondern zu ihrer ständigen Selbsterforschung angehalten. Durch die evidente Analogie zwischen Panopticum und Medientechnologien wird allerdings die weiterführende Arbeit am Dispositivbegriff, die in *Sexualität und Wahrheit* vorgenommen wird, kaum für Medien produktiv gemacht. Gerade die Ungleichheit der Phänomene Sexualität und Medientechnologien verspricht, eine Analogiebildung produktiv werden zu lassen und Evidenzen der Medien zu hinterfragen.[9]

Dispositivmodell 2: ›Sexualität‹

In Foucaults Ausführungen zum Sexualitätsdispositiv springen Formulierungen ins Auge, die sich für ihre Anwendung auf das Fernsehen geradezu aufdrängen: Wird nicht Fernsehen als relevanter Gegenstand erst erzeugt, indem es diskursiv in die verschiedenen Praxisbereiche hinein gestreut wird? Dieser Prozess wird nicht nur durch Paratexte, die die Sendungen intermedial verlängern, in Gang gesetzt, sondern auch durch juristische und pädagogische Problematisierungen, die das Fernsehen klassifizieren

---

8   Es kann hier nicht diskutiert werden, ob Foucault ›falsch verstanden‹ wurde oder ob er in *Überwachen und Strafen* – zur Erschließung der Disziplinargesellschaft – tatsächlich noch einen eher ›repressiven‹ Machtbegriff verwendet, den er für die Untersuchung der in *Sexualität und Wahrheit* verhandelten Biomacht dann endgültig ablegt.
9   Lediglich auf der Inhaltsebene – v.a. mit Bezug auf Talk Shows – werden die Thesen von *Sexualität und Wahrheit* auf das Fernsehen angesetzt; eine der wenigen Ausnahmen sind die Arbeiten von Johanna Dorer und Matthias Marschik (s.u.).

und seine Gefahren abschätzen. Wenn Foucault schreibt, dass nun auch »die Sexualität der Kinder, der Irren und Kriminellen verhört« (Foucault 1983: 53) werden kann, lässt sich dann nicht ›Sexualität‹ durch ›Fernsehkonsum‹ ersetzen? Hat man nicht auch für den kindlichen Medienkonsum, wie Foucault schreibt,

> korrigierende Diskurse durchgesetzt und die Eltern und Erzieher alarmiert, indem man in ihnen den Verdacht erweckte, alle Kinder seien schuldig und mit ihnen alle Eltern und Erzieher, die sie nicht genug verdächtigen; man hat sie zu ständiger Wachsamkeit vor dieser wiederkehrenden Gefahr gerufen, hat ihr Verhalten vorgeschrieben und ihre Pädagogik recodiert, hat den Raum der Familie den Zugriffen eines ganzen medizinisch-sexuellen Regimes unterworfen. (Foucault 1983: 57)

Werden wir nicht an vielen Orten aufgefordert, das Fernsehen und unseren Fernsehkonsum zu benennen? Und schaffen nicht die daraus hervorgehenden Klassifizierungen von Fernsehsendungen, Fernsehfiguren oder Zielgruppen Relaisstationen zur Wirklichkeit und mithin Zugriffspunkte der Macht?

Das Fernsehen tritt uns nicht (und immer weniger) als einheitliches Medium gegenüber, es wird zergliedert, differenziert, klassifiziert und gestreut. Wir werden aufgefordert – und zwar von den Diskursen ›über‹ das Medium, von den Diskursen des Mediums wie von seinen programmlichen und apparativen Strukturen –, das Medium ständig anders und mit strategischer Raffinesse zu bedienen. Denn durch die Klassifikation seiner Elemente wird die Bedienung des Apparats mit einer spezifischen Rationalität versehen und es werden neue Objekte und Problematiken hervorgebracht (›Montagssyndrom‹, ›Couch Potatoes‹, ›symbolische Politik‹, ›Qualität vs. Schmuddel-TV‹, u.v.a.), die zum einen an Einheiten und Teilelementen des Fernsehens auch quantitativ plausibilisiert werden können (Sehdauer, Schnittgeschwindigkeit, Senderanzahl u.v.a.) und zum anderen Regulierungsstrategien aufrufen, die weitere Modifikationen des Fernsehens hervorbringen.

Eine weitere Analogie zu *Sexualität und Wahrheit* fällt auf: Lässt sich nicht vom Fernsehen, insofern es zugleich privat und kollektiv rezipiert wird, genau wie vom Sex sagen, dass es genau deshalb zu einem so dichten Durchgangspunkt der Macht werden konnte und musste, weil es »den Zugang sowohl zum Leben des Körpers wie zum Leben der Gattung« eröffnet (Foucault 1983: 174)? Wird nicht das Fernsehen zum Gegenstand von politischen, pädagogischen und ökonomischen Zugriffen, weil man damit zugleich auf die Lebensführung des Individuums, wie auch auf die Gesamtheit der Staatsbürger Zugriff zu erhalten hofft?

Fernsehen wäre dann weniger als ein Artefakt, denn als eine spezifische Bündelung vielfältiger Strategien zu betrachten. Seine Funktionsweise wäre nicht auf seine Identität und innere Logik zurückzuführen, sondern auf vielfältige, gerade auch konkurrierende Projekte, die das Medium fortlaufend verändern, um es als Instrument für die eine oder andere Rationalität zu optimieren. Die Zugriffe (von Politik, Ökonomie u.a.) durch das Fernsehen hindurch auf die Zuschauerinnen und Zuschauer müssen dabei auf der gleichen Ebene betrachtet werden wie unsere Zugriffsstrategien auf das Fernsehen: Beide sind Teil der gleichen Rationalitäten und erst im Zusammenspiel entfalten sich die Macht- und Subjekteffekte.

Die Analyse von Fernsehen – und vielleicht allgemeiner der Medientechnologien – müsste, insofern diese Analogie überzeugen kann, umstellen von einer Beobachtung der Verhärtung medialer Konstellationen (der alle Modifikationen nur entweder Vorgeschichte oder akzidentiell sind) zur Beobachtung der Transformationsprozesse selbst, die (in starker Abwandlung eines Satzes von Friedrich Kittler) nicht aufhören, nicht in einem spezifischen Medium zu enden.

Sexualität ist bei Foucault, so könnte eingewendet werden, ein diskursiver Effekt. Die Medientechnologien dagegen existieren tatsächlich als Sachsysteme; ihre Pointe wäre gerade, dass sie unabhängig davon, was man ›über‹ sie sagt, operieren. Während allerdings die Analogiebildung keineswegs die Analyse von Hardware und technischen Anordnungen durch die Analyse von Diskursen ersetzen möchte, so betrachtet sie doch Technologien auf einer Ebene mit Diskursen und Praktiken: Nur in ihren Wechselwirkungen bilden sie ein strategisches Feld, das spezifische Effekte hervorbringt und sich einer bloß instrumentellen Verfügbarkeit entzieht. Technik hat eine spezifische Materialität, die von der Materialität der Diskurse und Praktiken zu unterscheiden ist (wobei zugleich die Materialität verschiedener technischer Bauteile höchst unterschiedlich sein kann). Wie diese Materialität allerdings für unterschiedliche Machtformen produktiv wird, ist den Apparaten selbst nicht abzulesen. Auch liegt die Funktion der Materialität nicht notwendig in ihrer Dauerhaftigkeit und Unverfügbarkeit; ebensogut kann sie Veränderungen plausibel oder regulierende Zugriffe möglich und rational werden lassen.

Damit wären die Medientechnologien weniger als Kultur*techniken* zu perspektivieren, die mit ihren verbindlichen Strukturierungen die Möglichkeiten und Grenzen einer Kultur prägen. Eher ließen sie sich als Kultur*technologien* bezeichnen[10], die mit ihren fortlaufenden (durch vielfältige Zugriffe angeregten) Modifikationen immer wieder neue strategische Felder und Rationalitäten zur ebenso fortlaufenden (Selbst-) Regulierung der Kulturen herausbilden. Voll und ganz innerhalb der Kultur fungieren sie gleichermaßen als Herausforderung wie als Instrument; Problem für die Kultur und kulturelle Problemlösung.

Fernsehen als Kulturtechnologie

Die Teilelemente von Fernsehen – technische Modifikationen oder Programmformen – können zur Emergenz neuer Problematiken beitragen (die sie allerdings keineswegs determinieren)[11]; sie sind aber immer auch Zugriffspunkte für Rationalitäten, die über

---

10 Ich beziehe mich hier nicht auf eine eindeutige Differenzierung zwischen ›Technik‹ und ›Technologie‹. Nur insofern der Begriff der Kulturtechnik meist epochale kulturprägende Konstellationen bezeichnet, soll der Begriff Kulturtechnologie stärker eine fortlaufende wechselseitige Produktion akzentuieren.

11 Flusser sieht das Interesse an neuen »Werkzeugen« gerade darin begründet, dass diese neue, noch unüberschaubare Möglichkeitsfelder eröffnen. Im Gegensatz zur hier entwickelten Argumentation führt er diese allerdings auf die Absichten der Hersteller zurück; alle anderen Verwendungen gelten ihm als »Befreiung« (Flusser 1994: 193 f.; den Hinweis verdanke ich Judith Keilbach).

einzelne Medien hinweg formuliert werden. In seiner Anfangszeit ist das Fernsehen so unter anderem ein operationales Feld der Regulierung von Häuslichkeit und Familialismus. Soziokulturelle Veränderungen, die als Möglichkeitsbedingungen – wenn nicht für Fernsehen schlechthin, so für eine spezifische häusliche Rationalität von Fernsehen – verstanden werden müssen, gehen der Einführung voraus: »What was needed, before television could be invented as a domestic medium, was ›the home‹« (Hartley 1999: 99). Die zeitgleiche Verbreitung von Kühlschränken differenziert die Zugriffsmöglichkeiten, insofern sie die Grundlage eines häuslichen und familiären Konsums bildet, der zum einen im Fernsehen beworben wird (somit Fernsehen ökonomisch ermöglicht) und zum anderen die Praktiken des Fernsehens reguliert (›was zu welcher Sendung essen‹) (Hartley 1999: 100).

Lynn Spigel hat für die USA gezeigt, wie Fernsehen in der krisenhaften Nachkriegszeit ebenso als Gefahr für die Familie, wie auch als Instrument zur ihrer Re-Stabilisierung verstanden wird (1992). Eine Problematisierung des Mediums, unter der sich sowohl Modifikationen des Mediums als auch Nutzungspraktiken anordnen: »Television opened up a whole array of disciplinary measures that parents might exert over their youngsters« (Spigel 1992: 55). Insbesondere an die Frauen und Mütter richten sich Ratschläge, wie der Apparat im Haus zu positionieren, welche Sendung vorzuziehen sei und welches Essen wann dazu gereicht werden könne. Nicht eine eindeutige Vorschrift prägt das Fernsehen, sondern seine Differenzierung für unterschiedliche Zielsetzungen, die Teilelemente des Mediums zu rational handhabbaren Zugriffspunkten für die Kindererziehung, die Nachbarschaftspflege oder den häuslichen Frieden macht. Eine trennscharfe Unterscheidung zwischen dem Medium selbst und seiner Aneignung oder seiner diskursiven Darstellung ist nicht möglich: Die Form- und Farbgebung der Apparate fügt sich genauso in diese Problematik ein, wie die Entwicklung portabler (Zweit-) Geräte, von Kopfhörern und Splitscreen-Technologien, die als strategische Einsätze familialistischer Politiken fungieren. Die Modifizierungen zielen u. a. darauf, dass Mutter und Tochter unterschiedliche Programme im gleichen Raum sehen können; die Eltern erhalten Anweisungen, wie Kinder verantwortlich an das Fernsehen heranzuführen sind. Bestimmte Programmformen (und spezielle Apparate) werden entwickelt, um den Frauen Fernsehkonsum zu ermöglichen, ohne die Hausarbeit zu vernachlässigen.

Im Gegensatz zu stärker technikdeterministischen Vorstellungen, die – wie etwa bei Joshua Meyrowitz (1990: v. a. 43–142) – aus der Struktur des Mediums unmittelbare und eindeutige Auswirkungen auf Geschlechter- und Generationsverhältnisse ableiten, zeigt Spigel, dass kulturell etablierte Strukturen in die dynamische mediale Konstellation eingehen, deren Elemente strategisch integrieren und dabei zugleich ihre eigenen Regelhaftigkeiten umformulieren: Fernsehen impliziert nicht ein bestimmtes Geschlechterverhältnis (genauso wenig wie sich am Fernsehen einfach die herkömmlichen Missverhältnisse reproduzieren). Es bringt emergente Regelhaftigkeiten und Regulierungsformen in die Reproduktion der Geschlechterverhältnisse ein.

Was in der ›Anfangszeit‹ des Fernsehens ganz offensichtlich ist und meistens als ein bloß vorübergehender Prozess der Aneignung oder Habitualisierung des neuen Mediums verstanden wird, kann als Mechanismus der weiteren Entwicklung des Fernsehens herausgearbeitet werden; durchgängig unterläuft das Medium Veränderungen, die Funktionen und Auslöser von Zugriffsstrategien sind. Die Problemformulierungen allerdings ändern sich und damit sicherlich auch die Machteffekte.

Vielfalt und Zugriff

Wie Museen und öffentliche Bibliotheken im 19. Jahrhundert war das Fernsehen in den 50er und 60er Jahren ein funktionales Element sozialreformatorischer und sozialpädagogischer Bemühungen, die auf familiäre Werte, auf moralische Erziehung und nicht zuletzt auf Hygiene zielten. Für das Fernsehen der Gegenwart muss eine ganz andere dispositive Ordnung angenommen werden. Während die ›Inhalte‹ des Fernsehens häufig noch die Themen Familie und Sexualität weiterführen, zielen die Struktur von Technik und Programmabfolgen sowie die Diskursivierungen des Mediums in eine andere Richtung. Die technisch-institutionelle Entwicklung - etwa die zunehmende Sendervielfalt - spielt dabei eine höchst produktive Rolle, ohne dass sie als unmittelbare Ursache wörtlich genommen werden kann, wie dies in Diskussionen geschieht, die entweder eine zunehmende ›Vielfalt‹ oder ein bloßes ›more of the same‹ als entscheidende Veränderungen postulieren.

Ein entscheidendes Merkmal der gesamten medientechnischen Konstellation ist - wie eingangs dargestellt - die fortlaufende Konfrontation mit Neuerungen und daraus folgend ein wechselseitiger Verweis der unterschiedlichen Medien aufeinander. Insofern ist davon auszugehen, dass auch die kulturtechnologischen Mechanismen intermedial funktionieren. Dennoch werde ich mich bei den abschließenden Hinweisen zu gegenwärtigen Machtformen auf Beispiele des digitalen Fernsehens beschränken.

Der digitale Fernsehsender *Premiere World* wird mit dem Slogan beworben »Your Personal TV. Sie wissen, was Sie wollen. Wir haben das Programm dafür.« Damit wird ein ganz persönliches und reflektiertes ›Wollen‹ unterstellt, das von dem Medium befriedigt werden kann. Der Slogan ist kennzeichnend für eine ganze Reihe von Mechanismen der gegenwärtigen diskursiv-technischen Konstellation, die einen individuellen Zugriff auf und eine Zugänglichkeit von medialen Angeboten plausibilisiert. ›Zugriff‹ ist hier kein neutrales Synonym für Rezeption, sondern ein spezifisches (und neuartiges) Verhältnis der Rezeption zum Medium. ›Zugriff‹ und ›Zugänglichkeit‹ umfassen nicht nur das Versprechen einer unendlichen Auswahl und Vielfalt der medialen Angebote, sondern auch das Versprechen eines mühelosen Zugriffs. Kaum ein Text zu digitalen Medien verzichtet darauf, in einer einleitenden Passage herauszustellen, dass jeder, jederzeit auf Alles Zugriff hat (oder eben in naher Zukunft haben wird). So erläutert *Premiere World* die gemeinsame Interfacestruktur der verschiedenen Kanäle, den sogenannten elektronischen Programmführer, mit folgender Zusicherung: »Durch den elektronischen Programmführer wird die Auswahl der verschiedenen Programme für den Zuschauer so leicht und bequem wie noch nie.« Und tatsächlich finden sich in der Navigationsstruktur (und mehr noch auf den Internetseiten des Senders) ›Menüs‹, die das Programmangebot nach allgemein etablierten Klassifizierungen differenzieren und zugänglich machen, und ›Assistenten‹, die eine individuelle Einrichtung des Systems unterstützen sollen.

Die Versprechen von Vielfalt und unendlichem Angebot auf der einen Seite und Zugänglichkeit, Einfachheit und Übersichtlichkeit auf der anderen Seite sind keineswegs widerspruchsfrei, stellt sich doch der Verdacht ein, dass gerade die zunehmende Vielfalt zu Unübersichtlichkeit führt. Statt aber einen einfachen Defekt der Medienentwicklung zu kennzeichnen, errichtet dieser Widerspruch ein produktives Spannungsfeld, das den medialen Komponenten, den Mediendiskursen sowie der Mediennutzung eine spezifische Rationalität verleiht. Erst auf der Basis dieser Problematisierung macht es Sinn, darüber zu streiten, ob ›Alle Zugriff auf Alles‹ haben, ob wir in einer ›Informationsflut‹ zu ertrinken drohen oder ob eine Spaltung in ›information rich‹ und ›information poor‹ bevorsteht.

Standard-Seite aus der monatlichen Programmzeitschrift von *Premiere World*

Die Problematisierung treibt darüber hinaus auch die apparative und diskursive Differenzierung fortlaufend an. Zahlreiche technologische Modifikationen zielen alleine darauf, die Mediennutzung weiter zu optimieren. Sie erhalten ihre Plausibilität vor allem daraus, dass sie uns dabei helfen, bei aller Vielfalt nichts zu verpassen: Eine Fernbedienung mit dem schönen Namen ›Co-Pilot‹ soll es in Zukunft einfach machen, den Videorekorder zu programmieren. Sowohl von den Sendern wie auch von den Herstellern von Fernsehapparaten wird die Bild-in-Bild Technik wiederbelebt, die in einem Eck des Bildschirms, das Bild eines zweiten Kanals einblendet. *Premiere World*, das die Formel 1 aus sechs unterschiedlichen Kameraperspektiven überträgt, kompensiert diese Vielfalt ebenfalls mit zusätzlichen Elementen: Die Perspektive auf das »Verfolgerfeld zeigt die Vorgänge auf den mittleren und hinteren Rängen. Mit oftmals packenderen Duellen als an der Spitze. Mit ›Supersignal‹ [also der Überlicksperspektive] als Bild im Bild rechts oben, damit man nichts [verpasst]« (*Premiere World* Werbung). Auch die Organisation von Spartenkanälen verspricht trotz der Vielfalt eine sofortige Deckungsgleichheit von gewünschtem Programm und Angebot.[12]

---

12 So beschwert sich Lothar Matthäus in einer Werbung für die Spartensender von *Premiere World*, dass er beim Fernsehen immer in einer unangenehmen Talk Show landet, obwohl er eigentlich etwas ganz anderes sehen will.

Schon anhand dieser wenigen Beispiele lassen sich einige grundlegende Veränderungen des Fernsehens festmachen: Die Fernsehrezeption koppelt sich nicht mehr an das Fernsehen als ›Fenster zur Welt‹ an; das Sehen – im emphatischen Sinn – ist keine zentrale Kategorie des Fernsehens mehr. Im Zentrum steht nun der Akt und die Effizienz des Zugreifens auf heterogenes Material, ob dies politische Informationen oder Star-Interviews, Expertenwissen oder erotische Details sind. Die Rezeptionshaltung, die sowohl von Diskursen als auch von technischen oder programmlichen Strukturen nahegelegt wird, zielt in erster Linie auf eine Verbesserung und Steigerung der Medien selbst; auf die Überwindung der Restriktionen alter Medien und auf die Kompensation möglicher Schwächen der neuen Medien. Fernsehen ist damit weitgehend freigestellt von seiner Funktion als sozialreformatorisches Instrument; äußere Zwecke des Fernsehens werden kaum noch projektiert.

Individualisierung

Die konkurrierenden Strategien der Vielfalts- und Zugriffssicherung laufen dennoch nicht ins Leere. Vielmehr sind sie an eine individualisierende Mediennutzungspraxis gekoppelt, die gleichermaßen Effekt wie Antriebsmechanismus der medialen Konstellation ist. Die Anordnung der Teilelemente unter der Problematik von Vielfalt und Zugänglichkeit gibt den Rezipientinnen und Rezipienten konkrete, effiziente und rational einsetzbare Instrumente der Individualisierung an die Hand. Indem durch (individuell zu gestaltende) Zugriffstechniken vorab klassifizierte Angebote zielgerichtet ›verwaltet‹ werden, erfolgt jede Ankopplung an die Medien als Entscheidungs- und Differenzierungsprozess. Die Machteffekte des gegenwärtigen Fernsehens könnten

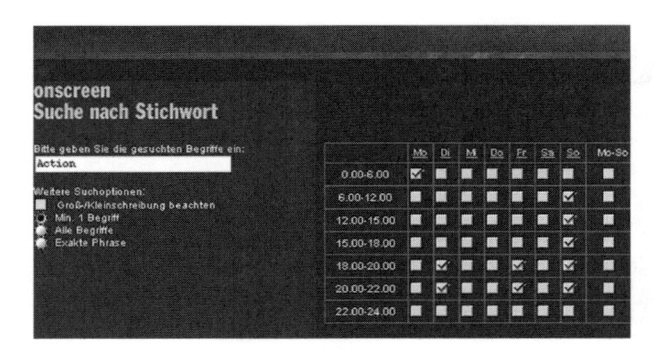

Internetseite von *Premiere World* (Ausschnitt)

also darin bestehen, dass wir uns durch die Art unserer Mediennutzung zu souveränen Subjekten der Mediennutzung machen: indem wir fortlaufend zu Entscheidungen über unsere Mediennutzung aufgefordert werden; indem sich unsere Mediennutzung auf evidente Weise von der anderer Mediennutzer unterscheiden lässt und indem sich unsere Mediennutzung morgen, von unserer Mediennutzung heute unterscheiden kann. Differenzierungen dieser Art werden zu dem dominierenden Kriterium der Mediennutzung. Die diskursiven Klassifikationen teilen das Medium nicht mehr (zumindest nicht in erster Linie) in gute und schlechte Nutzungsoptionen ein, sondern zielen auf die Möglichkeit vielfältiger, aber gleichwertiger Kopplungen der Nutzenden an das Medium, deren Unterschiede ebenso einsichtig sind, wie ein reibungsloser Wechsel jederzeit möglich bleibt.

Zugleich realisieren sich Vielfalt und Zugänglichkeit des Fernsehens erst dadurch, dass sie durch eine sowohl individuelle als auch sich individualisierende Nutzung des Mediums in Gang gesetzt werden. Die differenzierte Mediennutzung wird nicht nur durch Quotenmessung oder Preisausschreiben abgefragt, und dann den Rezipientinnen und Rezipienten durch Veränderungen des Programms zurück gespiegelt. In den Apparaten bestehen unzählige Möglichkeiten, die Ordnungen zu individualisieren (Reihenfolge von Sendern, ›Favourites‹, automatisierte Startzeiten etc.). Vor allem aber haben Angebots- und Zugriffsstrukturen die Grenzen eines Mediums längst überschritten und weisen somit Anschlussstellen auf, die nur durch individualisierenden Zugriff vorübergehend geschlossen werden: Als ›Mehrwert‹ eines digitalen gegenüber dem analogen Fernsehen werden immer wieder die sogenannten Zusatzinformationen angepriesen, die zu einer Sendung ›auf Knopfdruck‹ eingeblendet werden können. Schon im herkömmlichen Fernsehen wird das Publikum zur ergänzenden Nutzung von Videotext, Homepages oder auch Fax-Abruf aufgefordert. Dies zielt selbstverständlich auch auf eine Ausweitung von Werbeflächen; doch die Streuung der Medien und Produkte kann erst ökonomisch produktiv werden, wenn sie durch konkrete Nutzung vernetzt und in Zirkulation überführt wird. Die individualisierende Nutzung ist dementsprechend kein Gegenüber der medialen Konstellation, sondern ein funktionales und spezifizierendes Element.[13]

Die Rationalität gegenwärtiger Mediennutzung impliziert bei allen heterogenen Strategien, die verfolgt werden, vor allem eine, wenn auch flexible, so doch aufs äußerste intensivierte Kopplung an die Medien: »Die produktive Seite der Macht liegt nun darin, diesen Anschluß über die Stimulation und Anreizung des Begehrens als selbstgewählt, freiwillig und zudem mit Vergnügen zu vollziehen« (Dorer/Marschik 2000: 269).[14] Nicht nur die Aneignung immer neuer technischer Varianten nimmt zunehmend Zeit in Anspruch, auch die verschiedenen sozialen Praktiken realisieren Flexibilisierungs- und Individualisierungsstrategien durch eine Ankopplung an Medientechnologien. Die Individualisierung geht einher mit einer zunehmende Ökonomisierung aller Praxisbereiche, die durch ihre Mediatisierung quantifizierbar und somit auch abrechenbar werden.[15] Dennoch wäre es verkürzt, Individualisierung auf eine bloße Ideologie zur Durchsetzung ökonomischer Mechanismen zu reduzieren. Sie

---

13 Dies zeigt sich an Quotenmessungen, Zielgruppendefinitionen, feed-back Möglichkeiten und insbesondere den intermedialen Netzwerken; war für ein sozialreformatorisches Fernsehen die Unzugänglichkeit der Zuschauer noch ein tatsächliches (wenn auch produktives) Hindernis, so ist sie mittlerweile ein zentraler Funktionsmechanismus des Mediums. Das Publikum soll nicht mehr transparent gemacht werden; gerade seine Diffusität ist jetzt der Ausgangspunkt, es möglichst vielfältig als Relaisstationen in die mediale Zirkulation einzubinden.

14 Und allen Enthusiasten der ›freien‹ Mediennutzung könnte man hier nochmals durch einen Verweis auf *Sexualität und Wahrheit* antworten: »Ironie dieses Dispositivs: es macht uns glauben, daß es darin um unsere ›Befreiung‹ geht« (Foucault 1983: 190).

wird von den medialen Mechanismen tatsächlich benötigt und hervorgebracht und realisiert sich somit als wirksames Selbstverhältnis der Subjekte. Insofern diesen subtile Strategien der Selbstregulierung an die Hand gegeben werden, muss die Individualisierung als eigenständiger Effekt (und auch eigenständige Machtform) verstanden werden, die nicht auf ihre ökonomische Funktion reduzierbar ist.[16]

Obwohl es selbstverständlich schematischer Kategorisierungen bedarf (›Sport‹, ›Erotik‹, ›Action‹ etc.), um in den Medien Selektionsmöglichkeiten massenhaft plausibel zu machen, gehen auch Entlarvungen einer (›heimlichen‹) Standarisierung und Normierung grundlegend an der Produktivität der individualisierenden Subjekteffekte vorbei. Gerade die Kategorisierungen mit ihren internen Hierarchien und ihren institutionalisierten Metareflexionen (Chats ›über‹ Zielgruppenangebote) fungieren als Mechanismen eines flexiblen Normalismus (Link 1997): Abweichungen von vorgegebenen Pfaden sind nicht nur erlaubt, sondern werden angereizt. Sie werden zu lustbesetzten Abenteuern, die gerade dadurch eigene Identität produzieren, dass sie

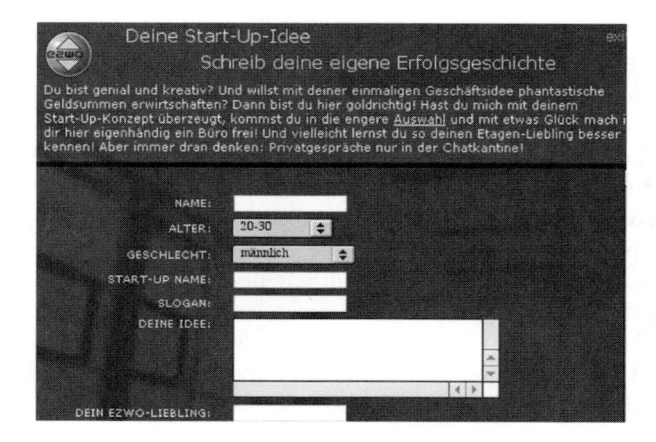

Homepage der ZDF-Internet-Soap *etage zwo*

nachträglich in das System zurückgespielt werden können, um den Grad der Abweichung deutlich zu artikulieren und präzise zu vermessen (Quoten; provozierte Gegenmeinungen; Applaus und Buhs etc.). So wird das Medium auch im Feld von De- und Re-Normalisierung zu einem fein justierbaren Instrument. »Es [das Subjekt, M. S.] findet in irgendeinem medialen Angebot seine ›Normalität‹ bestätigt« (Dorer/Marschik 2000: 274).

---

15 »In dem noch unterentwickelten Bereich interaktiver Medienangebote kann sogar die bloße Möglichkeit individueller Differenzierung der angebotenen Ware ihrerseits als Ware angeboten werden« (Engell 1999: 38).

16 In Jeremy Rifkins *Access* (2000) wird ›Zugriff‹, wie hier vorgeschlagen, als ein zunehmend dominanter Modus medialen Operierens eindringlich für ganz unterschiedliche Praxisbereiche herausgearbeitet. Allerdings wird ›Zugang haben‹ mit ›Macht haben‹ weitgehend gleichgesetzt (S. 323). Außerdem wird die Ökonomisierung weitgehend als Kulturverlust (und somit auch Verlust einer a-historischen Subjektivität) betrachtet und dementsprechend lediglich eine *ökonomische* Produktivität realisiert.

Mediennutzung muss nicht mehr angeleitet werden; aufgefordert von Werbungsdiskursen, konfrontiert mit Elektronischen Programmführern und Bild-im-Bild Technologien wird uns dies selbst in die Hand gegeben. Wenn damit ein Ende der Pädagogisierung der Zuschauerinnen und Zuschauer abzusehen ist, wäre das zu begrüßen; insofern wir damit aber zugleich zum Knoten- und Durchgangspunkt neuer (nicht nur, aber auch ökonomischer) Machtrelationen werden, stellt sich – noch einmal unter Verwendung von Foucault – die Frage: ob wir nicht anders fernsehen können als wir fernsehen.

Literaturverzeichnis

Bolz, Norbert (1994): Computer als Medium – Einleitung. In: ders./ Kittler, Friedrich A./ Tholen, Christoph (Hg.): Computer als Medium. München, 9–16.

Doelker, Christian (1989): Kulturtechnik Fernsehen. Analyse eines Mediums. Stuttgart.

Dorer, Johanna / Marschik, Matthias (2000): Welches Vergnügen? Zur Diskussion des Vergnügens in der Rezeptionsforschung. In: Göttlich, Udo/ Winter, Rainer (Hg.): Politik des Vergnügens. Zur Diskussion der Populärkultur in den Cultural Studies. Köln, 267–284.

Engell, Lorenz (1999): Von der Medientechnik zur Geldkultur. In: Hebecker, Eike u.a. (Hg.): Neue Medienumwelten – Zwischen Regulierungsprozessen und alltäglicher Aneignung. Frankfurt a.M./New York, 29–43.

Flusser, Vilém (1994): Gesten. Versuch einer Phänomenologie. Frankfurt a.M.: Fischer.

Foucault, Michel (1977[1975]): Überwachen und Strafen. Die Geburt des Gefängnisses. Frankfurt a.M.

Foucault, Michel (1978): Dispositive der Macht. Michel Foucault über Sexualität, Wissen und Macht. Berlin.

Foucault, Michel (1983[1976]): Sexualität und Wahrheit. Bd.1: Der Wille zum Wissen. Frankfurt a.M.

Hoffmann, Hilde W./ Keilbach, Judith (2001): Spielleiter zwischen Medienkritik und Normalismus – Beobachtungen zur Darstellung des Fernsehens in Spielfilmen. In: Parr, Rolf/ Thiele, Matthias (Hg.): Gottschalk, Kerner & Co. Funktionen der Telefigur ›Spielleiter‹ zwischen Exzeptionalität und Normalität. Frankfurt a.M., 209–238.

Kittler, Friedrich A. (1994): Protected Mode. In: Bolz, Norbert/ Kittler, Friedrich A./ Tholen, Christoph (Hg.): Computer als Medium. München, 209–220.

Krämer, Sybille (1998a): Was haben die Medien, der Computer und die Realität miteinander zu tun? Zur Einleitung in diesen Band. In: dies. (Hg.): Medien, Computer, Realität. Wirklichkeitsvorstellungen und Neue Medien. Frankfurt a.M., 9–26.

Krämer, Sybille (1998b): Das Medium als Spur und Apparat. In: dies. (Hg.): Medien, Computer, Realität. Wirklichkeitsvorstellungen und Neue Medien. Frankfurt a.M., 73–94.

Latour, Bruno (1998): Wir sind nie modern gewesen. Versuch einer symmetrischen Anthropologie. Frankfurt a.M.

Link, Jürgen (1997): Versuch über den Normalismus. Wie Normalität produziert wird. Opladen.

Meyrowitz, Joshua (1990): Wie Medien unsere Welt verändern. Die Fernsehgesellschaft 2. Weinheim/Basel.

Paech, Joachim (1985): Unbewegt bewegt – Das Kino, die Eisenbahn und die Geschichte des filmischen Sehens. In: Meyer, Ulfilas (Hg.): Kino-Express. Die Eisenbahn in der Welt des Films. München/Luzern, 40-49.

Rifkin, Jeremy (2000): Access. Das Verschwinden des Eigentums. Frankfurt a.M./New York.

Rodowick, David Norman (1994[1988]): The Crisis of Political Modernism. Criticism and Ideology in Contemporary Film Theory. Berkely/London.

Spigel, Lynn (1992): Make Room for TV. Television and the Family Ideal in Postwar America. Chicago.

Winkler, Hartmut (1991): Der filmische Raum und der Zuschauer. ›Apparatus‹ – Semantik – ›Ideology‹. Heidelberg.

Winkler, Hartmut (1997): Docuverse. Zur Medientheorie der Computer. Regensburg.

Winkler, Hartmut (1999): Jenseits der Medien. Über den Charme der stummen Praxen und einen verdeckten Wahrheitsdiskurs. In: Hebecker, Eike u. a. (Hg.): Neue Medienumwelten – Zwischen Regulierungsprozessen und alltäglicher Aneignung. Frankfurt a.M./New York, 44-61.

Winfried Pauleit

Videoüberwachung und postmoderne Subjekte
Zu den Auswirkungen einer Bildmaschine im futur antérieur

> Das Panopticon ist eine königliche Menagerie, in der das Tier durch den Menschen ersetzt ist [...] und der König durch die Maschinerie einer sich verheimlichenden Macht. [...] Noch dazu ist die Anordnung dieser Maschinerie eine solche, daß ihre Geschlossenheit eine ständige Anwesenheit der Außenwelt gar nicht ausschließt. Wir haben bereits gesehen, daß jeder Beliebige kommen kann, um die Überwachungsfunktionen im Zentralraum wahrzunehmen, und daß er bei dieser Gelegenheit erahnen kann, wie diese Aufsicht funktioniert. (Michel Foucault 1977: 261, 266)

> Wir versuchten es mit einer Video-Kamera und einem Bildschirm. Das Ergebnis war überraschend und seltsam. Denn jetzt mit dem Bildschirm als ›Spiegel‹, sah sie die linke Hälfte ihres Gesichtes rechts – eine Erfahrung, die selbst für einen normalen Menschen verwirrend ist [...], und in ihrem Fall doppelt irritierend und unheimlich, weil die linke Gesichts- und Körperhälfte, die sie jetzt sah, infolge ihres Schlaganfalls gefühllos und für sie nicht existent war. (Oliver Sacks 1990: 113)

Der Journalist Thorsten Metzner kommt im *Tagesspiegel* vom 7.1.2001 zu folgendem Resümee: »Videoüberwachung wird ein Flop«, zumindest soll dies für das Land Brandenburg gelten. Die Behauptung, dass Videoüberwachung ein Flop werden könnte, ist nicht neu. Überraschend ist aber, dass die Gewerkschaft der Polizei dies zumindest für das Land Brandenburg bestätigt. Dabei ist das Datum der polizeilichen Stellungnahme die besondere ›Delikatesse‹, die das Zusammenspiel von Parlament und polizeilicher Exekutivgewalt bei der Einführung der Videotechnologie erhellt. Denn mit einer Gesetzesänderung vom 13.12.2000 (also keine vier Wochen vorher) hatte eine Große Koalition nach den Vorgaben von Innenminister Schönbohm die Videoüberwachung gerade erst auf den Weg gebracht. Dabei wird der Einsatz von Videoüberwachungskameras laut Gesetz auf ›Kriminalitätsbrennpunkte‹ beschränkt. Diese Kriminalitätsbrennpunkte gibt es aber in Brandenburg nicht. Jedenfalls kann die Polizei in diesem Land (im Gegensatz z. B. zu Berlin) keine Brennpunkte als Orte benennen. Folglich können auch keine Kameras installiert werden, und der ganze Landstrich wird – wie das wehrhafte Dorf von Asterix und Obelix im besetzten Gallien – zu einer kamerafreien Zone.

1. Die Begehrensstruktur des Video

Die Einführung der Videoüberwachungstechnologie ist mit einem Versprechen auf Sicherheit für die Bürger verbunden. Der Bedarf an Sicherheiten ist gerade im Zeichen der Globalisierung groß, besonders vielleicht in den neuen Bundesländern. Dabei bleibt weitgehend unklar, was Sicherheit hierzulande im einzelnen bedeuten könnte. Was die Videoüberwachung konkret abwenden soll ist Diebstahl, und Diebstahl ist eine illegitime Zirkulation von Waren. Waren, die gestohlen werden könnten, sind in den neuen Bundesländern mit ihrer darniederliegenden Ökonomie in relevanten Größenordnungen nicht vorhanden, so dass die Anschaffung der teuren Überwachungskameras die fortschreitende Verarmung höchstens vorantreibt. Darüber hinaus hat der klassische Diebstahl mit den tiefergehenden Verunsicherungen durch die neuen Ökonomien nur wenig zu tun. Unsicherheit ist in den neuen Bundesländern folglich durch Videoüberwachung – vorausgesetzt man spricht dieser Technologie überhaupt eine kriminalitätsmäßigende und sicherheitsstiftende Wirkung zu – nicht abzuwenden, und diese erscheint so als ein überaus fragwürdiges Therapieangebot.

Die Unangemessenheit der Videoüberwachung in den neuen Bundesländern – ja selbst in Berlin – gibt sogar der Detective Chief Inspector Alan Hillman (New Scotland Yard) zu bedenken, der am 4.6.1999 zur Diskussion um das Für und Wider der Videotechnologie in den Preußischen Landtag eingeflogen wurde. Die englische Polizei gibt ihrerseits vorrangig ökonomische Gründe an, die zu einer Zusammenarbeit von Geschäftsleuten und Polizei führten. In der Londoner Innenstadt hat sich die Einführung der Videoüberwachung (CCTV) zur Diebstahlsbekämpfung nachweislich bezahlt gemacht. Gerade diese ›Profitorientierung‹ in der Kriminalitätsbekämpfung machte das englische Modell so erfolgreich. In Brandenburg, wie in vielen anderen Teilen der Bundesrepublik, wird es nur einen Gewinner geben, den jeweiligen Produzenten der Technologie. In Berlin und Brandenburg ist es Siemens, in Baden-Württemberg ist es Bosch.

Dennoch sollte man nicht glauben, dass es sich bei den zuständigen Innenministern, die für die Einführung der Videoüberwachung in den Bundesländern verantwortlich zeichnen, ausschließlich um mit der jeweiligen Landesindustrie verfilzte Kriminelle handelt. Man muss sie sich eher wie moderne Manager vorstellen, die ein nicht nur politisches Stimmungsklima verwalten und entsprechende Rezepte je nach Wetterlage anbieten. So gibt es beispielsweise in der Stuttgarter Innenstadt keine nennenswerte Kriminalität. Dennoch fühlen sich die Bürger an einigen Orten dieser Innenstadt unsicher, manche gar bedroht (z. B. am Rotebühlplatz). Darauf gilt es mit effektiven Maßnahmen zu reagieren. Bevor man sich für die Videoüberwachung als Mittel zur ›psychologischen Angstabwehr‹ entschied – Videoüberwachung erscheint dabei zunächst wie eine Modewelle analog zum wechselnden Therapieangebot der alternativen Szene –, unternahmen die Stuttgarter Bürgermeister und die Polizeiführung einen Ausflug in die Londoner Oxford Street, um sich persönlich von dem dortigen Vorzeigeprojekt zu überzeugen und um zu beweisen, dass eine Gefährdung der Persönlichkeitsrechte durch ein paar Kameras nicht gegeben sei.[1]

Die einmalige Einrichtung der Videoüberwachung dürfte den bundesdeutschen Politikern aber höchstens über die nächste Legislaturperiode hinweghelfen. Eine

Angst der Bürger, die sich nicht auf tatsächliche Kriminalitätsdelikte stützt, lässt sich nur vorübergehend durch die öffentlichkeitswirksame Installation von Videoüberwachung besänftigen. Die Investition ist insofern hinausgeworfenes Geld, als sie keinen greifbaren Gegenwert liefert, es sei denn, sie produziert tatsächlich etwas; denn Videoüberwachung ist eine Bildmaschine. Ihre Funktion kann dort nicht in einer Abschreckung liegen – was wieder und wieder behauptet wird –, wo es keine Kriminalität gibt. Erst wenn diese Maschine Bilder hervorbringt, beginnt sie sich zu amortisieren. Der zweite Schritt (nach der Installation der Kameras) ist also die Produktion und Verbreitung von Bildern. Aus England ist dieser Umstand bereits bekannt (vgl. Kapitel 3). Wer Videoüberwachung zur Schaffung subjektiver Sicherheit einführt, wird sich perspektivisch kaum ohne Bilder, die eine kriminalistische Relevanz enthalten, zufrieden geben können. Dabei böte gerade der bilderlose Zustand die Idee einer ›objektiven‹ Sicherheit. Früher oder später wird man als Politik-Manager aufgefordert sein, Bilder beizubringen; und am Ende wird es darum gehen, wer sich diese Bilder am besten zu eigen machen kann.

Die Logik, nach der die Bilder eingefordert werden, ist nur zu gut aus dem aktuellen massenmedialen Versuchsszenario ›Big Brother‹ bekannt. Der wesentliche Unterschied ist das Lauern auf eine Sex-Scene bei ›Big Brother‹ an Stelle einer Crime-Scene, die uns in naher Zukunft von den Polizeibehörden über die öffentlichen Fernsehanstalten vermittelt werden wird. Wenn man also ›aktuelle‹ kriminalitätsrelevante Bilder liefert, wird man den sich anbahnenden Flop der Videoüberwachung abwenden können. Das Management, das den Politikern dazu übertragen wird, zielt darauf, Ängste zu verwalten, Sündenböcke zu liefern und Instanzen zu erzeugen, die (väterliche) Verantwortung übernehmen.

Die klassische Begehrensstruktur der Videoüberwachung produziert in der polizeilichen Praxis Bilder von anderen: von Kriminellen, Farbigen etc.[2] Potenzielle Täterschaften werden dadurch veräußerlicht und beruhigen das Selbstverständnis. Kernpunkt ist die Abspaltung von Persönlichkeitsteilen, die mit Hilfe der Politik-Manager und der Videoapparatur auf andere übertragen und dadurch auf Distanz gehalten werden. David Lynch hat in seinem Film LOST HIGHWAY (USA 1996) eine vergleichbare, von der Videoaufzeichnung begleitete Ich-Spaltung in Szene gesetzt – allerdings unter anderen Vorzeichen. Dem Protagonisten Fred Madison und seiner Ehefrau Renee werden anonyme Videobänder zugespielt, die Aufnahmen aus ihrer eigenen Wohnung zeigen. Die Folgerung ist klar: Jemand anderes muss in der Wohnung gewesen sein. Das letzte Videoband erhält Fred allein, es zeigt seinen Mord an der eigenen Ehefrau. Lynch kehrt die Bewegung der Abspaltung durch Videoüberwachung um. Die abgespaltene Angst wird in einem ›close circuit‹ zum Individuum (Fred) zurückgeführt und lässt die Erzählung in einer Horrorvision kul-

---

1   Statement des Stuttgarter Bürgermeisters Jürgen Beck auf einer Podiumsdiskussion des ›Stuttgarter Filmwinter‹ am 20.1.2001.
2   Aldo Legnaro verweist auf Studien von Norris und Armstrong, nach denen in Großbritannien 90% der gezielt Observierten männlich, 40% Jugendliche und überdurchschnittlich viele Schwarze sind (Legnaro 2000: 77; vgl. auch Norris/Armstrong 1998).

minieren, die den Ehemann und den in der Videoaufzeichnung erfassten Mörder als ein und dieselbe Person zeigen.[3]

Videoüberwachung ist folglich nicht nur ein polizeiliches Mittel zur Diebstahlsbekämpfung oder eine Verlängerung des gesetzlichen Auges mit technischen Mitteln, wie es noch George Orwell in seinem ›Big Brother‹ als totalitärem Überwachungsstaat zugespitzt hatte. Diese Haltung zur Videoüberwachung setzte bereits eine klare Spaltung in ein geistiges Auge (und codifiziertes Gesetz) auf der einen Seite und einen zu domestizierenden Körper auf der anderen voraus. Ein komplexeres Verständnis von ›Videoüberwachung‹ reiht diese Technologie auch in die Medien der Selbstspiegelung und Selbstwahrnehmung ein. Video erlaubt es erstmals, - anders als z. B. ein Spiegel - sich selbst so zu sehen, wie man von anderen gesehen wird.[4] Die Videotechnologie zeigt sich somit in einer altbekannten Doppelfunktion des Bildes, einmal als Spiegel für das Selbst und ein anderes Mal als Fenster zur Welt. Videoüberwachung kann aus diesem Grunde grundsätzlich in zwei Richtungen wirken, als Abspaltung im Sinne einer Trennung von Innen und Außen oder als Integration von ›Anderem/Eigenem‹ in das eigene Selbstbild.

Bildende Künstler und Künstlerinnen haben dieses Potenzial bereits seit Ende der 1960er Jahre entdeckt.[5] Die Wirkung der Videoüberwachung kann sich aber auch innerhalb von bestimmten Versuchsanordnungen plötzlich verschieben oder umkehren. Eine Fremdheit abspaltende Praxis kann in eine aneignende umschlagen. Dies kann durch Interventionen, Zufälle oder auch durch technische Defekte geschehen. Als Beispiel sei ein Fall aus der Strafvollzugsanstalt Tegel (Berlin) benannt. Dort wurde 1999 von den Insassen durch Zufall eine stecknadelgroße Überwachungskamera in einem Fernsehgerät des gemeinschaftlichen Aufenthaltsraums entdeckt. Beim Hantieren mit der Fernbedienung sahen sich die Insassen plötzlich selbst auf dem Bildschirm: ein technisches Versehen der heimlichen Überwachungsinstallateure (taz 22.6.99). Durch diesen technischen Zirkel-Schluss wurden die Bilder der Überwachten an sie selbst zurückgeleitet. Abgesehen von dem juristischen Skandal, den dieser Fall darstellte (eine Videoüberwachung darf auch im Gefängnis nur bei Gefahr im Verzug

---

3   Ein Beispiel aus der Stuttgarter Wirklichkeit ist weniger drastisch, funktioniert aber nach dem gleichen Schema. Der erste Täter, der durch eine Videokamera in einer Tiefgarage wegen Trunkenheit am Steuer gestellt wurde, war ein Abgeordneter des Stuttgarter Landtags und Angehöriger jener Partei, die die Einführung der Videoüberwachung in Deutschland vorantreibt (Berliner Zeitung 11.7.2000).

4   Man sieht sich im Videomonitor seitenrichtig und nicht spiegelverkehrt. Deshalb ist es nicht nur zynisch, das Fernsehexperiment einer andauernden Containerüberwachung ›Big Brother‹ zu nennen. Verweist es doch noch auf die geschwisterliche Verbundenheit mit der Struktur des Video und darauf, dass die Position des technischen Auges körperlich besetzt werden kann – im Zweifel durch den eigenen Körper.

5   Einer der bekanntesten Namen unter den Videokünstlern ist Nam Jun Paik. Daneben sind Peter Campus zu nennen (Interface 1972), Dan Graham (Present Continuous Past 1974), vor allem aber Künstlerinnen mit z. T. explizit feministischen Perspektiven, wie Joan Jonas (Vertical Roll 1972) oder Friederike Pezold, die eine Videoüberwachungskamera für ihre frühen Videoarbeiten (anfang der 1970er Jahre) verwendete und diese zur Überwachung auf ihren eigenen Körper richtete. Ausgehend von einem Blick des anderen auf sich selbst entwickelte Pezold dabei eine ›neue leibhaftige Zeichensprache‹ (vgl. Stüben 1993).

angewandt werden), werden die Überwachten in dieser Situation mit ihrem Bild im Blick der Überwachenden konfrontiert. Die Überraschung der Situation war zumindest so groß, dass die Insassen in der Knastzeitung den Kurzschluss öffentlich machten und damit eine Beschwerde einleiteten. Wie sie das Bild auf dem Fernseher einschätzten, oder was sie darin erblickten, darüber wurde nichts Offizielles berichtet; es lässt sich nur vermuten. Die Insassen erkannten offenbar nicht sich selbst, sondern wiederum einen anderen, eine ungerechte Justiz oder Anstaltsleitung, die ihre Persönlichkeitsrechte beschneidet und sie damit ›entmenschlicht‹. Möglicherweise wurde aber über andere Effekte dieser Erfahrung nur nicht öffentlich gesprochen. Eine denkbare Wahrnehmung könnte auch darin bestehen, sich selbst als ›Kriminellen‹ zu erblicken und sich gerade mit diesem Bild zu identifizieren. Diese Perspektive eröffnet eine Identitätsstiftung über die Aneignung des eigenen Bildes als anderer, die die Videoüberwachung zur Kriminalitätsbekämpfung bald so unbrauchbar machen könnte, wie das Penicillin gegenüber resistenten Bakterien bei bestimmten Krankheiten.[6]

2. Die Diskussion um die Videoüberwachung in England

In England wurde die Diskussion um zwei unterschiedliche Sicherheitskonzepte an den Begriffen ›security‹ und ›safety‹ geführt. Mark Cousins hat diesen Unterschied herausgearbeitet (Cousins 1996). Er unterscheidet einerseits einen fürsorglichen menschlichen Blick, der von einer Anteilnahme getragen ist. Die Voraussetzung für diesen Blick ist an die menschliche Präsenz gebunden, an das Mitgefühl innerhalb menschlicher Gemeinschaft und an ein ausgebildetes Unterscheidungsvermögen für falsch und richtig. Dieser zwischenmenschliche Blick wird mit dem Begriff ›safety‹ verbunden, und Cousins bezieht ihn auf ein Sicherheitskonzept, das sich vornehmlich an der Abwehr von Gefahren für Leib und Leben orientiert. Auch dieser menschliche Blick ist natürlich nicht herrschaftsfrei und findet in der Aufsichtspflicht der Eltern für ihre Kinder noch ihre juridische Bestimmung. Gleichzeitig bildet sich an diesem elterlichen Blick der kleine Mensch erst heraus.[7]

Dem menschlichen Blick stellt Cousins den an eine Apparatstruktur delegierten leeren Blick gegenüber. Dieser Kamera-Blick, so der Autor, hat nichts mit Anteilnahme oder Kommunikation zu tun; er besteht einzig in einer technischen Aufzeichnung, die vornehmlich Eigentum schützt. Die Funktionen dieses Blicks beschreibt Cousins als zweiteilig. Einerseits sollen Gelegenheitsdiebe gewarnt und abgeschreckt werden. Dazu wird die Aufstellung von Überwachungskameras in England überall von gut sichtbaren Hinweistafeln begleitet: ›Dieser Ort ist videoüberwacht‹. Die Ab-

---

6 Auf der Podiumsdiskussion zu Harun Farockis Film GEFÄNGNISBILDER (D 2000) am 28.02.01 in der Akademie der Künste Berlin wurde die Frage aufgeworfen, ob auch Häftlinge in Strafvollzugsanstalten selbst mit dem Medium Video ihre Situation reflektieren. Niemand wusste von Beispielen zu berichten.
7 Wie man sich eine Subjektkonstitution unter dem Kamerablick vorstellen kann, wird in Kapitel 7 erläutert.

schreckung ist ihre Funktion in der Gegenwart. Ihre zweite Funktion, die technische Aufzeichnung, dient zur Entdeckung und Verurteilung von Straftätern. D.h. sie entfaltet sich immer erst in der Zukunft. Der Blick der Überwachungskamera ist kein gegenwärtiger, er baut somit nicht auf Präsenz, sondern auf eine Zukunft, in der er dann schon vergangen ist.

Inzwischen betonen die Befürworter den Nutzen der Überwachungstechnologie allerdings nicht nur bei der Bekämpfung von Eigentumsdelikten. Einer der letzten großen Fahndungserfolge von Scotland Yard, der die Identität eines Bombenlegers aufdeckte, gelang durch die Auswertung von Videoaufnahmen aus dem Londoner Stadtteil Brixton und durch die Fernsehausstrahlung der Bilder von einer verdächtigen Person. An solchen Beispielen scheint die Argumentation Cousins' zu kippen. Die Gegenwart von teilnehmenden Blicken kann keine Bombenanschläge verhindern, aber an den Bildern der Tragödie, die vom leeren Blick der Überwachungskamera aufgezeichnet wurden, kann man auch anschließend noch Anteil nehmen. Eine nachträgliche Beseelung des apparativen Blicks scheint – ähnlich wie im Kino – am Horizont der Möglichkeiten der Videoüberwachung auf.

Die Situation im Stadtteil Brixton hat sich nach dem Bombenattentat verändert. Zunächst bedeutete die Videoüberwachung eine Repression von weiten Teilen der vorwiegend farbigen Bevölkerung. Das potenzielle Täterprofil, welches die Videoüberwachung anvisierte bzw. konstruierte, traf vorwiegend junge männliche Farbige (Legnaro 2000). Nach dem Bombenanschlag wendet sich die Repression plötzlich (und möglicherweise einmalig) gegen einen weißen Täter mit rechtsextremem Hintergrund. Es ist zudem anzunehmen, dass der von außerhalb kommende Täter mit der Videoüberwachung des Stadtteils nicht vertraut war. Bedeutsam erscheint aber auch die Tatsache, dass eine ›verdächtige‹ Person von den Fahndern im multikulturellen Brixton überhaupt ausgemacht werden konnte. Hier wandelt sich der an den leeren Blick anknüpfende Blick der Detektive Scotland Yards durch die Technologie hindurch noch einmal zu einer technisch vermittelten Anteilnahme. Anders gesagt, der leere Blick wird positiv besetzt. Hinter der Technik lässt sich das Stereotyp des väterlichen Kommissars vermuten, das aus Filmen der 1950er und 1960er Jahre geläufig ist: Der Kommissar kennt seine Pappenheimer und weiß, was sie treiben. Deshalb kann er auch einen Weißen mit ganz anderen Motiven und Bewegungen aus der Videoaufzeichnung des Stadtteils Brixton herauslesen. Gerade solche Beispiele verklären aber das Verhältnis zur Videoüberwachung als dasjenige zu einem strengen aber gerechten Vater. Sie erzeugen die Vorstellung von einer neuen okularen Instanz, der alle gleichermaßen unterworfen sind.[8]

Ein anderer Fall der Videoüberwachung intervenierte direkt in eine Eltern-Kind-Beziehung. In einem Londoner Krankenhaus verschaffte man sich mittels Videoüberwachung Sicherheit über den Verdacht, dass eine Mutter ihrem Kind die nicht erklärlichen Verletzungen zufügte. Die Verwertung der Videoaufnahmen beschränkte sich dabei auf die Bestätigung, dass tatsächlich die Mutter die Verursacherin der

---

8 Thomas Y. Levin hat in diesem Zusammenhang darauf hingewiesen, dass »die gängigen Haltungen zum Thema Überwachung [...] nicht zuletzt von verschiedenen Formen der so genannten ›Hochkultur‹ bzw. der ›Massenkultur‹ geprägt« werden (Levin 2000: 54).

kindlichen Verletzungen war und dass sich keine andere Person daran beteiligt hatte. Die Videoaufzeichnung war somit nicht strafrechtlich relevant, sondern unterstrich die psychologische Diagnose. Man erkannte bei der Mutter ein ›Munchausen by proxy syndrom‹, was bedeutet, dass sie ihr Kind verletzt, um ärztliche Aufmerksamkeit zu erhalten und um sich im Krankenhaus aufhalten zu können. Einerseits wird in diesem Fall die Mutter zwar als Täterin entlarvt, andererseits wird sie schließlich als die hilfsbedürftige Person eingestuft. Die Videoaufnahmen könnten im therapeutischen Sinne auch der Mutter die Kenntnisnahme ihrer eigenen Handlungen eröffnen, die sie bisher als die eines anderen ausgab.

Mit diesen zwei Beispielen lässt sich das Va-Banque-Spiel der Videoüberwachung umreißen. Es changiert zwischen einer autoritären Instanz, die väterlich für Recht und Ordnung sorgt auf der einen Seite. Diese Instanz hat zunehmend alles im Blick und setzt ihre ›objektive‹ Wahrnehmung als gültigen Maßstab für jegliches Geschehen. Sie verbirgt dabei ihre eigene Konstruktion und entwertet abweichende Blickwinkel. Auf der anderen Seite eröffnet das Video (weniger der Überwachungskomplex) die Möglichkeit der Erweiterung einer partiellen oder verstellten Sichtweise. In der Spiegelung auf dem Monitor kann sich jedes Individuum diese Option des Massenmediums zu eigen machen.

3. Bilder der Videoüberwachung: das Photographesomenon

Es ist mehr als auffällig, dass in der englischen Diskussion um die verschiedenen Sicherheitskonzepte ›safety versus security‹ der elterliche Blick dem leeren Blick der Kamera gegenübergestellt wird. Als paradigmatisch für diese Diskussion kann der ›Bulger case‹ gelten. Der Fall Bulger erschütterte im Jahr 1993 die Öffentlichkeit über die Grenzen Großbritanniens hinaus. Der zweijährige James Bulger, der sich kurzzeitig beim Einkaufen aus dem Blickfeld seiner Mutter entfernte, wurde von zwei Jungen im Alter von zehn und elf Jahren aus einer Shopping Mall in Liverpool entführt, misshandelt und später getötet. Die Entführung wurde von Überwachungskameras aufgezeichnet. Den Hinweis, dass sie nicht nach erwachsenen Tätern suchen mussten, sondern nach Kindern, erhielten die Fahnder erst durch die Videobilder.

Jenseits der Unterscheidung zwischen dem leeren Blick der Videoüberwachungskamera und dem elterlichen Blick (Cousins 1996) gibt es auch Parallelen und Gemeinsamkeiten dieser Blicke. Was sie verbindet, ist die ›Aufsicht‹, eine bestimmte Perspektive, die von schräg oben herunter sieht. Die Eltern sind mit Autorität und Verantwortung ausgestattet, und es sind diese Elemente, die bei der Einrichtung der Videoüberwachung an die Kameras delegiert werden.[9]

---

9   Was diese Blickbeziehungen voneinander unterscheidet ist, dass die Kameras in der Regel keine Ohren (und kein Herz) haben. Die Kameras hören uns nicht und greifen auch nicht ein. Der Schrecken, der entsteht, wenn einem trotz Videoüberwachung Gefahr droht und niemand eingreift, muss ungeheuerlich sein und das subjektive Sicherheitsempfinden in das Gegenteil verkehren. Man kennt dieses Problem in vielen Städten bereits von den menschenleeren U-Bahnhöfen, die ebenfalls mit Videokameras ausgestattet sind.

Was für den Blick gilt, betrifft auch die entstehenden Bilder. Wie ein Adoleszenzkonflikt von Heranwachsenden mit ihren Eltern aussehen kann, ist bekannt. Wie dieser Konflikt mit Videokameras ausgetragen werden soll, ist noch nicht vollständig abzusehen. Der Einsatz der Videoüberwachung erzeugt jedoch eine spezifische Art von Bildern. In der Gegenwart bleiben diese zunächst bedeutungslos und bei präventiver Aufzeichnung in der Regel sogar unsichtbar. Man kann sie als latente Bilder bezeichnen, wie die noch nicht entwickelten Bilder in der Fotografie. Allerdings folgt die Logik der Videoüberwachung einem anderen Konzept. Das latente Bild der Fotografie verzeichnet ebenso wie das manifeste einen festgelegten raumzeitlichen Ausschnitt. Die Videoüberwachung ist mit ihrer Vielzahl von Kameras darauf ausgerichtet, flächendeckende Aufzeichnungen vorzunehmen. Ihre Aufzeichnung soll räumliche und zeitliche Lücken minimieren, wobei ihre Latenz im Grunde unbegrenzt ist. Die aufgezeichneten Bilder überdauern allerdings nur mit einer kurzen Verfallszeit, nach der sie wieder überschrieben werden. Dies ist schon aus datenökonomischen Gründen geboten. Die Festlegung und Produktion von sichtbaren Bildausschnitten erfolgt erst im nachhinein, nachdem z. B. ein Diebstahl geschehen ist. Die Kameras werden also aufgestellt, um ein bestimmtes raumzeitliches Gefüge als nachträglich verfügbare Bildspur zu verdoppeln. Es entsteht eine ›zweite‹ Wirklichkeit als Faustpfand gegen unvorhergesehene Abweichungen.

Die Bildproduktion ist dabei auf ein Futur II (oder ein futur antérieur) gerichtet. Es handelt sich um eine Bildauffassung, die über eine Zeitschleife funktioniert, wie man sie sonst nur aus Science Fiction-Geschichten kennt.[10] Ich schlage vor, diese Bildform in einer Ableitung von der etymologischen Neubildung von ›Photographie‹ (Licht-Schreiben) als ›Photographesomenon‹ (Es-wird-Licht-geschrieben-worden-sein) zu benennen. Das Photographesomenon ist schon ›geschrieben‹, auch wenn es sich erst im Futur als Bild konstituiert. Im Gegensatz zur Fotografie gibt es beim Photographesomenon weder einen fotografischen Akt, noch eine ›Klappe‹, die eine Filmaufnahme begleitet. Es gibt folglich keine besondere Ereignisstruktur der Bildaufnahme, die mit einem entsprechenden Aufforderungscharakter und einer Position hinter der Kamera zusammengeht. Das Ereignis der Bildaufnahme wird in weite Teile unseres Alltags hinein gedehnt und der Zustand der Nichtaufnahme wird dabei abgeschafft. Weiter gibt es niemanden hinter der Kamera, der wie beim Film immer auch als Interaktionspartner auftritt, und das einzige Gegenüber, was es noch zu entdecken gilt, ist das gewesene Selbst auf einem Monitor.

Die Vorstellung vom Photographesomenon lässt sich direkt mit der Entwicklung der Videotechnologie in Verbindung bringen. Im Vergleich zum Filmstreifen, der ruckartig den Apparat durchläuft und auf dem sichtbare Einzelbilder als Ausschnitte vorhanden sind, läuft das Magnetband der Videocassette kontinuierlich, und es wird zudem ›unsichtbar‹ beschrieben.[11] Aber während die Bilder der Fotografie und der Filmproduktion für eine echte Latenzzeit in der Black Box verschwinden, lassen sich

---

10 Ein fotoliterarisches (bzw. filmisches) Beispiel für diese Form ist Chris Markers Film LA JETÉE (F 1962) oder das bekanntere Re-Make, Terry Gilliams TWELVE MONKEYS (USA 1995). In Markers Film wird die Geschichte eines Mannes erzählt, der seinem eigenen Tod (im Futur antérieur) begegnet.

die Aufnahmen des Video annähernd zeitgleich am Monitor ›überwachen‹. Die Produktion von Einzelbildern, Videogrammen oder Videoausschnitten bleibt jedoch immer einer Post-Produktion am Videoschnittplatz vorbehalten, die bereits in rudimentärer Form mit der Befehlsstruktur des Videorecorders beginnt: Z. B. mit dem ›Anhalten‹ des Bildes durch Betätigung der Pausetaste. Aber was die Videotechnologie mit ihrer Produktion von Photographesomena (Plural) auszeichnet, ist ihr Einsatz zur fortdauernden Überwachung. Videokameras werden dazu als Verbundsystem aufgestellt und ihre Bilder überlagern die Wirklichkeit für den Fall, dass ....

Man kann sich schließlich die polizeiliche Fahndungsarbeit mit Videoüberwachungsbildern als eine erweiterte Stufe der Fernsehsendung ›Aktenzeichen XY ungelöst‹ vorstellen, in der die Aufnahmen nicht mehr nachgestellt werden, sondern in denen mit Bildern der Überwachungskamera gearbeitet wird und bei der die Bevölkerung um Mithilfe gebeten wird. Aus England ist dieses Szenario vom ›Bulger case‹ bekannt (Pauleit 1998). Allerdings zeigen die veröffentlichten Bilder der Videoüberwachung nur selten das eigentliche Verbrechen, und die in den Medien publizierten oft nicht einmal den Tatort. Die Bildform Photographesomenon schließt daher nicht unmittelbar an die fotojournalistische Tatortfotografie eines Weegee an, der in den 1930er und 1940er Jahren die New Yorker Polizeieinsätze begleitete und Aufnahmen von Unfällen und Verbrechen aufzeichnete. Es unterscheidet sich ebenfalls von der bekannten Aufnahme einer Straßenexekution aus dem Vietnam-Krieg (E. T. Adams 1968) und noch von der im Fernsehen übertragenen Erschießung Ceausescus.[12]

Am Fall Bulger lassen sich die post-produzierten Bildqualitäten der Videoüberwachung als Photographesomenon studieren. Eine Nachrichtensendung des britischen Fernsehens, die über den Fall berichtete, zeigt eine Sequenz von sieben Videostills, die von verschiedenen Überwachungskameras einer Liverpooler Shopping Mall aufgenommen wurden.[13] Die ersten drei zeigen den zweijährigen James Bulger allein, die folgenden drei zeigen nur die zwei Täter, und das siebente Bild zeigt die Szene ihrer Begegnung, die man den entscheidenden, den schicksalhaften Moment nennen könnte. Nicht nur der Tatbestand, dass ein räumlicher und zeitlicher Ausschnitt herausgegriffen wurde, markiert hier die nachträgliche Bearbeitung. Zusätzlich ist auch die Chronologie der Aufnahmen und mit ihr die der (vermeintlichen) Ereignisse bereits aufgegeben zugunsten einer dramatischen Struktur, einer Art Parallel-Montage, in der zwei unterschiedliche Einstellungen schließlich in einer zusammengeführt werden. Das Ende der Sequenz bildet den Höhepunkt der Spannung und verwandelt schließlich die Sequenz in ein Standbild. In diesem verdichten sich nun alle folgenden und denkbaren Bilder des Falles, während die vorangegangenen dahinter verblassen. Dies entspricht der Rhetorik des Tafelbildes als Einzelbild, in der der

---

11 ›Unsichtbar‹ insofern sich auf einem Magnetband keine ›Bilder‹ wie auf dem Filmstreifen finden oder eingrenzen lassen.
12 Die Fernsehbilder von der Erschießung des Ehepaars Ceausescu, versuchen – inszeniert oder nicht – an die fotografische Bildtradition einer dokumentierten Exekution (E. T. Adams) anzuknüpfen (Weibel 1990).
13 Britisches Fernsehen, Februar 1993 (Videoband).

entscheidende Moment die ganze Handlung in einem Bild verdichtet, so wie sie von Lessing bis Gombrich innerhalb der Kunsttheorie diskutiert wurde.[14]

Die beiden Diskursstränge, die sich im Photographesomenon zu einer neuen Bildqualität verbinden, sind zum einen der Kunstdiskurs über den fruchtbaren Moment,[15] eine ›künstlerische‹ Verdichtung auf ein einzelnes Bild, die eine bekannte

Aufzeichnung aus der Liverpooler Shopping Mall *Strand* vom 12.2.1993, 14:42:32 Uhr (Ausgestrahlt vom Britischen Fernsehen im Februar 1993)

Narration als Keim bereits enthält; zum anderen handelt es sich um den Fotografiediskurs, der ein mortifizierendes Moment der dokumentarischen Fotografie bezeichnet, das in seiner zugespitzten Form als Aufnahme eines Todesschusses (-stoßes) erscheint und das das Ende eines Lebens seiner Geschichte entkleidet.

---

14 Wobei für ein Photographesomenon offenbar vornehmlich das erste Bild einer ›Begegnung‹ ausgewählt wird. (Gombrich 1984 [1963], Lessing 1964 [1766]). Das Bild der Nachrichtensendung lässt sich insofern als entscheidender Moment qualifizieren, weil es die erste Begegnung Bulgers mit einem seiner Täter als Berührung darstellt. Es handelt sich nicht – wie in der Presse vielfach behauptet – um das letzte Bild des lebenden James Bulger. Es gibt weitere Bilder von Überwachungskameras, die den Leidensweg Bulgers und seiner Peiniger durch die Stadt Liverpool ›verfolgen‹. Die Fernsehberichterstattung folgte mit der Stilisierung dieses Bildes einem ästhetischen Gespür für das Photographesomenon.

15 Man spricht oft synonym vom prägnanten Moment, meist um seine Bedeutsamkeit als Prägnanz herauszustellen, jedoch selten mit Bezug auf den vorgeburtlichen Zustand der Schwangerschaft, der sich deutlich vom fruchtbaren Moment unterscheidet. Die Synonymisierung dieser Begriffe ruft nach einer detaillierten Aufarbeitung auch im Hinblick auf die geschlechtsspezifische Konnotation des Verhältnisses von Autorschaft und Werk.

Analysiert man die Produktion eines Photographesomenon, so lässt sich ihre Logik in mehreren Schritten beschreiben. Ausgangspunkt ist ein Überwachungskomplex, in den die Bildmaschine Video eingefügt wird. Damit wird die Kontrolle durch das Panopticon der Architektur auf eine Ebene der ›Gefangennahme‹ durch das Bild verschoben. Um ein ›Ereignis‹ – ein Zwischenfall, Unfall oder ein Verbrechen – dingfest zu machen, welches durch die Koordinaten Ort und Zeit festgelegt ist, wird ein Stück aus dem Datenfundus der Videoaufzeichnung herausgelöst und einer Betrachtung unterzogen. Ein zeitlicher Marker ist sekundengenau und für jedermann identifizierbar in die Aufnahmen einer Kamera eingeschrieben, etwas verschlüsselter auch der Standort der Kamera. Im genannten Beispiel muss nun zunächst die Spur James Bulgers auf den Videobildern erkannt werden. Über diesen Bezugspunkt können nun auch die ›mutmaßlichen‹ Täter und ihre Bewegungen durch die Shopping Mall betrachtet werden. Bei diesem Schritt wird die Auswahl der Bilder genauer eingegrenzt. Erst jetzt werden ›Fahndungsbilder‹ zur Ausstrahlung im Fernsehen konstruiert. Dabei werden optional auch Hervorhebungen im Bild oder Markierungen per Pfeil vorgenommen. Zudem werden die Bilder jetzt mit einem Kommentar versehen, der sie mit Bedeutung auflädt. Dieser Kommentar stellt einen Zusammenhang her zwischen dem ›Ereignis‹ (welches bekannt, aber nicht sichtbar ist) und den codifizierten Regeln einer Gesellschaft (das sind Gesetzestexte, Polizeivorschriften etc. die das Geschehen z. B. als Entführung und Mord qualifizieren) auf der einen Seite und einem Bild der Videoüberwachung, in dem ein Ausschnitt des Geschehens sichtbar wird, auf der anderen. In diesem Schritt erhalten die Bilder symbolische Bedeutung, in die aber auch die persönlichen und kollektiven Vorstellungen der tätigen Beamten eingearbeitet werden. Zusammengefasst: ein Stück Bildmaterial wird aus dem unendlichen Magnetband, der verdoppelten Raum-Zeit herausgeschnitten, als Spur interpretiert und mit Bedeutung versorgt. Damit wird das Ereignis als (Re-)konstruktion erfasst.[16] Diese Arbeit am Photographesomenon stellt den Zusammenhang zwischen dokumentarischer Aufnahme und künstlerischer Verdichtung her.

Das Photographesomenon zeigt also nicht ein Ereignis, sondern es indiziert unterschiedliche Facetten einer Bild-Konstruktion. Es zeigt auch kein Verbrechen, sondern Auffälligkeiten und Abweichungen, die erst im Nachhinein sinnvoll erscheinen, die aber immer schon das Überschreiten einer Schwelle enthalten. Im Fall Bulger ist es das ›Händereichen‹. Einer der beiden Täter nimmt den kleinen James Bulger an der Hand. Hand in Hand brechen die beiden auf und entfernen sich aus dem Blickfeld der Kamera. Sie gehen einem Horizont entgegen, der der herabschauenden Kamera entzogen ist. Es ist diese harmlose Geste, die Bestürzung auslöst. Sie gibt das Bild einer Verführungsszene: Täter und Opfer – jener Szene, die Eltern ihren Kindern immer wieder als die Geschichte vom ›bösen Onkel‹ ausmalen.[17] Der Unterschied besteht darin, dass das Bild der Kamera nicht ausgemalt noch imaginiert ist, sondern

---

16 Erst danach werden die Bilder veröffentlicht und von der Nachrichtenredaktion des Fernsehsenders in die Sendungs- und Programmstruktur des Fernsehens eingepasst oder von den Printmedien in ihrem spezifischen Medienkontext reproduziert und überformt. Diese weitere Nachbearbeitung wäre im medienwissenschaftlichen Kontext ebenfalls zu untersuchen, sie stellt aber keine spezifische Qualität des Photographesomenon dar.

als dokumentarisch bewertet wird und jenen Moment als Futur antérieur greifbar werden lässt, in dem die tödliche Zukunft für James Bulger besiegelt ist.[18]

4. Videoüberwachung und bildende Kunst

Der wesentliche Unterschied eines Photographesomenon zu allen künstlerischen Arbeiten, die einen fruchtbaren Moment auswählen, besteht darin, dass es neben einer Geschichte auch ein dokumentarisches (und treffendes) Bild des Ereignisses (bzw. ein Bild mit einem indexikalischen Verweis auf das Ereignis) gibt, welches die künstlerische Imagination in die zweite Reihe verweist. Aber das dokumentarische Bild fällt nicht einfach vom Himmel. Es wird, wie beschrieben, in einem nachträglichen Prozess erst hergestellt. Dabei sind allerdings die Kompetenzen für die Bildproduktion verschoben. Nicht mehr ein Künstler mit seiner Wahl des entscheidenden Moments und seiner imaginativen und handwerklichen Kraft zur Visualisierung wird zum Autor eines Bildes, sondern die Erkennungsdienste der Polizei (und im zweiten Schritt die der Presse) sind in diesem Fall für die Bildfindung und Verdichtungsarbeit zuständig. In einem dritten Schritt wird das veröffentlichte Bild durch die Reaktion der Zuschauerschaft getestet.

Der Kompetenzstreit, den die Videotechnologie zwischen den polizeilichen Erkennungsdiensten und der bildenden Kunst hervorruft, ist grundsätzlicher Natur (Pauleit 2000: 11). Die genuine Aufgabe und das Selbstverständnis der Erkennungsdienste besteht in der Entzifferung von Spuren und Zeichen. Dasjenige der bildenden Kunst besteht darin, sichtbare und lesbare Zeichen zu setzen, für etwas, was anders nicht gedacht oder begriffen werden kann. Die Videotechnologie kehrt dieses Verhältnis tendenziell um und macht dem bildenden Künstler die Kompetenz streitig. Letzterer hat drei Möglichkeiten, sich zu dieser konkurrenten Situation strategisch zu verhalten. Erstens Rückzug oder Ausweichen in einen anderen Diskurs, jenseits des raumzeitlichen Geschehens, welches durch die Videotechnologie überformt wird. Zweitens kann er in direkter Konkurrenz zur Videoüberwachung arbeiten, indem er mit dem Medium Video ebenfalls ›Beweismaterial‹ anderer Art herstellt. Drittens kann der bildende Künstler seinerseits das genuine Feld der Erkennungsdienste besetzen und sich als der bessere Spurenleser erweisen, gerade wenn er sich jener veröffentlichten Bilder der Videoüberwachungstechnologie annimmt.

Im Fall Bulger ist letzteres geschehen. Der Londoner Künstler Jamie Wagg hat sich mit dem Photographesomenon des Falls beschäftigt, welches vom Fernsehen ausgestrahlt und von den Printmedien reproduziert wurde. Er hat das Bild studiert und in einen Computer eingelesen. Seine anschließende Bearbeitung löscht die spezifischen Bezüge zum Fall Bulger, die Indizierung von Datum und Uhrzeit und die

---

17 Ähnliches unternimmt Fritz Lang in seinem Film M – EINE STADT SUCHT EINEN MÖRDER (D 1931).
18 Ein ähnliches Bild stellen die letzten Aufnahmen von Prinzessin Diana dar. Sie zeigen ebenfalls das Überschreiten einer Schwelle. Diana passiert die Tür des Hotels, um ihre letzte Autofahrt mit tödlichem Ausgang anzutreten.

genaue Örtlichkeit. Wagg lässt nur die Geste des Händereichens als stilisierte Ikone bestehen.¹⁹ Die Spuren, die Wagg untersucht, betreffen somit nicht nur den Fall Bulger. Sein Augenmerk richtet sich allgemeiner auf den Rahmen von Öffentlichkeit unter den gegenwärtigen Bedingungen einer Shopping Mall, und das ist die Videoüberwachung. Folglich trägt sein Bild auch den einfachen Titel ›shopping mall‹. Wagg kritisiert damit nicht nur das Sicherheitskonzept der ›security camera‹, er fordert gleichzeitig die bildnerische Kompetenz des Künstlers zurück, von einer Institution, die man den Videoüberwachungskomplex nennen könnte.

Shopping Mall, Jamie Wagg, 1994, Computerdruck

Die kritische Reflexion des Künstlers, die von dem einzelnen Fall absah und die eine Anteilnahme bzw. eine Identifikation mit der Perspektive der Überwachungskamera zugunsten eines Blicks auf deren Bedingungen aufgab, hat Wagg viel Kritik und Missgunst eingetragen. Als seine Bilder im Mai 1994 – über ein Jahr nach dem Ereignis – in der Londoner Whitechapel Art Gallery gezeigt wurden, gab es einen Skandal: Die Bilder wurden verfemt, und von den Angehörigen Bulgers wurde ihre sofortige Vernichtung gefordert. Die Ausstellung musste für zwei Tage geschlossen werden. Nach Beratungen mit der Leitung der Galerie, dem Künstler und den Sponsoren der Ausstellung entschied man, die Ausstellung fortzusetzen und die Bilder mit einer Hinweistafel zu versehen. Trotz dieser Vorsichtsmaßnahmen wurde im Verlauf der Ausstellung ein Bild mutwillig beschädigt. Darüber hinaus erhielt der Künstler Beleidigungsbriefe

---

19 Das publizierte Bild Waggs ist so abstrakt und unspezifisch, dass ein Betrachter, der das Bild nicht vorher in der Presse gesehen hat, den Kontext nicht begreift, wogegen bei Kenntnis der vormaligen Pressebilder der Kontext des Fall Bulger augenblicklich evoziert wird (Pauleit 1998).

und Morddrohungen. Eine öffentliche Debatte um Bildkomposition bzw. um die bildnerische Bearbeitung blieb dagegen weitgehend aus.

Der Aufruhr um die Bilder Waggs wirft ein Licht auf die Autorität der Videoüberwachung und ihrer Bilder. Angesichts der menschlichen Tragödie, die sich mit den Bildern verbindet und die indirekt über die Bilder erfahrbar ist, verbietet sich offenbar jede Reflexion aufs Mediale und auf die Überwachung. Man darf nur das bewerten, was die Kamera zu sehen gibt. Die Kamera selbst und ihr Bildproduktionszusammenhang werden dabei zum blinden Fleck. Jeder Fotojournalist, der Bilder aus Kriegs- oder Krisengebieten liefert, sieht sich mit der moralischen Frage konfrontiert, warum er, anstatt in eine Situation einzugreifen, nur das Bild gemacht hat. An eine Überwachungskamera lässt sich eine solche Frage nicht mehr stellen – wohl aber an eine Gesellschaft, die ihre Verantwortung an den Videoüberwachungskomplex delegiert hat. Der Künstler, der mit seiner bildnerischen Bearbeitung gerade diesen neuen Gesellschaftsvertrag unter die Lupe nimmt, wird nun merkwürdigerweise – wie vormals die Fotojournalisten – an der moralischen Integrität seiner Handlung gemessen. Die Konfliktlinie, in die Wagg mit seinen Bildern gerät, ist der Technologie des Video mit seinen Abspaltungs- und Integrationsfunktionen eingeschrieben. Sie befindet sich konkret zwischen dem freien Diskurs eines Künstlers, der als Individuum über die Videotechnologie nachdenkt und dazu Stellung nimmt und einer Gruppenidentifikation mit dem Blick (und dem Diskurs) der Videoüberwachung, die den Fall Bulger zu einer Ikone stilisiert und nurmehr *eine* ›kollektive‹ Auslegung des Bildes zulässt. In diesem Diskurs wird den Bildern der Videoüberwachung ein ähnlicher Kultstatus zuerkannt wie früher den religiösen Bildern. Deshalb wird an ihnen offenbar auch ein neuer Bilderstreit mit Morddrohung und Bildzerstörung ausgetragen.

5. Differenzen zwischen England und Deutschland

Alexander Mitscherlich hat vor etwa 40 Jahren auf einen soziohistorischen Unterschied zwischen England und Deutschland hingewiesen. Für die Sozialorganisation Englands stellte er folgendes fest: »Dort ist der Staatsbürger der Gesellschaft in zwiefacherweise verbunden: Er fühlt sich persönlich verantwortlich, weil er die Freiheit besitzt, seiner Kritik jederzeit Ausdruck zu geben – aber er bleibt darüber hinaus gruppenidentifiziert mit der Nation, die sich in der Monarchie symbolisiert«. Für die deutsche Gesellschaft diagnostizierte er noch 1963 einen autoritären Charakter der Institutionen. »Schuld ist hierzulande nicht an das Unterlassen einer kritischen Prüfung geknüpft, sondern allein an die Verletzung der Gehorsamspflicht gebunden« (Mitscherlich 1963: 356f.). Stellt man diese kulturellen Unterschiede der Vergangenheit in Rechnung, so lassen sich vielleicht auch heute noch Differenzen im Hinblick auf die Anwendung und Wirkungsweise der Videoüberwachungstechnologie in den jeweiligen Ländern ausmachen.

In England übernimmt die Videoüberwachung die Traditionslinie des zunehmend verblassenden Königshauses und erzeugt damit, wenn auch kein kollektives Über-Ich, so doch ein äußerliches Symbol, einen apparativen Blick, ohne den die gesellschaftliche Ordnung nicht mehr gewährleistet ist. Es ist bezeichnend, dass sich mit dem Tod von Prinzessin Diana die alte Institution Monarchie und die sich neu institutionalisierende Videoüberwachung zum ersten Mal in einem öffentlichen Bild begegnen.[20] Mit dem Tod von Diana verabschiedet sich das englische Königshaus von seiner einenden Funktion der Nation und übergibt diesen Stab an das Auge der Videoüberwachungskamera. Gleichzeitig stellt die Videotechnologie auch in England ein Massenmedium dar, das jedermann zugänglich ist. Jeder kann – ähnlich wie der Künstler Wagg – im Fernsehen ausgestrahlte Bilder mit einem Videorecorder aufzeichnen und diese zu ›eigenen‹ Äußerungsformen weiterverarbeiten. Das Medium Video wird in Großbritannien folglich aus zwei unterschiedlichen Perspektiven besetzt – von der möglichen individuellen Aneignung und von der kollektiven Identifizierung

Videoaufzeichnung des Hotel Ritz vom 30.8.1997, 21:50:34
(Prinzessin Diana kommt ins Hotel, Bildzeitung, 6.9.1997)

In Deutschland ist die Situation eine andere. Die Einführung der Videoüberwachung fällt nicht nur in die Zeit nach der Wiedervereinigung, sondern sie findet zeitgleich mit einem sich wandelnden Selbstverständnis Deutschlands innerhalb Europas statt. Rückblickend auf Mitscherlich lässt sich konstatieren: Eine Diskussionskultur der ›kritischen Prüfung‹ hat sich in der Bundesrepublik als Nachfolge von '68 in Form von Bürgerinitiativen und Protestbewegungen und nicht zuletzt in der Parteienlandschaft mit den Grünen etabliert. Auch die Bürgerbewegungen der DDR und die friedliche Auflösung dieses Staates lassen sich in diesem Bereich notieren. Allgemeine Symbole einer Gruppenidentifikation erscheinen hierzulande hingegen problematischer, auf jeden Fall weniger langlebig als die englische Monarchie, wiewohl mit der D-Mark ein

---

20 Die letzten Bilder von der lebenden Prinzessin Diana stammen von einer Videoüberwachungskamera.

neues Symbol mit Leitungsfunktion entwickelt wurde, das sich von jenem ›law and order‹ der Institutionen, das Mitscherlich kritisierte, abhebt.

Die Videoüberwachung wird in Deutschland von Kritikern wie von Befürwortern nur als die Neuauflage einer autoritären Institution diskutiert. Von den einen wird sie als disziplinarische Maßnahme eines allseits wachenden Auges begrüßt. Der menschlichen Hybris kann damit ein panoptischer, göttlicher Blick entgegengesetzt werden, ohne dass es einer personifizierten Herrschaft bedarf; und das alte Panopticon kann als technische Bildstrategie auf alle Lebensbereiche ausgedehnt werden. Von den anderen wird gerade dieser autoritäre Charakter als Eingriff in die Persönlichkeitsrechte des Einzelnen abgelehnt. Im Rahmen dieser Debatten gibt es kaum eine Position, die über das genannte Für-und-Wider hinausreiche. Auch die kritischen Positionen formulieren selten weiterdenkende Perspektiven z. B. im Hinblick auf die Konsequenzen der Subjektkonstitution, wie sie im Kapitel 7 ausgeführt werden, und auf die damit einhergehende Verschiebung von Stimme/Ohr zu Blick/Bild – also vom Gehorsam zu etwas, was man wohl als ›Gesehsam‹ bezeichnen müsste. Auch die neuen Machtpositionen, die bei der Auswertung der Bilder und ihrer Ausdeutung entstehen, werden in diesem Kontext nicht diskutiert.

Die Möglichkeiten eines ›demokratischen‹ oder individuellen Gebrauchs der Videotechnologie – wie sie von Psychiatern wie dem eingangs zitierten Oliver Sacks beschrieben werden, oder die von Künstlern wie Friederike Pezold, Joan Jonas, Dan Graham, Nam Jun Paik, um nur einige zu nennen, exemplarisch erprobt wurde – wird aus diesem Kontext ebenso ausgeblendet wie die durchaus umstrittenen Erfahrungen einer sich seit den 1960er Jahren an den Universitäten etablierenden Film- und Medienwissenschaft, die mit Hilfe der Videotechnologie ihren Gegenstand als studierbares Objekt erst hervorbringen konnte. Gerade die Erfahrungen aus Psychiatrie, bildender Kunst und Filmwissenschaft könnten eine Revision des bislang geltenden Paradigmas der Videoüberwachung auch in Deutschland vorantreiben. Vom veralteten ›Big Brother-Prinzip‹ könnte sich jenseits der Container-Shows des Fernsehens auch das Prinzip ›Petits Frères‹ entwickeln: gedacht als ein vielfältiger Gebrauch der Videotechnologie, der als der Blick der kleinen Brüder gegen die großen aufbegehrt.[21]

6. Wissenschaftliche Erfahrung mit der Videoüberwachung

Die Geschichte der Film- und Medienwissenschaft ist seit den 1960er Jahren mit der Videotechnologie verbunden. Aufgrund einer Verzahnung von praktisch-medialer Anwendung und nachträglicher Konstruktion des Forschungsgegenstandes Film im Medium Video kann sie inzwischen als ein Anschauungsraum wissenschaftlicher Erfahrung für den Überwachungskomplex betrachtet werden. Filmgeschichtsschreibung stellte sich zuvor als ein Unternehmen dar, dessen Artefakte in Zusätze zerfallen und

---

21 Die Anspielung gilt dem Film PETITS FRÈRES von Jacques Doillon (F 1998), der zwar nicht die Videoüberwachung thematisiert, sich aber mit der Sicherheit im öffentlichen Raum, speziell in Pariser Vorstädten, und der Abspaltung von Persönlichkeitsteilen beschäftigt. Zudem führt er Mitscherlichs ›Weg zur vaterlosen Gesellschaft‹ auf ganz eigene Weise fort.

deren Ausführungen sich neben diesen Zusätzen vornehmlich auf die Erinnerungen von Kinogängern berufen mussten. Filmwissenschaft erschien so nicht als ein Arbeiten ›über‹ Film, sondern als ein Arbeiten an Film-Erinnerungen. Mit der Verbreitung von Videokopien und -recordern verändert sich der Zugriff auf filmische Werke. Dabei ist sowohl die Magnetbandaufzeichnung von Bedeutung als auch das technische Lesegerät Videorecorder mit seiner Befehlsstruktur.[22] Pausetaste und Jog Shuttle funktionieren wie ein technischer Zeigefinger, der sich wie beim Studium eines Schrifttextes über die Videoaufzeichnung bewegen lässt.

Videoüberwachungstechnologie und ihre kriminologische Auswertung findet dort ihre Parallelen zum Einsatz des Videorecorders in der Filmwissenschaft, wo beide auf die Ereignishaftigkeit zielen und die Flüchtigkeit eines Geschehens nur vage Erinnerungsbilder hinterlässt. Das Argumentationsmuster ist in beiden Disziplinen ähnlich. Knut Hickethier schreibt: »Erst damit, dass Medienproduktionen für die Analyse [...] aufgezeichnet und beliebig oft reproduziert werden konnten, waren die Voraussetzungen für eine analytische wissenschaftliche Beschäftigung mit den Medien geschaffen. Dies gilt auch für die filmwissenschaftliche Arbeit [...]« (Hickethier 2001: 12). Videoüberwachung richtet sich nicht auf Medien und Kino-Filme, sondern auf Alltagswirklichkeit. Das Anwendungsmuster bleibt dennoch im Grunde gleich. Das Begehren nach Videoüberwachung resümiert Thomas Y. Levin folgendermaßen:

> Es scheint, als reichten im Zeitalter der Überwachung zwischenmenschliche Handlungen, selbst wenn sie in Gegenwart von Zeugen stattfinden, nicht mehr aus, um ein Ereignis zu konstituieren. Jedes Ereignis – ja sogar eine strafbare Handlung – hat erst dann stattgefunden, wenn es einer Form der Video(selbst)überwachung unterzogen wurde. (Levin 2000: 60).

Auch der vielleicht spektakulärste Fall einer zufälligen Videoaufzeichnung bestätigt die steigende Bedeutung des Videobandes gegenüber von Zeugenaussagen. Das als *Rodney King-Video* bekannte Dokument war das zentrale Beweisstück im Prozess um einen brutalen Gewalteinsatz von Polizeibeamten.[23] Dieses Videodokument konnte die Glaubwürdigkeit eines ganzen Polizeistabs und eines Gerichts samt der Anerkennung seines Urteilsspruchs auf bisher nicht gekannte Weise in Frage stellen. Die Wirkmächtigkeit eines einzigen Videobandes gegen eine Vielzahl von Aussagen, die diesen Fall kennzeichnete, birgt auf einer abstrakteren Ebene die Hoffnung, dass ›Videoüberwachung‹ eine objektive Instanz und ein demokratisches Mittel zum Schutz des Einzelnen vor Willkür und Gewalt sein könnte. Übertragen auf die Filmwissenschaft liefert eine Videoaufzeichnung eine objektive und demokratische, weil

---

22 Diese Befehlsstruktur – Record, Play, Stop, Pause, Rewind, Fast Forward und Eject – ist nicht nur dem Videorecorder eigen. Sie wurde vom Audio-Kassenrecorder übernommen und kennzeichnet auch das Abspielen von ›Film‹ auf dem Computer und im Internet. Die DVD-Technik setzt diese Tendenz gleichfalls fort. Sie verbessert nicht nur die Bild- und Tonqualität, sondern insbesondere auch die Zugriffsmöglichkeit ohne lästiges Spulen der Kassette.
23 Im Jahr 1991 wurde ein Polizeieinsatz des Los Angeles Police Departements zufällig von einem Amateurfilmer mit einer Videokamera aufgezeichnet. Das Band dokumentiert die brutale Misshandlung eines farbigen Autofahrers durch weiße Polizeibeamte.

zugängliche Grundlage, die den Erinnerungsbildern eines Kinogängers vorzuziehen ist. Letztere werden dagegen durch die Existenz des Video diskreditiert.

Der mediale Wechsel von Kino-Film zu Home-Video lässt sich in der Analogie zur Videoüberwachung herausstellen. Dabei wird zunächst die Filmrezeption im Kino durch den leeren technischen Blick der Videokamera ersetzt, um anschließend den ›heimlichen‹ Zuschauer zu einem Detektiv vor dem Monitor zu (v)erklären. Die Gemeinsamkeit einer Filmwissenschaft mit der Auswertung von Videoüberwachungsbildern besteht darin, dass beide in der Regel nicht die spezifische Medialität ihrer jeweiligen Videobilder reflektieren. Der Filmwissenschaftler ›analysiert‹ den Film und der Erkennungsdienst einen Tathergang. Beide sehen sowohl vom Videobild, als auch von ihrer eigenen Verstrickung ins Geschehen ab; sie arbeiten distanziert aus einer Metaposition. Dennoch sind beide die zentralen Schaltstellen, die mittels Videoauswertung dem Film bzw. Tathergang einen Kommentar hinzufügen und damit das Geschehen mit Bedeutung versehen.

Ein kritischer Rekurs auf diese Haltungen führt aber nicht zwangsläufig in einen Celluloid-Fetischismus, wie er bei manchen Filmwissenschaftlern anzutreffen ist, oder zu einer generellen Diskreditierung der Videotechnologie. Nimmt man im Gegenteil die Medialität des Video gleichzeitig in den Blick, so führt man sowohl die Filmwissenschaft wie auch die Videoauswertung des Erkennungsdienstes in eine kritische Selbstreflexion. Ihre Arbeit erscheint dann als eine ›Recherche du temps perdu‹, an deren (re-)konstruktiver Arbeit immer auch der Filmwissenschaftler bzw. Auswerter mit seinen Vorerfahrungen und kulturellen Prägungen beteiligt ist. In dieser Perspektive geraten andere ›Techniken‹ der Bedeutungsproduktion wie die Einbildungskraft und die Psychoanalyse auf einer zweiten Ebene wieder in den Blick. Für den Filmwissenschaftler bedeutet dies, seine Teilnahme als Leser auf zwei unterschiedlichen Ebenen zu reflektieren. Einmal im Hinblick auf ein Bedeutungsraster, in welches der Videofilm aus der distanzierten Position am Monitor fällt. Das bedeutet das Einbringen der eigenen auch unbewussten kulturellen Klischees in die Filmanalyse.[24] Das zweite Mal geht es um die Rekonstruktion einer Kinoaufführung aus dem Geiste des Filmwissenschaftlers, d. h. aus seiner Imagination. Das was zunächst als objektiver Tatbestand des Video erscheint, ist demnach auf zweifache Weise auf die Co-Produktion des Filmwissenschaftlers und sein kulturelles Gedächtnis angewiesen.

Was die Parallelführung von Filmwissenschaft und Videoüberwachung in Aussicht stellt ist somit eine gegenseitige Aufklärung einerseits im Hinblick auf die Medialität des Video innerhalb dieser Praktiken und andererseits im Hinblick auf die Rolle und Position des Kriminalisten bzw. Filmwissenschaftlers.

7. Postmoderne Konsequenzen

Bei der Einführung der Videoüberwachung geht es also nicht einfach um das Ende des Privaten, sondern um weiterreichende Veränderungen. Dort, wo das kontrollierende Bild an Macht gewinnt, geht gleichzeitig der Glaube an die symbolische Ordnung der

---

24 Bei der Videoüberwachung in England wäre eines der Klischees beispielsweise, dass vorwiegend junge Farbige ins Visier genommen werden.

Sprache, die das moderne Subjekt prägte, verloren. Dennoch bleiben unsere Gesetze in Schriftform gültig, und das bedeutet, dass die Vermittler zwischen Bildinformation (z. B. Bilder der Videoüberwachung) und ihrer Anwendung bzw. Abgleichung mit den Gesetzestexten (Transferleistung) einen enormen Bedeutungszuwachs erfahren und zu zentralen Schaltstellen für die Beurteilung von falsch und richtig werden. Man kennt die Streitigkeiten um die Interpretationen von Videobildern bisher vor allem aus US-amerikanischen Gerichtssälen (z. B. aus dem Rodney King-Prozess).

Demgegenüber haben wir es mit einer ›condition postmoderne‹ der Subjekte zu tun, in der das visuelle Bild das Verhältnis des Einzelnen zur Gesellschaft zunehmend bestimmt. Renata Salecl beschreibt diese gesellschaftliche Verschiebung in einem Dreischritt der verschiedenen Subjektkonstitutionen. In vormodernen Gesellschaften wird die Identität der Subjekte durch Rituale oder körperliche Einschreibungen gesichert. Moderne Subjekte erfahren ihre Identität durch den Eintritt in die symbolische Ordnung. Postmoderne Subjekte zeichnen sich durch einen Verlust des Glaubens an die symbolische Ordnung aus. Salecl folgert:

> Aber dieser Unglaube hat nicht einfach zu der Befreiung vom Gesetz oder von anderen Formen sozialen Zwangs geführt. Das postmoderne Subjekt akzeptiert die Macht der Institutionen oder die Macht der Gesellschaft, seine Identität zu formen, nicht mehr und glaubt zuweilen an die Möglichkeit der Selbst-Schöpfung, vielleicht in der Form eines Spiels mit seiner sexuellen Identität oder indem es aus sich ein Kunstwerk macht (Salecl 1998: 176).

Wie man sich postmoderne Subjekte im Zusammenspiel mit der Videoüberwachung vorstellen kann, zeigt eindrucksvoll der Film der Hughes Brothers MENACE II SOCIETY (USA 1993), auch wenn er in erster Linie Entwicklungen in der schwarzen Community in L. A. thematisiert. In diesem Film wird auf fast didaktische Art die Bedeutung der Bilder der Videoüberwachung im Zuge einer Selbst-Schöpfung vorgeführt. Der Film beginnt mit einem Verbrechen der jugendlichen Protagonisten. Aus geringfügigem Anlass erschießen sie einen Ladenbesitzer und seine Frau. Die Tat wird von einer Videokamera aufgezeichnet. Die cleveren Jugendlichen entwenden das Geld und lassen gleichzeitig das Videoband mitgehen. Die Aufzeichnung des Mordes ist sowohl Beweismaterial, das die Polizei während des Films vergeblich sucht als auch der Selbstbeweis für den jugendlichen Täter (O-Dog), der ihn zu einem richtigen ›Gangsta‹ macht. Über die Spiele der Selbstinszenierung hinaus verweist dieses Beispiel darauf, dass die Videoüberwachung tatsächlich Bilder produziert und dass es darauf ankommt, wer sich die Verfügungsmacht über den leeren Blick aneignen kann und weiter, ob sie öffentlich werden oder ›privat‹ bleiben.

Welche Haltung kann man also zur Videoüberwachungstechnologie einnehmen, und wie kann man gleichzeitig der Faszination, die von ihr ausgeht, gerecht werden? Ein wesentliches Manko der quantitativen Aufzeichnung durch die Videoüberwachung besteht in ihrer Unflexibilität. Daran ändern auch schwenkbare Kameras nur wenig. Auch der Detective Chief Inspector von New Scotland Yard hat in Berlin auf dieses Problem hingewiesen. Seine Empfehlung bestand darin, die Videokameras nur temporär aufzustellen, immer gerade dort, wo ein neuer gefährlicher Ort entsteht, um so das Problem der Wanderung der Kriminalität zu verhindern. Ein flexibles Netz, welches die Videoüberwachung an beliebigen Orten einer Großstadt ermöglicht, ist aber ökonomisch nur dann tragbar, wenn die Kameras direkt an das öffentliche Netz der Glasfaserkabel angeschlossen werden und Anschlussmöglichkeiten flächendeckend im ganzen Stadtraum vorgesehen sind. Zu welchen neuen Fernseh- und Videoerfahrungen das führen kann, ist noch nicht abzusehen.

Vielleicht gibt es dennoch eine Möglichkeit, den apparativen Blick an die menschliche Wahrnehmung zurückzubinden und zwar nicht nur, wie in England, durch Versuche einer demokratischen Überwachung der Überwachung, sondern dadurch, dass man nicht Maschinen, sondern Menschen filmen lässt, und diese Menschen nicht dem Polizeiapparat unterstellt, sondern der vierten institutionalisierten Gewalt, der Presse oder gar einer fünften – der Institution der Künste. Dann hätte man den Engländern sogar etwas voraus. Ein völlig flexibles System, das statt auf Quantität auf eine qualitative ›Überwachung‹ setzt.

Post Scriptum

In Berlin-Schöneberg werden arbeitslose Jugendliche als Wachschützer im Kiez eingesetzt, um dadurch das subjektive Sicherheitsempfinden der Bürger zu erhöhen. Bevor man in Berlin die Investition in die teure Überwachungstechnologie tätigt, sollte man überdenken, ob man nicht die jugendlichen Wachschützer durch kleine Filmteams mit Videokamera ersetzt und ihnen Zugang zu einem Schnittstudio und Sendemöglichkeiten eröffnet. Ein wenig Unterricht über ein ›Cinema verité‹ oder andere Dokumentarfilmformen könnte dabei nicht schaden. Die Videokameras wären dann zwar nicht immer auf der Straße und nicht immer am selben Ort, aber bei einer umfangreichen Ausstattung mit Personal und Kameras könnte man jederzeit mit ihnen rechnen. Hinweistafeln mit der Aufschrift ›Emil und die Detektive sind mit der Kamera unterwegs‹ täten ein Übriges. Die Filmteams könnten sich ganz nebenbei mit ästhetischen Fragen beschäftigen, die über ihre Zukunft als Wachschützer hinausweisen. Man kann sich ausmalen, dass diese Art des Kameraeinsatzes mindestens so erfolgreich sein könnte wie das Pilotprojekt zur Videoüberwachung am Leipziger Hauptbahnhof, das in einem Jahr drei Straftaten filmte.

Mit diesem Vorhaben würde man stärker an die Faszination der Videoüberwachung heranreichen; denn sie spricht dem Bild einen höheren Stellenwert zu und intensiviert damit ihrerseits die Selbst-Schöpfungswünsche von postmodernen Subjekten. Ein solcher Versuch würde die Bildproduktion in die Hände dieser postmodernen Subjekte zurückgeben und sie für die Aktion vor und hinter der Kamera verantwortlich machen. Ob sich mit einer solchen Bildpraxis ein neues Verhältnis zur Gesellschaft entwickelt, welches Delinquenz und Selbst-Schöpfungs-Wünsche transzendiert, hängt nur bedingt von praktischen Versuchen allein ab, sondern vor allem davon, dass man einer Erforschung des Videoüberwachungskomplexes und den sich entwickelnden visuellen Diskursen größere Bedeutung schenkt.

Literatur

Cousins, Mark (1996): Security as Danger. In: History Painting Press (Hg.): 15:42:32.12/02/93, London, o.S.
Foucault, Michel (1977): Überwachen und Strafen. Frankfurt a.M.
Gombrich, Ernst H. (1984): Der fruchtbare Moment. In: ders.: Bild und Auge. Neue Studien zur Psychologie der bildenden Darstellung. Stuttgart.
Hickethier, Knuth (2001): Medienkultur und Medienwissenschaft. Das Hamburger Modell. In: Hamburger Hefte zur Medienkultur 1.
Legnaro, Aldo (2000): Panoptismus. Fiktionen der Übersichtlichkeit. In: Ästhetik & Kommunikation, 111, Dez. 2000, 73-78.
Lessing, G. E. (1964 [1766]): Laokoon: Oder über die Grenzen der Mahlerey und Poesie. Stuttgart.
Levin, Thomas Y. (2000): Die Rhetorik der Überwachung: Angst vor Beobachtung in den zeitgenössischen Medien. In: 7 Hügel - Bilder und Zeichen des 21. Jahrhunderts (Ausstellungskatalog), Bd. IV: Zivilisation. Berlin, 49-61.
Mitscherlich, Alexander (1980 [1963]): Auf dem Weg zur vaterlosen Gesellschaft. Frankfurt a.M.
Norris, Clive / Armstrong, Gary (1998): Smile, you're on camera. In: Bürgerrechte & Polizei/Clip 3, 1998, 30-40.
Pauleit, Winfried (1998): Das Photographesomenon - eine Bildform des futur passé. Der Fall Bulger und der Künstler Jamie Wagg. In: Ästhetik & Kommunikation, 103, Dez. 1998, 83-92.
Pauleit, Winfried (2000): significans. Zwischen Kunst und Erkennungsdienst (Editorial). In: Ästhetik & Kommunikation, 111, Dez. 2000, 11f.
Sacks, Oliver (1990): Der Mann, der seine Frau mit einem Hut verwechselte. Reinbek bei Hamburg.
Salecl, Renata (1998): Sexuelle Differenz als Einschnitt in den Körper. In: Huber, Jörg / Heller, Martin (Hg.) (1998): Inszenierung und Geltungsdrang. Zürich, 165-185.
Stüben, Petra (1993): Leibhafte Zeichen. Über Friederike Pezold. In: Lindner, Ines (Hg.): Sehbewegungen. Berlin, 67-78.
Weibel, Peter (Hg.) (1990): Von der Bürokratie zur Telekratie. Berlin.

Wolfgang Eßbach

Antitechnische und antiästhetische Haltungen in der soziologischen Theorie

1. Artefakte am Rand des Sozialen

Der *cultural turn*, der zum Ende des 20. Jahrhunderts die Soziologie erreicht hat, stellt für die soziologische und die kultursoziologische Theorie eine besondere Herausforderung dar. Denn in den Teilen der Human-, Geistes- und Sozialwissenschaften, die dabei sind, sich als ›Kulturwissenschaften‹ umzudefinieren, flottiert ein Kulturbegriff, dessen seltsame Beziehungen zur Tradition soziologischen Denkens der Aufklärung bedürfen. Sonst läuft auch die Soziologie selbst Gefahr, im Prozess der Rückkopplung mit dem *cultural turn* kulturelle Phänomene zu verfehlen. Die kulturalistische Wende in der Soziologie ist in hohem Maße dazu geeignet, die überkommenen anti-technischen und anti-ästhetischen Ladungen soziologischer Grundbegriffe zu verstärken. Meine Thesen sind: Soziologie hat sich grundbegrifflich als Theorie reiner Sozialwelt den Zugang zu technischen und ästhetischen Artefakten als Kulturleistungen des Menschen weitgehend verbaut und stattdessen in der Hauptsache am Bild religiöser Vergemeinschaftung ihr Kategoriengefüge aufgebaut. Aber nicht nur dies: Im heute dominierenden anti-technischen und anti-ästhetischen Kulturbegriff der Soziologie geht es in der Hauptsache um Religion bzw. um Religionssurrogate. Die wichtige Differenz zwischen Kultur und Religion ist gelöscht.

Symptome für die konstitutionellen Schwierigkeiten der Soziologie mit der Welt der Artefakte zeigen sich an, wenn die Dinge nicht mehr im Griff sind. So war es in den 70er Jahren aufgefallen, dass die Soziologie Probleme hatte, auf die akut wahrgenommene ökologische Problematik angemessen zu reagieren. Eine marxistisch orientierte Industriesoziologie tat sich schwer mit der Erkenntnis begrenzter Ressourcen. Zunächst konnte man sich den soziologischen Beitrag zur ökologischen Frage ohnehin nur als eine Analyse der Öko-Bewegung als einer sozialen Bewegung oder als Parteisoziologie der Grünen vorstellen. Erst Ulrich Becks *Risikogesellschaft* brachte eine gewisse Ehrenrettung der Soziologie. Beck griff die Ökologiethematik mutig auf, aber mit der Akzentuierung der artifiziellen Lebensbedingungen der Moderne unter dem Leitbegriff ›Risiko‹ waren noch längst nicht die Hauptprobleme erreicht, die zu reflektieren sind, wenn es um das Verhältnis von Sozialwelt und technischen Artefakten geht.

Charakteristisch war auch der hervorzuhebende Einsatz der in Kiel energisch vorangebrachten Katastrophensoziologie (Clausen/Dombrowsky 1983; Dombrowsky 1989). Aber die Analysen von Wahrnehmung und Handeln sozialer Gruppen bei katastrophalen Großbränden, Überschwemmungen und GAUs berührten allzu selten das Kategoriengefüge, in denen sich die Verhältnisse des Menschen zu seiner natürlichen und artifiziellen Umwelt darstellen lassen. Sicher, es lag die wegweisende Schrift von Hans Linde zur Sachdominanz in Sozialstrukturen vor, Heinrich Popitz veröffentlichte Grundlegendes zur Anthropologie der Technik und die deutsche Techniksoziologie hat jahrzehntelang mit spannenden und ertragreichen Analysen aufgewartet (Linde 1972; Popitz 1995; vgl. auch Halfmann 1995; Joerges 1996; Rammert 2000; Weingart 1989). Aber sie wurde als eine spezielle Soziologie wahrgenommen, die ebenso wie die einsamen Versuche einer Soziologie der Ökologie weit außerhalb der Tempel soziologischer Theoriebildung lagen (Brand 1998). Wer sich mit technischen Dingen oder Naturphänomenen befasste, war in der imaginären Topografie des Fachs eher näher an der Peripherie als im Zentrum.

Am anderen Ende der Welt der Artefakte, bei den schönen Dingen, sah es nicht anders aus. Soziologie der Künste fragte unter der Vorherrschaft des Silbermannschen Rahmens empirisch nach Konsumenten und der Künstlerprofession (Silbermann 1959; 1986). Soziologen, die sich daran machten, Gedichte, Bilder und Musikstücke als Objekte ästhetischer Gestaltung intensiver in ihre Untersuchungen miteinzubeziehen, liefen Gefahr, von den Wächtern soziologischer Identität als unzuverlässige Grenzgänger stigmatisiert zu werden. Adornos Schriften zur Musik galten vielen unmusikalischen Soziologen ohnehin als unsoziologisch. Als in den 80er Jahren des 20. Jahrhunderts die beschleunigte Ästhetisierung artifizieller Lebensumwelten vermehrt in den Blick geriet, wanderten zwar einige Metaphern, wie zum Beispiel ›Forschungsdesign‹ und ›Theoriearchitektur‹ in das Vokabular des Fachs, aber die Frage nach der Ästhetik wurde mit einer instinktiven Witterung für postmoderne Vermischungen umgangen. ›Ästhetisch‹ oder ›essayistisch‹ hat als Schmähwort für vermeintlich soziologiefremde Tendenzen eine ähnliche Funktion übernommen wie ›philosophisch‹ oder ›spekulativ‹ in den Phasen der aggressiven disziplinären Konstitution der Soziologie.

Was indizieren diese Symptome? Woher kommen die Elemente im soziologischen Habitus, die Bedeutung von Artefakten für die Sozialwelt herunterstufen zu wollen, so als ob die naturalen und dinglichen Gegebenheiten in ihrer Verschiedenheit die Identität der sozialen Phänomene nie erreichen können? Woher nahmen Soziologen die Sicherheit, dass es für das Begreifen von Sozialisation nebensächlich ist, ob das Kind mit einer Stoffpuppe oder mit einer Plastikpuppe spielt, dass es für die Analyse von Feindschaftsbeziehungen nebensächlich ist, ob sich die Kontrahenten mit Messern oder Revolvern gegenüberstehen, dass es für die kommunikativen Prozesse wenig Bedeutung hat, ob die Stühle aus schwarzem Metall oder hellem Holz sind, dass – zusammengefasst – der Reichtum dinglicher Phänomene, nicht nur der naturalen, sondern auch der von Menschen hergestellten Artefakte für soziologische Kategorien so vergleichgültigt werden kann?

Sucht man nach der Quelle der habituell gewordenen anti-technischen und anti-ästhetischen Affekte in der Soziologie, so wird man zur Geburtsstunde des Fachs im 19. Jahrhundert zurückgehen müssen und sich die Frage vorlegen: Könnte es sein, dass soziologisches Denken, wo es mit Hilfe der Schlüsselbegriffe ›Gesellschaft‹ und ›Soziales Handeln‹, ›Soziale Struktur‹, ›System‹, ›Soziale Norm‹ sein Terrain zu erschließen sich anschickt, derart an die spezifische historische Situation der Erfahrung des Übergangs von traditionalen zu modernen Gesellschaften gebunden ist, dass es in seit längerem etablierten moderneren Gesellschaften an den dominierenden Zeiterfahrungen vorbeigeht? Immerhin hatte Beck, der die soziologische Gegenwartsdiagnostik revitalisiert hat, im Vorwort zur *Risikogesellschaft* emphatisch mit Bezug auf die »Vergesellschaftung von Naturzerstörungen« erklärt: »Das *ist* das Ende des 19. Jahrhunderts« (Beck 1986: 10). Um im gleichen Text eine Wiederholungsfigur anzubringen, die er später im Begriff »reflexive Modernisierung« gefasst hat: »Gegen die Bedrohung der äußeren Natur haben wir gelernt, Hütten zu bauen und Erkenntnisse zu sammeln. Den industriellen Bedrohungen der in das Industriesystem hereingeholten zweiten Natur sind wir nahezu schutzlos ausgeliefert« (Beck 1986: 9 f.). Reflexive Modernisierung ist demnach Wiederholung desselben Vorgangs an anderen Objekten. Auch hier bleibt das Kategoriengefüge des 19. Jahrhunderts; es wird gleichsam auf einer höheren Stufe verdoppelt.

2. Das Soziale als transformierte Religion

Bohrt man tiefer und befragt die Klassiker Marx, Durkheim und Weber, wie sie das Verhältnis von Sozialwelt und Artefakten angehen, so stößt man auf den Befund, dass sich bei ihnen die anti-technischen und anti-ästhetischen Ladungen der Grundbegriffe in einem spezifischen Zusammenhang bilden: der Konkurrenz zwischen Religion und Soziologie bei der Abwehr von Ideen einer Technisierung oder einer Ästhetisierung der Sozialwelt. In den Krisen des 19. Jahrhunderts war Soziologie ja nicht die einzige Kandidatin, die mit ihrem Interpretationsangebot bereitstand, die soziale Frage auf den Begriff zu bringen. Attraktive Konzepte der Reorganisation des Sozialen aus dem Geist der Technik oder aus dem Geist der Kunst lagen vor (vgl. meine früheren Versuche: Eßbach 1989; 1995b; 1997).[1]

Zunächst zu Marx: Wo es um das Verhältnis von Technik, Kunst und Gesellschaft geht, ist Marx unentschieden. Seine Auffassungen variieren. Romantisch ist der frühe Gedanke, dass in nicht-entfremdeter Arbeit die Spaltung von Kunst und Technik aufzuheben sei. Die frühe, Fourier entlehnte Annahme, Arbeit sei in Spiel zu transformieren, wird jedoch später revidiert. Arbeit kann nicht Spiel werden. Nicht ganz eindeutig ist, ob Kunst wie Technik als Produktivkräfte anzusprechen sind. Mal erscheint die Kunst als ideologisches Phänomen im Überbau der Gesellschaft, mal ist selbst der Clown Mehrwert schaffend, wenn ein Kapitalist ihn einstellt. Engels schließlich schreibt den Anarchisten, die von der Selbstverwaltung träumen, ins Stammbuch, die moderne Fabrik sei ein Automat, der »von aller sozialer Organisation unabhängig ist« (Engels 1874: 306). Die Verführungen der Kunst und Technik sind mit all ihren Ambivalenzen präsent.

Mehr Sicherheit herrscht dort, wo es um den Begriff der Gesellschaft geht. Bekanntlich hat sich der Marx'sche Gesellschaftsbegriff zuerst in den junghegelianischen Debatten konturiert (Eßbach 1988). Gesellschaft steht hier ganz im Horizont der Kritik der Religion. Es war Ludwig Feuerbach, der in der christlichen Liebe Gottes

---

1 Grundlegend für meine Problemstellung ist Lepenies (1985). Das Buch handelt von der Zwischenstellung der Soziologie zwischen wissenschaftlich-technischen und literarisch-ästhetischen Ansprüchen. Die Rezeption dieses zentralen Werks im *mainstream* soziologischer Theorie hat noch gar nicht begonnen.

zum Menschen eine Projektion menschlicher Liebe entdeckte. Und es war Marx, der im Liebesband der menschlichen Gattung, in der liebenden Ich-Du-Beziehung, das gesellschaftliche Band entdeckte. 1844 schreibt er:

> Die Einheit der Menschen mit den Menschen, die auf dem realen Unterschied [d.h. der Sexualität] der Menschen begründet ist, der Begriff der Menschengattung aus dem Himmel der Abstraktion auf die wirkliche Erde herabgezogen, was ist er anders als der Begriff der *Gesellschaft*! (Brief an Feuerbach vom 11. August 1844, Marx 1844: 425 [Einf. W.E.]).

Liebesband – Gattungsband – gesellschaftliches Band: Sozialität tritt aus dem Horizont der Religion hervor; ihr haftet jene Sicherheit an, die sie grundbegrifflich immun macht gegen die diabolischen Strategien der Verführungstechnik bzw. der Verführungskunst – eine Sicherheit, wie sie eben nur Religion zu geben vermag.

Zu Durkheim: Er hat für die soziologische Analyse technischer und ästhetischer Artefakte wie für die naturalen Gegebenheiten eine von der Soziologie separierte Nebendisziplin vorgeschlagen, die soziale Morphologie. Sie ist aber allenfalls eine Vorhalle zur reinen Soziologie, und Durkheim hat selbst wenig getan, seine soziale Morphologie zu entwickeln. Auch bei Durkheim tritt Sozialität aus dem Horizont der Religion hervor. Phänomene sind dann als soziale Tatbestände soziologisch relevant, wenn an ihnen normierende Kräfte und Effekte entdeckt werden können. Soziale Tatsachen sind im Kern moralische Tatsachen, die zu analysieren eigene epistemologische Anstrengungen erfordern: Bruch mit den Begriffen der Alltagserfahrung mitmenschlichen Zusammenlebens und Bruch mit dem ideologischen Feld der Praktiken. Von einer Wissenschaft, die ohne epistemologischen Einschnitt auf dem Feld des Sozialen auszukommen glaubt, schreibt Durkheim in seinen *Regeln*, sie sei »nicht nur notwendig bruchstückhaft; sie entbehrt auch des Stoffes, von dem sie zehren kann. Kaum ist sie vorhanden, so verschwindet sie wieder und verwandelt sich in Kunst« (Durkheim 1965: 116). Es geht um die Sicherung des sozialen Stoffes gegen trügerische Verwandlungen, die bezeichnenderweise mit negativem Akzent als Verwandlung in Kunst bezeichnet werden.

Wie aber kann im Sinne Durkheims soziologisch mit Technik und Kunst umgegangen werden? Seine Antwort ist programmatisch eindeutig, in der Durchführung jedoch höchst ambivalent. Wenn soziale Tatbestände im Kern moralische Tatbestände sind, dann kommen Kunst und Technik nur insoweit in den Blick, als auch sie Phänomene moralischer Natur sind, d.h. insoweit von ihnen ein Zwang ausgeht, der nicht restlos auf physikalische oder biophysiologische Vorgänge rückführbar ist. Der Zirkel, der das Feld des Sozialen umreißt, mag zweifellos eine erheblich größere Spannbreite erhalten, wenn Maschinen, Häuser, Straßen, Kleidung und ästhetische Objekte in einer speziellen sozialen Morphologie als ›Substrat des Kollektivlebens‹ auf ihre normierenden Qualitäten angesprochen werden. Aber bei der Durchführung der Durkheim'schen Antwort liefen wir notorisch Gefahr, die Eigenarten jener ungeklärten Durchmischungen technischer, ästhetischer und sozialer Normen zu verfehlen, die gerade heute für die technisierte und ästhetisierte Lebenswelt charakteristisch sind.

Wo Gesellschaft – sei es als gesellschaftliche Verhältnisse im Sinne von Marx oder als moralische Tatsache im Sinne Durkheims – aus dem Horizont der Religion hervortritt, da liegen grundbegriffliche Sicherungen vor, die das Denken gegen die Verführungen von Kunst und Technik aufrüsten. Sicher sind die Differenzen zwischen Marx und Durkheim beachtlich, aber sie liegen in anderen Bereichen, die ich hier vernachlässigen muss. Nebenbei bemerkt: Unter den mal billig, mal subtil vorgetragenen Verdacht, dass sich in ihre Weise der grundbegrifflichen Sicherung des Sozialen priesterherrschaftliche Ambitionen mischen, sind beide geraten.

Von diesem Verdacht blieb Max Weber verschont. Allerdings ist sein grundbegrifflicher Ausgangspunkt, soziales Handeln vom subjektiv gemeinten Sinn her aufzuschließen, durchaus noch jener Konstellation verhaftet, in der Sozialität noch gegen die Verführung von Kunst oder Technik gesichert werden soll. Und Sicherung meint bei Weber vor allem Sicherung des subjektiv gemeinten Sinnes, der Intention. »Jedes Artefakt, z. B. eine *Maschine*«, heisst es in den methodischen Grundlagen,

> ist lediglich aus dem Sinn deutbar und verständlich, den menschliches Handeln (von möglicherweise sehr verschiedener Zielrichtung) der Herstellung und Verwendung dieses Artefakts verlieh (oder verleihen wollte); ohne Zurückgreifen auf ihn bleibt sie gänzlich unverständlich. (Weber 1964: 5)

Das Zurückgreifen kann freilich, wie es am prägnantesten in der *Protestantischen Ethik* zum Ausdruck kommt, mühevolles historisches Erinnern werden. Aber mehr noch: Weber nutzt Religionsgeschichte als Organon soziologischer Typenbildung. Die Kunst scheidet bei Weber aus, wo es um Sicherung der Sinndimension sozialen Handelns geht. Mit der Konstitution der Kunst als einer eigengesetzlichen Sphäre, mit dem »Kultus des Ästhetentums«, wie es Weber nennt, »schwindet das Gemeinschaftsstiftende der Kunst ebenso wie ihre Verträglichkeit mit dem religiösen Erlösungswillen« (Weber 1964: 5).

Die grundbegrifflichen Strategien, die Marx, Durkheim und Weber nahelegen, lassen sich bei aller Verschiedenheit so beschreiben, dass Versuche unternommen werden, die Verführungen einer Reorganisation der Gesellschaft aus dem Geist der Kunst bzw. der Technik abzuwehren, indem nach Substituten für Leistungen Ausschau gehalten wird, von denen angenommen wird, dass religiöse Weltdeutungen sie vormals' erbracht haben. Marx' Kritik der Religion war rasch beendet. Die Religion stirbt ab in dem Maße, wie proletarische Solidarität sie beerbt. Durkheim beklagt die »moralische Mittelmäßigkeit« seiner Zeit und erwartet die Wiedergeburt kollektiver Feste (Durkheim 1981: 571); Weber spekuliert über neue Sinnsetzungen.[2]

Wer will, möge weiter bohren. Man wird bei Alfred Schütz oder Talcott Parsons, bei George Herbert Mead oder bei Karl Mannheim auf vergleichbare anti-technische und anti-ästhetische Haltungen stoßen, die in einer Fixierung des Gesellschaftsbegriffs an Religionssurrogate oder funktionale Äquivalente, seien es nun Wissen oder Wert, Geist oder Ideologie, wurzeln.

---

[2] So im oft interpretierten Schluss der protestantischen Ethik (Weber 1963: 204); vgl. dazu meinen Beitrag (Eßbach 1985).

3. Kunstreligion, Symbol und Kultur

Wie konnte es dazu kommen, dass nicht nur in der Soziologie die Analyse der Artefakte grundbegrifflich an den Rand gedrängt wird, sondern auch eine Vorstellung von Kultur sich etablieren konnte, bei der allenfalls ästhetische, aber selten technische Artefakte einberechnet werden? Der heute überwiegend in der Soziologie gebrauchte Begriff von Kultur ist so geladen, dass die Kulturbedeutung von Technik meist besonderer Begründungen bedarf. In Deutschland ist diese Entfernung von Kultur und Technik inzwischen so groß geworden, dass sich Biologen wie Ernst-Ludwig Winnacker vor einer Gesellschaft fürchten, die nicht mehr in der Lage ist, die Kulturbedeutung von Naturforschung und Technologie zu artikulieren (FAZ vom 18. September 2000).

In einer berühmten Analyse hat Norbert Elias die Soziogenese des Gegensatzes von ›Kultur‹ und ›Zivilisation‹ aufgezeigt (Elias 1976). Stand der Technik ist dabei ein Element des neuzeitlichen Begriffs von Zivilisation neben dem Stand von Manieren, wissenschaftlicher Erkenntnis und Weltanschauung. Dagegen ist der speziell deutsche Begriff von Kultur, der polemisch gegen die englische und französische Tradition gerichtet war, im Kern auf geistige, künstlerische und religiöse Fakten bezogen und exkludiert technische Dinge als ›niedere‹ und ›bloß äußerliche, nützliche‹ Dinge. Es ist das West-Ost-Gefälle im Grad der ökonomischen und urbanen Entwicklung und damit der faktischen Verbreitung der Artefakte, das die Intelligenz relativ gering entwickelter Regionen dazu verleitet, in der Konkurrenz mit dem äußerlich reicheren Westen mehr auf ›innere Werte‹ zu setzen, die ihres Ausdrucks harren und daher noch nicht vorzeigbar und sichtbar sind.

Für die Perspektive einer Soziologie der Artefakte ist wichtig, dass es in diesem Prozess zu einer Vertiefung der Spaltung der Artefaktwelt in nützliche und schöne Dinge, in Technik und Kunst kommt. In der Wahrnehmung der Konkurrenz mit einem technisch entwickeltem Westen wird der Bereich des Ästhetischen für die kollektive Identität über die Maßen in Anspruch genommen. Er kompensiert nicht nur Industrialisierungsrückstände, sondern schließlich auch noch Hemmungen der Entwicklung zum bürgerlichen Rechtsstaat.

Dass die Kunst in diese Rolle geraten konnte, hängt mit dem eigenartigen Phänomen der ›Kunstreligion‹ zusammen, das Intellektuelle im Horizont des deutschen Idealismus ausprobierten. In England und Frankreich, aber auch in Holland und Spanien hatten die neuzeitlichen Konfessionskriege einen Ausgang genommen, bei denen in durchaus verschiedener Weise Politik und Religion, Staat und Kirche in relativ stabilen Arrangements gehalten werden konnte. Deutschland blieb mit seinem vitalen religiösen Leben konfessionell zerklüftet, und eine realistische Übersetzung der theologischen Kategorie ›Geist‹ in die politische Sphäre als demokratischer Geist, als Patriotismus, als Heiligung der Nation war blockiert (Holborn 1966; Pornschlegel 1994). So haben sich deutsche Intellektuelle bemüht, den scharfen Konfessionalismus gleichsam ästhetisch zu entschärfen, indem die Kunst als eine Art höherer Religion profiliert wurde. In dieser Tradition kam es zu einer strukturell verankerten Abwertung des Dingcharakters der Kunst zugunsten ihres ›geistigen Gehalts‹.

Bis heute ist dies ablesbar an der leichtfüßigen Habitualisierung des Gebrauchs von ›Symbol‹ und ›symbolisch‹ in der Soziologie und in den anderen Kulturwissenschaften. Im Konzept von ›Kunstreligion‹ wurden die Theologie von Christus als Symbol für die Liebe Gottes zum Menschen, und die Theologie von der in der Gemeinde möglichen symbolischen Präsenz des Heiligen Geistes und die Lehre von der Kirche als einer symbolbewahrenden Institution letztlich in die kunstverständige Deutung und Verehrung von Werken der Malerei, Musik und Literatur übersetzt. Das Geistige des Theologisch-Symbolischen wurde zum Geistigen des Ästhetisch-Symbolischen transformiert.

So werden heute künstlerische Phänomene durchaus noch in soziologische Kulturbegriffe miteinbezogen, wenn man von den dinglichen Seiten, wie zum Beispiel Gips, Ölfarbe, Gitarrensaite oder auch akustischem *sound* abstrahieren kann, um sich über die ›symbolische Dimension‹ auszulassen. Die Fixierung der heutigen Soziologie auf die Verwendung von ›symbolisch‹ für mentale und kommunikative Phänomene bedürfte einer eigenen Recherche. In diesem Zauberwort treffen sich die Linien der aus der Transformation von Religion hervorgegangenen soziologischen Motive mit der kunstreligiösen Suche nach funktionalen Äquivalenten für fundamentale Sinnsicherung. Die Meadsche Veschiebung von Geist zu Symbol wurde durch die Bourdieusche Verbreitung des Cassirerschen Symbolbegriffs gestärkt. In diesem heute ubiquitär gewordenen Vokabular wird kaum noch etwas mitgeführt, was an die profanen Außenseiten mentaler Phänomene erinnern könnte.

Die aus der kunstreligiösen Konkursmasse hervorgegangene Fixierung auf das Symbolische versperrt in der Kultursoziologie und in der soziologischen Theorie den Zugang zu einer ganzen Reihe für unser Fach wesentlich interessanteren Konzepten, zum Beispiel: die Metaphorologie, die den sozio-rhetorischen Charakter, die Diskursanalyse, die die Positivität und Materialität des *discours* zum Ausgangspunkt nehmen, die Semiotik, welche Zeichen und Symbol, und die Psychoanalyse, welche das Imaginäre und das Symbolische strikt zu unterscheiden wissen. Man kann hier noch anfügen, dass auch der verbreitete Begriff von ›Konstruktion‹ oder gar ›symbolisch-konstruiert‹ in der Regel mehr auf den geistigen Glaubensgehalt zielt, als dass man sich von der Metapher beirren ließe, der folgend Konstruktion etwas mit technischen und ästhetischen Artefakten zu tun hat.

4. Materielle und mentale Kultur in der Ethnologie

Die Einseitigkeit der soziologischen Identifikation von Kultur und Symbol beruht neben kunstreligiösen Ursprüngen auch auf einem bestimmten Umgang mit Modellen der Ethnologie. Während sich in Deutschland, ausgehend von Herders Idee einer sich in einzelnen Volksgeistern darstellenden Menschheit, das ethnologische Interesse der Romantik und historischen Schule auf die unbewussten schöpferischen geistigen Kräfte von Kollektiven richtete, die aus sprachlichen Zeugnissen wie Mythen und Liedern eruierbar zu sein schienen, hat die positivistische Ethnologie des 19. Jahrhunderts zunächst einen Kulturbegriff entworfen, in dem Artefakte eine wichtige Rolle spielen. Was von den Reisen an Dingen mitgebracht wurde, vermehrte die Materialsammlungen und konnte in ethnographischen Museen ausgestellt werden.[3] Ein besonderer Sinn für Artefakte konnte auch in der Archäologie entwickelt werden, die es mit

Bodenfunden zu tun hatte, deren Außenseite und Stofflichkeit vielleicht Aufschlüsse über Verwendungsweisen geben, deren innerer Sinn freilich meist nur spekulativ erschlossen werden konnte.[4] Technik spielt im sogenannten Evolutionismus des Amerikaners Morgan eine hervorragende Rolle bei der Typisierung von Kulturstufen (Morgan 1877). Für Pitts-Rivers ließ sich Kulturfortschritt selbstverständlich auch am Ausweis typologischer Reihen von Waffengattungen zeigen (Pitt-Rivers 1906). Zu den wichtigen ethnologischen Referenzautoren, die für die Entwicklung eines artefaktbetonten Kulturbegriffs neu zu lesen wären, gehört auch der Ethnograph und Geologe Friedrich Ratzel, der im Leipzig der 90er Jahre des 19. Jahrhunderts neben Karl Lamprecht und Wilhelm Wundt die Rolle von Bodengestaltung, Landschaftsformung, Siedlungsweise, Verkehrsbedingungen etc. für das Profil von Kulturen ebenso stark machte, wie die a-priorische Annahme, dass kein Volk der Erde auf dem Boden, auf dem es heute lebt, entstanden sei, sondern vielmehr von anderswo eingewandert mit den vorgefundenen naturalen und sozialen Umwelten sich arrangieren musste (Ratzel 1882).[5]

Kultur bei Ratzel pointiert die ›materielle Kultur‹ als ein Aggregat von Objekten und Gestaltungen, ein Ansatz, den Leo Frobenius mit seiner sogenannten Kulturkreislehre weiter ausbaute und den er schließlich im Gegenzug zu Durkheims hilfswissenschaftlicher Ausgrenzung sozialer Morphologie offensiv als ›Kulturmorphologie‹ ins Zentrum seiner Bemühungen gestellt hat (Frobenius 1939). Im *cultural turn* der Soziologie heute sind Ratzel und Frobenius ebenso fast unbekannte Größen wie Ogburns Theorie des ›cultural lag‹ (Ogburn 1923) und Thurnwalds Forschungen zu den komplexen Verhältnissen zwischen akkumulativer genetischer Technikentwicklung und historischer Interferenz und Modifikation (Thurnwald 1931-1935).

Das Motiv für die Marginalisierung oder gar Exklusion der Artefakte aus dem ethnologischen Kulturbegriff ist schnell benannt. Mit der Dekolonisation geriet das Denken in Abständen technischer Entwicklung, die der Evolutionismus zum Leitfaden genommen hatte und die dem Adjektiv ›primitiv‹ einen präzisen Sinn gegeben hatten, zunehmend in die Zwänge der Logik interethnischer sozialer Anerkennung. War der Evolutionismus noch in der Lage, Unterschiede technologischer Entwicklung als bedeutsam zu markieren, so galt im Dekolonisationskampf um Anerkennung mehr und mehr das Argument der Gleichwertigkeit der Kulturen. Zwischen dem artefaktorientierten Natur/Kultur-Muster und dem sozialen Anerkennungsmuster Kultur/Kultur fand kein Ausgleich statt, sondern letzteres ersetzte schlicht das erste. Die Ebene, auf der Amazonasindianer und Franzosen ›kulturell‹ äquivalent zu machen waren, konnte nur anti-technisch bestimmt werden (Vgl. dazu die wegweisende Studie von Paul 1996).

---

3 Wichtige Ansätze zu Erforschung von Sachkultur wurden auch in der Volkskunde entwickelt vgl. Kuntz (1996).
4 Michel Foucault hat seine Untersuchungen zur Geschichte der Wahrheit gegen eine identifizierende Wiedererkennungshermeneutik des inneren Sinns als Projekt einer ›Archäologie des Wissens‹ angelegt, bei der Aussagen wie Bodenfunde behandelt werden.
5 Zur neueren Diskussion um Friedrich Ratzel vgl. Kaufmann (2000) und Sprengel (1996).

So sind in der kulturalistischen Wende der Soziologie heute die ethnologischen Modelle maßgeblich geworden, die die Religion der Primitiven zum Ausgangspunkt machten. Ratzels Leipziger Konkurrent Wilhelm Wundt entwarf mit Hilfe seiner im Laboratorium entstandenen Apperzeptionstheorie Modelle der Interpretation von mythischen Erzählungen und Glaubensinhalten der Völker als Phantasieerzeugnisse, die gefühlssteigernde Wirkungen haben (Wundt 1900-1921). Die Beziehungen zu Durkheims *conscience collective* als einer gemeinschaftlichen Kraftquelle und zu William James' pragmatistischer Religionstheorie sind ebenso offensichtlich wie die Affinitäten zum amerikanischen Sozialdarwinismus des zum Ethnologen und Soziologen konvertierten Predigers William Graham Sumner, in dessen Spätwerk *Folkways* (Sumner 1959) anonyme Gebräuche, Alltagsmoral und Sitten als fundamentaler Glaube einer Wir-Gruppe gegen externe Sie-Gruppen bestimmt werden. Man kann in diesem Modell wohl zu Recht eine kollektivistische Naturalisierung der calvinistischen Prädestinationslehre sehen.

Die religionsbasierte Psychologisierung des Kulturbegriffs findet sich vollendet bei Lévy-Bruhl. Von seiner Bestimmung der ›mentalité primitive‹ leitet sich ein Großteil der habitustheoretischen Axiome heutiger Kulturforschung her. Genauer erforscht, muss man feststellen, dass die grassierenden Vorstellungen von Mentalitäten als kulturellen Phänomenen ebenso auf einer Substitution von Religion durch Kultur fußen wie die ethnopsychologischen Konzepte zwischen C. G. Jung und Sigmund Freud, die Lutz Niethammer als Vorlagen für den Diskurs über ›kollektive Identität‹ aufs Korn genommen hat (Niethammer 2000).

5. Die absolute Feindschaft zwischen Kultur und Religion

Ziehen wir eine Zwischenbilanz. Die soziologische Sperrklausel gegen die grundbegriffliche Einbeziehung der Materialität der technischen und ästhetischen Artefakte hat mehrere Quellen. In der soziologischen Klassik tritt ›Gesellschaft‹ aus dem Horizont der Religion hervor. Der ästhetisch aufgeladene anti-technische deutsche Kulturbegriff diente als ein überkonfessionelles Substitut für die geistige Erbauung des Bildungsbürgertums (Museums-/Konzertbesuch statt Kirchgang). Der ethnologische Kulturbegriff schließlich behielt lange noch die Dimensionen materieller Kultur. In den Befreiungskämpfen der Kolonisierten zählte schließlich die Logik der Anerkennung. Im Gewaltaspekt zwischen den Kulturen waren die Kulturen gleich. Folglich sollten sie es auch in interkulturellen Friedensarrangements sein. Die Artefakte, die dagegen sprechen konnten, zählten nicht mehr viel. Interessanter wurden die Mentalitäten, die Weltdeutungen als Medien der Kohärenz von Vergemeinschaftungen und Quelle von Gewalt.

Vielleicht kann man für das Zusammenlaufen dieser Linien jene Zeiterfahrung mitverantwortlich machen, der seit 1900 Intellektuelle in modernen Gesellschaften permanent ausgesetzt sind, und für die sie bis heute keine grundbegrifflichen Lösungen zur Hand haben: der Prozess der faktischen und umfassenden Technisierung und Ästhetisierung der menschlichen Lebenswelt. Die Wende von den Sachen weg und hin zu ihren Deutungen und weiter zu den Glaubenssystemen, die Deutungen ermöglichen, ist über das ganze 20. Jahrhundert weit verbreitet. Der anti-realistische, anti-naturalistische oder wenn man will der anti-essenzielle, anti-ontologische Impuls, die Angst vor dem direkten Kontakt mit dem Wuchern der Dinge erwächst aus der sogenannten ›Kulturkrise‹ um 1900, die zugleich eine Grundlagenkrise der Wissenschaft ist, von der sie sich bis heute nicht erholt hat.

Da zerbricht in den Köpfen die Kohärenz eines bis dahin fraglos gültigen, einheitlichen Wirklichkeitsbegriffs und darauf bezogenen allgemeinen Wissenschaftsverständnisses. Empirisch geht nun diese Grundlagenkrise – was häufig nicht bemerkt wird – mit einer bisher quantitativ nie dagewesenen Ansammlung hergestellter Artefakte zusammen. Um 1900 werden die Effekte maschineller Massenproduktion sichtbar. Es gibt immer mehr künstliche Objekte; die hergestellten Materien breiten sich aus, und mit diesem Material wird alles verwandelt. Im Ersten Weltkrieg merken es auch die letzten. Aus dem Krieg wird eine Materialschlacht. Das kann man in den frühen Romanen von Ernst Jünger nachlesen. 1923 schreibt Henry Ford in seiner Autobiografie:

> Im Hinterhof eines amerikanischen Wohnhauses befinden sich durchschnittlich mehr Gerätschaften, mehr verarbeitete Materialien, als in dem gesamtem Gebiet eines afrikanischen Herrschers. Ein amerikanischer Schulbub ist im allgemeinen von mehr Sachen umgeben, als eine ganze Eskimogemeinde. Das Inventar von Küche, Speisezimmer, Schlafstube und Kohlenkeller stellt eine Liste dar, die selbst den luxuriösesten Potentaten vor fünfhundert Jahren in Erstaunen versetzt haben würde. (Ford 1952: 181)

Auf diese faktische Ausbreitung materieller Artefakte haben Intellektuelle verschiedester Provenienz mit einer rigorosen Verteidigung der geistigen Dimension, die sie bedroht sahen, reagiert. Je mehr die Dinge in ihrer bloßen, wuchernden und wimmelnden Positivität im Vormarsch waren, um so mehr galt es, die verbliebene intellektuelle Restkompetenz: Deutung des Sinns stark zu machen, gleichsam als ein Akt geistiger Notwehr. Die strukturalistische Revolution de Saussures, Husserls Phänomenologie und Wittgensteins Philosophie der Sprachspiele als Lebensformen haben auf je verschiedene Weise das argumentative Arsenal dafür geboten, gegenüber der dramatischen und andauernden Artefaktvermehrung jenen Habitus zu stützen, dem alles in der Hauptsache Text, Diskurs, Sinnaufbau, Sprachspiel, operative Geschlossenheit sozialer Systeme und in dieser durchgehend konstruktivistischen Stimmung eine ›kulturelle‹ bzw. ›symbolische‹ Konstruktion ist. Als Kultur gelten heute zuerst die geglaubten Wirklichkeiten, die Bereitschaft, die Augen vor den hergestellten Wirklichkeiten zu verschließen, ist erheblich angewachsen.

Es steht freilich außer Zweifel, dass der Rückweg zu einem naiven Realismus der Modernisierung, der die Einsichten in die konstruktive Selektivität und Einfärbung unserer Erkenntnis, in die Sprachabhängigkeit und Beobachtungsgebundenheit unserer Wahrnehmung umgehen wollte, in eine heillose Unterkomplexität führt. Die theoretischen Distinktionsgewinne und die gewachsene Kontingenztoleranz, die die verschiedenen postmodernen Reflektionsformen, wie sie im französischen Poststrukturalismus eines Gilles Deleuze und Michel Foucault entwickelt wurden, oder wie sie im systemischen Denken eines Heinz von Foerster und Edgar Morin nachzuvollziehen sind, bleiben für eine seriöse Theoriediskussion unverzichtbar. Keine Fachidentitätsrhetorik wird durch litaneiartige Steigerung der Häufigkeit der Adjektive ›soziologisch‹ bzw. ›unsoziologisch‹ den in der Moderne jederzeit möglichen Postmodernismus bannen können, zumal das Missverständnis endlich schwindet, das in der Postmoderne im modernistischen Stil nur eine neue die Moderne überbietende Epoche sehen wollte (Eßbach 1995a).

Aber unser Verhältnis zu den virtuosen Indirektheiten soziologischer Arbeit wird transparenter, wenn die Art der Anlässe und Motive, das heißt die dominierenden gesellschaftlichen Erfahrungen präsent gehalten werden, die uns dazu gebracht haben und uns wohl auch weiterhin dazu bringen, stets neue konstruktivistische Isolierschichten zu den alten hinzuzufügen. Für kultursoziologische Theoriebildung könnte es somit an der Zeit sein, wieder einmal die Differenz zwischen Kultur und Religion, das heißt die Risse im Begriff symbolischer Konstruktion herauszuarbeiten.

Orientierend hierfür ist insbesondere die philosophische Anthropologie Helmuth Plessners. Er hat in der exzentrischen Position des Menschen den Prozess der Kultivierung begründet gesehen.

> Daß der Mensch mit seinen natürlichen Mitteln seine Triebe nicht befriedigen kann, daß er nicht zur Ruhe kommt in dem, daß er ist, und mehr sein will, als er ist und daß er ist, daß er gelten will und zur Irrealisierung in künstlichen Formen des Handelns, in Gebräuchen und Sitten unwiderstehlich hingezogen wird, hat seinen letzten Grund nicht im Trieb, im Willen und in der Verdrängung, sondern in der exzentrischen Lebensstruktur, im Formtypus der Existenz selber. (Plessner 1981: 391)

Kultur als ein Prozess der Artifizierung ist durch eine offene Linearität gekennzeichnet, in der Gesellschaften teils zufällig und teils systematisch die naturalen Quellen ihrer Existenz verändern.

Auch Religion entspricht der Lebensform der exzentischen Positionalität. Aber sie stellt einen strukturell anderen Modus dar, mit der konstitutiven Gleichgewichtslosigkeit menschlicher Positionsart umzugehen. »Die Vorstellungen vom Göttlichen wechseln mit denen vom Heiligen und Menschlichen. Eins bleibt für alle Religiösität charakteristisch: Sie schafft ein Definitivum« (Plessner 1981: 420). In der Religion wird die kulturproduktive Unruhe, deren technische und ästhetische Artifizierungslinien ins Offene gehen, stillgestellt. Elementares Motiv von Religion ist dabei die Entdeckung der Einmaligkeit, Einzigkeit und Zufälligkeit des eigenen Lebens, dem sich dann eine definitive, transzendente oder heilig gehaltene Figur des Absoluten korrelativ als Identitätssicherung hinzugesellt.

> Letzte Bindung und Einordnung, den Ort seines Lebens und seines Todes, Geborgenheit, Versöhnung mit dem Schicksal, Deutung der Wirklichkeit, Heimat schenkt nur Religion. Zwischen ihr und der Kultur besteht daher trotz aller geschichtlichen Friedensschlüsse und der selten aufrichtigen Beteuerungen, wie sie z.B. heute so beliebt sind, absolute Feindschaft. (Plessner 1981: 420)

Bei dieser Lage der Dinge kann deutlich werden, dass Kultursoziologie umso schwerer wird, je weniger sich Theorien reiner Sozialwelt ihrer religiösen Implikationen, vielleicht sogar Funktionen bewusst sind. Wo der Zusammenhang von Theorie des Sozialen und Theorie der Religion erkannt ist, wie zum Beispiel in der philosophisch aufgeklärten Studie von Hans Joas zur Entstehung der Werte (Joas 1997), ist ›Kultur‹

kein Thema und wird konsequenter Weise im Sachregister auch nicht aufgeführt. Hier ist der Weg frei, Werte deutlich von Kultur zu trennen. Das Parsonianische Erbe der Konfusion von Kultur und Religion im Wertbegriff hat jetzt auch Dirk Baecker in seiner weiterführenden Studie *Wozu Kultur?* aufgearbeitet (Baecker 2000). Schließlich sei darauf hingewiesen, dass Bruno Latour mit seiner symmetrischen Anthropologie wohl die weitestgehendsten Schritte in Richtung auf eine Reflexion der Trennungen der ontologischen Zonen im Feld von Kultur und Religion getan hat (Latour 1998, Eßbach 2001). In umfassend technisierten und ästhetisierten Lebenswelten sind Personen und Sachen in solch fundamentaler Symbiose, dass die Fakten zu sozial und zu narrativ, die Narrationen zu faktisch und zu sozial sind, und das Soziale zu narrativ und zu faktisch ist, als dass soziologische Theorie es sich noch leisten könnte, ihre anti-technischen und anti-ästhetischen Affekte weiter zu pflegen.

Literaturverzeichnis

Baecker, Dirk (2000): Wozu Kultur? Berlin.
Beck, Ulrich (1986): Risikogesellschaft. Auf dem Weg in eine andere Moderne. Frankfurt a.M.
Brand, Karl-Werner (Hg.) (1998): Soziologie und Natur. Theoretische Perspektiven. Opladen.
Clausen, Lars / Dombrowsky, Wolf R. (1983): Einführung in die Soziologie der Katastrophen. Bonn.
Dombrowsky, Wolf R. (1989): Katastrophe und Katatrophenschutz. Eine soziologische Analyse. Wiesbaden.
Durkheim, Emile (1965): Regeln der soziologischen Methode. Hg. v. René König, 2. Aufl. Neuwied/Berlin.
Durkheim, Emile (1981): Die elementaren Formen des religiösen Lebens. Frankfurt a.M.
Elias, Norbert (1976 [1936]): Über den Prozeß der Zivilisation. Soziogenetische und psychogenetische Untersuchungen. 1.Bd. Wandlungen des Verhaltens in den Oberschichten des Abendlandes. Frankfurt a.M.
Engels, Friedrich (1874): Von der Autorität. In: MEW Bd.18. Berlin, 305-308.
Eßbach, Wolfgang (1985): Der Umzug der Götter. Auf den Spuren der Religionskritik. In: Religion – Sehnsucht und Schrecken. Hg. v. Gerburg Treusch-Dieter, Ästhetik und Kommunikation. 16. Jg., H.60. Berlin, 101-111.
Eßbach, Wolfgang (1988): Die Junghegelianer. Soziologie einer Intellektuellengruppe. München.
Eßbach, Wolfgang (1989): Überlegungen zur Genese der Frontstellung zwischen Sozialwelt und Artefakten im 19. Jahrhundert. In: Hoffmann-Nowotny, Hans-Joachim (Hg.): Kultur und Gesellschaft. Beiträge der Forschungskomitees, Sektionen und Ad-hoc-Gruppen. Zürich, 715-717.
Eßbach, Wolfgang (1995a): Das Formproblem der Moderne bei Georg Lukács und Carl Schmitt. In: Göbel, A. / van Laak, D. / Villinger, I. (Hg.): Metamorphosen des Politischen. Grundfragen politischer Einheitsbildung seit den 20er Jahren. Berlin, 137-155.
Eßbach, Wolfgang (1995b): Le complexe de la communauté entre la communauté des biens et le monde vécu artificiel. In: Raulet, G. / Vaysse, J.M. (Hg.): Communauté et modernité. Paris, 250-269.
Eßbach, Wolfgang (1997): Die Gemeinschaft der Güter und die Soziologie der Artefakte in: Online-Verstrickungen. Immanenzen und Ambivalenzen. Hg. v. Dierk Spreen, Ästhetik und Kommunikation. 26. Jg., H.96. Berlin, 13-19.

Eßbach, Wolfgang (2001): Zur Anthropologie artifizieller Umwelt. In: Alt, Kurt/ Rauschenberg, Natascha (Hg.): Ökohistorische Reflektionen. Freiburg [im Erscheinen].
Ford, Henry (1952 [1923]): Erfolg im Leben. Mein Leben und Werk. München.
Frobenius, Leo (1939): Monumenta Africana. Der Geist eines Erdteils. Weimar.
Halfmann, Jost u. a. (Hg.) (1995): Theoriebausteine der Techniksoziologie. Frankfurt a.M.
Holborn, Hajo (1966): Der deutsche Idealismus in sozialgeschichtlicher Beleuchtung. In: Wehler, H.K.: Moderne deutsche Sozialgeschichte. Köln/Berlin. 85-108.
Joas, Hans (1997): Die Entstehung der Werte. Frankfurt a.M.
Joerges, Bernward (1996): Technik – Körper der Gesellschaft. Arbeiten zur Techniksoziologie. Frankfurt a.M.
Kaufmann, Stefan (2000): Natürliches Milieu und Gesellschaft. Konzeptionelle Überlegungen im Schnittfeld von Géohistoire und Soziologie. In: Eßbach, Wolfgang (Hg.): wir/ihr/sie. Identität und Alterität in Theorie und Methode. Würzburg, 295-316.
Kuntz, Andreas (1996): Nicht nur »Grau-Blau«. Westerwälder Steinwerkzeug als ›Seismograph‹ einer historisch-regionalen Volkskunde. Freiburg.
Latour, Bruno (1998 [1991]): Wir sind nie modern gewesen. Versuch einer symmetrischen Anthropologie. Frankfurt a.M.
Lepenies, Wolf (1985): Die drei Kulturen. Soziologie zwischen Literatur und Wissenschaft. Frankfurt a.M.
Linde, Hans (1972): Sachdominanz in Sozialstrukturen. Tübingen.
Marx, Karl (1844): Brief an Feuerbach vom 11. August 1844. In: MEW Bd.27. Berlin, 425-428.
Morgan, Lewis Henry (1877): Ancient society, or researches in the lines of human progress from savagery through barbarism to civilisation. New York.
Niethammer, Lutz (2000): Kollektive Identität. Heimliche Quellen einer unheimlichen Konjunktur. Hamburg.
Ogburn, William Fielding (1923): Social Change with Respect to Culture and Original Nature. New York.
Paul, Axel T. (1996): FremdWorte. Etappen der strukturalen Athropologie. Frankfurt a.M.
Pitt-Rivers, Lane-Fox (1906): The evolution of culture and other essays. Oxford.
Plessner, Helmuth (1981): Die Stufen des Organischen und der Mensch. Einleitung in die philosophische Anthropologie (1928). In: Helmuth Plessner. Gesammelte Schriften IV. Hg. v. Günter Dux u.a. Frankfurt a.M.
Popitz, Heinrich (1995): Der Aufbruch zur Artifiziellen Gesellschaft. Zur Anthropologie der Technik. Tübingen.
Pornschlegel, Clemens (1994): Der literarische Souverän. Studien zur politischen Funktion der deutschen Dichtung. Freiburg.
Rammert, Werner (2000): Technik aus soziologischer Perspektive. 2. Aufl. Opladen.
Ratzel, Friedrich (1882/1891): Anthropo-Geographie, oder Grundzüge der Anwendung der Erdkunde auf die Geschichte. 2 Bde. Stuttgart.
Ratzel, Friedrich (1885-1888): Völkerkunde. 3 Bde. Leipzig.
Silbermann, Alphons (1959): Musik, Rundfunk und Hörer. Die soziologischen Aspekte der Musik am Rundfunk. Köln.
Silbermann, Alphons (1986): Empirische Kunstsoziologie. Stuttgart.
Sprengel, Rainer (1996): Kritik der Geopolitik. Ein deutscher Diskurs 1914-1944. Berlin.
Sumner, William Graham (1959): Folkways. New York.
Thurnwald, Richard (1931-1935): Die menschliche Gesellschaft in ihren ethno-soziologischen Grundlagen. 5 Bde. Berlin.

Thurnwald, Richard (1936): Gegenseitigkeit im Aufbau und Funktionieren der Gesellungen. In: Reine und angewandte Soziologie (Festschrift für Ferdinand Tönnies). Leipzig, 275-297.

Weber, Max (1963): Gesammelte Aufsätze zur Religionssoziologie. Bd. 1, 5. Aufl. Tübingen.

Weber, Max (1964): Wirtschaft und Gesellschaft. Grundriß der verstehenden Soziologie, Studienausgabe, hg. v. Johannes Winckelmann. 1. Halbband. Köln/Berlin.

Weingart, Peter (1989) (Hg.): Technik als sozialer Prozeß. Frankfurt a.M.

Wundt, Willhelm (1900-1921): Völkerpsychologie. Eine Untersuchung der Entwicklungsgesetze von Sprache, Mythos und Sitte. 10 Bde. Stuttgart.

Anke Haarmann

Der Körper des Menschen als Vorstellung und Simulationsmodell
Das ›Visible Human Project‹

> Es müßte ein vortreffliches Schauspiel sein, wenn wir in einem durchsichtigen Tier das Klopfen zahlloser Gefäße, den Forttrieb der Säfte, die Wirkung der Reize, das Spiel aller Muskeln, die ewige Regsamkeit der Nerven bis in das Innerste seines Baus auf einen Blick ermessen könnten. (Joh. Christ. Reil 1795)

Im ausgehenden 20. Jahrhundert schafft die amerikanische National Library of Medicine die Bedingungen zur Realisation dieses ›vortrefflichen Schauspiels‹. Im sogenannten ›Visible Human Project‹ (VHP) soll der Mensch als virtuelles Körpermodell durchsichtig werden: Anzuschauen in seinem inneren Bau, der Verteilung seiner Organe, der Art seiner Gewebe und Gefäße – zu beobachten in den Bewegungen seiner Säfte und den Wirkungen seiner Reize.

Das Visible Human Project oder der durchsichtige Mensch

1986 hatte sich die National Library of Medicine vorgenommen, den Anforderungen des Informationszeitalters zu folgen und einen digitalen Datensatz vom gesamten menschlichen Körper zu erstellen. Sie wollte auf die zunehmende Bedeutung von

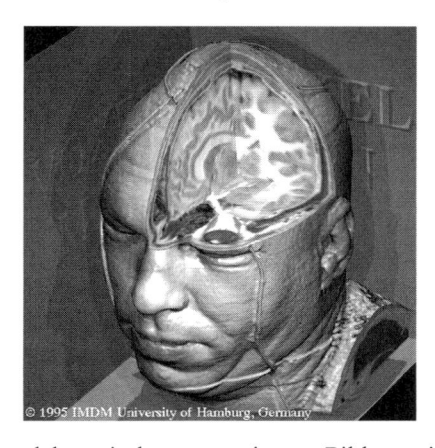

VOXEL Kopf

elektronisch repräsentiertem Bildmaterial in klinischer Medizin und biomedizinischer Forschung reagieren. Aus diesem Grund plante sie ihr primär textbasiertes Archiv um ein visuell-digitales zu erweitern. Ziel war der Aufbau einer »digitalen Bild-Bibliothek bestehend aus den Volumendaten eines kompletten, normalen, erwachsenen Mannes sowie einer Frau« (NLM Fact Sheet). Es ging dabei nicht alleine um die digitale Archivierung von Einzelbildansichten des menschlichen Körpers. Die Daten sollten vielmehr das digitale Grundlagenmaterial zur Erstellung virtueller Körpermodelle bilden. Der *Visible human (male and female)* soll dreidimensional auf dem Computerbildschirm erscheinen. Per Maus-Klick ist er dann zu drehen und zu wenden, gibt seine Innenansichten preis, zeigt seine Organe, verdeutlicht Gewebestrukturen, offenbart Kreisläufe und lädt zur virtuellen Fahrt durch das Gefäßsystem ein.

Techniken der Datensammlung

Zur Erstellung des digitalen Grundlagenmaterials suchte man ab 1989 einen männlichen und einen weiblichen Leichnam, der jeweils unversehrt sein sollte, dabei mittleren Alters und ›normal‹. Nach zwei Jahren hatte man einen männlichen und nach zweieinhalb Jahren einen weiblichen Leichnam gefunden. Der männliche Körper wurde computertomografisch (CT) erfasst, mit *Magnetic Resonance Imaging-Technik* (MRI) dokumentiert, schließlich in Gelatine eingelegt und der Quere nach von Kopf bis Fuß in einer speziell konstruierten Sägeapparatur Millimeter für Millimeter in 1871 Scheiben zersägt. Danach wurden die Körperscheiben fotografiert und die Fotos eingescannt.

Ein halbes Jahr später wurde der weibliche Körper nach entsprechender CT- und MRI-Dokumentation, mit verfeinerter Sägetechnik in über fünftausend 0,33 Millimeter dünne Scheiben zersägt. Mit 40 Gigabyte ist ›sie‹ datenmächtiger als ›er‹ (15 Gigabyte). Die digitalen Körperquerschnitte (*cryosection images*) sind zusammen mit den Dokumenten der CT und des MRI als *Visible Man* (1994) und *Visible Woman* (1995) im Internet veröffentlicht (NLM Research). Sie stehen nach Anmeldung jedem Nutzer zur Weiterverarbeitung gebührenfrei zur Verfügung.

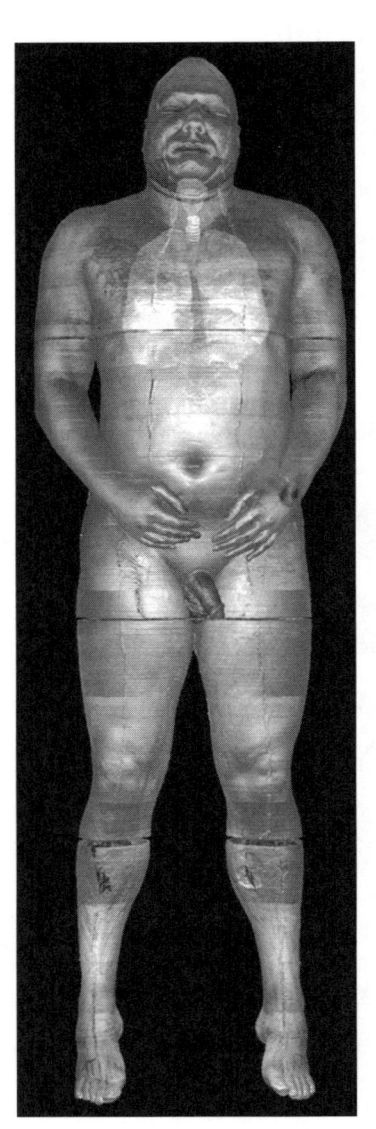

Ganzkörperdurchsicht

Technologie der Datenverarbeitung

In ihrer Eigenschaft als digitale Bildinformationen sind der männliche und weibliche Körper jetzt ein Softwareproblem für Informatiker. Aus den Basisdokumenten gilt es, die virtuellen Körpermodelle zu generieren. Umfangreiche Netzliteratur dokumentiert die Problemlage und Behandlungsart, die das Informationsgebilde betrifft: Übertragungsraten, Speicherkapazitäten, Komprimierungsprobleme, Verwaltungslogistik, ›artgerechte‹ Programmiersprache und animationsfähige Algorithmen stecken hier das diskursive Feld ab. Im Entwicklungsbericht von *Marching through the Visible Man*[1] wird für die Ebene der Datenverwaltung die Sektionierung von Datenmaterial nachgezeichnet. Datenkolonnen werden um der besseren Handhabung willen zu definierten Querschnittblöcken zusammengefasst. Im Rahmen der Datenmodellierung werden Datenblöcke zu spezifischen Körperteilen vertikal isoliert und horizontal vernetzt, darüber hinaus wird die Berechnung von Informationslücken zwischen den Bildscheiben relevant. Für die Animation der ›Wanderbewegung‹ durch das Körpermodell (*marching*) werden Datenbildabfolgen zu Datenbewegungssequenzen verknüpft. Die Entwicklung spezifischer Algorithmen sichert eine angemessen ›weiche‹ Kamerafahrt durch die Körperteile. Auf der Grundlage spezieller Datenkonfigurationen und Berechnungsarten wird der Körper des Menschen auf diese Weise als Datensatz im Rechner realisiert. In einem dritten Schritt wird er in die Sichtbarkeit des Bildschirms übertragen: Numerische Informationsgebilde müssen in visuelle Daten übersetzt werden. Das Bild des menschlichen Körpers dreidimensional zu modellieren, bedeutet, das digitale Datenmaterial solchermaßen zu gruppieren und algorithmisch ›in Bewegung zu setzen‹, dass Datenkonstellationen geschaffen werden, die als visuelle Gestalt dekodierbar sind. Diese Übersetzungsarbeit basiert auf einem definierten Bedeutungszusammenhang zwischen Digitalcode und Bildpunkt, der in die Programmarchitektur der Bildbearbeitung integriert ist. Die Bildlichkeit und virtuelle Räumlichkeit der 3D-Körpermodelle ist der Effekt dieser kontrollierten Zeichenübertragung.

Dreidimensionale Problemkonstellation

Im *Visible Human Project* verschränken sich also drei Problemkomplexe: Erstens der im technischen Herstellungsprozess manifestierte Anspruch, den wirklichen Körper des Menschen zu repräsentieren. Welche Körpervorstellung aber kommt hier zum Vorschein? Zweitens der im Datenverarbeitungsprozess kenntliche Tatbestand, ein Informationsgebilde zu realisieren. Worin aber besteht die Realität dieses Informationsgebildes? Und drittens die im virtuellen Körpermodell zum Ausdruck gebrachte, spezifisch technologische Kunst der Sichtbarmachung. Welcher Ästhetik aber gehorcht diese Sichtbarmachung? In der technologischen Ästhetik der Sichtbarmachung spiegelt sich, wie gezeigt werden soll, einerseits die Realität des Informationsgebildes und bildet sich andererseits der wirkliche Körper als ästhetisches Ereignis ab.

---

1 Siehe GERD, siehe auch UCHSC.

Der organische Körper im Visible Human Project

Das Projekt zur Erstellung der Bild-Bibliothek verweist auf eine Körpervorstellung, die im Begriff des Bildes und des Volumens verständlich wird.

Der voluminöse Körper des Menschen ist der Körper der Anatomie. Diese zergliedert den menschlichen Korpus nach Maßgabe der Gestalt seiner äußeren Glieder und inneren Organe. Die Anatomie entwickelt dabei eine Topologie der inneren und äußeren Teile und erlaubt es, anhand dieser Lehre von der Lage und Anordnung geometrischer Gebilde im Raum den Körper in seiner räumlichen Struktur und plastischen Differenz als Gliederkörper und Organismus zu verstehen: Die anatomische Feststellung des Magens, im Verhältnis zu Herz, Lunge und Zwerchfell, die Unter-

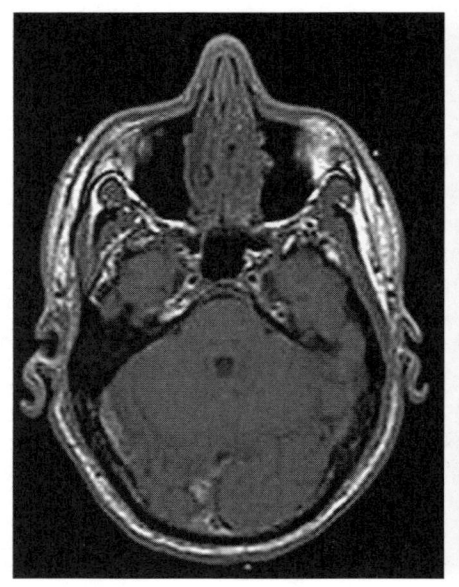

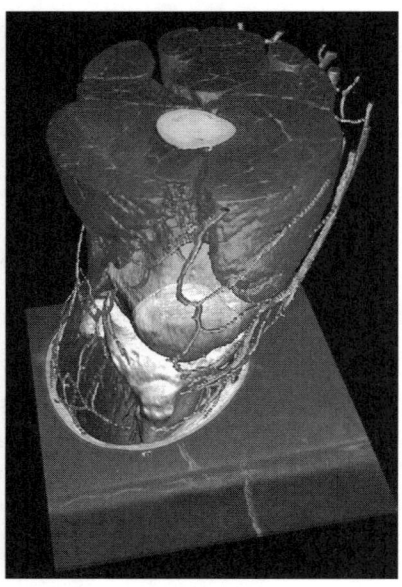

MRI-Bild   Modell eines Schenkels

scheidung der Gedärme von Milz, Nieren, Nerven, Sehnen und Muskulatur orientiert sich an Fragen des figürlichen Arrangements und der voluminösen Formen. Die Identifikation der Glieder und Organe im Rahmen der anatomischen Klassifikation gehorcht der Erkenntnisarbeit eines distanzierten, geometrischen Blicks. Dieser Blick legt den Körper skulptural still, um die formalen Strukturen seiner inneren und äußeren Volumina wahrnehmen und ermessen zu können. Die Erkenntnis des anatomischen Körpers impliziert demnach seine Petrifizierung zur statischen Gestalt, nicht weil der Anatom traditionell die bewegungslosen Körper der Toten öffnet, sondern weil die anatomische Wahrnehmungsart eine statisch-geometrische ist.

Diese statuenhafte, gleichsam antike Ansicht auf und in den Körper erreichte historisch ihren Höhepunkt in der Renaissance. Dieses Zeitalter, das der schönen Gestalt seine ganze Aufmerksamkeit schenkte, entwarf den menschlichen Körper als formales Arrangement seiner Glieder und Organe. Die anatomischen Zeichnungen

Leonardo da Vincis zeugen davon ebenso, wie der berühmte anatomische Atlas vom Menschen *De humani corporis fabrica* des Andreas Vesalius von 1543. Der organische Körper anatomischer Gestalt ist der Körper des 16. Jahrhunderts, nicht weil vorherige und nachfolgende Körper gestalt- und organlos sind, sondern weil nur in der Vorstellung der Renaissance die anatomische Ästhetik den Körper in seinen wesentlichen Grundeigenschaften zu erklären vermochte.

Dieser anatomische, statuenhafte, voluminöse Körper der Renaissance scheint im Projekt des *Visible Human* wieder auferstanden zu sein. Dreidimensional steht er da, als digitale Statue seiner selbst. Das vortreffliche Schauspiel des durchsichtigen Menschen greift im 20. Jahrhundert demnach auf das Körperbild der Renaissance zurück, um den Körper des Menschen im virtuellen Raum repräsentieren zu können. Die Fokussierung im VHP auf den voluminösen Körper der Anatomie drückt jedoch nicht notwendig die zeitgenössischen Grundannahmen über den wirklichen Körper aus,[2] sondern reagiert auf die Anforderungen, die virtuelle Körpermodelle an ihr Grundlagenmaterial stellen. Diese virtuellen Körpermodelle sind genauer als technologische Sichtbarmachungsmodelle zu bestimmen. Die spezielle Visualität der technologischen Sichtbarmachung erfordert die voluminöse Optik der Anatomie. Die Informationstechnologie etabliert aber eine, noch genauer zu bestimmende, eigene Ästhetik. Den Anforderungen der technologischen Modellbildung folgend, wird der Körper des Menschen zunächst als voluminöse Gestalt kenntlich, dabei jedoch in den virtuellen Raum verbracht und dort speziell informationstechnologisch erfahrbar. Der anatomische Blick auf den Körper wird sich als Übergangsperspektive herausstellen, denn die dreidimensionale Gestalt virtueller Körpermodelle gehorcht nicht der geometrischen Topologie, wie sie im Rahmen der Anatomie zum Ausdruck kommt.

Um die dreidimensionale Struktur eines Körpers in seiner inneren Raumordnung angemessen für den virtuellen Raum modellieren zu können, liefern die nichtinvasiven Verfahren von CT und MRI (oder auch Ultraschall), ausreichend Informationen.[3] Mit den sägetechnisch erzeugten Querschnitten läßt sich jedoch die farbliche Qualität der Echtkörper dokumentieren. Jenseits der voluminösen Anatomie ging es im VHP auch um die bildlichen Eigenschaften des Körpers des Menschen.

---

2   Der wirkliche Körper des 20. Jahrhunderts wird grundsätzlich biochemisch begriffen und genetisch codiert. Er ist dabei nicht bildlich repräsentierbar, sondern in chemikalischer Notation und im genetischen Code ausdrückbar. Das Informationszeitalter formuliert seine Körpervorstellung in der endlosen Reihe der vier genetischen Grundmoleküle aus. Deren Dokumentation ist Aufgabe des Human Genom Project. Das Human Genom Project scheint die repräsentative Datensammlung des menschlichen Körpers und zeitgemäße Antwort auf die Anforderungen und Grundannahmen des Informationszeitalters zu sein – aber sie hat keine Optik.

3   Der virtuelle Embryo (1994) ist dementsprechend primär als Produkt von MRI und Ultraschall Technologie entworfen. Am Embryo interessiert die Genese der Form, d.h. der Körpervolumina. Darüber hinaus ist die alltägliche Vorstellung vom menschlichen Embryo von Ultraschall-Technologie geprägt. Die Daseinsform des Embryo ist primär voluminös. Siehe MuriTech, NLM Project und DUKE.

Der histologische Körper

Die Echtkörper, die eingelegt, gefroren und flächig, vertikal zerschnitten wurden, sind ersichtlich Fleisch, Haut und Knochen. Die Farbgebung und stoffliche Feinstruktur dieser bildlich dokumentierten Körperschichten verweisen auf eine histologische Vorstellung vom Körper. Die Histologie (Gewebelehre) begreift den menschlichen Körper als Gewebekomposition. Die histologische Erkenntnis arbeitet im Rahmen ihrer Klassifikation mit der Strategie des sinnlichen Nahblicks. In der direkten Konfrontation mit den Körpergeweben werden die Nuancen der Rottöne von Muskelfasern analysiert, die ockerfarbenen Spielarten der fettigen Nervengewebe ins Verhältnis zu gelblichen Häuten, talgigen Sehnen und weißlichen Knochen gesetzt, das gallige Grün von schwärzlichem Blut unterschieden. Dieser gleichsam malerische Blick identifiziert anhand der farblichen Unterschiede die stofflichen Differenzen der Gewebe: Die rosigen Membranen, die dichten Gebeine, die muskelfasrigen Zellverbände, das kapillarische Netzwerk der Gefäße. Um diese bildliche Klassifikation zu ermöglichen, bereitet die Histologie den Körper schichtenweise auf. Sie erzeugt Gewebeoberflächen, um deren Eigenschaften betrachten zu können. Der histologische Blick stößt dabei frontal auf diese Oberflächen und verlässt darin die Räumlichkeit und Distanz der anatomischen Wahrnehmung. Die Gewebelehre verschafft sich Schicht für Schicht, Oberfläche für Oberfläche den Zugang zur histologischen Durchsicht. Die räumliche Gestalt verschwindet zugunsten einer Gewebekomposition. Dieser tafelbildliche Blick auf den Gewebekörper, scheint historisch gesehen Ende des 18. Jahrhundert seinen Höhepunkt erreicht zu haben.[4] Die romantische Wahrnehmungsart, die am verborgenen Geheimnis des Lebens interessiert war, näherte sich dem lebendigen Körper schichtenweise und in der Nahbetrachtung. Im ausgehenden 18. Jahrhundert ist der Körper des Menschen ein Gewebekörper und durch die Qualitäten seiner feineren Stoffe wesentlich und hinreichend erklärt.

Dieser romantische Nahblick auf die Gewebe, ermöglicht durch systematische Prozesse des Abtragens von Körperschichten, scheint in der Bildästhetik und Machart des VHP zum Einsatz zu kommen. Es wird deutlich, dass die Durchsichtigkeit im virtuellen Körpermodell auf der Grundlage histologischer Schichtung operiert: Transparenz ist als Serialität von histologischen Nahsichten zu begreifen, die aufgerufen oder weggeschlossen die virtuelle Durchsicht als je aktuelle Aufsicht simulieren. Diese Modifikation der Raumdimension zu einer Flächenschichtung wird sich als wesentliches Charakteristikum informationstechnologischer Sichtbarmachung erweisen.

Den Anforderungen der 3D-Modellierung folgend, wird der Körper des Menschen in seiner histologischen Flächigkeit im virtuellen Raum repräsentiert. Allerdings greift das virtuelle Körpermodell in der Repräsentation des Gewebekörpers zu kurz: Die traditionelle histologische Analyse geht in der Optik der Farben und Mikrofasern nicht auf. Für den Gewebekundler ist der Körper feucht, fettig, trocken oder schleimig, abstoßend oder anziehend und kraft dieser Qualitäten überhaupt lebendig. Die haptischen Eigenschaften charakterisieren das vitale Wesen des histologischen

---

4 Vgl. Foucault (1973), siehe beispielsweise auch die Arbeiten von François Xavier Bichat (1825; 1827).

Körpers. An ihnen offenbart sich die Lebenskraft, an der die Romantik so interessiert war. Das VHP kann diese Haptik und Vitalität nicht repräsentieren und mithin die körperlichen Gewebe im Rahmen der Bildlichkeit bloß imitieren.[5] Die digitale Bildbearbeitung, der das VHP sich verschrieben hat, ist eine Technologie der Optik. Der *Visible human* repräsentiert den histologischen Körper bloß bildlich und simuliert

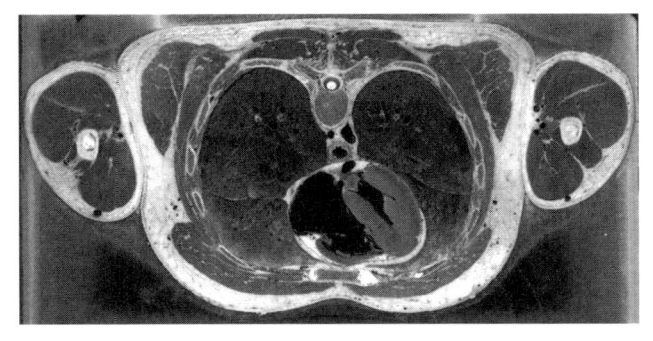

Brustkorb

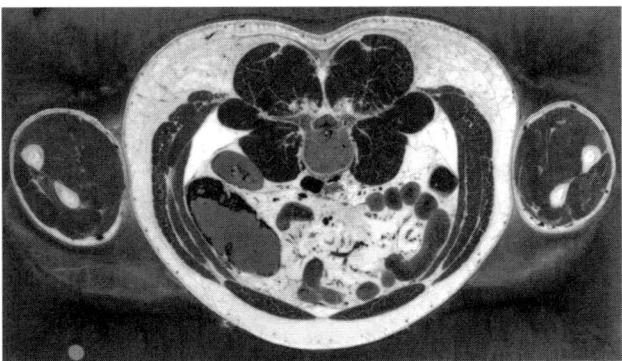

Bauch

ihn nicht taktil. Das virtuelle Körpermodell ist nicht stofflich vital, sondern technologisch animiert. Gleichwohl ist die histologische Optik des vielschichtigen Nahblicks fruchtbar zu machen für die informationstechnologische Modellierung dreidimensionaler Körper.

Virtuelle Körpermodelle oder die technologische Kunst der Sichtbarmachung

Virtuelle Körpermodelle, wie sie im Rahmen des VHP erstellt werden, sind optische Simulationen von Körperlichkeit, Modelle von Raumstrukturen, generiert für den Bildschirm. Die visuelle und räumliche Dimension dieser Körpermodelle entspringt

---

5   Die Simulation von haptischen Wahrnehmungen ist auf eine Technologie angewiesen, wie sie im Rahmen der Virtual Reality schrittweise entwickelt wird.

dabei einer spezifisch informationstechnologischen Ästhetik. Diese unterscheidet sich räumlich von der geometrischen Topologie der Anatomie und qualitativ von der stofflichen Analyse der Histologie:

Die informationelle Raumstruktur kennt keine geometrische Gestalt, sondern nur Punktvernetzung, Flächigkeit und Hyperschichtung. Der informationelle Raum ist dreidimensional nicht in der dritten Dimension, sondern durch die Addition zweidimensionaler Ansichten. Die Serialität von Flachbildansichten simuliert eine virtuelle Raumstruktur, die in die Untiefe des zweidimensionalen Bildschirms hinein geht. Virtualität meint hier die Möglichkeit je unterschiedlicher Perspektiven, bei Aktualität je einer Frontalansicht. Während also die Anatomie der Echtkörper geometrisch den dreidimensionalen Raum erfüllt, schichtet das virtuelle Körpermodell Bildflächen in den zweidimensionalen Hyperraum. Das virtuelle 3D-Modell ist buchstäblich eine Vor-Stellung dreidimensionaler Gestalt, indem es eine Fläche vor die andere zu stellen vermag. Diese serielle Vorstellung oder Hyperschichtung antwortet auf die Grundbedingung der zweidimensionalen Flächigkeit des Bildschirms. Alle Raumpunkte sind aus den Flachbildansichten der Körperquerschnitte zweidimensional diskret zu identifizieren, um für Flachbildansichten des Bildschirms neu kombiniert werden zu können. Als je einfach gegenwärtige Frontalansicht auf der zweidimensionalen Fläche des Computerbildschirms gewinnt der virtuelle Körper nicht nur keine geometrische Dimension, sondern auch keine stoffliche Dichte, wie sie dem histologischen Echtkörper zu Eigen ist. Die in Serie gestellten Ansichten generieren den Zusammenhang des virtuellen Körpermodells der visuellen Möglichkeit nach und nicht der stofflichen Verdichtung gemäß. Aufgrund dieser additiven Reihung unverdichteter Einzelbilder kommt es zu jener immateriellen Leichtigkeit, welche die Wahrnehmung von virtuellen Körpermodellen prägt. Die virtuelle Vor-Stellung dreidimensionaler Gestalt bedarf geradezu der additiven Unverbundenheit ihrer einzelnen Flachbildansichten, um die Transparenz und Vielansichtigkeit des Körpermodells zu gewährleisten. Die Durchsicht und Dreidimensionalität operiert auf der Grundlage flexibel gehaltener Bildabfolgen. Der Computerbildschirm täuscht Dreidimensionalität nicht nur perspektivisch räumlich vor, sondern animiert sie flexibel dynamisch. Die informationstechnologische Simulation von Räumlichkeit arbeitet mit der Zeitdimension. Die Wahrnehmung des virtuellen Körpermodells erfolgt nicht durch eine Bewegung im Raum, sondern durch eine Dynamik in der Zeit: Die Schichtung virtueller Frontalansichten erfolgt im Nacheinander zeitlicher Verschiebung. Jeweils nachgeschoben ermöglichen die Ansichtsfolgen des virtuellen Körpermodells die Vorstellung räumlicher Präsenz. Die Hyperschichtung ist keine Vorstellung im Raum (Hyperspace), sondern in der Zeit: nicht überräumlich, sondern nachzeitlich. Diese Zeitlichkeit ist ihrerseits multidimensional bzw. ›vielmöglich‹, das heißt bestimmt durch die Gleichpräsenz ihrer möglichen zeit-bildlichen Abfolgen (Hyperdynamik). Jeder zeitliche Bildablauf ist zu jedem Zeitpunkt der Möglichkeit nach, das heißt virtuell, präsent. Diese Hyperschichtung von Zeit-Bild-Verläufen bildet die eigentlich virtuelle (möglichkeitshaltige) Gegenwärtigkeit und Dreidimensionalität des Körpermodells.

Die Wahrnehmung des virtuellen Körpermodells ist demnach durch eine andere Zeit-Raum-Relation geregelt als die Wahrnehmung des Echtkörpers. Räumliche Gegenwärtigkeit ist im virtuellen Körpermodell zeit-bildliche Vielmöglichkeit (Hyperpotenzialität). Raumtiefe wird durch Zeitfolge ersetzt und als Serie möglicher Frontalansichten wahrgenommen.

Auf die visuellen Grundanforderungen virtueller Körpermodelle hin entworfen, verfällt das VHP also zunächst darauf, den menschlichen Körper im Rahmen seiner Anatomie und Histologie zu dokumentieren. Das virtuelle Körpermodell annulliert jedoch die räumliche und stoffliche Wahrnehmung des Körpers zugunsten einer eigenen virtuellen Wahrnehmungsart. Das virtuelle Körpermodell stellt gerade nicht die geometrische Gestalt und stoffliche Dichte des Echtkörpers dar, sondern verweist im Rahmen seiner spezifischen Zeit-Raum-Dimension und Hyperschichtung auf eine ihm eigene Körperlichkeit. Diese virtuelle Körperlichkeit ist anatomisch gesehen statuenhaft, aber jenseits von geometrischer Gestalt und histologisch gesehen malerisch, jedoch ohne stoffliche Dichte – sie ist dynamisch, licht. Virtuelle Körpermodelle etablieren eine ästhetische Dimension zeitlicher Raumwahrnehmung und transparenter Stofflichkeit. Die Wahrnehmung virtueller Körpermodelle provoziert damit eine spezifische Erfahrung von Körperlichkeit, die jenseits der Erfahrung von Echtkörpern im Rahmen traditioneller Ästhetik liegt.

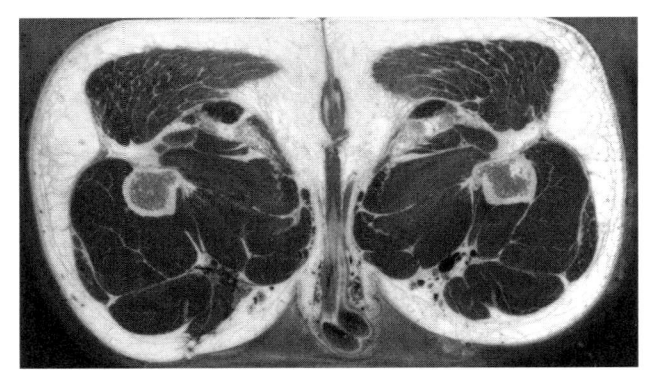

Becken

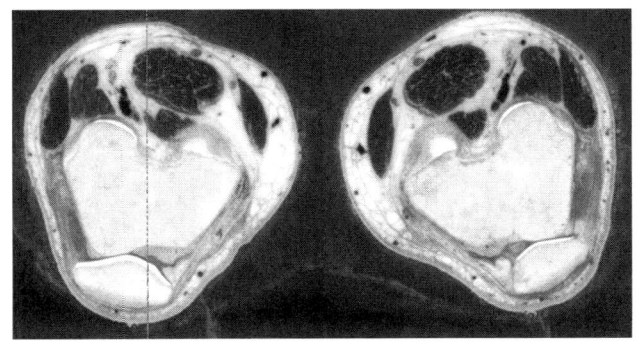

Schenkel

Diese Erfahrung mit virtuellen Körpermodellen ist, ihrer Herkunft gemäß, kategorial technologisch. Die eigentümliche Ästhetik virtueller Körperlichkeit, welche die spezifische Erfahrung herausfordert, korrespondiert mit der Funktionsweise der Technologie, welche die Körperlichkeit generiert. Die zeitliche Dimension virtueller Raumstruktur entspricht der informationstechnologischen Arbeitsweise: technologische Dreidimensionalität ist als Rechendynamik und Datenverarbeitung prozessual und linear zu verstehen. In seiner Eigenschaft als vielmögliche, aber je lineare Zeitabfolge gleichpräsenter Bildserien spiegelt das virtuelle Körpermodell tatsächlich die rechnerischen Prozesse und die Funktionsdynamik des Datenverarbeitungssystems, das ihm zugrunde liegt.

Reale Informationsgebilde

Der *Visible human* gewinnt sein virtuelles Dasein aus der Funktionsweise elektronischer Datenverarbeitungssysteme. Diese Systeme verarbeiten digitale Zeichen, das heißt Informationseinheiten, die in der symbolischen Ordnung des Binärsystems (0 und 1) gebildet sind. Im Rahmen des Binärsystems weiß die technologische Datenverarbeitung die Zeichen durch eine algorithmische Syntax zu verknüpfen und zu neuen Daten zu verarbeiten. Das Datenverarbeitungssystem berechnet das Arrangement der Zeichen, vernetzt so die Datenkolonnen, bildet und modifiziert dabei Datenkonfigurationen und erstellt in dieser Hinsicht die jeweils aktuelle Form des *Visible human*. Auf der Ebene seiner informationellen Realität ist der *Visible human* ein *Digital human*. Der *Digital human* aber ist ein Informationsgebilde, bestehend aus der Gesamtheit seiner aktuellen wie potentiellen Datenkonfigurationen. Aktuelle Datenkonfigurationen des Informationsgebildes entsprechen gegenwärtigen Bildschirmansichten des virtuellen Körpermodells. Berechenbare Datenkonfigurationen korrespondieren mit potentiellen Ansichten. Die dreidimensionale Körperlichkeit des *Visible human* wird über die vielmöglichen Datenkonfigurationen des *Digital human* als Informationsgebilde verständlich. Die hyperdynamische Schichtung von Abbildfolgen auf der Bildschirmebene, welche die spezielle Ästhetik des virtuellen Körpermodells bestimmt, lässt sich auf das rechnerisch erzeugte Nacheinander von Datenkonfigurationen zurückführen. Der Datenverarbeitungsprozess gewährleistet (rechnerisch korrekt) die Abfolge von Datenkonfigurationen und generiert dabei (optisch wahr) die Ansicht auf virtuelle Körperlichkeit. Der Schritt von Ansicht zu Ansicht, Datenkonfiguration zu Datenkonfiguration wird Bildpunkt für Bildpunkt, Datum für Datum im Zuge programmierter Rechenverfahren auf Befehl erstellt. Das Rechenverfahren ist hier als definierter Durchgang durch eine logische Verzweigungsstruktur zu verstehen.

Sofern diese Rechenarbeit, die von Datum zu Datum führt, als ›Verfahren‹ bestimmt ist, kommt die Zeit im Verarbeitungsprozess zum Tragen. Die definierten Rechenschritte, nach denen Algorithmen abgearbeitet werden, vollziehen sich notwendig im Nacheinander zeitlicher Verschiebung. Die Rechenarbeit erfolgt durch eine Dynamik in der Zeit als Reihung von Verfahrensschritten. Nacheinander bewerkstelligen diese Verfahrensschritte den Durchgang durch das Rechenverfahren. Dieser algorithmische Informationsverarbeitungsprozess ist als serielle Nach-Stellung von Rechenschritten zu begreifen, an deren jeweiliger End-Stellung ein neues Datum steht. Die Menge und Konstellation jeweiliger Enddaten bilden das je aktuelle Informationsgebilde (die Flächenansicht) als zeitlich-entschiedene Datenkonfiguration. Das algorithmische Nach-Stellungsverfahren produziert durch die ihm innewohnende

Zeitdimension die spezielle Ästhetik des bildlichen Vor-Stellungsverfahrens. Die zeitliche Dimension im Rahmen der virtuellen Raumästhetik ist als Effekt und Ausdruck der technologischen Rechendynamik anzusehen. Die virtuelle Körperlichkeit des *Visible human* ist die bildliche Repräsentation der dynamischen Datenkonfiguration des Informationsgebildes. Im Rahmen der Informationstechnologie ist das rechendynamische Informationsgebilde als der ›wirkliche Körper‹ des *Visible human* zu verstehen.

Am Ende hat das *Visible Human Project* in seinem Anspruch, den wirklichen Körper des Menschen informationstechnologisch repräsentieren zu wollen, eine epistemologische Chimäre produziert: Im *Visible human* überkreuzen sich unterschiedliche Vorstellungsräume über den Echtkörper des Menschen, die bloß ästhetisch reformuliert sind, um darin jedoch den Anforderungen der informationstechnologischen Körpermodellbildung zu entsprechen. Als Chimäre verweist der Visible human auf den Zwischenraum epistemologischer Grundannahmen über das Verhältnis von Körper und Technologie, in dem wir uns befinden.

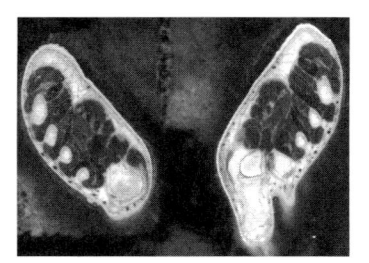

Füße

Literatur

Bichat, Francois Xavier (1825): Anatomie pathologique. Paris.
Bichat, Francois Xavier (1827): Traité des Membranes. o. O.
[DUKE]. Duke Univ. Durham, NC, Center for In Vivo Microscopy Radiology: The Multi-Dimensional Human Embryo. http://embryo.soad.umich.edu/ [geöffnet am 03.05.01].
Foucault, Michel (1973): Die Geburt der Klinik. München.
[GERD]. General Electric Corporate Research & Development: Marching through the Visible Man. http://www.crd.ge.com/esl/cgsp/projects/vm/ [geöffnet am 10.05.01].
MuriTech: The Visible Embryo Project. http://www.muritech.com/visembryo/ [geöffnet am 10.05.01].
[NLM Fact Sheet]. http://www.nlm.nih.gov/pubs/factsheets/visible_human.html [geöffnet am 10.05.01].
[NLM Project]. National Library of Medicine: Visible Embryo Project. http://archive.nlm.nih.gov/proj/embryo.html [geöffnet am 10.05.01].
[NLM Research]. http://www.nlm.nih.gov/research/visible/visible_human.html [geöffnet am 10.05.01].
[UCHSC]. University of Colorado Health Sciences Center: Real-Time Visually and Haptically Accurate Surgical Simulation. http://www.uchsc.edu/sm/chs/research/MMVR4.html [geöffnet am 10.05.01].

Andreas Lösch

Mensch und Genom
Zur Verkopplung zweier Wissenstechniken

1. Zwei Reden vom menschlichen Genom

In Expertendebatten über die Ziele des Human Genom Projekts dominieren zwei Versprechen: Als molekularbiologisches Forschungsprojekt betrachtet, verspricht das Genomprojekt die Sequenzierung und Kartierung des menschlichen Genoms. Die beim Menschen möglichen Kombinationen und Abfolgen der vier Basen der DNA sollen vollständig aufgelistet werden. Aufgeschrieben werden die vier Basen Guanin, Cytosin, Adenin und Thymin entsprechend ihren Anfangsbuchstaben: G - C - A - T. Ziel ist es zunächst, die Gesamtheit der menschlichen Gene zu lokalisieren und zu identifizieren. Als Gen gilt ein bestimmter Abschnitt auf der gesamten DNA-Buchstaben-Kette des Menschen, der für ein bestimmtes Protein codiert. Sind alle DNA-Sequenzen des menschlichen Genoms zusammengestellt, so gilt aus molekularbiologischer Sicht das Genom als entschlüsselt. Versprochen wird eine vollständige ›Lesbarkeit des Genoms‹ – auf der Grundlage dieses DNA-Basentextes.

Seine humanwissenschaftliche Bedeutung und zweite Zielsetzung erhält das Genomprojekt durch medizinische Optionen, die sich aufgrund der anfallenden genetischen Information für die ›Gesundheitsvorsorge‹ des Menschen eröffnen. Diese Chancen werden in der Entwicklung neuer Techniken zur Diagnose von Dispositionen für alle erdenklichen Krankheiten und Lebensrisiken gesehen. Krankheiten sollen bereits vor ihrem Ausbruch verhinderbar, Risiken durch ein umfassendes prädiktives Wissen regulierbar sein. Das neue Wissen über genetische Dispositionen für Erbkrankheiten, Zivilisationskrankheiten, psychische Krankheiten und Allergien, welches über genetische Tests und DNA-Chips in der individuellen medinischen Diagnostik seinen Einsatz findet, soll dem Menschen gerade die Möglichkeit eröffnen, sich eigenverantwortlich und planend sein Leben zu organisieren, Risiken im Vorfeld auszuschließen oder riskante Umwelten zu meiden. Verprochen wird die Konstitution des Menschen zum Subjekt seiner genetischen Dispositionen.

Die dieser Subjektivierung vorausgesetzte Objektivierung der Dispositionen scheint die molekularbiologische Entschlüsselung des Genoms in Form eines lesbaren ›Textes‹ zu leisten. Das zweite Versprechen des Genomprojektes bezeichnet somit eine Chance, die sich in Folge der Einlösung des ersten Versprechens eröffnet. Aus der diskurs- und machtanalytischen Perspektive dieses Beitrages dagegen[1] erscheint

---

[1] Der Beitrag orientiert sich am Diskursbegriff Michel Foucaults. Aussageformen und Argumentationen werden als diskursive Praktiken begriffen, die Machtverhältnisse stützen und diese zugleich hervorbringen (vgl. Foucault 1991).

diese Beziehung zwischen den beiden Zielsetzungen nicht unbedingt evident. In der Verkopplung der beiden Versprechen werden zwei unterschiedliche Wissensformen und Techniken aufeinander bezogen: Durch molekularbiologische Labortechniken gewonnene genetische Information wird zu einem handlungsleitenden Wissen für Techniken der ›Selbstsorge‹, die dem Individuum zur Regulierung und Minimierung von Erkrankungsrisiken dienen. Die Labortechnik führt nach dieser Diskursordnung zu einer Optimierung der Selbsttechnik.

Aber können die versprochenen Subjekteffekte tatsächlich nach dem Modus einer der Subjektivierung des Menschen vorhergehenden Objektivierung seiner ›Natur‹ begriffen werden? Und ist eine Produktion von medizinisch relevantem Wissen über genetische Dispositionen ausgehend von der molekularbiologischen Objektivierung des Genoms in Form eines ›Textes‹ überhaupt möglich? Spätestens seit Zeitungen wie die Frankfurter Allgemeine im Juni 2000 (FAZ 27. 6. 2000) den entschlüsselten Basentext des Genoms seitenweise abdruckten und die Einlösung des ersten Versprechens der Molekularbiologie verkündeten, stellt sich die Frage nach der Möglichkeit der Einlösung des zweiten Versprechens. Wie soll der im medizinischen Sinne sinnlose Buchstabentext einen medizinisch relevanten Sinn erhalten? Wie kommt man von den Schneide- und Rekombinationstechniken der DNA im Labor zur individuellen Gesundheitsvorsorge im Sinne einer Selbsttechnik? Experten verweisen darauf, dass jetzt erst die entscheidenden Arbeiten des Genomprojektes beginnen. Denn jetzt ginge es darum, durch die ›Funktionsanalyse‹ der Gene den Basentext in ein medizinisches Wissen zu *übersetzen*. Auf der Grundlage von Genkopplungskarten, die Schnittstellen von Gen-Umwelt-Relationen verzeichnen, sollen den Buchstaben Funktionen zugewiesen werden.

Soziologisch gesehen stellt sich die Frage der Übersetzung jedoch aus einer anderen Perspektive als aus derjenigen, die von den medizinischen und biologischen Experten vorgegeben wird. Hier ist die medizinische Funktionsanalyse eine kausale Folge weiterer, sich perfektionierender molekularbiologischer Labortechniken. Die Funktionsanalyse ergibt sich aus dem Vergleich des DNA-Textes des Genomprojektes mit DNA-Texten kranker Individuen oder Populationen, bei denen bestimmte Krankheiten gehäuft auftreten.[2] Der medizinische Sinn des Genomprojektes folgt aus diesem Textvergleich. Entgegen dieser Darstellung weist der vorliegende Beitrag darauf hin, dass diese Übersetzung die Verkopplung von zwei epistemisch unterschiedlich strukturierten Formen und Techniken der Wissensproduktion voraussetzt: die Verkopplung des technisierten Wissens der Molekularbiologie mit sozialen Selbsttechniken. Aufgrund der hegemonialen Diskursordnung, die sich anhand der Expertenpositionen zu den Chancen und Risiken des Genomprojektes rekonstruieren lässt, wird in diesen Debatten die konstitutive Rolle der Selbsttechniken nicht artikuliert.

Selbsttechniken lassen sich nicht auf eine bloße Nutzung von gegebener Information reduzieren, sondern sind selbst Teil von Wissensproduktionen. Als zentrale Technik ist hier das Geständnis zu nennen. Als subjektivierende Technik der Produk-

---

[2] Diese Darstellung findet sich nicht nur in der Presse, sondern ebenso in Forschungsprogrammen der Europäischen Union und in Monographien der Genomforscher (vgl. Entscheidung des Rates 1990; Cohen 1995: 355f.).

tion von Wahrheiten der sprechenden Individuen über sich selbst wird Wissen produziert. Das sprechende Individuum kommt seinem ›Geheimnis‹ auf die Spur und macht dieses sich selbst bewusst. Im Geständnis formiert sich das Individuum zu einem Subjekt seiner eigenen *Projektierung*.[3] Gerade die Wissensproduktion über genetische Dispositionen setzt das Geständnis als eine funktionale Selbsttechnik voraus. Deutlich wird dies bei der Analyse der Übersetzungsfunktion und der machttheoretischen Implikationen der humangenetischen Beratung. Denn diese Beratung funktioniert nicht, wie von den Humangenetikern konzipiert, als reine Wissensvermittlung vom Arzt an den Klienten. Die Beratung ist selbst ein funktionales Element innerhalb einer ›Produktionsmaschine‹ des Wissens vom menschlichen Genom.[4]

Dass diese Funktion in den Expertendebatten nicht reflektiert wird, lässt sich darauf zurückführen, dass diese sich als Technik*folgen*abschätzung formieren. Dadurch erscheinen die Chancen und Risiken des Genomprojektes als rein gesellschaftliche Seite eines naturwissenschaftlichen Wissens. Sie werden als Folgen einer unabhängigen Wissenschafts- und Technikentwicklung verhandelt. Diese Entwicklung gilt im Diskurs als reine Entschlüsselung der ›Natur‹ des menschlichen Genoms durch die Labortechniken der Molekularbiologie. Dagegen gilt es erstens zu zeigen, dass gerade die Humangenetik der entscheidende Ort der Objektivierung des menschlichen Genoms in Form eines humanwissenschaftlichen Wissens ist. Zweitens ist darzulegen, dass die genetische Beratung eine neue Form der Subjektivierung des Klienten aufgrund dieses Wissens ermöglicht.

2. Naturentschlüsselung / Naturkonstruktion

Wie funktioniert die Ordnung des Expertendiskurses? In den Expertendebatten zu den Chancen und Risiken des Genomprojektes dominiert ein *Genomentschlüsselungsdiskurs*. Im Zentrum dieses Diskurses steht die metaphysische Idee der Entschlüsselung eines ursprünglichen und letztdeterminierenden Organisationsprinzips der belebten Natur. Der genetische Code gilt selbst als indeterminiert und dennoch als alle Lebensprozesse ursächlich determinierend.[5]

In den ›Gründerzeiten‹ des Genomprojektes - Mitte der achtziger Jahre des 20. Jahrhunderts - war diese Diskursstruktur in den Reden seiner Initiatoren offensichtlich: So bezeichnete Walter Gilbert das menschliche Genom als einen »Gral der Genetik« (Kevles 1995: 30; vgl. auch Kollek 1994). Die Genomforscher traten als initiierte Schützer des Grals auf. Durch ihr privilegiertes Wissen versprachen sie die-

---

3   Nach Foucault zeichnet sich die Vorstellung des Subjekts dadurch aus, dass man erkennt, welcher Identität man unterworfen ist (Foucault 1994: 246f.; zur Wahrheitsproduktion im Geständnis vgl. Foucault 1983: 86f.).
4   Obwohl die genetische Beratung vor allem in der Pränataldiagnostik bei Frauen ihren Einsatz findet, verzichte ich im Folgenden, wenn von den Klienten der Beratung die Rede ist, aus Gründen der Lesbarkeit des Textes auf die weibliche Form.
5   Jean Baudrillard hat von einer »Metaphysik des Codes« gesprochen, die sich durch die Idee eines Prinzips kennzeichnen lasse, das wie eine black box von sich aus unaufhörlich unbegrenzt Zeichen und Signale aussendet (Baudrillard 1982: 90-96).

sen nunmehr positivierbaren Ursprungsort allen Lebens für die Allgemeinheit zu erschließen. Als lesbares ›Buch des Lebens‹ sollte das entschlüsselte Genom dem Menschen eine endgültige Antwort auf das Gebot »Erkenne Dich selbst« liefern (Kevles 1995: 30).

Seit der Aufklärung ist Selbsterkenntnis den allgemeinen Erkenntnissen der Wissenschaft verpflichtet. Die Objektivierung körperlicher, physiologischer und biologischer Funktionen in der empirischen Untersuchung ist der Wissensbildung jeder modernen Humanwissenschaft vorausgesetzt. Humanwissenschaftliche Forschung soll der Subjektivierung des Menschen dienen.[6] Auch die Labortechniken des Genomprojektes werden als Grundlage der Subjektivierung verhandelt. Der Mensch soll sich durch die vollständige Kenntnis seiner genetischen ›Natur‹ als ›autonomes‹ Subjekt über diejenigen Grenzen erheben, die die Natur ihm bisher setzte.

Diese Diskursstruktur ist auch für die Expertendebatten um die Chancen und Risiken des Genomprojektes grundlegend. Ausgehend von den Ordnungen zwischen ›Natur‹ und ›Technik‹, die sie vorgibt, ergibt sich jedoch eine paradoxe Differenzierung zwischen einem allgemeinen Wissen vom Genom und den besonderen Gentechniken des Labors: Das Entschlüsselungsprojekt soll mit Gen*technik* nichts zu tun haben. Die Konstruktion neuer Lebewesen – wie unlängst des Genaffen ›ANDi‹, der aufgrund eines zusätzlichen Gens in der Dunkelheit phosphoreszierend leuchten sollte – wird als eine der Genomanalyse folgende Anwendung des allgemeinen Wissens vom Genom diskutiert. Im Diskurs findet sich eine *Trennung* zwischen der Naturerkenntnis durch das Genomprojekt und der Naturkonstruktion durch die Gentechnik.[7]

Entgegen dieser Diskursordnung weist die neuere Wissenschaftsforschung darauf hin, dass auf der Ebene des technischen Prozessierens der Molekularbiologie »die Unterscheidung zwischen etwas Natürlichem und etwas Künstlichem« aufgehoben sei. Denn mit »der Gentechnologie werden die zentralen ›technischen‹ Entitäten, die Manipulationswerkzeuge des molekularbiologischen Unternehmens selbst zu molekularen Werkzeugen, sie sind ihrem Charakter nach nicht mehr zu unterscheiden von den Prozessen, mit denen sie interferieren.« Denn »die Scheren und die Nadeln, mit denen Gene geschnitten und gespleißt werden und die Träger, mit denen man sie transportiert, sind selbst Makromoleküle« (Rheinberger 1997: 275). Die Funktionsweise der Labortechniken widerspricht der Trennung zwischen Genomanalyse und Gentechnik, die in Expertendebatten eröffnet wird. Auf der Ebene der Labortechniken ist die Analyse einer menschlichen Genomsequenz und die Produktion eines rekombinanten Affen qualitativ nicht zu unterscheiden. Ob eine DNA-Sequenz mit Hilfe von Restriktionsenzymen in ein ›entkerntes‹ Bakterium eingefügt wird, um die DNA-Sequenz für die Erstellung von Genkarten zu vervielfältigen, oder ob die verän-

---

6 Vgl. dazu Foucaults ›Archäologie der Humanwissenschaften‹ (Foucault 1974: 413-425).
7 Diese Trennung zwischen einer allgemeinen Naturerkenntnis und einer besonderen Naturkonstruktion hat Bruno Latour in seinem Modell der »Konstitution der Moderne« als grundlegend für das moderne Verhältnis zwischen Politik und Wissenschaft interpretiert. Nach Latour entspricht dieser ›offiziellen‹ Trennung gerade eine ›inoffizielle‹ Vermischung und Übersetzung (Latour 1995: 18-47).

derte DNA eines Affenembryos vervielfältigt wird, in beiden Fällen wird ein neues Objekt hergestellt (vgl. z. B. Rifkin 1998: 37 f.).

Sicherlich ist es das Kennzeichen jeder empirisch-wissenschaftlichen Wissensproduktion in der Moderne, dass das Objekt als Erkenntnisgegenstand unter experimentellen Laborbedingungen hergestellt wird. Denn gemäß dem Anspruch der modernen Wissenschaften, Experimentalwissenschaften zu sein, sind Rückschlüsse auf allgemeine Normen der Natur nur ausgehend vom Beobachten der Funktionen im Experiment möglich. Das experimentelle Beobachten impliziert ein technisches Einwirken auf den Gegenstand. Allgemeine Wissensmodelle werden auf der Grundlage von Experimenten entwickelt. Umgekehrt bestimmen diese allgemeinen Modelle wiederum den Aufbau und Ablauf von Experimenten (vgl. z. B. Lynch/Woolgar 1990; Castoriadis 1981: 203 f.; Kutschmann 1986). In den modernen Wissenschaften wird die Natur gleichzeitig bezeugt und erzeugt (Latour 1995: 34–48).

Die experimentelle Wissensproduktion der Molekularbiologie zeichnet sich jedoch dadurch aus, dass sich das ihr zugrundeliegende allgemeine ›Gesetz‹ eines sich selbst programmierenden Codes im Modell der DNA-Doppelhelix verifiziert, welches gleichermaßen das Modell zur Erklärung von Neukonstruktionen durch die DNA-Rekombination ist. Die ›Selbstreplikation‹ der DNA im allgemeinen Doppelhelix-Modell entspricht der technischen Vervielfältigung bei der Rekombination von DNA. Allgemeines Wissensmodell und besondere experimentelle Techniken fallen zusammen. Metaphorisch und technisch funktioniert das neue Wissen als eine Umschreibung und Abschreibung eines genetischen Codes, der für sich genommen nichts über die besonderen Funktionen und verallgemeinerbaren Normen des menschlichen Lebens aussagen kann. In diesem Sinne ist das Genom nicht ein Objekt, von dessen Funktionen ausgehend sich eine allgemeine Norm der menschlichen Natur bestimmen lassen würde. Umgekehrt gibt keine äußere Norm das Funktionieren des Codes vor. Das Genom ist ein ›Projekt‹, das grundsätzlich im Labor entworfen wird und für neue Entwürfe offen ist.[8]

Wenn dieser Entwurf somit einen humanwissenschaftlich relevanten Sinn erhalten soll, so ist sein Bezug auf andere Wissensformen und Techniken der Wissensbildung notwendig, die die Möglichkeit der Unterscheidung zwischen Funktion und Dysfunktion in Bezug auf eine allgemeine Norm ermöglichen. Auf der molekularbiologischen Ebene des sich selbst ›programmierenden‹ Codes sind die Effekte immer funktional. Dysfunktionalität ist hier nicht zu bestimmen. Die Differenzierung zwischen Funktionalität und Dysfunktionalität einer DNA-Sequenz ist nur möglich, wenn man eine Norm des menschlichen Genoms zugrunde legt, an der sich die untersuchten Objekte bemessen und bewerten lassen. Die medizinische Zielsetzung des Genomprojektes setzt voraus, dass sich Funktionalität und Dysfunktionalität mit der Unter-

---

8 Der Begriff des Projekts ist von Vilém Flusser übernommen. Nach Flusser, der sich hier an Martin Heidegger orientiert, ist der Mensch geschichtlich an dem Punkt angelangt, »an dem wir uns entscheiden, unser Geworfensein in die Welt umzukehren, um uns zu ent-werfen« (Flusser 1996: 25). Diese Umkehrung betrifft gleichzeitig die Vorstellungen vom Subjekt wie vom Objekt. Für beide verschwindet der Bezug des Empirischen auf ein allgemeines transzendentales Prinzip, dem Subjekt wie Objekt als Grenze des Entwurfs unterworfen sind.

scheidung zwischen gesund und krank zur Deckung bringen lassen. Dazu ist der Bezug auf eine Norm der Gesundheit notwendig (Canguilhem 1977: 75 ff.). Diese Norm ist im Wissensmodell der Molekularbiologie nicht zu finden; sie ist eine ›anthropologische‹ Norm – ein Ideal, wie der Mensch sein sollte.

3. Zwei epistemische Ordnungen des Wissens

Das Übersetzungsproblem des DNA-Textes in ein humanwissenschaftliches Wissen steht in Verbindung mit einer epistemischen Transformation im Feld des biologischen Wissens vom Leben. Die epistemische Ordnung der Molekularbiologie unterscheidet sich grundlegend von der epistemischen Ordnung der Humanwissenschaften. Letzterer bedient man sich hinsichtlich der medizinischen Sinnstiftungen des Genomprojektes.[9] Die Molekularbiologie ist auf epistemischer Ebene nicht mehr in der Form mit diesen Sinnstiftungen kompatibel, wie dies bei den Humanwissenschaften und der Biologie des 19. Jahrhunderts der Fall war.[10]

Die medizinisch-humanwissenschaftliche Sinnstiftung des Genomprojektes von einer individualisierten Gesundheitsplanung durch ›autonome‹ Subjekte ist auf eine epistemische Ordnung zu beziehen, der eine »anthropologische Grundstruktur« zugrunde liegt. Das technisierte Wissen der Molekularbiologie ist einer epistemischen Ordnung zuzuordnen, die sich ausgehend von einer »genetischen Grundstruktur« (Lösch 1998) organisiert. Die epistemische Struktur der Humanwissenschaften des 19. Jahrhunderts zeichnete sich durch den Versuch einer empirischen Verdopplung des aufklärerischen Subjektivierungsmodus aus (vgl. Foucault 1974: 411, 413). Durch die empirische Erforschung körperlicher, geistiger und physiologischer Merkmale des Menschen sollte ein allgemeines natürliches Wesen des Menschen erschlossen werden, das sich in seiner Positivität der direkten wissenschaftlichen Beobachtung entzog. Das Sichtbare galt als Repräsentation unsichtbarer, quasi-transzendentaler Prinzipien. Ausgehend vom Sichtbaren sollten sich allgemeine Normen des Menschen ermitteln lassen, deren Erkenntnis es letztlich ermögliche, dass der Mensch in Abgrenzung zu anderen Lebewesen zum »Subjekt seiner selbst« (Foucault 1987: 14) wird.

Um dieses ›Forschungsziel‹ zu erreichen, nutzten die Humanwissenschaften die Wissensmodelle empirischer Wissenschaften – so der im 19. Jahrhundert in Absetzung zur klassischen Naturgeschichte entstandenen Biologie. Im Vergleich zur klassischen Naturgeschichte, man denke an die klassifizierenden Tableaus Carl von Linnés, versuchte die Biologie nicht eine möglichst exakte Ordnung der Lebewesen aufzustel-

---

9 Unter Episteme bzw. epistemischen Ordnungen sind Ordnungskonfigurationen des wissenschaftlichen Wissens zu verstehen, die den Wissenschaften selbst ›unbewusst‹ sind, sich aber aus den positiven Aussagen und ihren Regelmäßigkeiten rekonstruieren lassen (vgl. Foucault 1974: 9–16).

10 Die im Folgenden zusammengefassten Reflexionen zur epistemischen Transformation des Wissens vom Menschen und vom Leben im Übergang vom 19. ins 20. Jahrhundert finden sich ausführlich in Lösch (1998: 11–54). Als summierende wissenschaftsgeschichtliche Darstellungen bieten sich zu Naturgeschichte, Biologie und Darwinismus Baumunk/Rieß (1994) und zur Genetik Weß (1989) an.

len. Die Biologie der Moderne verstand die Merkmale auf den Tableaus vielmehr als Indizien für grundlegende, die Lebensprozesse der Organismen und Arten vereinheitlichende Organisationsprinzipien. Die Biologie suchte nach einem fundamentalen und positivierbaren Organisationsprinzip des Lebens, in dem Funktion und Norm zur Deckung kommen.

Ein allgemeines Wissensmodell der Biologie des 19. Jahrhunderts stellt die Darwinsche Evolutionstheorie – die natürliche Selektion und Variation innerhalb von Gattungen – bereit. In die Suche der Biologie nach einem einheitlichen Organisationsprinzip allen Lebens reiht sich auch die im Übergang vom 19. ins 20. Jahrhundert entstehende klassische Genetik ein. Seit August Weismanns *Keimplasmatheorie* von 1885 werden Selektion und Variation auf einen Vererbungsmechanismus reduziert. Dieser soll in einem Molekül positivierbar sein. Mit dieser Rückführung des Sichtbaren auf ein vorausgesetztes Organisationsprinzip des Lebens gleicht die Episteme der Biologie derjenigen der Humanwissenschaften. Beide Wissenschaften suchen nach einem einheitlichen Prinzip, das die Möglichkeit der sichtbaren Vielfalt erklärt. In der humanwissenschaftlich-medizinischen Übersetzung des biologischen Modells wird aus dem *durchschnittlichen* Funktionieren eines Organismus ein *gesundes* Funktionieren. Das aufklärerische Subjektideal wird zu einer vorausgesetzten Gesundheitsnorm. Seither funktioniert die Gesundheit als Norm.

Mitte des 20. Jahrhunderts vollzieht sich eine epistemische Transformation im Bereich des biologischen Wissens, die den ›anthropologischen‹ Humanwissenschaften ihre biowissenschaftliche Fundierung entzieht. Im Bereich des genetischen Wissens entsteht die Molekularbiologie. Das Organisationsprinzip allen Lebens gilt als im genetischen Code positiviert. Für die Molekularbiologie lösen sich Funktionen und Normen der menschlichen Gattung in einer genetischen Grundstruktur des Wissens vom Leben auf. Ausgehend von dieser epistemischen Struktur ist der Mensch unter der Bedingung überschrittener Gattungsschranken – deren Auflösung die Gentechnik praktiziert – innerhalb des Wissens vom Leben aufgehoben. Von anderen Lebewesen ist der Mensch genotypisch nur dadurch zu unterscheiden, dass er über eine humanspezifische DNA-Struktur verfügt. Zu erforschen sind nunmehr die möglichen ›Programmanweisungen‹ des Codes auf genotypischer Ebene.

Im anthropologisch-humanwissenschaftlichen und somit medizinischen Sinn sagt diese Forschung über Funktionen des Menschen, die an einer Gesundheitsnorm auszurichten sind, nichts aus. Die molekularbiologischen Wissensmodelle können nicht der medizinischen Sinnstiftung des Genomprojektes dienen.[11] Während der Mensch in der medizinischen Sinnstiftung des Genomprojektes nach wie vor als ein seiner Natur unterworfenes, sich jedoch durch allgemeine wissenschaftliche Erkennt-

---

11 Dies heißt nicht, dass sich die Episteme der Humanwissenschaften im 20. Jahrhundert nicht ebenfalls transformiert hätte. Studien zum Aufkommen psychotechnischer Steuerungtechniken weisen gerade auf humanwissenschaftliche Wissensproduktionen hin, die sich nicht mehr an einem allgemeinen natürlichen Wesen des Menschen orientieren (vgl. Schrage 2000). Das hier angeführte Problem bezieht sich auf die spezifische medizinische Sinnstiftung des Genomprojektes.

nis über dieses erhebendes Subjekt verhandelt wird, ist er auf der Ebene der Wissensmodelle und -techniken der Molekularbiologie ein entwurfsoffenes *Projekt*.

4. Mensch und Genom in der Expertendebatte

Die diskursive Entkopplung der epistemischen Ordnung und technischen Funktionsweise der Molekularbiologie von den medizinischen Sinnstiftungen des Genomprojektes artikuliert sich in den Technikfolgenabschätzungsberichten, die im Kontext der Verhandlungen um die Humangenomforschungsprogramme der Europäischen Union seit der Mitte der achtziger Jahre erarbeitet werden. Hier treffen die zwei epistemischen Ordnungen im Diskurs aufeinander. Sie führen zu Problematisierungen der Kompatibilität der Genomforschung mit den Verfassungsprinzipien des Rechtsstaates. Als Lösungsmodell wird die Vermittlung des Laborwissens in einer humangenetischen Beratung vorgeschlagen.[12]

Thematisiert wird eine technisch induzierte Entkopplung des humanwissenschaftlichen Modells ›Mensch‹ von einem molekularbiologischen Modell ›Genom‹ (Hennen u. a. 1996: 13). Durch die gentechnische Konstruierbarkeit des Genoms vor der Vergesellschaftung der Individuen scheint der politisch-rechtlich garantierte Subjekt-Status des Menschen in Frage gestellt. Jedoch wird die Möglichkeit einer *nachträglichen* Verkopplung von Mensch und Genom in der genetischen Beratung versprochen. Die Subjektivierung des Menschen soll unter Ausschluss seiner Projektierung möglich sein. Indem der Rechtsstaat mit seiner Garantie der ›Menschenwürde‹ sich ›zum Schutz des menschlichen Lebens‹ und der ›Freiheit der Forschung‹ in der Verfassung verpflichtet, wird das Rechtssubjekt zur politisch-rechtlichen Übersetzung des humanwissenschaftlichen Versprechens.

Während der Rechtsstaat, vertreten durch die Rechtsexperten in der Debatte, den Menschen als Subjekt garantiert, repräsentiert das molekularbiologische Labor, vertreten durch die biowissenschaftlichen Experten, das menschliche Genom als Forschungsobjekt. Dieses Objekt wird entsprechend dem molekularbiologischen Wissensmodell als Projekt verhandelt. Da hier der Mensch nur als ein mögliches Programm des genetischen Codes zu lesen ist, dessen Programmanweisungen dechiffrierbar und programmierbar sind, muss an dieser Stelle die Problematisierung der Rechtsexperten einsetzen. Diese sehen nicht nur durch gentechnische Eingriffe, sondern auch durch das genomanalytische Wissen über genetische Dispositionen für Krankheiten und Lebensrisiken die Garantie des Rechtssubjektes in Frage gestellt.

Der Mensch droht zum Projekt der Labore zu werden. 1984 forderte der ehemalige Präsident des Bundesverfassungsgerichtes Ernst Benda, dass »[w]er über die Folgen gentechnologischer Entwicklungen« nachdenke, »mit einer vertretbaren *Hilfskonstruktion*, den verfassungsrechtlichen Schutz auf vorstellbare, aber noch nicht lebende

---

12 Empirische Grundlage sind im Folgenden die Diskursanalysen, die ich im Rahmen meiner Dissertation zum europäischen Genomprojekt, zur Chancen- und Risiken-Debatte und zu den bioethischen wie humangenetischen Regulierungen der sogenannten Folgerisiken durchgeführt habe (vgl. Lösch 2001).

Menschen ausdehnen« müsse (Benda 1985: 210 [Herv. A. L.]). Eine Reaktion auf die Forderung Bendas war bekanntlich die rechtliche Festschreibung des menschlichen Lebensursprungs auf die befruchtete Eizelle (die ›totipotente Zelle‹) durch das Embryonenschutzgesetz (Embryonenschutzgesetz 1990). Somit wurde seit dem EschG der Rechtsstaat auf die DNA der totipotenten Zelle als zu schützendes Objekt vorverlagert. Das Genom ist seither als ein potenzielles Rechtssubjekt zu begreifen (vgl. Bayer 1993; Treusch-Dieter 1994).[13] In Entsprechung zum Genomentschlüsselungsdiskurs gilt das Genom als natürlicher Ursprung allen menschlichen Lebens. Seine Unverfügbarkeit ist rechtsstaatlich zu garantieren.

Doch stellte sich in Folge dieser Festschreibung die Frage, wie denn der Rechtsstaat etwas schützen kann, dessen Unverfügbarkeit er selbst nicht kontrollieren kann. Diesen Schutz kann nur das genomanalytische Labor übernehmen, welches diesen Ursprung allen menschlichen Lebens jedoch prinzipiell verfügbar macht. Wie ist der Schutz des Menschen als Subjekt zu garantieren, wenn sein Ursprung nur dem Labor zugänglich ist, von welchem ebenso die auszuschließende Projektierung des Menschen ausgehen könnte? Die Rechtsexperten garantieren den Subjekt-Status des Menschen im Ideellen. Materiell lässt sich dieser jedoch nur positivieren, indem man sich der Wissensordnung der anthropologisch strukturierten Humanwissenschaften bedient. Hier gilt der Mensch als Subjekt, das zwar seinem natürlichen Wesen unterworfen ist, sich selbst jedoch aufgrund eines allgemeinen wissenschaftlichen Wissens von seiner Natur emanzipieren kann. Gerade die Genomanalyse gilt als solchermaßen emanzipatorisches Wissen. Trotz aller Risiken ließ sich die Genomanalyse somit nicht delegitimieren.

Die Reflexion, mit der das Problem schließlich gelöst wurde, lässt sich folgendermaßen beschreiben: Wenn sich die Genomentschlüsselung nachträglich in eine Subjektivierung der Nutzer integrieren ließe, so würde die riskante Genomanalyse zu einer Chance des Menschen, sich über das Schicksal seiner Natur zu erheben. Das humanwissenschaftliche Versprechen wäre eingelöst; das Rechtssubjekt bliebe gewahrt. In einer Art von ›Selbstregierung‹ auf Grundlage eines umfassenden Wissens über Krankheitsrisiken würde der Mensch gewissermaßen zu einem ›autonomen‹ Subjekt. Zur Realisierung dieser nachträglichen Verkopplung von Mensch und Genom wurde und wird in den Technikfolgenabschätzungsberichten die Kopplung der genetischen Diagnostik an eine genetische Beratung als rechtlich verpflichtendem Rahmen empfohlen (z. B. Hennen u. a. 1996: 266). In der Beratung des Klienten durch einen humangenetischen Facharzt sollen die rechtsstaatliche Garantie und das humanwissenschaftliche Versprechen der Subjektivierung des Menschen mit Hilfe des genomanalytischen Wissens garantiert sein. Die genetische Beratung soll entsprechend den Handlungsempfehlungen der Technikfolgenabschätzungskomitees dem Individuum die Möglichkeit zur ›freien‹ Entscheidung über den Gebrauch des Genom-Wissens bieten. Mit dieser *Hilfskonstruktion* soll die Ausdehnung des verfas-

---

13 Als vergleichbare ›Ursprungsschutzerklärung‹ lässt sich auch die UNESCO-Erklärung »Allgemeine Erklärung über das menschliche Genom und die Menschenrechte« lesen (UNESCO 1997). Diese Festschreibung steht heute wieder zur Diskussion – anlässlich der Debatte über Stammzellenforschung, therapeutisches Klonen und Präimplantationsdiagnostik.

sungsrechtlichen Schutzkonzeptes auf das Genom in Form einer *nachträglichen Wahl* praktikabel sein.

5. Das Subjekt in der humangenetischen Beratung

Seit dem Ende der achtziger Jahre konzipieren die Berufsverbände der Humangenetik die genetische Beratung als eine ›nicht-direktive‹ und ›freiwillige‹ Beratung im Einzelfall. Diese soll es dem Individuum ermöglichen, aus der angebotenen medizinisch-genetischen Information die seiner individuellen Lebenssituation entsprechende Information auszuwählen, um schließlich die Planung seines Lebens als Subjekt zu übernehmen (z. B. Waldschmidt 1996: 264). Jeder Dritte wird durch entsprechende Regelungen des Datenschutzes ausgeschlossen. Als Missbrauch werden soziale Risiken thematisiert, die durch den Gebrauch medizinisch-genetischer Information durch unbefugte Dritte entstehen. Diese Dritten schalten sich – bildlich gesprochen – zwischen das Labor und die hilfesuchenden Individuen, um einen privaten Nutzen aus dieser Information abzuschöpfen (z. B. Hennen u. a. 1996: 24 f., 74-240).[14] Gerade diesen Missbrauch durch Dritte soll ein entsprechendes Beratungskonzept ausschließen.

Jedoch ist zu fragen, ob nicht die genetische Beratung selbst ein ›Drittes‹ ist, dessen zentrale Funktion in der sich als Technikfolgenabschätzung formierenden Expertendebatte unreflektiert bleibt. Die genetische Beratung lässt sich als eine ›technische Vorrichtung‹ begreifen, die eine grundlegende Übersetzungsarbeit zwischen zwei epistemischen Wissensformen, zwischen Genom und Mensch, zwischen Labor- und Selbsttechnik ermöglicht. Damit bekommt die Beratung als Mittler zwischen Labor- und Selbsttechnik eine grundlegende Steuerungsfunktion, von der ausgehend das Genom wie das Selbst der Klienten als ein Projekt zu betrachten sind. Auch wenn ein Großteil der Gentests heute ohne humangenetische Beratung seinen Einsatz in der gynäkologischen Praxis findet, lassen sich gerade die Richtlinien der humangenetischen Berufsverbände in den neunziger Jahren als ein Modell für diese Steuerungsfunktion analysieren. Hier zeichnet sich ein neuer Subjektivierungsmodus ab, der das Selbst zu einem Projekt macht, obwohl er in der Wahrnehmung der Humangenetiker und der Klienten *wie* eine aufklärerische Subjektivierung funktioniert.

In den derzeitigen Richtlinien der humangenetischen Berufsverbände zur genetischen Beratung findet sich das Versprechen einer »Selbstobjektivierung« des Klienten zum erkennenden Subjekt (Waldschmidt 1996: 190). Dieser Selbstobjektivierung wird die Ersetzung der ärztlichen Verordnung durch eine »kommunikatives Beratungsmodell« (Waldschmidt 1996: 260) vorausgesetzt. Im Gespräch mit dem sich neutral verhaltenden Berater soll der Klient sich selbstständig seine eigene Verordnung entwickeln, indem er die angebotenen Informationen und Testergebnisse mit seinen individuellen Lebensdaten (Krankheiten, Gewohnheiten und Umweltfaktoren) in Beziehung zu setzen lernt. Von der Gesellschaft für Humangenetik wird die Beratung

---

14 Zu denken ist hier an die Verwendung genetischer Information für die Risikoklassenermittlung im Versicherungswesen oder bei Einstellungsuntersuchungen durch die Arbeitgeber.

einerseits als eine Bereitstellung »umfassender medizinisch-genetischer Information und ggfls. Diagnostik« vorgestellt. Diese könne jedes Individuum freiwillig nutzen. Andererseits wird die Anwendung der Techniken der genetischen Diagnostik dem Individuum ohne genetische Beratung untersagt. Die »genetische Beratung gilt als ein verpflichtender Rahmen für jede Art genetischer Diagnosen, [...] insofern sie Aussagen über Erkrankungsrisiken machen«. Ein richtiger Gebrauch der Technik ist vom Individuum erst zu erlernen. Die Beratung soll »die einfühlsame und von Respekt getragene Unterstützung eines Prozesses« sein, in dem »eine Person [...] zu einer für sie tragbaren Einstellung bzw. Entscheidung hinsichtlich einer genetisch bedingten Erkrankung oder Behinderung bzw. eines Risikos hierfür findet« (Gesellschaft für Humangenetik 1996: 51).

Damit schließt die subjektivierende Erkenntnis der Gene eine ›Unterwerfung‹ unter eine humangenetische Steuerung des Erkenntnisprozesses ein. Selbstverantwortliches Subjekt kann das Individuum nur sein, wenn es mit dieser Expertenbegleitung zu einer »Einstellung bzw. Entscheidung« gelangt, für die es dann die volle Verantwortung zu übernehmen hat. Das Selbst des Klienten konstituiert sich in der Beratung als Subjekt seiner eigenen Projektierung. Der beratende Facharzt soll sich als Person aus der Beratung heraus nehmen und somit reine Repräsentation des Laborwissens sein. Er hat, so ein Beratungsexperte, sich so zu verhalten, dass er »die Bürde der Verantwortung bei den Ratsuchenden (wo sie auch sein sollte) belassen kann und ihnen vermittelt, dass er sie für kompetent hält, eigene Entscheidungen zu treffen« (Kessler; zit. n. Waldschmidt 1996: 244).

Dies impliziert, dass die Subjektivierung des Klienten davon abhängig ist, *wie* es ihm gelingt, die angebotenen medizinisch-genetischen Informationen mit seinen individuellen Krankheitsgeschichten, seiner sozialen Umwelt, seinen kleinen und unscheinbaren Lebensgewohnheiten in Relation zu setzen, um daraus ein effizientes Konzept zur Regulierung und Minimierung seiner individuellen Gesundheitsrisiken zu entwerfen. Eine gelungene Beratung setzt die Einsicht des Klienten voraus: »Die Gene sind ein Teil« meines »Ichs« (Kessler; zit. n. Waldschmidt 1996: 265). Dieses Ich jedoch ist ein Effekt und auch ein Instrument der Beratung.

6. Humanwissenschaftliche Wissensbildung

Nach dem programmatischen Versprechen der Humangenetik wird durch die Verkopplung der medizinisch-genetischen Information mit dem individuellen Umweltwissen, die der Klient in der Beratung selbst praktiziert, das humanwissenschaftliche Versprechen vom Menschen als Subjekt eingelöst. Reflektiert man die Funktionsweise der Labortechniken der Genomanalyse, so stellt sich die Frage, was in der Beratung hergestellt werden kann. Handelt es sich um ein von allen Natur- und Gesellschaftszwängen befreites ›autonomes‹ Subjekt? Oder wird der Klient vergleichbar dem Genom nicht selbst zu einem Projekt, das seine Steuerung durch ein Wissen von genetischen Dispositionen übernimmt? Hat dabei die Garantie der Subjektivierung des Klienten nicht eher die Funktion, eine bestimmte Form der Wissens- und schließlich auch Kapitalakkumulation zu versichern, die durch die Konzeption der Beratung als Ort der Subjektivierung ausgeblendet bleibt?

Nach Foucaults Theorie der Humanwissenschaften wird bei der humanwissenschaftlichen Untersuchung eines individuellen Falls das zu untersuchende Individuum an einer präskriptiven Norm ausgerichtet, um seine individuelle Normalität als Abweichung zu bestimmen. Aufgrund der Verwendung der biologischen Wissensmodelle können die Humanwissenschaften jedoch so auftreten, als hätten sie die individuelle Abweichung aufgrund einer aus den Untersuchungsergebnissen errechneten mittleren Norm ermittelt. Wenn die Humanwissenschaften die Normalität eines Individuums aus der empirischen Untersuchung begründen, bezieht sich ihre Wissensbildung auf eine vorausgesetzte, aber ausgeblendete Norm als Dritte Instanz (z. B. Foucault 1977: 238-250). Nicht eine rein durchschnittliche Verteilung der Merkmale bestimmt die Normalität; diese bemisst sich an einem Ideal, das vorgibt, wie das Individuum sein sollte.

Humanwissenschaftliche Wissensproduktion – die Objektivierung des Wissens wie die Subjektivierung des Individuums – findet sich immer mit Körpertechnologien verbunden, durch die das vorausgesetzte Subjekt als Objekt des Wissens erst hergestellt wird. Eine grundlegende Neuerung in der humanwissenschaftlichen Wissensbildung ab dem 20. Jahrhundert ist der zentrale Einsatz von Selbsttechnologien, insbesondere des Geständnisses.[15] Diese Selbsttechnik ermöglicht eine Objektivierung und Subjektivierung durch das *Sprechen* des Individuums selbst. Mit dem Geständnis macht sich das Individuum selbst zu einem Fall und bezieht seine Verhaltensweisen, sein Denken und Handeln auf eine imaginäre Norm, die jedoch von der Autorität des Experten vorgegeben sein muss. Der Effekt ist eine Normalität, die sich im Gespräch mit dem Experten, dem Psychotherapeuten oder schließlich dem humangenetischen Berater ergibt. Der Humangenetiker Jörg Schmidtke charakterisiert die genetische Beratung dementsprechend als »Teil der ›sprechenden Medizin‹«, in der »die Grundlagen für manchmal dramatische Entscheidungen« gelegt werden (Schmidtke 1997: 17).

Trotz der Bedeutung, die Humangenetiker diesem ›Gespräch‹ zubilligen, ist das Geständnis des Klienten über seine Krankheiten, Lebensgewohnheiten und Umwelt in der Programmatik der humangenetischen Berufsverbände zwar die Voraussetzung subjektivierender Entscheidungsfindung durch den Klienten; jedoch scheint es nicht die Voraussetzung der objektivierenden humangenetischen Wissensbildung zu sein. Das Wissen von einer medizinisch-genetischen Normalität scheinen Labortechniken durch ihre Entschlüsselung des menschlichen Genoms zur Verfügung zu stellen. Im humangenetischen Diskurs und in der Technikfolgenabschätzung ist die Beratung ein Informationsangebot, dessen Nutzung ein eigenverantwortliches Lebensmanagement auf Grundlage eines gesicherten und objektiven Laborwissens ermöglicht. Eine umgekehrte Objektivierung des Klienten seitens der Forschung – im Sinne einer Erhebung von verallgemeinerbaren Daten über Gen-Umweltkopplungen – wird ausgeschlossen.

---

15 Die in der kirchlichen Buß- und Beichtpraxis entwickelte Technik der Produktion von Wissen über sich selbst wurde über die Psychologie, vor allem die Psychoanalyse in die wissenschaftliche Wissensproduktion integriert (Foucault 1983: 81f.).

7. Die Beratung als Wissensproduktion

Wie sich nun das Genom als an sich sinnlose Folge der Anfangsbuchstaben der DNA-Basen in ein humanwissenschaftlich relevantes Wissen über genetische Dispositionen oder Erkrankungsrisiken übersetzen lässt, darüber geben die programmatischen Texte zur Konzeption der humangenetischen Beratung selbst Aufschluss. Humangenetiker empfehlen, die Beratung so zu organisieren, dass der Klient selbst zu einer für ihn »tragbaren Entscheidung« kommt. Diese Entscheidung dürfe ihm nicht vom Arzt abgenommen werden. Dies impliziert, dass der Klient selbst Kopplungen zwischen seiner individuellen genetischen Diagnose und seiner individuellen Umwelt (seinen Krankheiten, den Krankheiten seiner Familienmitglieder, seinen Lebensgewohnheiten und denen seiner sozialen Umwelt) erstellen soll.

Der Klient bezieht dabei seine genetische Information und seine Umweltdaten auf die als »medizinisch-genetische Information« angebotenen allgemeinen Gen-Umwelt-Kopplungen.[16] Daraus errechnet er sich im Idealfall seine besondere Gen-Umwelt-Kopplung und trifft eine Entscheidung, die sich als Übernahme der Regulierung individueller Gesundheitsrisiken interpretieren lässt. Dass der Klient sich dieses persönliche Risikenwissen selbst in der Beratung erarbeitet hat, entspricht wiederum der Programmatik der Beratung. In den programmatischen Texten wird aber nicht artikuliert, dass auch die allgemeinen Gen-Umwelt-Relationen, die dem Klienten angeboten werden, eine Gesamtheit aus besonderen Gen-Umwelt-Kopplungen aus anderen Einzelfallberatungen sind.[17] Der Klient glaubt sein Leben in Orientierung an einer allgemeinen medizinisch-genetischen Norm der Gesundheit zu organisieren.[18] Dabei kann es, wenn man sich den Mechanismus der Wissenproduktion durch das Geständnis zum einen, den Entwurf des Genoms durch das Genomprojekt zum anderen vor Augen führt, keine allgemeine genetische Norm geben.

Vielmehr muss von einer »flexiblen Normalität« (Link 1999: 74) die Rede sein, die sich aus den einzelnen Gen-Umwelt-Kopplungen der Klienten ermitteln lässt.[19] Die Normalität des menschlichen Genoms bezeichnet die Normalverteilung genetischer Risiken der Klienten, die sich aus ihren Gen-Umweltkopplungen ermitteln lässt. Aufgrund der unbegrenzten Möglichkeiten an Kopplungen zwischen DNA-Sequenzen

---

16 Gesprächsanalysen von Beratungen weisen darauf hin (Hartog 1998).
17 Der Passus im Einwilligungsbogen, den der Klient vor der genetischen Diagnostik auszufüllen hat, bezieht sich somit nicht rein auf DNA-Proben, sondern auf die Gesprächsprotokolle selbst. Hier wird angemerkt, dass »überschüssiges Untersuchungsmaterial […] zum Zwecke der Nachprüfbarkeit« der »Ergebnisse« aufbewahrt werde. Dieses Material könne »außerdem eine wichtige Quelle für Forschungs- und Entwicklungsarbeit auf dem Gebiet der medizinisch-genetischen Diagnostik darstellen. Für diesen Zweck« werde »das Untersuchungsmaterial in einer Weise anonymisiert, dass eine nachträgliche Zuordnung zu einer Person ausgeschlossen« sei (Schmidtke 1997: 102).
18 Darauf weisen Interviews mit Frauen über ihre Erfahrung mit der genetischen Beratung hin (Nippert 1998).
19 Jürgen Link unterscheidet hinsichtlich der Herstellung von Normalität zwischen einem ›Proto-Normalismus‹, der die Individuen an einer präskriptiven Norm bemisst, und einem ›flexiblen Normalismus‹, der eine Orientierung der Individuen innerhalb einer variablen Normalverteilung verlangt (Link 1999: 75–85).

und Krankheits-, Lebensstil- und Umweltfaktoren ist kein ideales Genom bzw. sind keine idealen Dispositionen zu ermitteln. Die Nomalität der Risiken bestimmt sich im individuellen Fall. Damit ist aber die Beratung nicht schlicht ein Dienstleistungsangebot, wo man medizinisch-genetische Informationen erhält. In diesem Fall realisiert sich das humanwissenschaftlich relevante Wissen des Genomprojektes selbst in der genetischen Individualberatung. Die Genomsequenzen erhalten hier ihren medizinischen und umweltbezogenen Sinn. Es ist somit nicht so, wie dies der Genomentschlüsselungsdiskurs der Technikfolgenabschätzung vorgibt, dass die Labore über den Berater als Mittler dem Klienten ein Wissen von einer ›menschlichen Natur‹ des Genoms bereitstellen und in Folge die Individuen daraus etwas Anwendungsrelevantes produzieren.

Als humanwissenschaftliches Wissen wird das Wissen von der menschlichen ›Genom-Natur‹ im allgemeinen wie im besonderen in der genetischen Beratung produziert. Das Beratungssubjekt bezeugt bei erfolgreicher Objektivierung seiner selbst durch ein umfassendes ›Geständnis‹, was es erzeugt als nicht-erzeugt. Die genetischen Dispositionen sind ein »Teil seines Ichs«; dieses Ich ist eine Konstruktion der Beratung. Die genetische Beratung ist, so betrachtet, ein entscheidender Ort der neuen Wissensproduktion. Sie ist der Übersetzungsort zwischen zwei Wissensmodellen. Aufgrund dessen, dass zwischen den Buchstabenfolgen der DNA-Basen des Genoms und den individuellen Umweltdaten eine schier unendliche Zahl an Gen-Umwelt-Kopplungen möglich ist, handelt es sich um einen offenen und unabgeschlossenen Produktionsprozess, aus dem sich immer wieder eine flexible medizinisch-genetische Normalität ergibt. Dadurch entspricht die Beratung als Selbsttechnologie der epistemischen und technischen Ordnung der Molekularbiologie. Wie das Genom wird das Selbst zu einem Projekt.

8. Machttheoretische Implikationen

Dass die medizinisch-genetische Normalität des menschlichen Genoms der Effekt einer grundsätzlichen Konstruktion sein könnte, wird in der Gen-Patentierungsrichtlinie der Europäischen Union vom Juli 1998 ausgesprochen. Als Bedingung für die Patentierbarkeit von Genen wird angeführt, dass eine »Sequenz oder eine Teilsequenz eines Gens [...] eine patentierbare Erfindung sein« kann, vorausgesetzt, sie sei durch ein »technisches Verfahren« isoliert worden und zudem sei ihre »Funktion« – so auch die medizinische Bedeutung als Disposition – »im Patentantrag genau beschrieben« worden (Richtlinie 98/44/EG: Art. 2, 3). Während das Kriterium der technischen Isolierung jeder Laboruntersuchung von biologischem Material vorausgesetzt ist, ist die Bedingung der funktionalen Beschreibung des Materials die *Übersetzung* zwischen Gen- und Umwelt, die von den Klienten geleistet wird. Die Übersetzungsarbeit der Klienten in der Beratung ist insofern nicht nur Teil einer Wissensproduktion, sondern zudem eine ausgeblendete ›Geschäftsgrundlage‹ des Genomprojektes.

Man kann zwar die genetische Beratung als Ort eines Wissensaustausches zwischen Klient und Humangenetiker betrachten, wo der erstere die medizinisch-genetische Information erhält, aus der er durch Verkopplung mit seiner individuellen

Umwelt sich ein eigenverantwortliches Lebensmanagement entwirft. Dafür würde das Labor Gen-Umweltkopplungsdaten erhalten, die die Voraussetzung für die Funktionsbeschreibung menschlicher Genomsequenzen und schließlich auch die patentrechtliche Absicherung der molekularbiologischen Entschlüsselungstätigkeit des Labors sind. In dieses ›Tauschverhältnis‹ ist jedoch eine *Asymmetrie* eingeschrieben. Denn indem das Individuum die von ihm erarbeiteten Gen-Umwelt-Kopplungen als Teil seiner ›Natur‹ anerkennt, ist es als eigenverantwortliches Subjekt zur Kostenübernahme bei einem fehlerhaften Risikenmanagement verpflichtet.[20] Hier zeigt sich der machttheoretische Aspekt der Verkopplung zweier Ordnungen. Das Individuum richtet seine Lebensführung an einer medizinisch-genetischen Norm aus. Da es sich jedoch um eine flexible Normalität handelt, verschiebt sich das als gesichert geltende Wissen im Fortlauf der ›Erfindung‹ immer weiterer Gen-Umweltkopplungen permanent. Nicht umsonst schlugen Humangenetiker eine »lebenslange Beratung« (Waldschmidt 1996) als Grundlage eigenverantwortlichen Risikomanagements vor.

Das Labor schöpft damit einen ›Mehrwert‹ ab. Das Labor erhält für ›Erfindungen‹ ein Privileg, die zugleich seine und die Produkte des Klienten der Beratung sind. Im Vergleich zum Klienten der Beratung hat das Labor aber für diese Produkte keine Haftung zu übernehmen.[21] Die Ausdifferenzierung genetischer Dispositionen – für Alzheimer, Brustkrebs oder Schizophrenie (vgl. Koechlin 1996) – ist somit nicht nur auf die Perfektionierung molekularbiologischer Labortechniken rückführbar. Sie ist ebenso ein Effekt der fortlaufenden Übersetzungsarbeiten in der genetischen Beratung, die als Selbsttechniken funktionieren.

9. Fazit

Die Techniken der Produktion von Wissen über das Genom setzen Selbst- und Labortechniken gleichermaßen voraus. Die Trennung der Wissenschafts- und Technikentwicklung im Labor von der Anwendung in der humangenetischen Beratung führt zu einer Ausblendung der Funktion von Selbsttechniken wie dem Geständnis. Diese Trennung führt zudem zur Konstruktion eines bestimmten Selbstverhältnisses durch

---

20 Auf die machttheoretische Dimension dieser subjektiven Eigenverantwortung weist Thomas Lemke in seiner Analyse ›genetischer Gouvernementalität‹ hin. Das eigenverantworliche Gesundheitsmanagement passt, als Selbsttechnik betrachtet, gerade zu den Selfmanagementkonzepten des Neoliberalismus (Lemke 2000). Die Relevanz des Konzeptes zeigt sich z.B. in der Diskussion über die Ermittlung genetischer Risikogruppen in der Versicherungskalkulation der Kranken- und Lebensversicherungen (Uhlemann 1999).

21 Dies zeigt sich vor allem am Beispiel der ›Wrongful Birth-Klagen‹ in den USA, wo Kinder mit Behinderungen gegen ihre Eltern wegen Nichtwahrnehmung vorhandener diagnostischer Möglichkeiten klagten (Rifkin 1998: 210f.). In Deutschland wurden bisher nur Ärzte haftbar gemacht, die Gentests falsch oder nicht anwendeten (Degener 1998). Nicht zur Haftung herangezogen werden aber generell die molekularbiologischen Labore. Die Haftungsfrage betrifft entsprechend der Diskursordnung der Technikfolgenabschätzung nur die ›Anwender‹.

die Kopplung von Genomentschlüsselungsdiskurs und subjektivierender Selbsttechnik in der genetischen Beratung.

Das humanwissenschaftliche Wissen vom Genom wird zugleich als Wissen von einer menschlichen Natur und als Projekt des Labors verhandelt. Im ersten Sinne ist es die Voraussetzung für die Aufrechterhaltung der Idee des Menschen als Subjekt. Dieses Subjekt zeichnet sich im Kontext einer individualisierten Biopolitik durch ein selbst zu verantwortendes ›Selfmanagement‹ seiner Gesundheit aus. Im zweiten Sinne ist es die Geschäftsgrundlage der Laborproduktion. Ausgeschlossen bleibt die Übersetzungsarbeit der Klienten zwischen dem molekularbiologischen Wissen und dem umweltbezogenen Wissen in eine humanwissenschaftlich relevante medizinisch-genetische Information.

Es handelt sich somit bei dieser Form humanwissenschaftlicher Wissensproduktion weniger um eine Subjektivierung im aufklärerischen Sinne. Diese Idee setzt die ›Unterwerfung‹ unter eine Norm voraus, die sich auf eine allgemeine Erkenntnis einer menschlichen Natur gründet. Es handelt sich um die fortlaufende Produktion einer flexiblen Normalität. Dies verlangt vom Individuum eine permanente Selbststeuerung durch Kopplung des molekularbiologischen Wissens mit seinem individuellen Umweltwissen. Diese Produktion ist zugleich die Voraussetzung einer Verantwortungszuschreibung für gesellschaftliche Lebensrisiken an ein Subjekt und die Voraussetzung für die Produktion von Objekten durch das Genomprojekt. Dieser Doppeleffekt bleibt in den Expertendiskursen zu den Chancen und Risiken der Genomanalyse ausgeschlossen, wenn sie das Menschen*subjekt* und das menschliche Genomprojekt zugleich garantieren.

Die Expertendebatten zum Genomprojekt sind ein Fallbeispiel dafür, wie ›alte‹ Formen und Techniken der Wissenproduktion als ›Motor‹ ›neuer‹ Wissensformen und -techniken funktionieren können, obwohl das neue Wissen gerade dem alten seine Basis entzieht. Die Idee und Garantie des Subjektes hat hierfür die Funktion eines ›Katalysators‹. Die Ordnungstechniken der Diskurse, das techinisierte Laborwissen und die Techniken der Selbstführung der Klienten produzieren gemeinsam ein Wissen und ein Selbstverhältnis, in welchem die Differenz zwischen etwas Technischem und etwas Nicht-Technischem nicht zu finden ist.

Literatur

Baudrillard, Jean (1982): Der symbolische Tausch und der Tod. München.
Baumunk, Bodo-Michael / Rieß, Jürgen (Hg.) (1994): Darwin und der Darwinismus. Eine Ausstellung zur Kultur- und Naturgeschichte. Berlin.
Bayer, Vera (1993): Der Griff nach dem ungeborenen Leben. Zur Subjektgenese des Embryos. Pfaffenweiler.
Benda, Ernst (1985): Erprobung der Menschenwürde am Beispiel der Humangenetik. In: Flöhl, Rainer (Hg.): Genforschung – Fluch oder Segen? Interdisziplinäre Stellungnahmen. München, 205-231.
Canguilhem, Georges (1977): Das Normale und das Pathologische. München.
Castoriadis, Cornelius (1981): Durchs Labyrinth. Seele, Vernunft, Gesellschaft. Frankfurt a. M.

Cohen, Daniel (1995): Die Gene der Hoffnung. Die Entschlüsselung des menschlichen Genoms und der Fortschritt in der Medizin. München.
Degener, Theresia (1998): Ein behindertes Kind als Schaden? In: Gen-ethischer Informationsdienst 129. Berlin, 26-31.
Embryonenschutzgesetz - EschG vom 13. Dezember (1990). In: Bundesgesetzblatt 1990 Teil I., 2746-2748.
Entscheidung des Rates vom 29. Juni (1990) zur Annahme eines spezifischen Programms für Forschung und technologische Entwicklung auf dem Gebiet des Gesundheitswesens: Analyse des menschlichen Genoms (1990-1991) 90/395/EG. In: Amtsblatt der Europäischen Gemeinschaften Serie L 196/33 Jg./26. Juli 1990, Rechtsvorschriften, 8-14.
Flusser, Vilém (1996): Vom Subjekt zum Projekt. Anthropologische Schriften. Frankfurt a.M.
Foucault, Michel (1974): Die Ordnung der Dinge. Eine Archäologie der Humanwissenschaften. Frankfurt a.M.
Foucault, Michel (1977): Überwachen und Strafen. Die Geburt des Gefängnisses. Frankfurt a.M.
Foucault, Michel (1983): Der Wille zum Wissen. Sexualität und Wahrheit I. Frankfurt a.M.
Foucault, Michel (1987): Von der Subversion des Wissens. Frankfurt a.M.
Foucault, Michel (1991): Die Ordnung des Diskurses. Frankfurt a.M.
Foucault, Michel (1994): Das Subjekt und die Macht. In: Dreyfus, Hubert L./ Rabinow, Paul: Michel Foucault. Jenseits von Strukturalismus und Hermeneutik. Weinheim, 243-261.
Gesellschaft für Humangenetik e.V. (1996), Kommission für Öffentlichkeitsarbeit und ethische Fragen der Gesellschaft: Positionspapier der Gesellschaft für Humangenetik e.V. In: Medizinische Genetik: Richtlinien und Stellungnahmen des Berufsverbandes Medizinische Genetik e.V. und der Deutschen Gesellschaft für Humangenetik e.V. (Sonderdruck Januar 1998). München, 47-53.
Hartog, Jennifer (1998): Die sprachwissenschaftliche Untersuchung von Beratungsdialogen. Befunde und Perspektiven. In: Kettner, Matthias (Hg.): Beratung als Zwang. Schwangerschaftsabbruch, genetische Aufklärung und die Grenzen kommunikativer Vernunft. Frankfurt a.M./New York, 253-275.
Hennen, Leonhardt / Petermann, Thomas / Schmitt, Joachim J. (1996): Genetische Diagnostik - Chancen und Risiken: der Bericht des Büros für Technikfolgen-Abschätzung zur Genomanalyse, Berlin.
Kevles, Daniel J. (1995): Die Geschichte der Genetik und Eugenik. In: Kevles, Daniel J./ Hood, Leroy (Hg.): Der Supercode. Die genetische Karte des Menschen. Frankfurt a.M., 13-47.
Koechlin, Florianne (1996): Schön, gesund und ewiger leben. In: Frauen gegen Bevölkerungspolitik (Hg.): LebensBilder. LebensLügen. Leben und sterben im Zeitalter der Biomedizin. Hamburg, 25-36.
Kollek, Regine (1994): Der Gral der Genetik. Das menschliche Genom als Symbol wissenschaftlicher Heilserwartungen des 21. Jahrhunderts. In: Mittelweg 36, 4. Hamburg, 42-48.
Kutschmann, Werner (1986): Der Naturwissenschaftler und sein Körper. Die Rolle der ›inneren‹ Natur in den experimentellen Naturwissenschaften der frühen Neuzeit. Frankfurt a.M.
Latour, Bruno (1995): Wir sind nie modern gewesen. Versuch einer symmetrischen Anthropologie. Berlin.
Lemke, Thomas (2000): Die Regierung der Risiken. Von der Eugenik zur genetischen Gouvernementalität. In: Lemke, Thomas / Krasmann, Susanne / Bröckling, Ulrich (Hg.) (2000): Gouvernementalität der Gegenwart. Studien zu einer Ökonomisierung des Sozialen. Frankfurt a.M., 227-264.
Link, Jürgen (1999): Versuch über den Normalismus. Wie Normalität produziert wird. Opladen/Wiesbaden.

Lösch, Andreas (1998): Tod des Menschen / Macht zum Leben. Von der Rassenhygiene zur Humangenetik. Pfaffenweiler.
Lösch, Andreas (2001): Genomprojekt und Moderne. Soziologische Analysen des bioethischen Diskurses. Frankfurt a.M./New York.
Lynch, Mike/Woolgar, Steve (Hg.) (1990): Representation in Scientific Practice. Cambridge/Mass.
Nippert, Irmgard (1998): Wie wird im Alltag der pränatalen Diagnostik tatsächlich argumentiert? Auszüge aus einer deutschen und einer europäischen Untersuchung. In: Kettner, Matthias (Hg.): Beratung als Zwang. Schwangerschaftsabbruch, genetische Aufklärung und die Grenzen kommunikativer Vernunft. Frankfurt a.M./New York, 153-172.
Rheinberger, Hans-Jörg (1997): Von der Zelle zum Gen. Repräsentationen der Molekularbiologie. In: Rheinberger, Hans-Jörg / Hagner, Michael / Wahrig-Schmidt, Bettina (Hg.): Räume des Wissens. Repräsentation, Codierung, Spur. Berlin, 266-279.
Richtlinie 98/44/EG (1998) des Europäischen Parlaments und des Rates vom 6. Juli 1998 über den rechtlichen Schutz biotechnologischer Erfindungen. In: Amtsblatt der Europäischen Gemeinschaften Nr. L 213 vom 30.7.1998, 13-21.
Rifkin, Jeremy (1998): Das biotechnische Zeitalter. Die Geschäfte mit den Genen. München.
Schmidtke, Jörg (1997): Vererbung und Ererbtes. Ein humangenetischer Ratgeber. Reinbek bei Hamburg.
Schrage, Dominik (2000): Selbstentfaltung und künstliche Verwandtschaft. Vermenschlichung und Therapeutik in den Diskursen des Posthumanen. In: Flessner, Bernd (Hg.): Nach dem Menschen. Der Mythos einer zweiten Schöpfung und des Entstehens einer posthumanen Kultur. Freiburg, 43-65.
Treusch-Dieter, Gerburg (1994): Genomwürde des Menschen – Menschenwürde des Genoms. In: Ästhetik & Kommunikation 85/86, Berlin, 111-119.
Uhlemann Thomas (1999): Deregulierung sozialer Sicherung – Lebens- und Krankenversicherungen. In: Honegger, Claudia/ Hradil, Stefan/ Traxler, Franz (Hg.): Grenzenlose Gesellschaft? Verhandlungen des 29. Kongresses der Deutschen Gesellschaft für Soziologie, des 16. Kongresses der Österreichischen Gesellschaft für Soziologie, des 11. Kongresses der Schweizerischen Gesellschaft für Soziologie in Freiburg i.Br. 1998 (Teil 2). Opladen, 575-587.
[UNESCO (1997)] Organisation der Vereinten Nationen für Bildung, Wissenschaft, Kultur und Kommunikation (UNESCO): Allgemeine Erklärung über das menschliche Genom und die Menschenrechte vom November 1997. In: Emmrich, Michael (Hg.): Im Zeitalter der Bio-Macht. 25 Jahre Gentechnik – eine kritische Bilanz. Frankfurt a.M., 447-460.
Waldschmidt, Anne (1996): Das Subjekt in der Humangenetik. Expertendiskurse zur Programmatik und Konzeption der genetischen Beratung 1945-1990. Münster.
Weß, Ludger (Hg.) (1989): Die Träume der Genetik. Gentechnische Utopien vom sozialen Fortschritt. Nördlingen.

Hannelore Bublitz

Wahr-Zeichen des Geschlechts
Das Geschlecht als Ort diskursiver Technologien

> Man findet [...], daß zwischen Geschlecht und Wahrheit komplexe, dunkle und wesentliche Beziehungen bestehen [...]. Am Grunde des Geschlechts – die Wahrheit. (Foucault 1998: 10 f.)

Die Infragestellung des Körpers als Voraussetzung von Geschichte, symbolischen Ordnungen und Technologien ist eines der zentralen Anliegen dekonstruktivistischen Denkens. Mit Bezug auf Michel Foucault und Judith Butler wird davon ausgegangen, dass diskursive Praktiken und Technologien sich zu materiellen Strukturen verfestigen, mit denen der Körper schließlich als somatischer Komplex und körperliche Materialität gebildet wird. Materie wird in dieser dekonstruktivistischen Lesart durch Diskurse formiert.[1] Materialisierung von Diskursen bezeichnet also den Vorgang der unlösbaren Verschränkung von Diskurs und Materie, der Untrennbarkeit von Erzeugendem und Erzeugtem.[2] Dass Geschlecht eine Technologie ist, die sich am Körper zeigt und ihn als Wahr-Zeichen des Geschlechts form(ier)t, ist ein zentraler Gesichtspunkt der folgenden Ausführungen. Ausgegangen wird dabei von der Annahme, dass der Körper, ganz im Sinne eines Wahr-Zeichens, für etwas anderes steht: Die Frage, was der Körper sei, verweist auf seine Diskursstelle in einer binär organisierten, heterosexuellen Matrix.[3] Diese funktioniert als kultureller Imperativ, der delegiert, was als diskursiv, als technisch und als sozial zu denken ist. Durch symbolisch-sprachliche Prozesse und materielle Praktiken hervorgebracht, wird dem Körper diskursiv die Bedeutung eines biologischen Substrats von Geschlecht, Sexualität und Identität beigemessen. Dabei werden diffuse Befunde am Körper in scheinbar evidente Trennkategorien des Geschlechts überführt. Dies geschieht mithilfe von Verfahren der modernen Wissenschaf-

---

1 Diskurs ist hier aber keineswegs gleichzusetzen mit Ideen, Geist oder Sprache, die die Materie ›beseelen‹, indem sie sie formen. Foucault wendet sich mit seiner genealogischen Methode gegen diese ideengeschichtliche und sprachtheoretische Lesart einer Trennung von Geist und Materie, Diskurs und Materialität (vgl. dazu Bublitz 1999).
2 Diese Sichtweise verdankt sich einer sprachtheoretischen Wende der Kulturwissenschaften, ohne deren Verkürzungen auf Sprachliches zu teilen, und wendet sich gegen die in der abendländischen Tradition übliche Trennung von Materie und Form, von Zeichen und Bezeichnetem. Butler vertritt, mit Rekurs auf Aristoteles und Foucault, die Auffassung, dass »Materie nie ohne ihr *schema* auftritt«, was bedeutet, dass »das Prinzip ihrer Erkennbarkeit [...] von dem, was ihre Materie konstituiert, nicht ablösbar ist« (Butler 1995: 57).
3 Die heterosexuelle Matrix bezeichnet einen Machtkomplex, in dem die kulturelle Norm der Heterosexualität mit ihrem Ausschlusscharakter die Grundlage der Konstitution von Geschlecht bildet.

ten vom Menschen, die den Körper karthographieren und ihn technologischen Operationen zugänglich machen.

Im Anschluss an die Analysen von Judith Butler wird deutlich, dass kulturelle Annahmen den Rahmen bilden für die Zuweisung von Körpern zu einem Geschlecht und umgekehrt. Wie Foucault geht Butler davon aus, dass der anatomische Körper zum Einsatz im Machtspiel wird. Es zeigt sich, dass Körperkategorien auch im Zuge technologischer Neuentwicklungen zwar Verschiebungen und Transformationen erfahren (können), die Materialität des Körpers mit der Verlagerung traditioneller Kategorien und deren Überlagerung mit neuen Technologien aber keineswegs aufgehoben wird. Anne Balsamo macht darauf aufmerksam, dass auch neue Körpertechnologien nicht nur weit davon entfernt sind, die Materialität des Körpers zu verneinen, sondern diesen darüber hinaus als Geschlechtskörper markieren und ihn in ein binäres Klassifikationssystem einschließen. Auch der athletisch ›gestylte‹ Techno-Körper ist also keineswegs geschlechtslos, sondern sitzt etwa Kategorien wie Mütterlichkeit, sexueller Attraktivität und Schönheit auf. Weit davon entfernt, Bestätigung oder Spiegelung dessen zu sein, was ohnehin schon da war, wird der Körper, durch Zusammenschluss heterogener Elemente und Operationen, weiterhin zum Ort, an dem das Geschlecht sichtbar – gemacht – wird.

Es wird vorgeschlagen, das historische Apriori zu rekonstruieren, das der Codierung des Körpers als Ressource von Geschlecht(skörpern) zugrunde liegt. Dabei bilden Diskurse die Bedingung der Möglichkeit, die Aprioris sozialer Wirklichkeit. Sie bilden kultur- und epochenspezifische Ordnungssysteme, die, vom Subjekt verkörpert, in die Morphologie des Körpers eingehen. Das heisst: Man kann es sich als Individuum nicht aussuchen, in welcher Wirklichkeit und in welchem Körper man lebt. Wissenssysteme, Machtpraktiken und Technologien produzieren erst ›den Körper‹, der zur Grundlage des Geschlechts wird.[4] Das vorgeschlagene Verfahren besteht darin, die Konzepte des Körpers und des Geschlechts einer dekonstruktiven Kritik zu unterziehen und darin die historischen Kontexte ihres Erscheinens sichtbar zu machen. Diese dekonstruktivistische Vorgehensweise eröffnet Ein-Sichten in die Entstehung einer ›natürlichen Kulturordnung‹ der Geschlechter. Sie verweist auf Konstruktionen, Schematisierungen und Technologien, wo der Augenschein Natur vermutet; sie spürt Leerstellen des konstruierten Körpers dort auf, wo der Eindruck der Evidenz einer binären Differenz entsteht. Schließlich wird durch dieses Verfahren der Begriff des ›Natürlichen‹ selbst in Frage gestellt. Denn: Der ›natürliche‹ Körper ist immer schon ein Körper. Diese Vorstellung ist keineswegs neu.

---

4   Die Annahme, dass Geschlechtskörper durch Diskurse konfiguriert werden, bedeutet nicht, dass Körper als materielle Realitäten vollständig auf Diskurse zurückführbar sind und ihrerseits nicht ›eigenständige‹ Diskurseffekte produzieren. Es bedeutet lediglich, dass es keine von der symbolischen Ordnung einer Kultur und Gesellschaft unberührte körperliche Materialität gibt. Die Frage, was ›der Körper‹ jenseits kultureller Regeln, Normen, Technologien und Praktiken ist, erscheint aus dieser Perspektive sinnlos. Sie ist – erkenntnistheoretisch betrachtet – nicht zu beantworten.

1. Der Körper als Wahr-Zeichen des Geschlechts

Die Vorstellung, dass der Mensch und sein Körper eine Technologie ist, beherrscht das Denken der Moderne.[5] Es ordnet den technologisch konstruierten ›Körper-Menschen‹ zwei im Grunde inkompatiblen Bedeutungssystemen zu: »dem organisch/natürlichen« und »dem technologisch/kulturellen« (Balsamo 1996: 5). In der hybriden Verschränkung von Physischem und Diskursivem bewegt sich der Körper im Fokus von Überwachungs-, Disziplinierungs- und Kontrolltechnologien. Diese Technologien unterwerfen den Körper machtförmigen Vorgängen; zugleich entwerfen und modellieren sie ihn. Neue Körpertechnologien entwerfen den Menschen als seinen eigenen Überwachungsapparat und schließen ihn damit an eine »Bio-Politik technologischer Formationen« an (Balsamo 1996: 5). Das individuelle Körperbewusstsein wird technologisch optimiert.

> Visualisierungstechniken tragen zur Fragmentierung des Körpers in Organe, Flüssigkeiten und genetische Codes bei, die ihrerseits eine selbst-bewusste Selbstüberwachung fördert, wodurch der Körper Gegenstand intensiver Überwachung und Kontrolle wird. (Balsamo 1996: 9 [Übers. H.B.])

Fragmentierte Körper werden zu Elementen der Konstruktion kultureller Identitäten. Der Körper wird zum Wahr-Zeichen – und zum inneren Ort der Wahrheit – des Individuums. Damit wird dem ›Techno-Körper-Menschen‹ zuteil, was das Geschlecht des Körpers im Zeitalter biologisch-medizinischer und informationstechnologischer Diskurse seit dem 19. Jahrhundert bestimmt: Einzelne Körperteile und -elemente, die im Rahmen einer symbolischen Ordnung ›Geschlechtsorgane‹ darstellen sollen, gelten als Wahr-Zeichen des Geschlechts. Entscheidendes Kriterium ist ihre Sichtbarkeit. Dieses Kriterium wird auch dann angewendet, wenn der – von seinen morphologisch-anatomischen Merkmalen und seinen genetisch codierten Erbanlagen ausgefüllte – Körper den Eindruck einer Leerstelle oder einer Mehrdeutigkeit des Geschlechts hinterlässt. Es scheint, als würden die Zeichen auf den realen Körper als unerlässliche Spiegelbilder folgen.

Folgt man der sprachtheoretischen Lesart Judith Butlers, dann ist der Körper ein dem symbolischen ›Spiegel‹ vor-gesetzter Körper oder genauer, ein dem Diskursiven vorgängig *gesetzter* oder *bezeichneter* Körper.

> Diese Bezeichnung vollzieht sich dadurch, dass sie einen Effekt ihres eigenen Verfahrens hervorbringt, nämlich den Körper, und dennoch zugleich behauptet, diesen Körper als das zu entdecken, was jeder Bezeichnung *vorhergeht*. (Butler 1993: 52)

Die Frage ist dann nur noch, wie es gelingt, den Eindruck zu erwecken, es handle sich beim Körper um eine biologische Voraussetzung diskursiver Prozesse. Sprach- und diskurstheoretisch lautet die Antwort: Der Körper und sein Geschlecht sind Wirkung einer Macht, die den Anschein des Natürlichen erst erzeugt. Dieser verdankt sich der

---

5 Der Mensch wird wie sein Körper schon im 17. Jahrhundert bei Descartes u. a. zu einem (re)konstruierbaren und damit zu einem reproduzierbaren Objekt des Wissens (vgl. Kutschmann 1986; dazu auch Mittag 2000).

Performativität von Sprechakten, die durch wiederholtes Zitieren von Elementen einer symbolischen Ordnung normativ erzeugen, was sie zum Audruck bringen.

Am Beispiel der Äußerung einer Hebamme oder der Eltern, die beim Anblick eines Säuglings feststellen – ›Es ist ein Mädchen!‹ – wird verständlich, dass es dabei nicht um eine Beschreibung oder die bloße Feststellung eines Sachverhalts geht, sondern zugleich um eine Anweisung, ein weibliches Geschlecht zu sein; darin besteht die Performativität der Aussage. Butler geht davon aus, dass solche diskursiv hervorgebrachten Sachverhalte den Körper durch (Geschlechts-)Zeichen markieren, denen Akte der Ver-Körperung folgen. Diese richten sich nach kulturellen Imperativen, also im Falle des Mädchens nach dem Imperativ: ›Sei ein Mädchen!‹ Mechanismen der Materialisierung sorgen dafür, dass ›Dinge‹, wie etwa der Unterschied der Geschlechter, zuallererst hervorgebracht werden und gleichzeitig als natürliche Sachverhalte erscheinen. Das heisst, man sieht diesen Dingen nicht mehr an, dass sie aus Worten, Sprachspielen oder bestimmten Regeln folgenden Aussagen sowie aus kulturellen Konventionen hervorgegangen sind. Vielmehr rufen sie den Anschein hervor, dass es sich dabei um Natur handelt, die unabhängig und vor aller Kultur existiert.

Als Ort der Einschreibung zeit- und kulturspezifischer Deutungsmuster wird der physische Körper zum Ort historischer Ein-Drücke, zum Schauplatz einer sozialen und politischen Geschichte. Dies ist aus diskurstheoretischer Sicht keine Geschichte der Ereignisse, die an einem ›eigentlichen‹, unversehrten Körper Spuren der Einschreibung hinterlassen. Vielmehr handelt es sich um eine Geschichte, die den Körper als ›reglementierendes Ideal‹, als Norm erst hervorbringt. Durch diesen Vorgang wird er in Übereinstimmung mit einem ›Naturbegriff‹ gebracht, der kulturell entworfen wird und als Natur erscheint. Das bedeutet nicht, dass das soziale Geschlecht losgelöst von der biologischen Materialität des Körpers gedacht werden kann. Es bedeutet lediglich, dass auch das biologisch-anatomische Körpergeschlecht ein normatives Konstrukt ist: Der Körper wird aufgrund einer kulturellen Matrix der Zweigeschlechtlichkeit als binär strukturiert, als entweder ›weiblich‹ oder ›männlich‹ wahrgenommen. Das biologische Geschlecht bildet daher eine Norm und keine Naturtatsache.

Damit erscheint das Geschlecht des Körpers als »Grenzkonzept« (Balsamo 1996: 9). Auf der einen Seite bezieht es sich auf physiologische Merkmale, eine ›natürliche Ordnung‹ des Körpers. Auf der anderen Seite rekurriert es auf den kulturellen Kontext, in dem der Körper etwas ›bedeutet‹. Das Geschlecht verweist in diesem Zusammenhang auf eine ›natürliche Kultur-Ordnung‹ der Geschlechter.

> Während der Körper in Diskursen der Biotechnologie und der Medizin neu codiert wird, wonach er eher zur Kulturordnung als zu einer natürlichen Ordnung gehört, erscheint das Geschlecht immer noch als natürliches Zeichen menschlicher Identität. (Balsamo 1996: 9 [Übers. H.B.])

Dieses Paradox einer ›natürlichen Kultur-Ordnung‹ der Geschlechter lässt sich nur dann auflösen, wenn deutlich wird, dass und wie diese Ordnung historisch konstruiert wird. Sichtbar wird dann auch, dass die Geschichte die Trennwand, die üblicherweise Kultur vor Natur abschirmt, durchlässig macht und das Verhältnis beider umkehrt. Natur ist dann zurückführbar auf ihre kulturelle Konstruktion. Dabei erscheint das Geschlecht nicht nur als Metapher einer Geschlechterordnung, die sich im Sinne einer

»strikt binären Klassifikation«, einem »rigorosen ›Entweder-Oder‹« (Gildemeister 1988: 495 f.) unweigerlich jedem Gesellschaftsmitglied einschreibt und als binäre Struktur die Gesellschaft durchzieht (Foucault 1986). Es bildet vielmehr selbst eine – fluktuierende – Waffe, die das Soziale strukturiert. Festgemacht an körperlichen Wahr-Zeichen – den Geschlechtsorganen – dient es zugleich selbst als ›Wappen‹, das sich dem Körper einprägt, das alle Insignien der Macht in sich vereinigt und homogenisierend in das Außen der Gesellschaft und das Innen des Individuums wirkt. Das Geschlecht ›wappnet‹ den Körper und die Gesellschaft sozusagen gegen das Unvorhersehbare.

2. Techno-Logien[6] des Geschlechts

Anne Balsamo kommt in ihrer Untersuchung gegenwärtiger Formen des »body building«, womit unterschiedliche Strategien der technologischen Konstruktion des Körpers und der Einschreibung kultureller Diskurse gemeint sind, zu der Auffassung, dass eine Art ›Geschlechterapparat‹ (»apparatus of gender«) die Machtbeziehungen, die in den Verschränkungen von Körpern und Technologien manifest werden, organisiert (Balsamo 1996: 9). Dabei dient ihr der Ausdruck »Technologien des Geschlechts« zur Umschreibung der »Interaktion zwischen Körpern und Technologien«, wobei sie davon ausgeht, dass Geschlecht sowohl eine kulturelle Bedingung von Technologien als auch eine soziale Folge technologischer Entwicklungen bildet (Balsamo 1996: 9).

Im Folgenden geht es um das komplexe Wechselspiel von Technologien, die dem Körper ein Geschlecht geben. Diese Technologien produzieren und organisieren den Körper als Geschlechtskörper. Sie setzen das Geschlecht als symbolische Konstruktion in Kraft und gleichzeitig als soziale, dem biologischen Geschlecht vorgängige Technologie, voraus.

Dabei steht die Rekonstruktion der Wahr-Zeichen des Geschlechts aus dem historischen Apriori einer Geschlechter-Erkenntnispolitik im Zentrum der Betrachtung. Diese Erkenntnispolitik verschränkt das Geschlecht seit dem 19. Jahrhundert mit der Konstitution eines Bevölkerungssubjekts und dient dadurch der Stabilisierung einer heterosexuellen Matrix. Es handelt sich um Wahr-Zeichen des Geschlechts(körpers) als Effekt einer Geschlechterpolitik der Humanwissenschaften, deren Wirkmächtigkeit bis in die Diskursstelle neuer Medientechnologien reicht. Der Vorschlag dieses Beitrages besteht darin, das historische Apriori der Wahr-Zeichnung des Geschlechts(körpers) zu rekonstruieren. Es geht dabei also um mehr als um die reine Bezeichnung des Körpers. Dieses *mehr* sind die Machtpraktiken, die das Geschlecht als Effekt erst hervorbringen. Während die Geschlechterordnung im alltagsweltlichen Denken als Notwendigkeit der Natur erscheint, wird sie aus dekonstruktivistischer Sicht zur Wirkung einer politischen Macht.

›Technologien des Geschlechts‹ sind – in Anlehnung an Foucault – diejenigen Erkenntnisformen, sozialen Technologien, institutionalisierten Diskurse und Prakti-

---

6 Teresa de Lauretis weist darauf hin, dass Theorie die Funktion einer Techno-logie des Geschlechts annimmt, insofern sie durch institutionelle Diskurse und Machttechnologien ein Feld sozialer Bedeutungen kontrolliert (de Lauretis 1987: 6).

ken, durch die das Geschlecht als Form der »Repräsentation und Selbstrepräsentation« produziert wird (de Lauretis 1987: 2).[7] Das Geschlecht ist der Ort, an dem ein Geschlechtswissen, das bestimmten Konstruktionsregeln folgt, angereizt und hervorgebracht wird. Die strukturellen Verkoppelungen des Geschlechterwissens mit komplexen, das Individuum und die Bevölkerung konstituierenden und regulierenden Praktiken, die schließlich – mit Blick auf die Technologien des Selbst – die Einzelnen in ihrem Glücksstreben, ihren Selbstdefinitionen und Wahrnehmungsweisen steuern, konstituieren das, was wir unter Geschlecht verstehen. Das Geschlecht konstituiert sich durch heterogene Operationen und bildet ein Machtdispositiv; es ist also selbst eine Technologie.[8]

> Geschlecht ist [demnach] keine Eigenschaft von Körpern oder etwas, das Menschen ursprünglich eigen ist, sondern es ist ein Komplex von Wirkungen, die in Körpern, Verhaltensweisen und sozialen Beziehungen hervorgebracht werden. (de Lauretis 1987: 3 [Übers. H. B.])

Die Wahrheit des Individuums liegt im Geschlecht. Dabei dienen der Geschlechtskörper, seine Organe und Elemente als Wahr-Zeichen des Geschlechts.

In Analogie zur Sexualität, die politischen Zielen entsprechend organisiert wird, verdichten sich in der Wahr-Zeichnung des Geschlechts Kräfteverhältnisse, verstanden als Machtmechanismus moderner Gesellschaften. Sie richten sich auf den Körper und das, was er tut (vgl. Foucault 1986; 1999). An ihm ist ablesbar, wie der Körper als Inschrift einer politischen Technologie funktioniert. Das Geschlecht bewegt sich wie die Sexualität zwischen individuellem Organismus und Sozialkörper; es befindet sich wie diese an der Kreuzung von Individuum und Bevölkerung und gehört wie sie zur Disziplin, aber auch zur Regulierung (vgl. Foucault 1977; 1993a; 1999). Das Geschlecht bildet ein Signum, in dem sich heterogene Elemente und Operationen zusammenschalten und nach innen – in das Innere der Gesellschaft und des Individuums – wirken. Am Beispiel des Geschlechts als hetero-topem Ort von Geschichte wird die komplexe Beziehung zwischen Geschlecht, Wahr-Zeichen und Wahrheit des Individuums deutlich. Denn: Ebenso wie es Wahrzeichen von Orten gibt, gibt es Wahr-Zeichen des Geschlechts, die den Ort innerhalb einer Streuung als Differenz anzeigen und damit den Raum einer Geschlechterdifferenz sowohl differenzieren als auch homogenisieren. Dabei weisen kulturelle Diskurse den Weg. Das Geschlecht ist dann selbst ein (symbolischer) Ort und keine Substanz. Es handelt sich um einen Ort, ›an dessen Grunde‹ die Wahrheit lauert – mit ihren Ausschließungen, Verwerfungen

---

7 Foucault geht von objektivierenden und subjektivierenden Verfahren der Konstitution des – vergeschlechtlichten – Menschen aus, die den Menschen als Subjekt erst entwerfen und ihn gleichzeitig unterwerfen (Foucault 1976: 245 f.). Dies geschieht mithilfe von Technologien. Technologien haben etwas mit den Wegen zu tun, »auf denen Menschen in unserer Kultur Wissen über sich selbst erwerben«. Dabei handelt es sich um »hochspezifische [...] ›Wahrheitsspiele‹ auf der Grundlage spezieller Techniken, welche die Menschen gebrauchen, um sich selbst zu verstehen« (Foucault 1993b: 26).

8 Machtdispositive beschränken sich in dieser Perspektive nicht darauf, normalisierend zu sein. Sie sind vielmehr konstituierend und in Bezug auf die Macht wahrheitskonstitutiv (Deleuze 1996: 16).

und Abstoßungen. Der Ort des Geschlechts ist Schauplatz kriegerischer Auseinandersetzungen:

> Die Konstruktion des Geschlechts arbeitet mit den Mitteln des *Ausschlusses*, und zwar [...] durch eine Reihe von Verwerfungen, radikalen Auslöschungen, denen die Möglichkeit kultureller Artikulation regelrecht verwehrt wird. (Butler 1995: 29)

Der Ort, der mithilfe dieser Wahr-Zeichen bezeichnet wird, ist der Körper. Er wird zum Geschlechtskörper. Das, was wir damit be-zeichnen, ist aber nicht etwas Einmaliges und Ursprüngliches, von Natur aus Existierendes, sondern es ist Ergebnis unaufhörlicher Bezeichnungen und Umschreibungen.

> Von entscheidender Bedeutung [...] ist, dass die Konstruktion weder ein einzelner Akt noch ein kausaler Prozess ist, der von einem Subjekt ausgeht und in einer Anzahl festgelegter Wirkungen endet. (Butler 1995: 32)

In einem heterogenen Feld des Geschlechterwissens situiert, ist der Körper das, was Michel Foucault als »wiederholbare Materialität« (Foucault 1977; Butler 1995) bezeichnet. Ihm ist als ›realem‹ Körper jenseits seiner symbolischen Bezeichnung nicht beizukommen; er kann sich von seiner Bezeichnung nicht lösen. Die ›Wahrheit‹ des Geschlechts lässt sich mit Rückgriff auf den ›realen‹ Körper nicht auflösen. Sie ist auf Wahr-Zeichen verwiesen, die das Geschlecht mit Hilfe diskursiver Praktiken und Technologien erst erzeugen. Das Geschlecht entsteht demnach im Zusammenspiel komplexer diskursiver Konstellationen, deren Effekt historisch singuläre und kontingente Technologien des Geschlechts sind.

3. Wahr-Zeichnung des Geschlechtskörpers

Die Wahr-Zeichnung des Geschlechtskörpers ist der Effekt eines Geschlechterwissens und einer Geschlechterpolitik der Humanwissenschaften, deren Wirkmächtigkeit vom 18. Jahrundert bis hin zu den technisch-medialen Konstrukionsweisen gegenwärtiger ›Neuer Technologien‹ reicht. Das Geschlechterprogramm der Moderne folgt einem vorgängigen kulturellen Diskurs, der das Soziale in die Anatomie des Geschlechts einschreibt. Dort, wo die Anatomie, wo experimentelle Anordnungen eine zweifelhafte Leerstelle hinterlassen, muss die Option einer Geschlechter- und Bevölkerungspolitik herhalten, um die täuschenden Anatomien ihrer Mehr- oder Zweideutigkeit zu entkleiden. »Für den, der beobachten und untersuchen kann, sind die Geschlechtermischungen bloße Verkleidungen der Natur« (Foucault 1998: 9). Am Schnittpunkt von Geschlechter- und Bevölkerungspolitik ›entdeckt‹ die Anatomie und später die Psychoanalyse Wahr-Zeichen des Geschlechts.

Seit dem 18. Jahrhundert dienen ›Abarten‹ und ›Verirrungen‹ in den unterschiedlichen wissenschaftlichen Disziplinen als bloße ›An-Zeichen‹ des *einen*, ›wahren‹ Geschlechts. Sie deuten als Zeichen von Grenzverschiebungen der Geschlechter auf Normalitätspole hin, die es erst noch herzustellen gilt (vgl. zu diesem Komplex Bublitz 2000; 2001). Biographische und wissenschaftliche ›Fälle‹ bilden den Anreiz zur Erfassung ihrer statistischen Häufung; es entstehen Erscheinungsformen geschlechtlicher Typen, die eher »unzählige Abstufungen zwischen Mann und Weib, ›sexuelle Zwischenformen‹ [...], ›Bruchteile‹« (Weininger 1903: 9) von beiden repräsentieren, als dass sie Hinweise auf idealtypische Rekonstruktionen von Zweigeschlechtlichkeit enthalten. Das Bestreben, Geschlecht als anatomisch-biologische Kategorie zu begründen, scheitert. Es läuft auf Häufigkeitsverteilungen hinaus, die einen ›Durchschnitt‹ männlicher und weiblicher Geschlechtsmerkmale begründen, wo die Konstruktion von Geschlechter-Typen als voneinander abgegrenzte Einheiten angestrebt war. Dabei zeigen die statistischen Serien nicht einmal Häufungspunkte. »Statt zweier Geschlechter liefern die medizinischen Experten nichts als eine endlose Serie« (Schäffner 1995: 280; vgl. auch Runte 1996) von ›Perversionen‹. »Identitäten [können dann] nur [noch] als statistische Effekte erscheinen« (Schäffner 1995: 279 [Einf. H.B.]).

> Der endlosen Skala der Perversionen, der Pseudo-Formen und Geschlechtermaskeraden, die zu Krankheiten oder Verbrechen erklärt werden, tritt als Möglichkeitsbedingung eine klare Scheidung der Geschlechter gegenüber, die durch medizinische und nicht zuletzt juristische Verfahren bestimmt werden sollen. Denn nur durch das Wissen von eindeutigen Geschlechtsidentitäten wird es möglich, all die sexuellen Abweichungen zu trügerischen Masken zu erklären. Doch gerade diese Verfahren, die das Wissen, was Mann, was Frau ist, garantieren sollen, machen in ihrer diskursiven Explosion die Anstrengungen deutlich, die nötig sind, ein exaktes Wissen um Geschlechterdifferenz im Rahmen der Humanwissenschaften zu ermöglichen. (Schäffner 1995: 274)

Sexualwissenschaftliche und -pathologische sowie medizinische Diskurse konstituieren zunächst einen »Raum infinitesimaler Streuung« (Schäffner 1995: 275). Es kommt zu den unterschiedlichsten Versuchen, das Geschlecht zunächst über die Fortpflanzungsorgane, über hormonelle Prozesse (endokrinologische Diskurse), über die sexuellen Organe (sexualwissenschaftliche Diskurse) und über die Sexualtriebe als psychische ›Organe‹ zu bestimmen (vgl. Schäffner 1995: 281 f.; Breidenstein 1996: 215–239; Runte 1996). »Durch den Wegfall eines eindeutigen geschlechtsbestimmten Kriteriums, durch Homosexualität und Hermaphrodismus wie durch Kastration von Männern und Frauen« droht die Polarisierung der Geschlechter »in einer seriellen Verteilung sexueller Formen zu verschwinden« (Schäffner 1995: 274).

> Die diffusen Frauen- oder Männerkörper sind nicht mehr nur täuschende pseudohermaphroditische Maskeraden des anderen Geschlechts, sondern Ausdruck eines Mischungsverhältnisses von Geschlechtsmerkmalen, das jeden normalen Körper durchzieht. (Schäffner 1995: 283)

Jedes Mischungsverhältnis von Geschlechtsmerkmalen in einem Körper aber wird als ›Verweiblichung‹ konnotiert.[9] ›Verweiblichung‹ verweist in diesem Kontext als polyvalente Diskursfigur auf alle möglichen Formen von sexuellen und geschlechtlichen Abweichungen, die die Konstitution von Männlichkeit und Weiblichkeit als biologi-

---

9 Dies insofern, als der weibliche Körper als vollkommen von sexueller Lust durchzogen betrachtet wird. Vgl. dazu Flechsigs Kastrationspraktiken von als hysterisch diagnostizierten Frauen, Schrebers ›Entmannungsphantasien‹ in Flechsigs Klinik (Schäffner 1995: 281). Schäffner interpretiert Schrebers Entmannungsfurcht im Gegensatz zu Freud als reale Angst und als Ausdruck einer therapeutischen Machtkonstellation.

sche, aufeinander verweisende Differenzen erst hervorbringen. Konstatiert werden muss, dass das Verhältnis von Sexualität und Geschlecht hier irgendwie kausal gedacht, aber keineswegs eindeutig bestimmt werden kann.

Erst durch Einfügung polarisierender Zäsuren in ein Kontinuum von Geschlechtsmerkmalen gelingt es, die Streuung produktiv zu machen für die ›wahre‹ Bestimmung des Geschlechts. Damit konstituieren die Streuungen ein Wissen über die ›Natur‹ des Geschlechts. Im Rahmen von Normalisierungsprozessen werden sie über Methoden des Sammelns und Klassifizierens, in einer »Weitläufigkeit und Widersprüchlichkeit [...] [von] ›Beobachtungen‹«, die als »experimentelle Weg‹[e] zur Erkenntnis« gelten (Breidenstein 1996: 225), produktiv für die Herstellung des ›wahren‹ Geschlechts.[10] Durch die scheinbar »klaren Alternativen vorher/nachher oder vorhanden/nicht-vorhanden [...]« begründen Geschlechterkategorien »Ergebnisse von hoher Eindeutigkeit und Zuverlässigkeit« (Breidenstein 1996: 224). Sie scheinen als messbare, naturwissenschaftliche Größen hervorgebracht, wodurch sie als Gegenstände des Macht-Wissens-Komplexes normalisiert und als Gegenstand von Praktiken normiert werden. Dabei erscheint die Konstitution einer bipolaren, heterosexuell aufeinander verwiesenen Geschlechterdifferenz als zentrales Element einer Bevölkerungs- und Geschlechterpolitik.

> Im Rahmen der Humanwissenschaften tauchen im 19. Jahrhundert vor allem Disziplinen wie Gynäkologie und Sexualwissenschaft auf, mit denen eine strenge Einheit zwischen dem anatomischen, juristischen und sozialen Geschlecht und damit eine klare Geschlechterdifferenz hergestellt werden soll. *In diesem Sinne ist die Biopolitik der Humanwissenschaften Geschlechterpolitik.* Damit dokumentieren sich einerseits Wissensformen, die Sexualität in all ihrer Formenfülle als ›Perversionen‹ erst erzeugen, und andererseits neue Verfahren, um die Geschlechterdifferenz zu regulieren und aufrechtzuerhalten. (Schäffner 1995: 274 [Herv. H.B.])

Die Anreizung des Geschlechterwissens erscheint so als Effekt der Sorge um die Generativität des Lebens, die seit dem Ende des 18. Jahrhunderts diskursiv hergestellt wird und den Körper ins Zentrum des Sozialen stellt. Damit erhält das Soziale den Status des Natürlichen, eines natürlichen Körpers der Macht. Das soziale Geschlecht wird zur Voraussetzung von Prozeduren, Verfahren und Technologien, mit deren Hilfe die Geschlechter als biologische sichtbar gemacht und begründet werden sollen:

> Soziale Geschlechterrollen werden zu Möglichkeitsbedingungen der Prozeduren, die ein eindeutiges biologisches Geschlecht erzeugen sollen: Wo gender war, soll sex werden. (Schäffner 1995: 274)[11]

Die Konstitution geschlechtlicher Subjektivität erfolgt also zunächst über ihr Anderes als Bestimmungsgröße, dann über ihr Anderes als Ausgeschlossenes. Das ›wahre‹

---

10 Diese Kategorien bilden die Gegenstandskonstitution einer in sich überaus heterogenen Diskursformation, die als diskursive Kreuzung von disziplinären Wahrheiten verstanden werden muss.

11 Diese ›Ableitungslogik‹ wird später transformiert und umgekehrt: ›Wo sex war, soll gender werden‹. Das bedeutet: Das biologische Geschlecht, das aus dem sozialen erst hervorgeht, wird diesem nun voraus-gesetzt und wird zur Begründung einer ›natürlichen‹ Geschlechterordnung.

Geschlecht wird zur Norm, die sich über die Abweichung, die je nach Diskurs als Pathologie erscheint, normalisierend und normierend herstellt. Die Vorstellung einer Vermischung von Geschlechtsmerkmalen in ein und demselben Körper wird ebenso abgelehnt wie die Möglichkeit, das Geschlecht zu wechseln.

> Biologische Sexualtheorien, juristische Bestimmungen des Individuums und Formen administrativer Kontrolle haben seit dem 18. Jahrhundert in den modernen Staaten nach und nach dazu geführt, die Idee einer Vermischung der beiden Geschlechter in einem einzigen Körper abzulehnen und infolgedessen die freie Entscheidung der zweifelhaften Individuen zu beschränken. *Fortan jedem ein Geschlecht, und nur ein einziges* (Foucault 1998: 8f. [Herv. H.B.]).

Es geht nur noch darum, zu entziffern, »welches das wahre Geschlecht ist, das sich hinter einem verworrenen Aussehen verbirgt [...], die täuschenden Anatomien zu entkleiden [...] und hinter den Organen, die die Formen des entgegengesetzten Geschlechts angenommen haben können, das einzig wahre Geschlecht wieder(zu)finden« (Foucault 1998: 9). Foucault weist darauf hin, dass im 20. Jahrhundert zwar die Möglichkeit besteht, »dass ein Individuum ein Geschlecht annimmt, das nicht sein biologisches ist«, aber die Vorstellung, dass »man am Ende doch ein wahres Geschlecht haben müsse« (Foucault 1998: 10), bei weitem nicht ausgeräumt ist.[12]

Denn: Es besteht immer noch die Vorstellung, dass »einige [...] der Wahrheit Hohn sprechen: ein ›passiver‹ Mann, eine ›männliche‹ Frau, Leute gleichen Geschlechts, die sich lieben; man mag vielleicht einräumen, dass hier kein schwerer Anschlag auf die bestehende Ordnung vorliegt; aber man ist sofort bereit, zu glauben, dass es sich um etwas wie einen ›Irrtum‹ handelt« (Foucault 1998: 10). Dieser ›Irrtum‹ verweist nicht nur auf die Wahrheit des Geschlechts. Vielmehr erscheint dieses als »geheimste und tiefste Wahrheit des Individuums [...]: die Struktur seiner Phantasmen, die Wurzeln seines Ichs, die Formen seiner Beziehung zur Wirklichkeit. Am Grund des Geschlechts – die Wahrheit« (Foucault 1998: 11).

4. Grenzüberschreitungen als Indikatoren der Wahrheit des Geschlechts

Eric Santner schreibt in einem Beitrag zu *Wagner, Kafka, Schreber* (1999):

> Ganz wie Schrebers *Erinnerungen* ist die Erzählung von Gregor Samsa eine Initiation in das Universum der Abjektion. Gregor Samsa wird nicht nur in eine Spezies abstoßender

---

12 Offenbar geht Foucault hier davon aus, dass es dieses biologische Geschlecht gibt, wenn er auf ein ›anderes‹ als das biologische Geschlecht hinweist, das anzunehmen möglich erscheint. Ungeklärt bleibt dann aber, wie sich dieses scheinbar vorauszusetzende biologische Geschlecht zu einem ›anderen‹ Geschlecht, zum sexuellen Begehren und zu einem in der Geschlechterordnung festgeschriebenen Nexus von Körper und Geschlecht verhält. Ganz so einfach, wie Foucault es darstellt, ist die mögliche Wahl eines Geschlechts nicht. Die ›biographischen Operationen‹ von Transsexuellen verweisen ja darauf, dass über den Körper jenseits kultureller Be-Zeichnungen und Machtpraktiken nicht frei verfügt werden kann; hier wird das Geschlecht ja durch Operationen am biologischen Körper derart hergestellt, dass es sich im Einklang mit dem kulturellen Imperativ einer heterosexuellen Matrix der Geschlechterdifferenz befindet (vgl. Runte 1996).

Ungeziefer verwandelt, er wird nicht nur mit Küchenabfällen gefüttert, seine Familie verändert auch sein Zimmer allmählich in einen Abstellraum für alle möglichen Arten von Abfall – für das, was von der Familie ausgestoßen wurde. Gregor ausgezehrter Körper wird schließlich auch als ein Haufen Müll in dem Maße verstoßen, wie er zur Verkörperung der verschwendeten Produkte jener Familie wurde, die er vorher mit Fürsorge und Hingabe ernährt hatte. (Santner 1999: 67)

Santner bezieht sich hier auf Kafkas Erzählung *Die Verwandlung* und interpretiert sie innerhalb eines »vom Text markierten sozialen Feldes« (Santner 1999: 67). Sie eröffnet nicht nur den Raum einer Monstrosität, sondern auch den Ort der Krise einer männlichen Autorität, die am Ende der Erzählung mit der Opferung Gregors überwunden wird. Dieses Opfer stellt nicht nur die gestörte (Familien-)Gemeinschaft wieder her, sondern ist, so Santner, auch als Wiedereinsetzung eines kulturellen Imperativs interpretierbar. Dieser kennt die Differenz nur als Binarität des Selben und des Anderen – als eine bipolare Verweisungsstruktur. Was hier wieder in Kraft tritt, ist die symbolische Ordnung der Sprache, der Begriffe, des Subjekts. Sie ist männlich. So gesehen erscheint die Verwandlung des Gregor Samsa als *Verweiblichung*.

4.1. DIE WAHRHEIT EINES ALS MÄNNLICH MARKIERTEN GESCHLECHTSKÖRPERS

›Verweiblichung‹ als Überschreitung einer kulturell gesetzten Norm setzt die Wahrheit eines durch Geschlechtszeichen – als männlich – markierten Körpers voraus. Verweiblichung ist aber nicht nur eine Grenzüberschreitung ins ›andere‹ Geschlecht, wobei das *eine* Geschlecht das Männliche mit Universalanspruch ist, ›das andere‹, das Weibliche, das partikular weibliche Geschlecht ist, sondern es ist zugleich eine Verunsicherung oder Verletzung des kulturellen Gesetzes. In der Erzählung *Die Verwandlung* ist es der Vater, der über die Einhaltung der Gesetze wacht. Samsa verlässt die symbolische Ordnung des Vaters und verwandelt sich in ein Tier – mehr als das, in ein Ungeziefer. Ein Ungeziefer (zer)stört wie Unkraut die Ordnung der Spezies. *Die Verwandlung* ist also gleichzeitig eine Metapher der Einsperrung, der Ab- und Ausstoßung. Die symbolische Ordnung auferlegt sich dem Körper wie ein Panzer, den er nur um den Preis ihrer Verwerfung, aber auch des Ausschlusses aus dieser abwerfen kann. Was hier eingesperrt wird, ist ›*das Andere des Gleichen*‹. Das andere der Geschlechterordnung ist das Weibliche. Weininger hat vorgeführt, wie dieses andere Weibliche zu sehen ist: »Die Frauen haben keine Existenz und keine Essenz, sie sind nicht, sie sind nichts« (Weininger 1903: 383). Für Weininger ist Weiblichkeit ein Synonym für die Unfähigkeit, dem moralischen Gesetz der symbolischen Ordnung zu genügen (vgl. dazu ausführlicher Bublitz 2000).

Der Zorn auf die eigene Heteronomie, auf die Einsetzung in eine symbolische Ordnung durch den Vater und die ›Unterwerfung‹ unter den Vater (durch seinen Namen) richtet sich »innerhalb des kulturellen Codes des Fin-de-Siècle [als] Zorn gegen Frauen und Juden und die *eigene Übertretung* in ihren Bereich. Es ist, mit einem Wort, ein Zorn gegen die Tatsache, dass man die Grenze immer schon in die falsche Richtung überschritten hat, dass man geheim immer schon ins *Ludertum* […] ›konvertiert‹ ist. Es ist das Wissen um eine solche Überschreitung, […] das für Wagner

– und für die deutsche Kultur im allgemeinen – das Hindernis für das glatte Funktionieren des sozialen Körpers materialisiert« (Santner 1999: 88 f.).

In dieser Ver-Körperung gesellschaftlicher Normen und Konventionen wird das Zusammenspiel von Körper und Macht deutlich. Es stellt sich die Frage, wie es zu der hervorragenden Bedeutung des *einen* Körpers, der andere ausschließt, kommt; wie es der Macht gelingt, den Eindruck zu erwecken, es handele sich beim Körper um eine biologische Voraussetzung gesellschaftlicher und politischer Prozesse. Die Antwort auf diese Frage liegt zum einen in jener Ver-Körperung der Normen begründet, die diese performativ wiederholt, zum anderen in den Kategorien des Denkens und in der Struktur einer symbolischen Ordnung, die die diffusen Erscheinungsformen und Mischungen in die Eindeutigkeit einer Trennung der Geschlechter überführt. Sie verdankt sich der Struktur einer Denkweise, die Mehrdeutigkeiten in polarisierende Ordnungsmuster übersetzt und jene überhaupt erst aus der Perspektive des Entweder-Oder wahrnimmt. So verweisen selbst Grenzüberschreitungen der kulturell gesetzten Norm auf das historische Apriori einer Geschlechterpolitik der Humanwissenschaften, das die normalisierende Differenz dort einsetzt, wo ein Feld der Streuung anzutreffen ist.

4.2. ›DEN KÖRPER LESEN‹: DER GESCHLECHTSKÖRPER ALS ›METAPHYSISCHES GEHÄUSE‹[13]

In einer »abschließenden, unwissenschaftlichen Nachschrift« zu Foucaults Analyse der Sexualität als Verbindung von Diskurs und Macht im ersten Band von *Sexualität und Wahrheit* und seiner Einleitung zu den von ihm veröffentlichten Tagebüchern von *Herculine Barbin* – einem Hermaphroditen des 19. Jahrhunderts – nimmt Judith Butler Stellung zu einem kulturellen Diskurs, der im Dienste der Fortpflanzung die äußeren Genitalien als wahr(e)-Zeichen, als »definierende ›Zeichen‹ des Geschlechts« ansieht (Butler 1991: 163).[14] Sie stellt die These auf, »dass die Untersuchung der Bestimmung des anatomischen Geschlechts (sex) durch bestimmte kulturelle Annahmen über den jeweiligen Status von Männern und Frauen und durch die binären Geschlechter-Beziehungen (gendered relations) selbst eingerahmt und zentriert wird« (Butler 1991: 163). Beispiele aus der Molekularbiologie zeigen ihrer Auffassung nach, dass in den Fällen, in denen sich einzelne Bestandteile des anatomischen Geschlechts

---

13 Judith Butler geht hier davon aus, dass »die Optionen der Theorie nicht dadurch erschöpft sind, dass man die Materialität [des Körpers den Diskursen] entweder *voraussetzt* oder *verneint*«. Vielmehr bedeutet ihrer Auffassung nach, »die Konzepte der Materie und des Körpers zu dekonstruieren, [...], sie aus ihrem metaphysischen Gehäuse zu befreien«, verbunden mit einem »Verlust an epistemologischer Gewissheit«, dass es den Körper als der kulturellen Be- Zeichnung vorausgesetzten, natürlichen Körper gibt (Butler 1993: 52).

14 Herculine wurde bei seiner Geburt ein weibliches Geschlecht zugewiesen. Er/Sie empfindet sich selbst jedoch aufgrund seiner sexuellen Neigungen eher als männliches oder als unbestimmtes Geschlecht, wird aber, aufgrund äußerer Geschlechtsmerkmale, gesetzlich gezwungen, eine Geschlechtsumwandlung vorzunehmen. Diese ›Zwangsmaterialisierung‹ seines Geschlechts führt zu seinem/ihrem Selbstmord. Die Bestimmung von Herculines ›wahrem‹ Geschlecht dient Foucault dazu, den Zusammenhang von Geschlecht und ›Wahrheit‹ im Kontext der Sexualwissenschaften und der Psychoanalyse näher zu beleuchten.

nicht zu einer erkennbaren Kohärenz oder Einheit des anatomischen Geschlechts zusammenfügen, die Evidenz der äußeren Geschlechtsmerkmale herhalten muss. Dies aber widerspricht gerade den experimentellen Verfahren der Geschlechtsbestimmung, die »implizit die Beschreibungskraft der verfügbaren [binären] Kategorien des anatomischen Geschlechts in Frage stellen« (Butler 1991: 162 [Einf. H. B.]).

Auf die Vielfalt der Probleme der Geschlechtsbestimmung in der Zellbiologie und Embryologie einzugehen, ist hier nicht der Ort. Es geht vielmehr darum, zu zeigen, dass die Eindeutigkeit des anatomischen Geschlechts mit Rekurs auf eine kulturelle Ordnung hergestellt wird, obwohl die Forschungslage auch andere Schlüsse zulassen würde. Der Geschlechtskörper bildet dann nämlich den Ort, an dem der von seinen anatomischen Merkmalen und Erbanlagen ausgefüllte Körper, auf die Bedingungen seiner Existenz befragt, den ›Ein-Druck‹ einer Diskursstelle hinterlässt, die ihn auf seine heterosexuelle Generativität festlegt.

Butler referiert die Kontroverse über das sog. *Mastergen*, mit dessen Hilfe Forscher des MIT 1987 meinen, einen »verborgenen, sicheren Bestimmungsfaktor des Geschlechts«, nämlich »›die binäre Schaltstelle‹ entdeckt zu haben, von der alle dimorphen Geschlechtsmerkmale abhängen« (Butler 1991: 159): Eine Gruppe von Versuchspersonen, denen eine DNA-Probe entnommen wurde, hatten XX-Chromosomen, obwohl sie medizinisch als männlich galten. Andere wiederum besaßen XY-Chromosomen, während sie medizinisch als weiblich galten. Das anatomische Geschlecht sollte durch die Untersuchung der DNA-Strutur experimentell erhärtet werden. Doch vor dem Hintergrund der genetischen Analyse bleibt die geschlechtliche Kategorisierung der Testpersonen als ›männlich‹ oder ›weiblich‹ unklar. Entschieden wurde das Problem durch Rückgriff auf die offenkundigen primären und sekundären Geschlechtsmerkmale.[15]

Für die genetischen Analysen der Molekularbiologie ist das Modell eines genetischen Codes grundlegend. Diesen bezeichnet Lily E. Kay (2000) als einen metaphorisch verschlüsselten Informationscode, eine historische Metapher, mit der Natur, Vererbung und Gesellschaft und damit auch das ›Buch‹ des Lebens ›entschlüsselt‹ werden sollen. Dabei handelt es sich um eine Technologie, die – im Feld der ›life-‹ und der ›technosciences‹ situiert – eine spezifische, technisch-mediale Konstruktionsweise von Natur bezeichnet. Hergestellt wird eine Natur, die es - scheinbar - zu entdecken gilt, die aber unter Laborbedingungen konstruiert wird. Der genetische Code repräsentiert einen Informationsdiskurs, der Praktiken der Lebenskontrolle durch die Kontrolle genetischer Informationen ergänzt (Kay 2000: 19). Seine volle Bedeutung erhält diese Strategie jedoch erst im Rahmen einer Körper- und Bevölke-

---

15 Hierzu verweist Butler auf die Studie Anne Fausto-Sterlings, die darauf aufmerksam macht, dass die untersuchten Personen anatomisch und in Bezug auf ihre Reproduktionsfunktion keineswegs eindeutig waren: »Die vier untersuchten XX-Männchen waren alle steril (keine Spermaproduktion), hatten kleine Testis, bei denen die Keimzellen, d. h. die Vorläuferzellen für die Spermien, völlig fehlten. Alle wiesen einen hohen Hormonspiegel und einen niedrigen Testosteronspiegel auf. Wahrscheinlich wurden sie wegen ihrer äußeren Geschlechtsteile und dem Vorhandensein der Testis als männlich klassifiziert [...]. Analog [...] waren bei den XY weiblichen Versuchspersonen die beiden äußeren Geschlechtsteile normal, während ihre Ovarien keine Keimzellen besaßen« (Butler 1991: 161).

rungspolitik. Körperdisziplin und Bevölkerungsregulierung bilden die zwei Pole einer Macht, um die herum sich die Macht über das Leben in modernen Gesellschaften auf allen Ebenen des sozialen Körpers organisiert hat. Sie richtet sich zugleich auf den individuellen Körper als ›Maschine‹ und auf die biologischen Gesamtprozesse der Bevölkerung. Geht es zum einen um die Disziplinierung, Optimierung und Nutzbarmachung des Organischen, damit aber auch um seine Integration in Systeme der ökonomisch effizienten Kontrolle, so richtet sich die Organisation des Körpers zum anderen auf die biologische Vielfalt des Bevölkerungssubjekts, auf statistische Berechnungen der Geburten- und Sterberate, des Gesundheitsniveaus, der Lebenserwartung und Lebensvorsorge.

Als technologische Strategie, die das Leben über eine Metaebene biologischer Informationen neuen Formen der Kontrolle und Regulierung unterwirft, unterliegt die genetische Metapher Analogien von biologischem und sozialem Körper; sie bezieht sich nicht auf eine Ontologie. Die verschlüsselte (Geschlechter-)Natur unterliegt dann aber Mehrdeutigkeiten, die nicht eindeutig zu entschlüsseln sind. Der Geschlechtskörper erscheint so als kontingenter Ort von Zuschreibungen, der auch anders konstruiert sein könnte. Die Annahme, dass der Körper wie die auf seiner Logik begründete Identität eines (Geschlechts-)Subjekts am körperlichen Substrat genetischer Informationen (ab)lesbar ist, reproduziert die Fiktion, dass einer versteckten Wahrheit auf die Spur zu kommen sei.

So verweist auch die Entscheidung, ein anatomisch zweideutiges XX-Individuum als männliches zu definieren, auf einen vorgängigen kulturellen Diskurs, der die Diskontinuitäten und die Vielzahl von ineinander greifenden Elementen, Funktionen und Dimensionen in einen binären Rahmen einschließt. Damit fällt der Diskurs hinter das zurück, was das experimentelle Verfahren eigentlich verspricht: Die Sichtbarmachung des Nicht-Sichtbaren. Gerade die Sichtbarkeit des Körpers funktioniert hier als eine Machtstrategie. Foucault spricht von einer ›Anatomie-Politik‹ des menschlichen Körpers, die erst den Zugriff der Lebensmacht auf das Innere des Körpers ermöglicht. Dementsprechend geht Judith Butler davon aus, dass der anatomische Körper, obgleich oder gerade weil er naturalisiert wird, vollständig politisch besetzt ist. Ihre These lautet im Anschluss an die Theorie der französischen Theoretikerin Monique Wittig, dass der Körper weder unveränderlich noch natürlich ist, sondern einen spezifischen politischen Einsatz der Kategorie ›Natur‹ darstellt. Diese These »erfordert eine Form der kritischen Untersuchung, die Foucault im Anschluss an Nietzsche als ›Genealogie‹ bezeichnet hat« (Butler 1991: 9). Die genealogische Kritik erforscht die politischen Einsätze, die auf dem Spiel stehen, wenn Identitätskategorien als Ursprung und Ursache bezeichnet werden, obgleich sie Effekte von Macht, von Institutionen und Verfahrensweisen sind.

Mit der Einschließung des Geschlechts-Körpers in ein binäres System erscheint dieser – anatomisch und molekularbiologisch – als »metaphysisches Gehäuse«, das den Anschein des Natürlichen und Eindeutigen annimmt. Diese Metaphysik liegt der humanwissenschaftlichen (Re-)Konstruktion des Geschlechtskörpers zugrunde, die ihn, je nach kulturell situiertem System seiner Repräsentation, jeweils ›um-schreibt‹ und auf historische Wahr-Zeichen festlegt.

5. (Technisch-Mediale) Umschriften

Ist nun die Einschließung des Geschlechtskörpers in ein binäres System durch den Rückgriff auf die Cyborg-Metapher aufzulösen? Anne Balsamo schlägt in ihrer Untersuchung über »Technologien des Geschlechtskörpers« (1996) vor, die Cyborg-Metapher auf doppelte Weise zu lesen: Entweder als Verbindung eines menschlichen Wesens mit einem elektronischen oder mechanischen Apparat oder als Einbettung von Organismen in ein kybernetisches Informationssystem. Im ersten Fall findet die Koppelung von Mensch und Maschine im Körper selbst statt; die Grenze zwischen physischem Körper und künstlicher Maschine ist aufgehoben. Im zweiten Fall wird die Grenze zwischen Körper und Technologie diesem sozial eingeschrieben. Cyborgs sind, so gesehen, hybride Einheiten, die weder vollkommen technologisch noch organisch sind, sondern, so Balsamo, geeignet sind, die Vorstellung von Körpern als materiellen Einheiten und diskursiven Prozessen neu zu strukturieren. Interessant ist dann nicht so sehr ihre ›konstruierte Natur‹, sondern vielmehr die Kontingenz ihres hybriden Entwurfs.

Zukunftsvisionen des Körpers zeigen Geschlechtskörper, die durch männliche und weibliche Sexualorgane markiert sind. Auch im 21. Jahrhundert ist, so scheint es, der fundierende Status des Geschlechts-Körpers im Kontext seiner virtuellen Simulation ungebrochen. Er findet sich im Bereich des Bodybuilding ebenso wie der kosmetischen Operationen, des Cybersex, der Reproduktionsmedizin und der öffentlichen Gesundheitspolitik als der eines ›Wahr-Zeichens‹ des Geschlechts.

Balsamo widerspricht daher der These, dass die Materialität des Körpers in der wissenschaftlich-technologischen Kultur obsolet geworden sei. Vielmehr geht sie davon aus, dass der Geschlechts-Körper weiterhin eine hybride Konstruktion von Materialität und Diskurs ist, der in Interaktion mit Neuen Medien zum geschlechtlichen Körper (gendered body) wird. Auch der Techno-Körper (techno-body) ist demnach ein evident geschlechtlich markierter Körper. In der Verschränkung diskursiver, symbolischer und materieller Prozesse zeigt es sich, dass der weibliche Körper trotz neuer technologischer Möglichkeiten der Körperkonstruktion weiterhin ein privilegierter Ort der kulturellen Einschreibung von Natur ist. Als kulturelles Zeichen von ›Natur‹, ›Sexualität‹ und ›Reproduktion‹ verstärkt er nicht nur den Ein-Druck eines weiblichen Wesens, das in einem natürlichen Körper (be)ruht, sondern – vor dem Hintergrund seiner medialen Repräsentation – auch den einer neuen sexuellen Attraktivität, eines »neuen sex appeals« (Balsamo 1996: 12, 41f.). Für dieses steht der ›athletisch gestylte‹ Körper. Hier wird nicht nur deutlich, das neue Technologien des Geschlechts kulturell dominierende Weiblichkeitsideale reproduzieren, sondern es zeigt sich auch, wie davon abweichende – athletisch-muskulöse – Konstruktionen des weiblichen Körpers diszipliniert und normalisiert werden.

Folgt man der Diskussion über den Zusammenhang von Körperlichkeit, Geschlecht und Medien, so unterliegt das Geschlechts-Subjekt ständigen Umschreibungen. Abhängig von institutionellen Praktiken, kulturellen Sprachregelungen und Technologien sowie von eigenen Akzentuierungen verweist die Koppelung von Körper und Medien und seine mediale Neupositionierung auf vielschichtige Überschreitungen und Überschreibungen der binären Geschlechtergrenzen, auf die Mehrdimensionalität und -deutigkeit geschlechtlicher Identitäten, sowie – damit verbunden – von Selbstverhältnissen. Das Geschlechts-Subjekt ist demnach ständigen Fluktuationen und Umformungen unterworfen. Gleichzeitig wird im Kontext medialer Geschlechterkonstruktionen der Rückgriff auf bipolar strukturierte Geschlechterdifferenzen sichtbar. Wenn Geschlecht also in neueren Ansätzen als »fluktuierender Effekt von Diskursivität« (Funk 2000) und Performativität erscheint, der als Streuung organisiert ist, so ist unübersehbar, dass der Geschlechtskörper sich auch hier keineswegs bedingungs- und voraussetzungslos konstituiert. Der Geschlechtskörper wird als Zeichen eines kulturellen Imperativs strukturiert und organisiert.

Nicht die ›Natur‹ des Geschlechtskörpers bildet also das metaphysische Gehäuse des Körpers, sondern Technologien: Technologien von Zeichensystemen, Technologien der Macht und Technologien des Selbst (vgl. Foucault 1993b: 20). Diese Technologien produzieren in der Verschränkung von diskursiven Praktiken und Machttechnologien den Körper in seiner – physischen – Materialität. Eine dieser Technologien ist das Geschlecht.

Die Rekonstruktion der Wahr-Zeichen des Geschlechts zeigt daher, dass diese auch im Zeitalter neuer Technologien im historischen Apriori einer Geschlechterpolitik zu situieren sind, die den anatomischen Körper konstitutiv mit sozialen Technologien zusammenschliessen.

Literatur

Balsamo, Anne (1996): Technologies of the gendered body. Reading Cyborg Women. Durham, New York.
Breidenstein, Georg (1996): Geschlechtsunterschied und Sexualtrieb im Diskurs der Kastration Anfang des 20. Jahrhunderts. In: Eifert, Christiane (Hg.): Was sind Frauen? Was sind Männer. Geschlechterkonstruktionen im historischen Wandel. Frankfurt a.M., 216-239.
Bublitz, Hannelore (1999): Foucaults Archäologie des kulturellen Unbewussten. Zum Wissens-Begehren und Wissensarchiv moderner Gesellschaften. Frankfurt a.M.
Bublitz, Hannelore (2000): Zur Konstitution von Kultur und Geschlecht um 1900. In: Bublitz, Hannelore / Hanke, Christine / Seier, Andrea (Hg.): Der Gesellschaftskörper. Zur Neuordnung von Kultur und Geschlecht um 1900. Frankfurt a.M., 19-96.
Bublitz, Hannelore (2001): Geschlecht als historisch singuläres Ereignis. Foucaults poststrukturalistischer Beitrag zu einer Gesellschafts-Theorie der Geschlechterverhältnisse. In: Knapp, Gudrun-Axeli / Wetterer, Angelika (Hg.): Soziale Verortung der Geschlechter. Gesellschaftstheorie und feministische Kritik. Münster, 256-287.
Bublitz, Hannelore / Hanke, Christine / Seier, Andrea (2000): Der Gesellschaftskörper. Zur Neuordnung von Kultur und Geschlecht um 1900. Frankfurt a.M.
Butler, Judith (1991): Das Unbehagen der Geschlechter. Frankfurt a.M.
Butler, Judith (1993): Kontingente Grundlagen: Der Feminismus und die Frage der »Postmoderne«. In: Benhabib, Seyla / Butler, Judith / Cornell, Drucilla / Fraser, Nancy: Der Streit um Differenz. Feminismus und Postmoderne in der Gegenwart. Frankfurt a.M., 31-58.
Butler, Judith (1995): Körper von Gewicht. Die diskursiven Grenzen des Geschlechts. Berlin.

De Lauretis, Teresa (1987): Technologies of Gender: Essays on Theory, Film and Fiction. Bloomington.
Deleuze, Gilles (1996): Lust und Begehren. Berlin.
Foucault, Michel (1974): Von der Subversion des Wissens. München.
Foucault, Michel (1976): Überwachen und Strafen. Frankfurt a.M.
Foucault, Michel (1977): Der Wille zum Wissen. Sexualität und Wahrheit, Bd.I. Frankfurt a.M.
Foucault, Michel (1986): Vom Licht des Krieges zur Geburt der Geschichte. Berlin.
Foucault, Michel (1993a): Leben machen und sterben lassen. In: Lettre International. Heft 20. Berlin, 62-67.
Foucault, Michel (1993b): Technologien des Selbst. In: Foucault, Michel / Rux, Martin u. a.: Technologien des Selbst. Frankfurt a.M., 24-62.
Foucault, Michel (1998): Einleitung. In: Schäffner, Wolfgang / Vogl, Joseph (Hg.): Über Hermaphrodismus. Herculine Barbin; Michel Foucault. Frankfurt a.M., 7-18.
Foucault, Michel (1999): In Verteidigung der Gesellschaft. Frankfurt a.M.
Funk, Julika (2000): Das iterative Geschlecht. Zur verzögerten Historizität von Geschlechterdifferenz. In: metis. Zeitschrift für historische Frauenforschung und feministische Praxis. 9. Jg., Heft 17. Berlin, 67-86.
Gildemeister, Regine (1988): Geschlechtsspezifische Sozialisation. In: Soziale Welt, Jg. 39. 486-501.
Gildemeister, Regine / Wetterer, Angelika (1992): Wie Geschlechter gemacht werden. Die soziale Konstruktion der Zweigeschlechtlichkeit und ihre Reifizierung in der Frauenforschung. In: Knapp, Gudrun-Axeli / Wetterer, Angelika (Hg.): Traditionen. Brüche. Entwicklungen feministischer Theorienbildung. Freiburg, 201-253.
Honegger, Claudia (1991): Die Ordnung der Geschlechter. Die Wissenschaften vom Menschen und das Weib. Frankfurt a.M.
Kay, Lily E. (2000): Who wrote the Book of Life? A History of the Genetic Code. Stanford.
Kutschmann, Werner (1986): Der Naturwissenschaftler und sein Körper. Frankfurt a.M.
Mittag, Martina (2000): Mutierte Körper - Der Cyborg im Text und der Text als Cyborg. In: Becker, Barbara / Schneider, Irmela (Hg.): Was vom Körper übrigbleibt. Körperlichkeit - Identität - Medien. Frankfurt a.M., 209-234.
Runte, Annette (1996): Biographische Operationen. Diskurse der Transsexualität. München.
Runte, Annette (1998): Im Dienste des Geschlechts - Zur Identitätskonstruktion Transsexueller. In: Bublitz, Hannelore (Hg.): Das Geschlecht der Moderne. Genealogie und Archäologie der Geschlechterdifferenz. Frankfurt a.M., 119-142.
Santner, Eric (1999): Wagner, Kafka, Schreber. In: Bronfen, Elisabeth / Santner, Eric / Zizek, Slavoj: Enden sah ich die Welt. Wagner und die Philosophie in der Oper. Wien, 67-100.
Schäffner, Wolfgang (1995): Transformationen. Schreber und die Geschlechterpolitik um 1900. In: Bettinger, Elfi / Funk, Julika (Hg.): Maskeraden. Geschlechterdifferenz in der literarischen Inszenierung. Berlin, 273-291.
Schäffner, Wolfgang / Vogl, Joseph (1998): Nachwort. In: dies. (Hg.): Über Hermaphrodismus. Herculine Barbin; Michel Foucault. Frankfurt a.M., 215-246.
Weininger, Otto (1997[1903]): Geschlecht und Charakter. München.

Gabriele Klein

Technologisches und Ästhetisches
Synergieeffekte in der Popkultur

»Techno«, so stellte der *Spiegel* auf dem Höhepunkt der Techno-Welle 1996 fest, »ist Maschinenmusik, und der Raver die Menschmaschine; ein zuckendes Nervensystem, das Musik so lange in Bewegung umsetzt, bis es im Hirn ein Glücksgefühl ausschüttet, an das keiner glaubt außer dem Raver« (Der Spiegel, 29, 1996: 93).

Mit diesem Resümee über eine in ihren quantitativen Ausmaßen bislang nicht gekannte Tanzkultur blieben die Autoren des *Spiegel* nicht allein. Eine Anzahl von Print- und Bildmedien teilten ihre Ansicht. Auch sie wollten in der Techno-Kultur ein Indiz für die Effektivität einer globalisierten Kulturindustrie sehen. Techno: das sei der Inbegriff einer diskursfeindlichen, politikverdrossenen, an oberflächlichen Vergnügungen orientierten Jugend. Schnell war die ›Spaßgeneration‹ erfunden, die die befürchtete technologische Durchdringung des Sozialen als Freizeitvergnügen zelebriert.

Der Techno-Diskurs versetzte der Techno-Bewegung eine Erfrischungsspritze, hatte diese doch ihren Zenit bereits Mitte der 90er Jahre überschritten. Dass in der zweiten Hälfte der 90er Jahre in allen kleineren und größeren Städten Techno-Clubs eröffnet wurden und dass sich mit Love-Parade, Union-Move oder Generation-Move die ›Techno-Paraden‹ in deutschen Großstädten etablierten und Hunderttausende auf die Straße lockten, lag nicht nur an dem ›Ereignis‹ selbst, sondern auch an der medienwirksam geführten Debatte um die Auswirkungen dieser neuen, technologisch gerahmten Jugendkultur. Erst die soziale Erfindung von ›Techno‹ als einer neuen, generationsspezifischen Kulturpraxis, so die Grundannahme dieses Beitrages, schuf ein öffentliches Interesse für dieses Kulturphänomen, erregte die Aufmerksamkeit von Jugendlichen und schließlich der um Jugendlichkeit bemühten Vertreter politischer Institutionen, wirtschaftlicher Unternehmen und Organisationen.

Der medienwirksam geführte Diskurs um Techno war aber nicht neu, sondern schrieb ein Diskursmuster fort, das seit Beginn des 20. Jahrhunderts die populären Tanzkulturen begleitete und wesentlich deren historische Kontextualisierung bestimmte. Jimmy, Charleston, Jitterbug, Rock 'n' Roll, Ska, Disco, Pogo, Breakdance, Techno – diese Tänze markierten nicht nur wesentliche Etappen in der Geschichte der Mode-Tänze des 20. Jahrhunderts. Sie waren und sind auch immer wieder Anlass, aus kultur- und zivilisationskritischer Perspektive einen Diskurs um das Verhältnis von Mensch und Maschine, Körper und Technologien fortzuschreiben. Dieses modernitätskritische Diskursmuster wurde im Laufe des 20. Jahrhunderts immer wieder dann aktualisiert, wenn es um die Einschätzung der sozialen und individuellen Folgewirkungen neuer Tanzkulturen ging. Als Distinktionsinstrument erfüllte es zugleich eine wichtige Funktion im alters- und klassenspezifischen Distinktionskampf, indem die soziale ›Illegitimität‹ einer vor allem von Unter- und Mittelschichten und später von Jugendlichen getragenen Tanzkultur diskursiv erst produziert wurde.

Dieser Text thematisiert sowohl die soziale Erfindung und diskursive Verortung als auch die kulturelle Vergegenständlichung und körperliche Performanz von ›Techno‹ als einer technologisch fundierten Kultur. Er beschäftigt sich mit dem Verhältnis von Diskurs und Praxis und versucht diesem Spannungsfeld nachzugehen, indem die Aktualisierung eines modernitäts- und technikkritischen Diskursmusters nicht nur als diskursive Fortschreibung vorgestellt wird. Es soll auch nach der Relevanz körperlicher Performanzen in der kulturellen Praxis des Techno gefragt und deren Bedeutung für Aktualisierungsprozesse modernitätskritischer Diskurse zur Diskussion gestellt werden.

Tanz in die Apokalypse: Das Diskursmuster

Es war bereits Ernst Bloch, der zwar dem Sinnlich-Leiblichen eine zentrale Rolle bei der Vermittlung von Denken und Handeln zuwies, aber dennoch bei den ungehemmten, furiosen »Schwarzen«-Tänzen, die seit den 20er Jahren des 20. Jahrhunderts die Tanzlokale der europäischen Metropolen eroberten, im Prinzip die Hoffnung aufgab, wenn er schrieb:

> Wo freilich alles zerfällt, verrenkt sich auch der Körper mühelos mit. Roheres, Gemeineres, Dümmeres als die Jazztänze seit 1930 ward noch nicht gesehen. Jitterbug, Boogie-Woogie, das ist außer Rand und Band geratener Stumpfsinn, mit einem ihm entsprechenden Gejaule, das die sozusagen tönende Begleitung macht. (Bloch 1985: 457)

Diese Auffassung teilte Bloch mit Adorno, der etwa zeitgleich den Jitterbug als »rhythmisch gefolgsam« beschrieben und ihn als Produzenten von »Bataillonen mechanischer Kollektivität« bezeichnet hatte (Adorno 1941: 40).

Diese Statements skizzieren ein modernitätskritisches Diskursmuster, das seit Nietzsche und Heidegger Philosophie, Literatur, Ästhetik und Kulturkritik prägte und einen engen Zusammenhang zwischen Technik, verstanden als Automatisierung und Mechanisierung, und der Genese eines bestimmten Menschentypus postulierte. Eine Aktualisierung erfuhr dieses Diskursmuster mehr als dreißig Jahre später mit der Disco-Welle. In einem Text, abgedruckt im *Spiegel*, dem das weltweite Disco-Fieber der 70er Jahre sogar eine Titelgeschichte wert war, hieß es:

> Zu einem frenetischen Tagesausklang tauchte die Jugend in katakombenartigen Tanzschuppen und Popkellern unter, die für Uneingeweihte den Eindruck elektronischer Folterkammern machten: Aus Lautsprecherbatterien hämmerte entnervter Schallplattensound auf die Tanzenden ein, während grelle Lichtgewitter dazu gespenstische Illuminationen lieferten. (Der Spiegel, 42, 1978: 222)

Auch damals kritisierte der Autor den Konformismus und die Langeweile der »angepaßten Adretten«, die nichts anderes im Sinn hätten, als sich, umhüllt von einem technologisch erzeugten Licht- und Musikinferno, überschüssige Energien weit über die Grenzen der Verträglichkeit aus dem Leib zu tanzen. Die Lust an einer körperlichen Grenzüberschreitung war seit den Tanzmarathons der 20er Jahre und ihrem Revival in der Rock 'n' Roll-Ära zwar nichts Neues. Neu war aber, dass dies nun in einem Environment geschah, das technologisch hergestellt wurde. Und so fokussierte der Artikel auch die möglichen sozialen Folgewirkungen neuer Synergien von Körper und Technologie.

Dieser Text liest sich wiederum wie eine Vorlage für die Reportagen über die Techno-Kultur der 90er Jahre, deren diskursive Verortung durch die Anleihen bei Nietzsche deutlich wird. So heißt es gleich zu Beginn: »Ein Gespenst ging um, und es hatte kein Gesicht. Es wummerte und zischte, spuckte Rauch und warf Blitze, und die jungen Leute gaben sich ihm nächtelang hin« (Der Spiegel, 28, 1995: 102). Die Leute, das waren jene »zuckenden Wilden«, die nur über eins verfügten, nämlich über

> die Energie, sich Freitagabend aus dem falschen Leben zu verabschieden und bis Montagmorgen das Richtige zu suchen, und zwar in den stickigen Nebelschwaden der Dancefloors, in ihren Lichterblitzen und ihrem Geräuschdonner. (Der Spiegel, 29, 1996: 92)

Aber nicht nur die Tanzlust selbst wurde als ein Indiz für den Verlust des vernunftgeleiteten Ich, als ein körperlich-sinnlicher Ausdruck für neuartige Synergieeffekte von Mensch und Maschine gelesen oder als Beweis für eine Technologisierung des jugendlichen Subjekts herangezogen, sondern vor allem auch der Ort, an dem bedrohlich wirkende Ritualisierungspraktiken und Körperexzesse stattfanden. Das Tanzlokal, die Disco, der Club galten schon immer als eine Welt des Außeralltäglichen. Seit der Disco-Kultur der 70er Jahre des 20. Jahrhunderts wurde das Tanzlokal als ein technologisch erzeugter Raum der Illusionen neu konzipiert, an dem sich, so das technikkritische Diskursmuster, die für die Moderne charakteristische Annäherung von Mensch und Maschine vollziehen sollte.

Während die einen das Tanzlokal vor allem als eine Bühne der Manipulation und Verblendung sehen wollen und durch die unbändige Tanzlust selbst langfristige Auswirkungen auf die Konstitution des jugendlichen Subjekts befürchten, verstehen die ›Integrierten‹ den Club als einen Ort der Selbstvergewisserung ihrer Jugendhaftigkeit, Körperlichkeit und Sinneslust und das Tanzen als eine vergnügliche Aktivität des Augenblicks und als eine – mitunter grenzüberschreitende und ekstatische – Körpererfahrung. Für sie meint ›Tanz-Club‹ nicht so sehr einen Ort, an dem die Unterhaltungsindustrie in besonderem Maße ihre Hebel ansetzt, sondern eine Welt, die Spaß und Vergnügen, Rausch und Ekstase, Lust und Sex erfahrbar werden lässt. So ließen Friedhelm Böpple und Ralf Knüfer in ihrer wohlgemeinten Euphorie die Leser wissen:

> Was in der Welt unserer Urahnen Fackeln und Feuer waren, sind heute Lichtanlagen und die Blitze des Stroboskops [...] Mutig reisen die Techno-Anhänger in die Vergangenheit ihrer Ahnen und hoffen, dort die Lösung des kosmischen Rätsels in die Hände zu bekommen. Ihre Parties erinnern optisch an die Rituale der afrikanischen Nuba, von denen schon [!, G. K.] Leni Riefenstahl fasziniert war.[1]

Der Diskurs speist sich also zugleich aus der – auch Distinktionsgewinn erzielenden – modernitäts- und technikkritischen Figur der Kulturindustrie und aus einer, eher dem

---

[1] Böpple/Knüfer (1996: 84 u. 86); ähnliche Verbindungslinien zwischen kultischen Ritualen oraler Kulturen und der Techno-Szene zieht auch Hans Cousto (1995) Vom Urkult zur Kultur. Drogen und Techno. Solothurn.

postmodernen Paradigma verwandten Position, die die Kategorie des Ereignisses in den Mittelpunkt rückt und Körperlichkeit, Sinnenhaftigkeit und Augenblicklichkeit als spezifische Charakteristika der kulturellen Praxis des Techno hervorhebt.

Die kulturelle Praxis: Die Clubkultur

Die heutige Clubkultur findet ihre historischen Vorläufer in den Vergnügungspalästen, die sich vor allem in den 20er Jahren in den europäischen Metropolen ausbreiteten. Tanzlokale waren Gaststätten, die eine »Genehmigung zur Veranstaltung von Tanzlustbarkeiten« besaßen. Mit dieser ›Tanzkonzession‹ hatten die Gastwirte die Erlaubnis, die zum Tanzen erforderliche Begleitmusik spielen zu lassen, aber nur, solange sie instrumental blieb. Sobald Gesang oder irgendwelche theatralen Darbietungen hinzukamen, brauchte man eine zusätzliche Genehmigung, es sei denn, die Vorführung diente dem »höheren Interesse der Kunst und Wissenschaft« – so jedenfalls sah es § 33a der Gewerbeordnung vor. Allein die Vergnügungsmetropole Berlin konnte 1930 bereits 899 Tanzlokale zählen, ein knappes Drittel davon in den Innenstadtbezirken Mitte und Charlottenburg/Tiergarten.[2]

Die Erfindung der Jukebox in den dreißiger Jahren markierte einen Bruch in der Tradition des geselligen Tanzens. Hatten Schallplatte und Grammophon schon einige Jahre zuvor das Zeitalter der technologischen Reproduzierbarkeit von Musik eingeläutet, so schuf die Jukebox ein neues Verhältnis zwischen Musik und Tanzkultur – und markierte den Übergang zum Zeitalter einer technologisch erzeugten Dancefloor-Music. Getanzt werden konnte nun unabhängig von Live-Musik und der Ort, an dem getanzt wurde, konnte nun überall dort sein, wo eine Jukebox stand. Das Tanzlokal verlor damit seine Einzigartigkeit als Ort des geselligen Tanzes. Die ›Hops‹ der 50er Jahre, jene Abendveranstaltungen, bei denen High-School-Studenten in Aulen oder Turnhallen nach Schallplatten tanzten, markierten denn auch den historischen Bruch in der Geschichte des populären Tanzvergnügens und zugleich den Übergang zur Disco-Kultur der 70er Jahre.

Disco markiert den Beginn einer neuen Ära: den Übergang von einer technisch produzierten zu einer elektronisch erzeugten Tanzmusik und einer technologisch gerahmten Tanzkultur. Die Musik kam zwar nach wie vor von der Platte, das Neue war aber, dass sie erst in den Clubs als Disco-Musik ›legitimiert‹ wurde. Disco als Tanzmusik und der Erfolg von Disco bewies sich in erster Linie am Publikumsgeschmack. Die körperliche Performanz spielte hierbei eine zentrale Rolle. Die Regel war einfach: Erst wenn in den Clubs zu den neuen Hits getanzt wurde, war es Disco, wenn nicht, war es kein Disco. Disco bezeichnete von daher immer auch den Ort, an dem die entsprechende Musik gespielt wurde.

Die Technologisierung der Tanzkultur wurde als eine Grenzüberschreitung erlebt und als Tabubruch zelebriert. Das New Yorker ›Studio 54‹ ist hier wohl das prominenteste Beispiel. Der Tabubruch äußerte sich nicht nur in einem ›abgedrehten‹

---

2 Vgl. die Statistik über neu erteilte Tanzerlaubnis und Lokale mit allgemeiner Tanzerlaubnis. Akten des Polizeipräsidenten Berlin/Gewerbepolizei (BLHA Rep. 30 Berlin C Nr. 1599).

Körperstyling über Mode, Accessoires, Kosmetika, Piercing und Tattoos, sondern hauptsächlich in rauschhaften Körperpraktiken, die in öffentlich praktizierter Sexualität, Tanz und Drogenkonsum ihren Ausdruck fanden. Rausch und Ekstase hießen dann auch die zentralen Stichworte der neuen Tanzkultur Disco. Prägten Sex, Drugs and Rock 'n' Roll nicht nur den Diskurs, sondern auch die Praxis des Pop seit den 50er Jahren, so wurde das Motto in der Disco-Ära mit neuen Inhalten gefüllt: Aus hartem Rock 'n' Roll wurde smarter Disco-Sound, Sex meinte nun nicht mehr nur das laszive Kreisen des ›pelvis‹, sondern die öffentliche Inszenierung sexueller Handungen, vor allem auch von Homo- und Bisexualität. Und schließlich puschte Kokain, die neue synthetische Mode-Droge, das wilde Erleben des ›Saturday Night Fever‹. Disco war von daher auch immer eine Synthese aus Technologie und Rausch, aus postmodern anmutender Ästhetisierung und kollektiven Ritualen. Disco, das war der Beginn der Ära einer über Technologien erzeugten Praxis körperlicher Ekstase.

Die Disco-Musik, die in den siebziger Jahren in Europa populär werden sollte, machte aus ihren sexuellen Anspielungen keinen Hehl. Die Vehemenz des grassierenden Disco-Fiebers in den 70er Jahren bestand demnach gerade darin, dass von der Seite der Musikindustrie erst gar nicht der Versuch unternommen wurde, Normalität und Heterosexualität vorzutäuschen. Vielmehr ist gerade durch die Suggestion des Bruchs mit zwangsheterosexuellen Normierungen die Faszination an Disco ausgebrochen. Diese suggestive Kraft der Disco-Musik war gepaart mit technologischen Raffinessen, die die Disco zu einem Ort einer Scheinwelt werden ließen. Neumodische Tanzpaläste voller Lichtgewitter, quadrophonischer Sounds und spiegelnder Tanzparketts waren die Bühnen, auf denen der Tabubruch inszeniert werden sollte. Synthetische Drogen forcierten und beschleunigten die Erfahrung einer Grenzüberschreitung im technologisch erzeugten Raum der Illusionen. Und so bestand bereits damals der Sinn des ›Disco-Dancing‹ darin, die Synthese von Licht und Ton zu spüren, zu erleben, wie technisch erzeugte Lichteffekte den Raum aufzulösen schienen und Schallwellen den Körper schon von allein vibrieren ließen.[3]

Disco war die erste Popkultur, die im Establishment keinen Gegner mehr sah, nicht auf Dissenz angelegt war, sondern eine eigene, zweite Welt schuf, die ›Sonderwelt‹ des ›Saturday Night Fevers‹ und dieser Dualismus zwischen Alltags- und Sonderwelt sollte bis heute den Diskurs um die Club-Kultur prägen und den Club als einen symbolischen Ort der Außeralltäglichkeit erscheinen lassen.

Als Disco Ende der 70er Jahre nahezu gleichzeitig mit Punk seinen Höhepunkt erlebte, begannen in der New Yorker Bronx die ersten Hip-Hop-Formationen mit der Produktion von DJ-Musik, die, mehr noch als Disco, die Clubs als einen Freiraum für

---

3 Der damalige NRW-Arbeitsminister Friedhelm Farthmann, der selbst einen Disco-Besuch als »eine unerträgliche Tortur« empfand, schritt beherzt gegen den ohrenbetäubenden Lärm ein. Er wusste sich der mittlerweile bei 120 Dezibel eingependelten Lautstärken nur über den Weg des Arbeitsschutzes zur Wehr zu setzen und verordnete an Theke und DJ-Pult die Einrichtung von Lärmpegelbegrenzern. Diese sollten gewährleisten, dass die kritische Grenze von 85 Dezibel nicht überschritten wird, und so zumindest die Angestellten vor langfristigen Ohrschäden schützen.

ästhetische Neuerungen verstanden. Wieder wurden die Clubs zu den Orten, in denen die postindustriellen Klänge körperlich-sinnlich erfahrbar wurden.

Wie frühere Popmusik war auch DJ-Musik in ihren Anfängen eine Ausdrucksform von Minderheiten und erlebte ähnliche Dekontextualisierungs- und Zivilisierungsschübe wie Disco-Musik. Auch die Geschichte von DJ-Musik begann zunächst in der Musikkultur angloamerikanischer Unterschichten, um dann in den Clubs der Gay-Community Chicagos Fuß zu fassen. Und hier knüpfte sie nahtlos an die bereits Anfang der Achtziger für tot erklärte Disco-Welle an.

Seit den späten 70er Jahren, just zu der Zeit, als die Drogen Kokain und Crack auch immer mehr Jugendliche in ihren Bann zogen, erfanden schwarze Jugendliche einen neuen Musikstil, der zum Symbol für das hoffnungslose Leben im Kreislauf von Jugendarbeitslosigkeit, Kriminalität und Drogenabhängigkeit werden und den Popdiskurs beflügeln sollte: In den Ghettos von Detroit, Chicago und in der New Yorker Bronx entfalten sich subkulturelle Szenen, die auf verschiedenste Weise soziale Erfahrungen zu einem ästhetischen Ausdruck formen: Hip-Hop in der Bronx, House in Chicago, Techno in Detroit. All diese Szenen reiften zu Mikrokosmen postindustrieller Städte heran und wurden zum kulturellen Ausgangspunkt für den Einzug elektronischer Musik in die Popkultur.

Die neue Musik steht in der Tradition schwarzer Musik von Blues und Jazz, Funk, Soul und Reggae. Es sind, so der schwarze Musikkritiker Nelson George, »America's first post-soul kids« (1998: xi), die diese Musik kreierten, die die ästhetische Klammer einer neuen subkulturellen Szene werden sollte. Und diese bildete sich vor allem an jenen Orten, die die Industriegesellschaft bereits verlassen hatte und die von der neuen Eventkultur noch nicht genutzt wurden: in Lagerhallen und leerstehenden Häusern, in Parks und Turnhallen, auf Sportplätzen und Müllhalden.

Es war vor allem jene aus der schwarzen US-amerikanischen Jugendkultur stammende DJ-Musik, die eine Symbiose mit neuester Medien-Technologie einging und dann seit Mitte der 80er Jahre unter dem Stichwort ›Techno‹ eine modernitätskritische Diskursfigur aktualisieren sollte. Auf den damals angesagten *Garage-Parties* steigern DJs die schon im Hip-Hop benutzten DJ-Techniken des *sampling*, *scratching*, *cutting*, *mixing*, *looping* und *phasing* zu einer bislang nicht bekannten Perfektion. Was so manchem als ein Missbrauch von Schallplattenspielern oder als ein schamloser, ignoranter und respektloser Umgang mit Musikstilen und -traditionen erschien, verstanden die DJs als umwälzende Technik in und durch die Geschichte elektronischer Musik – und sich selbst als deren Avantgarde. Es sind die Techniken der Montage, die von den DJs genutzt wurden, jene Prinzipien also, mit dem das Brechtsche Theater bereits operiert hatte und mit dem etwa zeitgleich zu diesen schwarzen Subkulturen auch die Tanztheateravantgarde experimentierte. Hier aber wurden sie für den individuellen, und immer wieder neuen spielerischen Umgang mit technischen Geräten, Samplern, Mischpulten und Plattenspielern eingesetzt.

Techno war von Anfang an reine Tanzmusik. Geboren in Megastädten, die von der wirtschaftlichen Rezession in den USA besonders betroffen waren, stand Techno für eine musikalische Antwort auf das hohe Maß an Arbeitslosigkeit und die geringen Zukunftschancen insbesondere der schwarzen Jugendlichen. In Detroit, einer dem wirtschaftlichen Niedergang geweihten Stadt der Automobilindustrie, wurde der maschinell erzeugte Techno-Sound zum zeitgemäßen Beat einer urbanen Industriewüste. »With Detroit being such a desolate place, it's depressing and there's a lot of crime and decay, you really want something to take you away. I always saw techno like as dreaming«, so heißt es in einem Artikel über Juan Atkins, den schwarzen DJ, der 1985 als erster Techno produzierte (Wilson 1993: 51). Hardcore-Techno war Lebenserfahrung, keineswegs also zur Verschönerung des Alltags gedacht, sondern eher eine musiktechnologische Aufarbeitung postindustrieller Erfahrung mit einer neuen Musiktechnologie. Und so fehlten auch Texte, die – wie etwa Rap – Elend, Hass, Terror, Schock und Gewalt heraussingen. Techno, das waren schrille Soundcollagen, in deren Dissonanzen sich die sozialen Brüche ästhetisch aufbereitet artikulieren. Die endlosen Tracks boten den Tanzenden nicht Aufarbeitung oder Verarbeitung, sondern Abarbeitung an – und das wurde vor allem als eine physische Kraftanstrengung verstanden. Ziel war nicht mehr das Anprangern sozialer Missstände: Wie in der Disco der 70er Jahre ging es auch bei Techno eher um den Erhalt einer zweiten Welt der Sinneslust und des Vergnügens.

Wie Hip-Hop geriet auch Techno Anfang der 90er in den Strudel der Globalisierung, provoziert durch die Techniken und Instrumente einer weltweit agierenden Kulturindustrie. Als Hardcore erreichte Techno Europa und hier breitete sich der elektronische Sound Anfang der 90er Jahre ungefähr zeitgleich in Belgien, den Niederlanden und Deutschland aus und fasste zunächst im subkulturellen Milieu der Clubkultur Fuß. Um 1994, als die Szene von den ›etablierten‹ Medien entdeckt wird, die Szenemacher eine kommerziell wirksame Symbiose mit der Industrie eingehen und Techno-Großveranstaltungen als profitablen Absatzmarkt und Forum für Parteien der alten und neuen Mitte anpriesen, spaltete sich die Szene in die eher subkulturell orientierte Kultur der kleinen Clubs und die durchkommerzialisierte Kultur der großen Raves. Seitdem spannte sich die Techno-Szene zwischen diesen beiden Polen auf und hat mit der Herausbildung einer Anzahl von Varianten elektronischer Sounds, wie *Ambient, Trance, TripHop, Drum and Bass, Goa, Gabber* oder *Jungle*, um die sich dann wiederum verschiedene Szenen rankten, einen enormen Prozess der Ausdifferenzierung erlebt, so dass die diskursive Konstruktion einer einheitlichen Techno-Kultur heute umso schwerer fällt.

Der Prozess einer Dekontextualisierung von einer schwarzen Subkultur ethnischer Minderheiten zu einer Popkultur weißer Mittelschichtsjugendlicher fand also auch im Techno statt und vollzog sich in ähnlicher Weise, wie es schon Hip-Hop, Disco und Rock 'n' Roll, aber auch Shimmy und Charleston erlebt hatten: Mit der ›Europäisierung‹ haben sich Musik, Tanz, Moden und Stile von der schwarzen Kultur entfernt und zugleich technologische Innovationen erfahren. Die Bedeutungen, die diesen Ausdrucksformen ursprünglich zukamen, haben sich verflüchtigt und sind zu ästhetischen Zitaten geronnen. Es wäre aber zu einseitig, dies nur als einen Prozess des Sinnverlusts zu beschreiben. Denn es bildeten sich im Zuge der Globalisierung in den Nischen urbaner Räume neue kleine lokale Szenen heraus, die den Attributen der ehemals schwarzen Subkultur in dem eigenen Lebenskontext neue Bedeutungen zuwiesen.

Ein wesentlicher Rahmen dieser Bedeutungszuweisungen sind Tanzclubs; Orte des Lokalen, an der die globalisierte Welt des Pop als ein besonderes, dem Alltag enthobenes Ereignis erfahrbar wird. Mit der Feldtheorie Pierre Bourdieus lassen sie sich als soziale Teilräume, in diesem Fall im Raum der Popkultur, beschreiben, die sich über unterschiedliche Kapitalsorten konstituieren. In der ›Sonderwelt‹ Club ist das szeneeigene Wissen neben dem sozialen Kapital, verstanden als soziale Netzwerke und Kontakte, eine zentrale, das Feld konstituierende Kapitalform. Nicht Bildungskapital, operationalisiert nach Schulabschlüssen, wie Bourdieu das kulturelle Kapital definiert hat, sondern dieses spezifisch popkulturelle Wissenskapital ist entscheidend für die soziale Positionierung in der lokalen Club-Kultur. Denn, die lokalen Szenen organisieren sich weitgehend informell. Schon allein deshalb ist es für die Szene-Angehörigen wichtig, über Wissen zu verfügen, an welchen Orten und zu welchen Zeiten welche Art von Event stattfindet. Dieses szeneinterne Wissen lässt sich aber nicht nur aus öffentlich zugänglichen und/oder käuflich erwerblichen lokalen Veranstaltungskalendern oder Stadtmagazinen ermitteln, sondern verbreitet sich vor allem über informelle Kommunikationskanäle (Flyer, Mundpropaganda) – und diese Form der Wissenszirkulation und -beschaffung setzt eine beständige Präsenz der Einzelnen in und eine permanente Aufmerksamkeit für die Szene voraus. Dies ist auch einer der Gründe, warum Nicht-Szenemitglieder wie Eltern oder Pädagogen popkulturelle Szeneinterna zumeist nicht kennen und die diskursive Kompetenz von Jugendlichen abstreiten. Popkulturelles Wissen speist sich zum einen aus den Informationskanälen einer weltweit agierenden Popkulturindustrie und andererseits aus jenem verkörperten Wissen, das nur in der körperlichen Performanz wirksam wird. Gerade in der Techno-Kultur als einer, im Unterschied zu HipHop, eskapistischen Freizeitkultur oder als einer Kultur, die sich über eine Gemeinschaft des Augenblicks konstituiert, ist dieses performative Wissen nötig, um die szeneeigenen Konventionen aktualisieren zu können und um die globale Welt der Techno-Bilder am eigenen Leib Wirklichkeit werden zu lassen – und dieses vollzieht sich vor allem im und über Tanz.

Körperliche Performanzen

Techno ist eine kulturelle Praxis, in der der Körper als Medium der Selbstinszenierung *und* der Kommunikation in den Mittelpunkt gerückt ist. Techno definiert sich ausschließlich über ästhetische Medien wie Musik, Tanz und Mode, und diese Medien werden erfahrbar im und durch den Körper. Wie schon in der Disco-Ära sind die ästhetischen Medien des Techno durchweg synthetisch erzeugt. Musiktechnologien, synthetisch produzierte Stoffe, künstliche Farben und synthetische Drogen verweisen nicht nur auf eine bestimmte Produktionspraxis des Techno, sondern lenken die Aufmerksamkeit auch auf die Aneignungsweise, die sich mimetisch am Körper vollzieht und die Frage nach den Synergien von Körper und Technologie aufwirft. Dies vor allem, weil Techno im wesentlichen eine tanzkulturelle Praxis ist. Es ist ähnlich wie bei Disco: Techno ist, wenn Techno getanzt wird.

Techno-Tanzen unterscheidet sich in zweierlei Hinsicht wesentlich von den früheren Disco- und Clubtänzen: in dem Wunsch nach physischer Grenzerfahrung und in der Art der Kommunikation.

Wie Disco war Techno von Anfang an Körper- und Tanzmusik. Während die 78er zu dem Song ›Macht kaputt, was Euch kaputt macht‹ der linken Kult-Band ›Ton Steine Scherben‹ auf der Tanzfläche ausflippten und all die verpufften politischen Energien abtanzen konnten, während der Gedanke an das von Mick Jagger herausgebrüllte ›I can't get no satisfaction‹ oder an die lasziv geraunte ›Sexmachine‹ eines James Brown die Körper auf der Tanzfläche zum Rasen brachte, ergreift die elektronisch erzeugte DJ-Musik unmittelbar den Körper. Tanz ist in der Techno-Kultur die Lust am Erleben der körperlichen Physis in einer Zeit, in der diese für den Arbeitsprozess immer unwichtiger wird. Und so lässt die grundlegende Erfahrung der zunehmenden Bedeutungslosigkeit des Körpers beim Tanzen das Fühlen der körperlichen Präsenz schon zum wesentlichen Ereignis werden. Bei Techno ist es zudem die Lust an der Überwindung der eigenen Körpergrenzen, das Vergnügen an der Überschreitung der eigenen Ich-Kontrollen und Körperbeherrschungen – und dies wird durch die Einnahme der aufputschenden synthetischen Drogen wie Kokain, Speed und Ecstasy noch wesentlich unterstützt. Wie viele ekstatische Tänze ist auch Techno-Tanzen nicht ohne Drogen zu verstehen – und diese können bekanntlich verschiedene Wirkungen haben. Die neuen synthetischen Drogen fördern die physische Leistungskraft des Körpers, der nunmehr länger in der Lage zu sein scheint, den körperlichen Anforderungen eines zum Teil tage- und nächtelangen Tanzens gehorchen zu können.

Zum anderen erfolgt Tanz kommunikativ. Raven ist nicht mehr der Tanz des einsamen Individuums, es ist aber auch kein Paartanz, wie ihn die frühbürgerliche Gesellschaft kannte. Im Walzer beispielsweise, einem Drehtanz, der durchaus auch ekstatische Momente beinhaltet, bezogen sich nur Mann und Frau aufeinander, aber dieser Ausschließlichkeitscharakter löste sich schon in den Modetänzen zu Beginn des 20. Jahrhunderts allmählich auf. Im Shimmy oder Charleston der 20er Jahre trennten sich die Partner wieder voneinander, die Frauen begannen sich auch im Tanz zu emanzipieren. Die Angleichung der Bewegungssprachen und die Distanzierung der Tanzpartner voneinander gingen Hand in Hand.

Tanzen wurde selbstbezüglich, und dieser Tanz-Individualismus fand seinen Höhepunkt in dem Narzissmus der 70er Jahre, der sich wiederum in den 80ern zur Selbstversunkenheit wandelte. Die Tanztechnik dieses sich von der Umwelt distanzierenden ›homo clausus‹ (Elias) kehrten die Raver um – der ›Tanz um das eigene Selbst‹ war nur das vorläufige Ende in der langfristigen Zivilisationsgeschichte des Tanzes (vgl. Klein 1992: 263 f.). Im Unterschied zum selbstversunkenen, einsamen Individuum der 80er tanzen die Raver nicht mehr mit kleinräumigen Armbewegungen, die selten über Kopfhöhe sind und einem gesenktem Kopf nach ›innen‹, sondern eher nach ›außen‹, den Blick und die Haltung des Oberkörpers auf die Tanzenden gerichtet.

Techno-Tanzen erinnert an die aus asiatischen und afrikanischen Kulturen bekannten Platztänze, ist also nicht raumgreifend wie die für die Tanzgeschichte der Moderne charakteristischen Tänze. Noch 1850 konnte Charles Dickens in *David Copperfield* die berauschende Erfahrung der Raumüberwindung im Walzer mit den Worten beschreiben: »Ich weiß nicht wo, zwischen wem, wie lange. Ich weiß nur, daß ich selig berauscht im Raum umherschwebe mit einem blauen Engel im Arm« (Dickens 1968 [1849/50]). Als Dickens dies schrieb, begann gerade die Geschichte der Industrialisierung und Technisierung in Europa – nicht zuletzt mit und durch die

Einführung der Eisenbahn. Die Schnelligkeit der Raumüberwindung, die das neue Transportmittel gewährleistete, war das Thema der Zeit und für die Menschen eine berauschende Erfahrung. Und dies schlug sich auch im Tanz nieder. Es war aber das 20. Jahrhundert, das zum eigentlichen Zeitalter der Beschleunigung wurde – und diese, folgt man Paul Virilio, hat mittlerweile den Körper selbst erobert. Das Jahrhundert der Geschwindigkeit hat den überreizten Menschen hervorgebracht. Der »rasende Stillstand«, von dem Virilio (1992) spricht, zeigt sich auch wieder im Tanz: Die raumgreifenden Tänze verschwanden zugunsten von Platztänzen, bei denen sich die Körper nach einer unfassbar schnellen Musik auf der Stelle bewegen.

Beim Techno-Tanzen aber bewegt sich der Einzelne nicht mehr beziehungslos, sondern bezogen auf die tanzende Gemeinde. Auch in dieser Hinsicht erinnert Techno weniger an die Paarfiguration des bürgerlichen Gesellschaftstanzes als an das gemeinschaftliche Tanzen, wie es aus afrikanischen Kulturen bekannt ist. Diese Parallele hängt auch mit den musikalischen Vorgaben zusammen. Da ist zunächst der Rhythmus: Eingängig, monoton, zumeist mit einem 4/4-Takt unterlegt, fördert er stampfende Tanzbewegungen. Und dann die Basslinien: Mit ihren niedrigen Frequenzen zwischen 10 und 160 Hertz liegen sie weit unter dem Bereich des menschlichen Hörvermögens. Derartig tiefe Bässe sind nicht mehr akustisch wahrnehmbar, sondern nur als Vibrationen spürbar. Es ist der Körper, der diese vom Raum ausgehenden Schwingungen unmittelbar absorbiert und im Tanz verstärkt. Und als Letztes die Geschwindigkeit: Sie sorgt dafür, dass die Tänzer durch Rhythmus und Bässe nicht nur in einen tranceähnlichen Zustand kommen, sondern sich dabei auch noch physisch total verausgaben. Ekstatisches Körpererleben im Tanz beruht auf dieser energetischen Spannung von Rhythmus, Basslinien, Raum und Körper. Und dieses Spannungsgefüge erscheint nur oberflächlich als eine Fortschreibung afrikanischer Kulturpraktiken, verweist es doch vielmehr auf eine Neuformulierung des Verhältnisses von Körper und Technologie. Die technologischen Sounds koppeln sich direkt an das neurale System, so jedenfalls sieht es Merce Cunningham, einer der ersten Choreographen, der mit elektronischer Musik in der Tanzkunst gearbeitet hat.

> Mit der elektronischen Musik ist für mich und für den Tanz alles anders geworden, denn bis dahin zwang das musikalische Tempo den Tänzer zu zählen. Rhythmus war etwas Physisches, Muskuläres. Die elektronische Musik dagegen ergreift die Nerven und nicht mehr die Muskeln. Und Elektrizität ist schwer zu zählen. (Cunningham, zit. n. Virilio 1994: 136)

In Zusammenhang mit einer komplexen, über Musik, Licht und Drogen technologisch produzierten Raum- und Zeitkonstruktion erzeugen die technologischen Sounds eine Körpererfahrung, bei der die Grenzen zwischen Körper und Technologien fließend werden. Der tanzende Körper lässt sich nicht mehr mit der Kategorie des humanen, mit Technologie in Interaktion tretenden Körpers beschreiben, sondern ist ein in Technologie expandierter Körper, ein Körper, der über Musik, Licht und Drogen Synergieeffekte erzielt. Der ›Techno-Körper‹ thematisiert von daher nicht mehr das *Verhältnis* von Körper und Technologien, sondern beschreibt eher das Zusammenwirken verschiedener Technologien als eine Erfahrung physischer Grenzüberschreitung.

Techno provozierte eine Synchronizität von Selbst- und Gemeinschaftserfahrung, die über diesen technologisch aufgeladenen tanzenden Körper erzeugt und als eine kollektive Ekstase erlebt wird (Klein 1999: 85ff., 173ff.). Dass dies so scheint, mag an der Art liegen, wie die Körper über Technologien energetisch aufgeladen werden. »Basslinien jedenfalls sind Sex«, meinen die *De:Bug*-Herausgeber DJ Boy Bleed und Triple R:

> Und dass die Kids das als erste begreifen, wundert niemanden [...] Wer einmal zehntausend Kids zur Basslinie hat schreien hören, weiß, dass die Maschinen dazu da sind, den Sex zu kollektivieren, und dass die Basslinie ihre Art ist, mit uns zu kopulieren. (DJ Boy Bleed 1992: 17).

Was hier über die Basslinie gesagt wird, trifft die Techno-Musik insgesamt: Sie ergreift den Körper ohne Umwege; sie ist unmittelbar Körpermusik.

»Der Nachfolger von Techno wird Techno sein ...«

Diese Prognose lieferte Jürgen Laarmann, Herausgeber des ehemaligen Techno-Magazins *Frontpage* 1996 (Laarmann 1996). Aber: Der Techno-Hype ist längst vorbei. Die Zahl der Techno-Clubs hat seit Ende der 90er Jahre rapide abgenommen, Techno-Events wie die Love-Parade sind zu Werbeveranstaltungen für Kommunen, Parteien und Firmen und zur Selbstpräsentation der Pornoindustrie mutiert. Der mediale Diskurs um Techno ist gleichermaßen abgeflaut. Aber dennoch: Techno ist nach wie vor eine Musik, die im mimetischen Nachvollzug des Tanzens die Synergieeffekte von Technologischem und Ästhetischem erfahrbar und die technologisch produzierte Musik zu einer körperlichen Sensation werden lässt.

Techno markierte eine kulturelle Bruchstelle: Techno war die erste Popkultur, die innerhalb von kürzester Zeit zum Mainstream wurde, nicht zuletzt, weil sie sich, wie keine andere Popkultur zuvor, selbst vermarktet hat. Und: Techno war bislang die weltweit größte Pop- und Tanzkultur der Moderne. Sie war getragen von einer Musik, die nicht nur technologisch erzeugt war, sondern deren ›beats per minute‹ sich auch seit den Beat-Tänzen der 60er Jahre des 20. Jahrhunderts vervierfacht hatten. Und genau in diesem elektronisch erzeugten, im Tanz körperlich erfahrbaren Tempo-Rausch, der zudem noch öffentlich inszeniert wurde, lag die kulturelle Provokation von Techno, die zwangsläufig jugend- und popkulturelle Diskurse verändern wird. Techno, das war der Vorschein einer neuen Technologisierung des Alltags und zugleich Anlass, modernitäts- und technikkritische Diskursmuster der Moderne in Frage zu stellen.

Literatur

Adorno, Theodor W. (1941): On popular music. In: Journal of Social Research, Nr. 9.
Böpple, Friedhelm / Knüfer, Ralf (1996): Generation XTC. Berlin.
Bloch, Ernst (1985): Das Prinzip Hoffnung, Bd. 1. Frankfurt a. M.
Cousto, Hans (1995): Vom Urkult zur Kultur. Drogen und Techno. Solothurn.
Dickens, Charles (1968 [1849/50]): David Copperfield. Paderborn.
DJ Boy Bleed / Triple R (1992): Jungle Techno. In: Spex, 9, 1992, 17.
George, Nelson (1998): hip hop america. Middlesex.
Klein, Gabriele (1992): Frauen Körper Tanz. Eine Zivilisationsgeschichte des Tanzes. Weinheim/Berlin.
Klein, Gabriele (1999): Electronic Vibration. Pop Kultur Theorie. Hamburg.
Laarmann, Jürgen (1996): Fuck the Depression. In: Frontpage, 3, 1996.
Virilio, Paul (1992): Rasender Stillstand. München/Wien.
Virilio, Paul (1994): Die Eroberung des Körpers. München/Wien.
Wilson, Tony (1993): Juan Atkins. In: i-D, 8, 51.

Mikael Hård

Die intellektuelle Aneignung der Technik am Anfang des 20. Jahrhunderts
Zur Analyse von Sprechhandlungen

Die Eindimensionalität der Technikdebatten

Sozial- und geisteswissenschaftliche Analysen von politischen Kontroversen um die Technik werden oft nach einem eindimensionalen Muster beschrieben, wobei Befürworter einer Technik den Gegnern gegenübergestellt werden. Entweder seien die untersuchten Akteure – um ein paar Standardbeispiele der letzten Jahrzehnte zu nennen – unbedingt für die Kernkraft oder sie seien vehemente Kritiker dieser Energieform. Entweder würden die DiskussionsteilnehmerInnen die Gentechnologie als Schlüssel zu einer gesunden Gesellschaft betrachten oder sie würden ein mehrjähriges Moratorium vorschlagen. Zwischenpositionen bzw. komplexere Kombinationen werden in diesem dichotomischen Raster nicht aufgefangen. Mit Hinweis auf Bernward Joerges argumentiert Joseph Huber (1989: 23), dass Technikdebatten in der Regel stark polarisiert ausfallen: die Technik werde als »gut oder böse [...], das Füllhorn der Ceres oder die Büchse der Pandora« eingestuft. Selbst wenn Huber (1989) die Herausbildung von »komplizierten Mustern« erkennt, lässt sich trotzdem feststellen, dass die empirische Sozialforschung diese Art von Polarisierung sogar unterstützt und verschärft, indem sie Fragebögen und Interviews oft eindimensional anlegt. Huber selbst zieht für seine Analyse von Technikbildern unter anderem eine Untersuchung heran, in welcher die Informanten etwa 20 Fragen über den Stellenwert des Computers beantworten mussten. Typischerweise konnte allerdings in dieser Untersuchung jede Frage nur mit ja oder nein beantwortet werden.

Huber geht der Eindimensionalität auch historisch nach und stellt fest, dass wir es hier mit seit langem etablierten Traditionen zu tun haben. Er argumentiert, dass in unserem Kulturkreis in der Periode von 1750–1850 zwei Grundmuster formiert wurden, die ihre langen Schatten immer noch über unseren Technik- und Modernisierungsdiskurs werfen. Einer »*eudämonistisch-utilitaristischen Utopietradition*« stehe eine »*Tradition der Modernisierungs-, Industrialisierungs- und Technikkritik*« gegenüber (Huber 1989; Hervorhebung im Original). Aus der ersten Tradition sei ein sehr optimistisches Technikbild entstanden, das die historische und zukünftige Entwicklung durchaus positiv bewerte, und aus der anderen eine zivilisationskritische Strömung, die unsere moderne Welt in pessimistischen, dystopischen Farben interpretiere. Tatsächlich haben wir es hier mit einem Deutungsmuster zu tun, das auch unter Fachhistorikern – Huber ist Sozialwissenschaftler – erkennbar ist. In seinem Buch *Fortschrittsfeinde? Opposition gegen Technik und Industrie von der Romantik bis zur Gegenwart* (1984) operiert Rolf Peter Sieferle mit einem ähnlichen Schema. Wie

Huber meint Sieferle (1984: 228), dass die Grundpositionen des immer noch vorherrschenden Modernitätsdiskurses sich in der Zeit um 1800 ausbildeten. An die Stelle eines Streits zwischen ›Utopie‹ und ›Dystopie‹ tritt bei Sieferle ein Kampf zwischen den Ideen der ›Aufklärung‹ und der ›Romantik‹. Nachdem die Aufklärer allen Völkern den Zugang zu einer mit Vernunft und Rationalität durchdrungenen »schönen, neuen Welt« (Huxley 1961) versprochen hatten, wurde von den Romantikern das unausweichliche Versagen dieses Versprechens vorhergesagt. Mit Worten, die an Max Horkheimers und Theodor Adornos Buch *Dialektik der Aufklärung* (1944) erinnern, fasst Sieferle die romantische Kritik zusammen: »Die Versprechungen der Aufklärung sind grundsätzlich uneinlösbar. Der Versuch ihrer Realisierung führt zum entgegengesetzten Ergebnis« (Sieferle 1984: 43).

Eindimensionale Raster dieser Art kennen wir nicht nur aus Analysen von Technikdebatten, sondern auch von anderen Feldern der Geschichte politischer Ideologien und sozialer Theorien. Gegenüberstellungen wie modern vs. traditionell, Liberalismus vs. Konservatismus, revolutionär vs. reaktionär, mechanisch vs. organisch, Gesellschaft vs. Gemeinschaft, Fortschrittsglaube vs. Fortschrittskritik, Objektivität vs. Subjektivität, Rationalität vs. Innerlichkeit und Zivilisation vs. Kultur tauchen immer wieder auf und zwar in bestimmten Kombinationen. Der Liberale sei normalerweise fortschrittsgläubig und verteidige die Werte der westlichen Zivilisation, einschließlich die der objektiven und rationalen Wissenschaft. Ihm gegenüber stehe der konservative Traditionalist, der nicht selten mit fortschrittsfeindlichen, sogar reaktionären Argumenten die moderne Gesellschaft kritisiere und sich für die Aufrechterhaltung einer naturwüchsigen Kultur ausspreche. Selbst in unserer post-modernen Zeit scheint dieses Muster seine orientierende Kraft nicht verloren zu haben (Sale 1995).

Ernste Versuche, diese klassischen Polaritäten aufzubrechen, stoßen allerdings auf große Aufmerksamkeit. Anders kann man den Erfolg des Buches *Reactionary Modernism* aus dem Jahre 1984 kaum erklären. Wider das herkömmliche Verständnis vertritt der amerikanische Soziologe Jeffrey Herf (1984) hier die These, dass sich in Deutschland am Anfang des 20. Jahrhunderts eine ideologische Position herausbildete, die traditionell konservative Werte und die Ablehnung der aufklärerischen Freiheits- und Vernunftideale mit einer modernistischen Maschinenfaszination und einem fast utopischen Glauben an die Segen bringende Technikentwicklung zu verbinden vermochte. Die Vertreter dieses sogenannten reaktionären Modernismus waren politisch konservativ und antidemokratisch, begrüßten dennoch die Erweiterung der menschlichen Möglichkeiten, die die moderne, westliche Technik mit sich bringt. Die technische Modernisierung der Gesellschaft sei innerhalb des Rahmens traditioneller Gemeinschaftsvorstellungen durchaus möglich. Von Intellektuellen wie Oswald Spengler, Carl Schmitt und Ernst Jünger herausgearbeitet, soll diese ideologische Kombination in die nationalsozialistische Bewegung eingeflossen sein. Der NSDAP sei es gelungen, auf der einen Seite eine hochmoderne Industriepolitik nicht nur im militärischen Bereich zu betreiben und auf der anderen Seite einen prä-modernen Paternalismus und eine Agrarromantik zu verteidigen.

Diskursive Rahmen

In der intensiven Debatte, die von Herfs Buch ausgelöst wurde, wird hauptsächlich auf die letzte These eingegangen, selbst wenn der Autor der nationalsozialistischen Partei und dem sogenannten ›Dritten Reich‹ nur eines von neun Kapiteln widmet. So hat beispielsweise Martina Heßler (2000) kürzlich gezeigt, wie NS-PolitikerInnen den Einsatz von elektrischen Haushaltsgeräten als eine Verstärkung der Institution der Hausfrau betrachteten. Im Folgenden werde ich nicht weiter auf diese Debatte eingehen und Herfs Thesen auch nicht historisch überprüfen – zum Teil hat die Thomas Rohkrämer (1999) gemacht. Vielmehr werde ich die Arbeiten dieses ›herfschen Genres‹ als Ausgangspunkt für einige konzeptuelle und analytische Überlegungen nehmen. Es geht mir hierbei vor allem darum, eine geschichtswissenschaftlich annehmbare Perspektive zu entwickeln, die die Zählebigkeit diskursiver Strukturen berücksichtigt, gleichzeitig aber historische Veränderung und die Möglichkeit neuer Verbindungen akzeptiert – eine Perspektive, die in diesem Zusammenhang zwar an Hand von technik- und wirtschaftshistorisch relevanten Quellen illustriert wird, aber deren Applikation keineswegs auf diesen Sektor begrenzt ist. Anders ausgedrückt, wie können wir für den diskursiven Bereich geschichtswissenschaftlich haltbare Methoden entwickeln, die das grundlegende historische Problem des Verhältnisses zwischen Permanenz und Wandel behandeln? Ist es möglich, analytische Begriffe zu definieren, die ideologische Traditionen und sprachliche Konventionen nicht nur als Zwangsjacken betrachten, sondern sie – um die Sozialwissenschaftler Weert Canzler und Andreas Knie (1998) zu zitieren – als ›Möglichkeitsräume‹ verstehen?

In dieser Hinsicht berufe ich mich auch auf David Gross, der in seinem Buch *The Past in Ruins* (1992) überzeugend zeigt, wie sich das Herkömmliche und das Gewachsene fortdauernd verändern und in sich einen Keim des Wandels tragen. Traditionen, um auf Eric Hobsbawms und Terrence Rangers viel zitiertes Buch *The Invention of Tradition* (1985) zurückzugreifen, sind nicht unbedingt konservativ oder reaktionär. Sie existieren nicht in einem luftleeren Raum, sondern werden in einem Zusammenspiel verschiedener Akteure stets neu geschaffen, modifiziert oder verworfen, um auf die politische, ökonomische und soziale Realität Einfluss ausüben zu können.[1] Traditionen sind, ebenso wie die Menschheitsgeschichte im Allgemeinen, keine objektiven Tatsachen, sondern vielmehr Geschichten, die aus einer bestimmten Perspektive erzählt und damit tradiert werden. Selbstverständlich werden sie von vielen Akteuren oft vergegenständlicht und musealisiert, aber prinzipiell stehen sie immer zur Disposition. Deshalb sind Traditionen nicht zwingend konservativ, sondern können für unterschiedliche politische Ziele eingesetzt und mobilisiert werden. Wenn Hobsbawm und Ranger programmatisch von der ›Erfindung‹ von Traditionen reden, soll diese Aussage nicht so verstanden werden, als ginge es nur darum, die Entstehung ganz neuer Traditionen zu erklären. Hobsbawm und Ranger interessieren sich ebenfalls dafür, wie existierende Traditionen immer wieder rekonstruiert, verändert und anders

---

1 Vgl. Skinners (1969) klassische Kritik an der herkömmlichen Ideengeschichte, vor allem ihrer Tendenz, traditionsträchtigen Begriffen (wie etwa ›Demokratie‹ oder ›liberal‹) einen überhistorischen Charakter zuzuschreiben.

interpretiert werden. Meiner Ansicht nach sollte man daher nicht in erster Linie von ›invention‹ oder ›Erfindung‹, sondern eher von ›re-invention‹ oder ›Wiedererfindung‹ reden.

In der Geschichtsschreibung der NS-Zeit wurde die Wiedererfindung alter Traditionen schon vor der Veröffentlichung von Herfs Buch von Herbert Bosch in Zusammenhang mit Wolfgang Fritz Haugs Projekt zur Ideologie-Theorie an der Freien Universität Berlin untersucht (Bosch 1980). Mit Hinweis auf Hitlers Rede vom 1. Mai 1933 zeigt Bosch, wie es Hitler gelang, eine Tradition von neuem zu erfinden und alte Formen mit neuen Inhalten zu füllen. Statt diese Feier der Arbeiterbewegung abzuschaffen, machte Hitler aus ihr ein nationalsozialistisches Fest. Durch einen aktiven Prozess der Umdefinition wurde das kollektive Ritual der Sozialdemokratie und des Sozialismus neu konstruiert und mit den Vorzeichen der nationalsozialistischen Arbeiterpartei versehen.

Studien dieser Art sind in der politischen Geschichte, der Sozialgeschichte und der Volkskunde nicht unbekannt. Anders als bei vielen dieser Studien geht es im Folgenden nicht um die ›re-invention‹ symbolisch geladener Routinen, sondern darum, die kognitiven und sprachlichen Komponenten jener Prozesse der Wiedererfindung stärker zu berücksichtigen. Mit Hilfe des analytischen Begriffs ›intellektuelle Aneignung‹ wird exemplarisch gezeigt, wie Akteure kognitive Traditionen reaktivieren, um sich in einer veränderlichen Welt umorientieren zu können (Hård/Jamison 1998). Eine wichtige Inspirationsquelle ist dabei der britische Philosoph und Ideenhistoriker Quentin Skinner, der in mehreren Arbeiten sprachliche und literarische Konventionen nicht als Felder der Zensur, sondern als Möglichkeitsräume für intellektuelle Innovationen betrachtet hat. In einem seiner wichtigsten Bücher – *Machiavelli* (1981) – zeigt Skinner überzeugend, wie die historische Person Machiavelli die politische Macht der Familie Medici stärken wollte, um Norditalien von den spanischen und französischen Truppen zu befreien und unter der Herrschaft von Florenz zu einigen. Zu diesem Zweck schrieb er für den florentinischen Prinzen ein einführendes Handbuch der Macht. Solche Handbücher waren in dieser Zeit nicht ungewöhnlich. In der Form richtete sich Machiavellis Buch *Der Fürst* nach einem etablierten Genre und war insofern für seine Leser unmittelbar verständlich. Seine Themen und zentralen Begriffe waren konventionell, so spielte beispielsweise der Begriff ›Tugend‹ bei Machiavelli – wie in dieser Literatur überhaupt – eine große Rolle. Allerdings wurde, so Skinner, der Begriff bei Machiavelli nicht nur umdefiniert, sondern er bekam auch einen anderen Stellenwert. Früher verpönte Aktivitäten – etwa Lügen – zählten jetzt als Tugenden, und gleichzeitig wurde diskutiert, in welchen Situationen der Fürst den etablierten Tugenden *nicht* folgen sollte. Skinner zieht den Schluss, dass der zeitgenössische Erfolg des an und für sich revolutionären Textes von Machiavelli nur dadurch zu erklären ist, dass es dem Autor gelungen sei, neue politische Strategien in eine für seine Leser bekannte literarische Form zu gießen. Eine Voraussetzung für die Akzeptanz von Machiavellis radikalen Ideen sei die Einbettung dieser Ideen in einen zum großen Teil konventionellen Rahmen.

Für die Analyse intellektueller Traditionen und sprachlicher Konventionen habe ich mit dem Wissenschaftstheoretiker Andrew Jamison den Begriff ›diskursiver Rahmen‹ (discursive framework) entwickelt (Hård/Jamison 1998: Kap. 1). Ähnlich wie

Skinner schließen wir uns dabei Wittgensteins Idee des Sprachspiels an. Ein ›diskursiver Rahmen‹ definiert die sprachlichen und konzeptuellen Grenzen eines Gespräches, einer Debatte, einer Diskussion. Wenn beispielsweise die Fahnenträger des Humangenomprojektes behaupten, sie seien in der Lage, ›das Buch des Lebens‹ zu lesen und zu entschlüsseln, rekurrieren sie auf uralte Vorstellungen unserer jüdisch-christlichen Geistesgeschichte. Da Jamison und mich in erster Linie politisch brisante Kontroversen im technischen Bereich interessieren, konzentrieren wir uns nicht auf die grammatikalische oder syntaktische Ebene der Sprache, sondern auf sprachlich ausgedrückte Vorstellungen, semantische Strukturen, die Bedeutung zentraler Begriffe und den Stellenwert oft benutzter Metaphern. Mit J. L. Austin (1976) könnte man sagen, dass wir uns auf die ›Sprechhandlungen‹ der jeweiligen Akteure konzentrieren.

Für Austin und Skinner ist der Begriff der ›Sprechhandlung‹ von unausweichlicher Bedeutung, wenn man die soziale Kraft der Sprache verstehen möchte. Weder logische Kohärenz noch linguistische Kompetenz stehen im Fokus ihrer Analysen, sondern vielmehr die Frage, unter welchen Bedingungen Aussagen erfolgreich in zwischenmenschliche Beziehungen eingreifen können. Dazu führte Austin 1955 in einer Vorlesungsreihe, die etwas später in einem Buch mit dem treffenden Titel *How to do Things with Words* zusammengestellt wurde, die Begriffe ›illokutionär‹ und ›perlokutionär‹ ein. Wenn jemand am Ufer eines zugefrorenen Sees – um ein klassisches Beispiel aufzugreifen – die folgende Aussage fällt, muss sie nicht unbedingt als ein naturwissenschaftlich nachprüfbarer Satz verstanden werden: »Das Eis ist dünn!« Sollte eine andere Person sich auf dem Eis befinden, kann es sein, dass die Aussage als eine Warnung betrachtet werden soll. Ist dies der Fall, haben wir es mit einem illokutionären Satz zu tun. Wenn diese Sprechhandlung weiterhin dazu führt, dass die Person auf dem Eis zum Ufer zurückkehrt, hat sich gezeigt, dass der Satz eine perlokutionäre Kraft besaß. Mit Worten – und nicht nur mit physischen Handlungen – können wir auf andere Leute Einfluss ausüben und somit die Welt verändern.

Austins Programm ist eine wichtige Inspirationsquelle für Skinners politische Ideengeschichte sowie für Jamisons und meine Aneignungsperspektive. Wie Skinners ›Konvention‹ bezeichnet der ›diskursive Rahmen‹ das Annehmbare und das Akzeptable, erlaubt den GesprächsteilnehmerInnen aber gleichzeitig, mit etablierten Bedeutungen und Definitionen innovativ umzugehen. Auf Grund von Klassenlage, sozialer Position und Generationszugehörigkeit (vgl. Peukert 1987) unterschiedlich ›disponiert‹ – um einen Begriff aus Bourdieus (1979: 165) Praxistheorie aufzugreifen –, nehmen die Akteure verschiedene Positionen innerhalb eines diskursiven Rahmens ein. Insofern eine Debatte in einem analytisch abgrenzbaren Kulturraum stattfindet, kann man auch sagen, dass der diskursive Rahmen eine ›kulturelle Ressource‹ darstellt, auf welche die TeilnehmerInnen ständig zurückgreifen, wenn sie illokutionäre und perlokutionäre Aussagen äußern. Anhand des folgenden Beispiels, das ich aus einem Beitrag von Aant Elzinga, Andrew Jamison und Conny Mithander zu der von Jamison und mir herausgegebenen Anthologie *The Intellectual Appropriation of Technology* entnommen habe, soll deutlich werden, was uns mit diesen analytischen Begriffen vorschwebt (Elzinga u. a. 1998).

Konservativer Modernismus in Schweden

Seit über einem Jahrhundert gehört es zum Allgemeinwissen der schwedischen Bevölkerung, dass die schwedische Neuzeit in den 20er Jahren des 16. Jahrhunderts beginnt. In diesem tumultuarischen Jahrzehnt ergriff Gustav Wasa die Macht, führte das Luthertum als Staatskirche ein, konfiszierte das gesamte Eigentum der katholischen Kirche und baute einen neuen, zentralistisch organisierten Staatsapparat auf. In der traditionellen schwedischen Geschichtsschreibung spielt Gustav Wasa eine Rolle, die derjenigen Bismarcks in der deutschen nicht unähnlich ist. Ihm hätten die Schweden es zu verdanken, dass sich das ganze Volk zusammengeschlossen habe und dass ein stabiler Nationalstaat unter starker Stockholmer Führung entstanden sei. Auf Grund dieser neuen Strukturen konnte auch eine expansionistische Politik verfolgt werden, und in den darauf folgenden zwei Jahrhunderten gelang es Stockholm seine Machtsphäre immer weiter auszudehnen. Wie SchülerInnen in Schweden heute wissen, symbolisiert das Jahr 1654 den Höhepunkt dieser Entwicklung. Nach mehreren für das Land sehr günstigen Friedensabkommen in Folge des dreißigjährigen Krieges wurde die Ostsee fast ein schwedischer Binnensee. Nicht nur Finnland und das Baltikum, sondern auch Teile Norddeutschlands standen jetzt unter schwedischer Oberhoheit. Gleich ob man als Schwede mit dieser imperialistischen Politik nachträglich sympathisiert oder nicht, ob man sich politisch rechts oder links einstuft, alle Schweden kennen die zweite Hälfte des 17. Jahrhunderts als die ›Großmachtzeit‹ ihres Volkes schlechthin (Ruth 1984). Seit langem ist dieses Bild zentral in der ›grand narrative‹ der schwedischen Bevölkerung.

Mit den Abenteuern des Königs Karl XII., dem das Kunststück gelang, sich mehr oder weniger mit allen umliegenden Ländern zu verfeinden, begann dieses Imperium um 1700 zu zerbröckeln. Große Gebiete mussten nach und nach aufgegeben werden, aber wenigstens Finnland und Teile Vorpommerns blieben in schwedischer Hand. Die wirklich schmerzhafte Katastrophe kam schließlich im Jahre 1809, als Finnland an Russland fiel. Mit russischer Unterstützung konnte allerdings nach dem Kieler Frieden fünf Jahre später eine Union mit Norwegen geschaffen werden. Widerwillig begaben sich die Norweger, die fast dreihundert Jahre lang von Kopenhagen aus kontrolliert worden waren, jetzt unter die Vormundschaft Stockholms. Selbst wenn sich die Norweger eine ziemlich weitgehende innenpolitische Autonomie erkämpften, konnte von einer selbständigen norwegischen Außenpolitik nicht die Rede sein. Die Norweger wurden 1814 Untertanen des schwedischen Königs.

Um den Verlust des seit Hunderten von Jahren schwedisch geführten Finnlands zu verkraften, wurden in Schweden abermals pan-skandinavische Ideen ins Leben gerufen. Die Tradition der Wikinger wurde wiedererfunden. 1811 gründeten führende Schriftsteller in Stockholm einen sogenannten ›Gotischen Verband‹ mit dem erklärten Ziel, die historische Einheit der schwedischen, norwegischen, dänischen und isländischen Völker hervorzuheben und sie möglicherweise durch praktisch-politische Entscheidungen wieder herzustellen. Als der Widerstand der Norweger gegen die Union im Laufe des Jahrhunderts politisch an Kraft gewann, verlor allerdings diese übernationale Ideologie an Bedeutung. Stattdessen wuchs der Nationalismus auf beiden Seiten der inneren Unionsgrenze. Die endgültige Auflösung der Union 1905 –

nachdem 99,9% der aus schwedischer Sicht undankbaren Norweger sich in einer Volksabstimmung gegen die Union ausgesprochen hatten – war vor allem für die schwedischen Konservativen ein großer Schock. Vom ursprünglich stolzen schwedischen Imperium war nicht viel übrig geblieben. Die Emigration von hauptsächlich armen oder sogar völlig besitzlosen Landarbeiterfamilien in die USA, die in diesen Jahren einen Höhepunkt erreichte, machte die Lage für nationalistisch Gesinnte noch prekärer, da sie innenpolitische Spannungen nach sich zog. Trotz seiner Naturressourcen, vor allem im Norden des Landes, schien Schweden seine Bevölkerung nicht einmal ernähren zu können.

Ein unmittelbarer Ausweg aus dieser schwierigen Situation bot sich nicht an. Angesichts der wirtschaftlichen und sozialen Probleme der Landwirtschaft waren traditionell agrarromantische Leitbilder nicht mehr angebracht. Die gewachsenen patriarchalischen Strukturen waren auf dem Lande mehr oder weniger zusammengebrochen und stellten für die konservativen Kräfte auch keine überzeugende Alternative mehr dar. Ein politischer oder militärischer Expansionismus war ebenfalls ziemlich utopisch, selbst wenn einige Konservative gerne eine selbstbewusstere Teilnahme Schwedens an dem imperialistischen Treiben der Zeit gesehen hätten. Die unerwartete Rettung kam durch die moderne Industrie und die neue Technik! Wie in anderen Ländern hatten auch die Konservativen in Schweden den Industrialisierungs- und Modernisierungsprozessen verhältnismäßig abwartend gegenübergestanden – selbst wenn ihr Widerstand relativ mäßig gewesen ist. Die soziale Frage wurde in der schwedischen Diskussion rezipiert, aber sie wurde deutlich moderater debattiert als in Großbritannien oder Deutschland. Dank der konsensorientierten Grundhaltung der schwedischen politischen Kultur war es durch das ganze 19. Jahrhundert einfacher gewesen, Brücken zwischen verschiedenen politischen Lagern zu schlagen. Gewerbefreiheitliche und parlamentarische Reformen sind verhältnismäßig einfach durchgeführt worden.

Aus internationaler Sicht ist es erstaunlich, wie relativ mühelos der schwedische Konservatismus sich allmählich in eine industriefreundliche Richtung bewegte – nur in den Niederlanden, wo Ende des 19. Jahrhunderts orthodoxe katholische und protestantische Bewegungen ihre antiindustrielle Haltung aufgaben, sind ähnliche Prozesse zu beobachten (van Lente 1998). Ältere schwedische Konservative, wie zum Beispiel Vitalis Norström, Professor für Philosophie an der privaten Göteborger Hochschule, beschwerten sich zwar am Anfang des 20. Jahrhunderts immer noch über die ›Überzivilisierung‹ der modernen, demokratischen und auf Konsum gepolten ›Massenkultur‹ (Norström 1910), aber diese kulturkritische Position wurde immer schwächer. Stattdessen entwickelte sich auf dem rechten Flügel, vor allem unter den sogenannten ›jungen Rechten‹, ein Diskursklima, in dem die großartigen Möglichkeiten der modernen Industrie und der neuen, sogenannten ›genialen‹ schwedischen Erfindungen in den Vordergrund traten. Hervorgehoben wurden nicht die negativen sozialen und kulturellen Auswirkungen der Moderne, sondern vielmehr das Potenzial, das sich in der Industrialisierung und Technisierung des Landes verbarg. Nicht zuletzt mit Hilfe seines Holzes, seines Eisenerzes und seiner Wasserkraft im nördlichen Teil des riesigen Landes könne Schweden seine Stärke noch einmal aufbauen. Durch die aktive Teilnahme in der Entwicklung der modernen Technik und Industrie könne Schweden wieder eine internationale ›Großmacht‹ werden. Statt auf militärischen Leistungen und geographischer Expansion sollte das neue Schweden seine Stärke auf der Grundlage seines Erfindergeistes, seiner industriellen Tugenden und seiner fast unbegrenzten Naturressourcen aufbauen. Wenn das Land seine komparativen Vorteile ausnutzen würde, so meinten die jungen Rechten, dann könne es nochmals einen Platz auf der internationalen Szene finden.

Führend in diesem teilweise neuen, teilweise traditionellen Diskurs wurde der auch im Ausland nicht unbekannte Rudolf Kjellén, Professor für Staatswissenschaft an der gleichen Hochschule wie Norström. Kjellén drückte die Position der schwedischen konservativen Modernisten – von *reaktionären* Modernisten zu sprechen wäre im schwedischen Fall nicht angebracht – mit den folgenden Worten aus:

> Wir ›Großschweden‹ träumen von einem großen Schweden innerhalb unserer nationalen Grenzen, von einer neuen nationalen Großartigkeit, die heute auf der festen Grundlage der materiellen Produktion basiert und die enormen Märkte im Osten ausnützt – die alten Handelswege der schwedischen Großmachtzeit. (zit. n. Elzinga u.a. 1998: 146)

Sehr explizit beruft sich Kjellén also auf eine gute alte Zeit und macht Vorschläge, wie das schwedische Volk sie ins Leben rufen könnte. Wenden wir eine diskursanalytische Methode an, finden wir in diesem Schlüsselzitat die Antwort auf die Frage, warum die schwedischen Konservativen den Schritt hin zu einer für diese Ideologie in dieser Periode ungewöhnlichen Aufgeschlossenheit gegenüber der modernen Industriegesellschaft machen konnten. Mit der Industrie ließe sich – so die angesichts der rapiden ökonomischen Entwicklung im industriellen Sektor nicht ganz unbegründete Hoffnung – eine neue Großmachtzeit Schwedens begründen! Mit dem Anschluss an den in Schweden etablierten Großmachtdiskurs gelang es den jungen Rechten, das Industriesystem weniger bedrohlich darzustellen und es kognitiv annehmbar zu machen. Der ›diskursive Rahmen‹ der schwedischen politischen Debatte, wo Begriffe wie ›Großmacht‹ und ›Großmachtzeit‹ sowie Erinnerungen an die ehemaligen schwedischen Landgebiete einen besonderen Stellenwert einnehmen, erlaubte den Konservativen ihre früheren Bedenken gegenüber den wirtschaftlichen und technischen Aspekten der Moderne weithin aufzugeben und sich die moderne Technik anzueignen.[2] Durch ihren innovativen Umgang mit etablierten sprachlichen Konventionen und kognitiven Vorstellungen brachen Kjellén und seinesgleichen das eingefahrene eindimensionale Diskursmuster auf, wonach ›konservativ‹ mit ›antiindustriell‹ gleichzusetzen sei. Selbst wenn sie Vorbehalte gegenüber dem freien Liberalismus und der Verbreitung einer ›kühlen‹ Rationalität hatten, konnten sie mit Hilfe traditioneller Leitbilder die zivilisatorische Kraft der maschinellen Produktion akzeptieren.

---

2   Das englische Wort ›appropriate‹, das sowohl als Adjektiv (im Sinne von ›annehmbar‹) und als Verb (im Sinne von ›aneignen‹) benutzt werden kann, spiegelt zwei wichtige Seiten des hier beschriebenen Prozesses.

Intellektuelle Aneignung als Methode und Perspektive

Mit diesem ausführlichen Beispiel habe ich versucht, den heuristischen Wert von Begriffen wie ›diskursiver Rahmen‹ und ›Wiedererfindung von Traditionen‹ exemplarisch darzustellen. Es wäre selbstverständlich möglich gewesen, die auf der austin-skinnerschen Theorie von Sprechhandlungen basierte Methodologie anhand von zeitgenössischem deutschem Material zu illustrieren. Anderenorts habe ich die Begriffe des ›intellektuellen Aneignens‹ und des ›diskursiven Rahmens‹ benutzt, um die Versuche Walther Rathenaus und Werner Sombarts zu analysieren, mit denen sie die freie Marktwirtschaft regulieren und die Technikentwicklung kontrollieren wollten (Hård 1998; vgl. auch Dierkes u. a. 1988). Sowohl Rathenau (während und kurz nach dem ersten Weltkrieg) als auch Sombart (in der ersten Hälfte der 30er Jahre) legten Programme vor, die eine aktive Rolle des deutschen Staates bei dieser Regulierung und Kontrolle vorsahen. In Rathenaus ›neuer Wirtschaft‹ sollte der Staat der übertriebenen Produktvielfalt des Laisser-faire-Systems gegensteuern und die Produktion auf nationaler Basis koordinieren (Rathenau 1918). Privateigentum sollte weiterhin erlaubt sein, aber das ökonomische Handeln des Einzelnen müsste sich dem Gemeinwohl des Volkes und dem Interesse des Staates unterordnen. Auch Sombart gab dem Staat in seinem *Deutschen Sozialismus* – einem Buch aus dem Jahre 1934, das bei den neuen Machthabern nicht so gut ankam, wie der Autor es erwartet hatte – ähnliche Befugnisse. Mit Hilfe eines sogenannten »obersten Kulturrates« sollte die Technik »gezähmt« werden (Sombart 1934: 263–267). Damit war gemeint, dass ein korporatistisch organisierter deutscher Staat die technische Forschung steuern und Innovationen auswerten sollte. Dieses Gremium, in dem Ingenieure nur eine beratende Funktion haben sollten, würde entscheiden, welche Erfindungen zugelassen beziehungsweise ins Museum verwiesen werden sollten.

Im deutschen diskursiven Rahmen spielte meines Erachtens der Begriff ›Staat‹ etwa die gleiche Rolle wie der Begriff ›Großmacht‹ im schwedischen Diskurs. Wie Otto Dann (1993) gezeigt hat, übte seit Hegel oder spätestens seit Bismarck der Staat eine magnetische Kraft auf das deutsche Bürgertum und seine Intellektuellen aus, eine Kraft, die von Heinrich Mann ironisch im *Untertan* und im *Professor Unrat* dargestellt worden ist. 1911 beschrieb Mann den wilhelminischen Bürger als einen »widerwärtig interessanten Typus des imperialistischen Untertanen, des Chauvinisten ohne Mitverantwortung, des in der Masse verschwindenden Machtanbeters, des Autoritätsgläubigen wider besseres Wissen und politischen Selbstkasteiers« (zit. nach Glaser 1993: 16). Nur vor diesem ideologischen Hintergrund kann Rathenaus und Sombarts Anrufung des starken Staates verstanden werden. Der Staat wurde sozusagen intellektuell ›mobilisiert‹, um die negativen Auswirkungen der liberalen Gesellschaft zu neutralisieren. In einem anderen diskursiven Rahmen, etwa in Italien oder in den USA, wo der Staat traditionell einen ganz anderen Stellenwert hat, wären diese illokutionären Sprechhandlungen nur schwer denkbar.

Der Frage nach der perlokutionären Kraft der hier analysierten Aussagen kann im Detail nicht nachgegangen werden. Es kann nur angedeutet werden, dass die innovative Diskursstrategie der schwedischen Konservativen durchaus erfolgreich gewesen ist. Mit ihrer Mobilisierung des im schwedischen diskursiven Rahmen kraftvollen

Begriffs ›Großmacht‹ ist es ihnen gelungen, eine alte Tradition neu zu definieren und wieder zu erfinden. Die alte Tradition der *militärischen* Großmacht wurde durch die neue der *industriellen* Großmacht ersetzt. Mit anderen Worten lässt sich behaupten, dass Traditionen – im Vergleich mit diskursiven Rahmen – eher zur Disposition stehen. Ähnlich wie in dem von Wittgenstein beschriebenen Sprachspiel können Akteure sich nur mit großen Schwierigkeiten außerhalb etablierter sprachlicher und kognitiver Rahmen bewegen. Und wenn sie das tun, müssen sie damit rechnen, dass ihre Aussagen an perlokutionärer Kraft verlieren.

Abschließend komme ich kurz auf meine Einleitung zurück. Nach den Überlegungen zum Begriff ›diskursiver Rahmen‹ stellt sich die Frage, ob die Betonung historischer Konstanten, die dieser Begriff impliziert, nicht gefährlich nahe an die Position Hubers führt, die zu Beginn kritisch dargestellt wurde. Es ist richtig, dass Hubers Unterscheidung zwischen einer »*eudämonistisch-utilitaristischen Utopietradition*« und einer »*Tradition der Modernisierungs-, Industrialisierungs- und Technikkritik*« als Eckpfeiler eines westlichen, modernen diskursiven Rahmens verstanden werden kann. In der Tat wird dieses eindimensionale Muster in unserem Kulturkreis sowie in Konflikten zwischen der westlichen Kultur und anderen Kulturen (Feenberg 1995) stets reproduziert. Mein Argument ist nicht, dass dieses Muster in unserem Diskurs nicht zu finden wäre, oder dass es nicht immer wieder hergestellt würde, sondern dass jede kritische, dekonstruktivistische Analyse zur Auflösung dieser Polarität beitragen muss. Mit der Analyse des schwedischen konservativen Modernismus habe ich in diesem Beitrag zu zeigen versucht, wie diese herkömmliche Dichotomie zusammenbrechen kann. Dazu kommt, um Hobsbawm und Ranger noch einmal ins Gedächtnis zu rufen, dass Traditionen immerzu neu definiert und mit neuen Inhalten versehen werden. Die Utopie, in der Atomkraft eine Energiequelle gefunden zu haben, die so billig sei, dass es sich nicht einmal lohnen würde, den Einzelverbrauch nachzumessen, ist in der heutigen Debatte genauso wenig tragfähig wie die extrem kritische Position, ein Ausstieg aus der Kernkraft sei umgehend zu realisieren. Diese Polarität ist in einem gewissen historischen Kontext entstanden und ist mittlerweile durch Zwischenpositionen ersetzt worden. Ähnlich haben sich viele Akteursgruppen entwickelt. Eine Organisation wie Greenpeace zum Beispiel will auf der einen Seite den Ausstieg aus der Kernkraft einleiten, benutzt auf der anderen Seite aber moderne Verkehrsmittel und wissenschaftliche Analysemethoden für ihre Politik. Selbst wenn der Streit zwischen Greenpeace und Shell eindimensional und absolut kontradiktorisch aussehen mag, ist er eigentlich viel komplexer und umfasst jede Menge Zwischenpositionen und Überschneidungen. Nicht nur die Welt selbst, sondern auch die Vorstellungen über diese Welt sind mehrdimensional.

Literatur

Austin, J.L. (1976 [1962]): How to Do Things with Words. 2. Aufl. Oxford.
Bosch, Herbert (1980): Ideologische Transformationsarbeit in Hitlers Rede zum 1. Mai 1933. In: Behrens, Manfred u.a. (Hg.) Faschismus und Ideologie. Berlin, 107-134.
Bourdieu, Pierre (1979 [1972]): Entwurf einer Theorie der Praxis auf der ethnologischen Grundlage der kabylischen Gesellschaft. Frankfurt a.M.
Canzler, Weert / Knie, Andreas (1998): Möglichkeitsräume. Grundrisse einer modernen Mobilitäts- und Verkehrspolitik. Wien.
Dann, Otto (1993): Nation und Nationalismus in Deutschland 1770-1990. München.
Dierkes, Meinolf / Knie, Andreas / Wagner, Peter (1998): Die Diskussion über das Verhältnis von Technik und Politik in der Weimarer Republik. In: Leviathan, 16, 1-22.
Elzinga, Aant / Jamison, Andrew / Mithander, Conny (1998): Swedish Grandeur: Contending Formulations of the Great-Power Project. In: Hård / Jamison (1998), 129-161.
Feenberg, Andrew (1995): Alternative Modernity: The Technical Turn in Philosophy and Social Theory. Berkeley, CA.
Glaser, Hermann (1993): Bildungsbürgertum und Nationalismus. Politik und Kultur im wilhelminischen Deutschland. München.
Gross, David (1992): The Past in Ruins: Tradition and the Critique of Modernity. Amherst.
Hård, Mikael (1998): German Regulation: The Integration of Modern Technology into National Culture. In: Hård / Jamison (1998), 33-67.
Hård, Mikael / Jamison, Andrew (Hg.) (1998): The Intellectual Appropriation of Technology: Discourses on Modernity, 1900-1939. Cambridge, MA.
Herf, Jeffrey (1984): Reactionary Modernism: Technology, Culture, and Politics in Weimar and the Third Reich. Cambridge.
Heßler, Martina (2000): Mrs. Modern Woman: Die Modernisierung des Alltags. Zur Haushaltstechnisierung in der Zwischenkriegszeit in Deutschland, Diss. Technische Universität Darmstadt.
Hobsbawm, Eric / Ranger, Terence (Hg.) (1985): The Invention of Tradition. Cambridge.
Horkheimer, Max / Adorno, Theodor W. (1944): Dialektik der Aufklärung. Philosophische Fragmente. Lichtenstein.
Huber, Joseph (1989): Technikbilder. Weltanschauliche Weichenstellungen der Technologie- und Umweltpolitik. Opladen.
Huxley, Aldous (1961): Schöne neue Welt. Ein Roman der Zukunft. Frankfurt a.M.
Lente, Dick van (1998): Dutch Conflict: The Intellectual and Practical Appropriation of a Foreign Technology. In: Hård / Jamison (1998), 189-223.
Norström, Vitalis (1910): Masskultur. Stockholm.
Peukert, Detlev (1987): Die Weimarer Republik. Krisenjahre der Klassischen Moderne. Frankfurt a.M.
Rathenau, Walther (1918): Die neue Wirtschaft. Berlin.
Rohkrämer, Thomas (1999): Eine andere Moderne? Zivilisationskritik, Natur und Technik in Deutschland 1880-1933. Paderborn.
Ruth, Arne (1984): The Second New Nation: The Mythology of Modern Sweden. In: Daedalus, Spring, 53-97.
Sale, Kirkpatrick (1995): Rebels Against the Future: The Luddites and Their War on the Industrial Revolution: Lessons for the Computer Age. Reading, MA.

Sieferle, Rolf Peter (1984): Fortschrittsfeinde? Opposition gegen Technik und Industrie von der Romantik bis zur Gegenwart. München.
Skinner, Quentin (1981): Machiavelli. Oxford.
Skinner, Quentin (1969): Meaning and Understanding in the History of Ideas. In: History and Theory, 8, 3-53.
Sombart, Werner (1934): Deutscher Sozialismus. Berlin.

Silke Bellanger

Trennen und Verbinden
Wissenschaft und Technik in Museen und Science Centers

Die Gegenwart auf dem Planeten Erde erscheint als Zeit der Unordnung. Traditionelle Institutionen, Strukturen und Werte existieren neben sich verändernden Netzwerken und Kollektiven. Orientierungshilfen wie die Unterscheidungen zwischen Mensch, Maschine und Tier werden angesichts zunehmend monströser, hybrider Existenzformen fragwürdig. Die Wissenschaft verliert ihre alte Gestalt als geschlossene und unabhängige Kultur, deren Leitideen Objektivität und Unparteilichkeit waren. Effekte und Folgen der wissenschaftlichen und technischen Arbeit werden zunehmend zu Elementen der alltäglichen Erfahrung. Diese Zeit der Unsicherheit wird von BeobachterInnen und BewohnerInnen oftmals als Krise beschrieben. SoziologInnen versuchen, den verschwimmenden Ordnungsmustern, unklaren Standorten und uneindeutigen Existenzformen mit Namensgebungen beizukommen: ›Wissensgesellschaft‹, ›Postindustrialisierung‹ oder ›Cyborgs living in a world of technoscience‹.

Und einige PädagogInnen und WissenschaftlerInnen bemühen sich an verschiedenen Orten der Welt, den Menschen Zuversicht, Hoffnung und Vertrauen in Naturwissenschaften und Technik (zurück) zu geben. In Amsterdam räkelt sich eine Ausstellungshalle in Form eines Wals im Hafenbecken, in Bremen öffnet sich der Stadt eine Muschel, und in San Francisco lädt eine Halle aus der Jahrhundertwende die Menschen auf einen Besuch ein. Bis auf ein Windspiel hat das schmucklose graue Gebäude im Industriegebiet von Winterthur in der Schweiz nichts Besonderes. Doch im Durchgang zur Kasse empfangen die BesucherIn merkwürdige Botschaften: »Erleben Sie bei uns Ihre schönsten Schwingen« oder »Bringen Sie die Natur zum Beben«. Zahlt man Eintritt, tritt man über die Schwelle in den dunklen, nur partiell beleuchteten Raum, ist Geklapper, Gerumpel, Knarren, Knallen, Ächzen, laute Rufe, geschäftiges Treiben und Wassergeplätscher zu hören. Wie in Amsterdam, Bremen oder San Francisco dreht sich überall etwas, verschiebt sich etwas, blinkt etwas – ein Tornado, eine Fabrik, ein elektromagnetisches Spannungsfeld. Man ist in einem Science Center.

Science Centers sind wie Museen öffentliche Orte der Ausstellung und der pädagogischen Vermittlung. Sie popularisieren wissenschaftliches Wissen und bemühen sich um plausible, verständliche Darstellungen. In Science Centers sind naturwissenschaftliche und technische Versuchsanordnungen zu finden, wie sie ähnlich in Laboren, schulischen oder universitären Lehrsammlungen, aber auch in erlebnispädagogischen Einrichtungen für Kinder und Jugendliche benutzt werden. Unter dem Motto »Machen als Weg zum Lernen« (Broschüre Winterthur) können BesucherInnen kleinere Versuche durchführen, ihre Wahrnehmungsfähigkeit erproben und sich selbst untersuchen. Die ersten Einrichtungen der Art wurden in den 60er Jahren in Nordamerika eröffnet und sind auch weiterhin vorrangig dort und in Großbritannien zu finden. In Deutschland gibt es derzeit unter anderem die »Phänomenta« in Flensburg (Fiesser 1992), das »Spektrum« am Berliner Museum für Technik (Lührs 1983) und seit Herbst letzten Jahres das »Universum« in Bremen. Zudem werden in etlichen deutschen Städten Science Centers geplant (Willmann 2001).

Gemeinhin wird die Aufgabe von Museen darin gesehen, die typischen Güter der Gesellschaft zu sammeln, zu bewahren und auszustellen. Dazu gehören unter anderem wissenschaftliche und technische Artefakte. Museen bieten eine Auseinandersetzung mit der Vergangenheit an und präsentieren sich als Wegbegleiter der gegenwärtigen und zukünftigen gesellschaftlichen Entwicklungen; historische Museen dienen als Orte der Erinnerung und helfen, mögliche Folgen sozialen Wandels zu kompensieren; technische Museen erzählen vom sogenannten technischen Fortschritt und begleiten die zunehmende Technisierung der Lebens- und Arbeitswelten.

Das Programm der Science Centers richtet sich gegen die diagnostizierte Auflösung des Menschen inmitten technischer Dinge, medialer Informationen und Reize, gegen einen Verlust an körperlichen und kognitiven Fähigkeiten des Menschen. In ihrer Konzeption versuchen sie, auf Ängste, Gefühle des Unwissens und der Hilflosigkeit angesichts einer zunehmenden Spezialisierung technischer und naturwissenschaftlicher Bereiche zu reagieren. In der Praxis, in der konkret erlebbaren Begegnung mit wissenschaftlichen Geräten, natürlichen Phänomenen und sich selbst sollen verunsicherte ZeitgenossInnen Selbstbewusstsein gewinnen. Hilde Hein fasst die Mission des »Exploratoriums« in folgende Worte:

> Die Menschen sind tatsächlich von der Komplexität der Welt überwältigt und finden sich damit ab, die Entscheidungen den Experten zu überlassen, selbst wenn man denen nicht mehr trauen kann. Manche Menschen haben das rationale Denken ganz aufgegeben und werfen sich auf mythisches Gedankengut oder flüchten sich in Drogen. Dies sind Verzweiflungstaten, denen das Exploratorium eine optimistischere Alternative entgegensetzt. (Hein 1993: 12)

In der Interaktion mit Dingen und Phänomenen scheint demnach das Potenzial zu möglicher Orientierung in einer komplexen und kontingenten Welt zu liegen.

Die Praxis der Wissenschaftsvermittlung ist in den letzten Jahren zunehmend zum Gegenstand historischer und soziologischer Forschungen geworden (Brecht/Orland 1999). Anlässe sind zum einen die Bemühungen der westlichen Industrienationen, ein sogenanntes *Public Understanding of Science* zu fördern. 1986 diagnostizierte die Royal Society in Großbritannien ein zu geringes oder falsches öffentliches Verständnis von wissenschaftlichen und technischen Entwicklungen. Es wurde ein Aktionsprogramm entworfen, allgemeine Kenntnisse der wissenschaftlichen Inhalte, Prinzipien und Arbeitsweisen zu fördern und der Wissenschaft und Technik eine breite gesellschaftliche Akzeptanz zu verschaffen (Bodmer 1985). 1999 rief in Deutschland der »Stifterverband für die Deutsche Wissenschaft« eine entsprechende Initiative - »Wissenschaft im Dialog« - ins Leben. Gerade Science Centers scheinen die Erfüllung aller Hoffnungen und Erwartungen der *Public Understanding of Science*-Unternehmungen zu sein. In ihren Programmen versprechen sie spielerisches Lernen, das zugleich zu einer sachbezogenen und rationalen Auseinandersetzung mit Technik und Naturwissenschaft führt.

Die Diagnosen und die entsprechenden Programme implizierten zum Teil, dass Probleme bezüglich des Verhältnisses von Wissenschaft und Gesellschaft nur auf Seiten der Öffentlichkeit und der Medien bestehen. Die Einseitigkeit dieser Perspektive und die ungleiche Verteilung der Verantwortung wurde von sozialwissenschaftlicher Seite heftig kritisiert (Wynne 1995). Initiativen im Rahmen des *Public Understanding of Science*-Programmes – Informationsprogramme, Ausstellungen in Museen und Science Centers – wurden zunehmend auf ihre politischen Dimensionen, ihre Rolle und Funktion im Verhältnis von Wissenschaft und Gesellschaft befragt (Durant 1992; MacDonald 1998).

Zum anderen veränderten sich seit den 1980er Jahren die Untersuchungsperspektiven und -gegenstände der Wissenschafts- und Technikforschung. Besonders die VertreterInnen der *Science and Technology Studies* richten ihr Augenmerk nicht mehr allein auf die Produkte und Ergebnisse der wissenschaftlichen und technischen Arbeit, sondern auf die Arbeitsprozesse selbst (Pickering 1992). Durch diesen Blick auf die Praktiken werden die Kontexte, Räume und Orte sichtbar, in denen Wissenschaft und Technik von Menschen und Apparaten gemacht und ausgehandelt werden. Anthropologische Beobachtungen in Laboratorien haben gezeigt, wie eng die wissenschaftliche Arbeit mit der Kultur des Alltags verbunden ist und dass Vorgehensweisen der Forschung auf der Basis von Alltagsrationalität entschieden werden (Latour/Woolgar 1979; Knorr-Cetina 1981). Mit den Akteuren treten die Träume und Erzählungen der populären Kulturen in die Räume der Wissenschaft ein. Entitäten aus Natur und Kultur, Menschen und nichtmenschliche Wesen, Subjekte und Objekte sind ebenso sehr Fakten wie sie Fiktionen sind (Haraway 1995). Wissenschaft und Technik kommen nicht als Universalien oder plötzliche Entdeckungen auf die Welt, sondern werden in lokalen Zusammenhängen, verbunden mit solchen Fiktionen über die Beschaffenheit der Welt überhaupt erst gemacht. Fragen nach den Akteuren, Orten, Grenzen, Möglichkeiten, Gewohnheiten und Riten der wissenschaftlichen Kultur, Fragen nach dem wo, wer und wie der Wissenschaften und Technik geben auch dem Verhältnis von Wissenschaft und Gesellschaft ein anderes Gesicht (Ash 2000). Vermittelnde Instanzen und Institutionen wie Museen und Science Centers sind deshalb keine leeren und eigenschaftslosen Durchlaufstationen eines immer gleichbleibenden wissenschaftlichen Wissens oder einer zwangsnotwendigen Technik. Auch in den wissenschaftspopularisierenden Räumen mit ihren Grenzen und Möglichkeiten gestalten verschiedene Akteure verschiedene Versionen von Wissenschaft und Technik, von Gesellschaft und von der Beziehung zwischen ihnen. Machtvolle, hierarchisierende, ein- und ausschließende Ordnungen sind auch hier am Werk.

Im Folgenden möchte ich von diesen Orten des populären Wissens aus die Genese und Geschichten der modernen Wissenschaft und Technik sowie die gegenwärtigen Diagnosen und erneuten Ordnungsversuche betrachten. Im Vergleich mit dem modernen Museum der Aufklärung – einem lichten Ort der Trennung, Vermittlung und Rezeption – hoffe ich verdeutlichen zu können, was für eine Wissenschaft und Technik, welches Verhältnis von Wissenschaft und Gesellschaft mit der Hilfe welcher Akteure und unter welchen Bedingungen mittels des pädagogischen Modells der Science Centers erzeugt werden.[1]

---

1 Neben den Herausgebern möchte ich besonders Dirk Verdicchio für Hilfe und Anregung zu diesem Artikel danken.

Die moderne Wissenschaft und bescheidene Subjekte ohne Körper

Ich möchte die Arbeiten von Donna Haraway und Bruno Latour gerne als begleitende Lektüre in die Ausstellungen mitnehmen. Ihre Analysen der großen Erzählungen der Moderne und der modernen Wissenschaft und Technik können mir helfen zu verstehen, was in den Museen und Science Centers passiert.

In seinem Buch *Wir sind nie modern gewesen. Versuch einer symmetrischen Anthropologie* (1998) rekonstruiert Bruno Latour eine Verfassung des Zeitraums namens »Moderne«. Seine These ist, dass der Erfolg und die Produktivität der Moderne – wissenschaftlich, technisch und politisch – auf einem paradoxen Wechselspiel von reinigender Sortierung der Welt in getrennte Bereiche und Akteure einerseits und der ständigen Vermischung dieser Bereiche sowie der Produktion von hybriden Kollektiven und Wesen andererseits beruht.

Wissenschaftliche Erkenntnis und politisches Handeln, Natur und Kultur, Subjekte und Objekte, soziale und nicht-soziale, menschliche und nicht-menschliche Zusammenhänge werden als voneinander isolierte Bereiche konstruiert. Im künstlichen Raum des Labors wird Natur als voraussetzungslos begriffen und mit Hilfe der nichtmenschlichen Akteure – der Instrumente – zu einem zerlegbaren Gegenstand der Forschung. Doch die Instrumente schaffen nicht nur die Möglichkeit, Natur zu zerlegen, sie schaffen ebenso eine Unterscheidung zwischen den WissenschaftlerInnen auf der einen und der Natur auf der anderen Seite der Instrumente. Natur wird so zu einem nicht konstruierten, essentialistischen, transzendenten Faktum. Parallel zum abgeschlossenen Raum des Labors entsteht ein Bild der Gesellschaft als genuin menschliches Gebilde. Die Gesellschaft – die Masse der Rechtssubjekte und ihre ausgewählten Sprecher – werden im Gegensatz zur Transzendenz der Natur als immanent und veränderbar begriffen.

In Anlehnung an die Arbeit von Simon Schaffer und Steven Shapin *Leviathan and the Air-Pump* (1985) versucht Latour zu erklären, wie in der Neuzeit – mit Beginn der empirisch ausgerichteten Wissenschaft und des modernen Staates – die vielgestaltige Welt in diese binären Beziehungen gezwängt wurde, die heute noch ihr Bild prägen und zugleich Ordnungsprobleme schaffen. Simon Schaffer und Steven Shapin beschreiben in ihren Arbeiten, wie Robert Boyle und Thomas Hobbes im 17. Jahrhundert gleichzeitig einen sozialen Kontext – die Gesellschaft und Kultur – sowie eine diesem angeblich entgegenstehende Natur entwarfen. Boyle entwickelte den empirischen Stil der naturwissenschaftlichen Arbeit und Erkenntnisweise, die heute noch gültig ist: Mittels Methode, Experiment und glaubwürdigen, aufrichtigen und unabhängigen Zeugen wird im Labor die Existenz eines Faktums bewiesen. In diesen neuartigen Räumen wird der transzendentale Ursprung von Fakten proklamiert, durch Menschen und nichtmenschliche Akteure produziert – und ist doch niemandes Machwerk. Die Autorität der Aussage wird durch neu auftretende Akteure – die wissenschaftlichen Instrumente – gestützt, denn die Instrumente sind ohne Willen und Vorurteil, aber fähig zu schreiben, zu zeigen und zu kritzeln. Eine kleine Gruppe von ehrenwerten Gentlemen lässt die Naturkräfte mittels der Instrumente Zeugnis ablegen und bezeugt sich gegenseitig, dass sie die wortlose Aufzeichnungspraxis der Geräte nur übersetzen und nicht verfälschen. Zur gleichen Zeit sieht Thomas Hobbes die einzige Chance, sozialen Frieden und soziale Ordnung zu schaffen, in der Vereinheitlichung des politischen Körpers. Macht und Erkenntnis werden in einem Repräsentanten – dem souveränen Vertreter der Bürger – zusammengefasst, um genau das zu unterbinden, was Boyle im Labor praktiziert: die Konstatierung von Fakt und Wirklichkeit durch eine kleine Gruppe von Gentlemen mit einer unabhängigen Meinung, die ihnen Tür und Tor offen lässt, sich auf höhere Instanzen oder Autoritäten zu berufen. Es ist jedoch nicht so, dass Boyle nur einen wissenschaftlichen Diskurs und Hobbes einen politischen entwirft. Boyle erfindet einen politischen Diskurs, der die Politik ausschließt, und Hobbes erfindet einen wissenschaftlichen Diskurs, der die experimentelle Wissenschaft ausschließt.

> Mit anderen Worten, sie erfinden unsere moderne Welt, eine Welt, in der die Repräsentation der Dinge durch die Vermittlung des Labors für immer von der Repräsentation der Bürger durch die Vermittlung des Gesellschaftsvertrages geschieden ist. (Latour 1998: 40f.)

Auf der einen Seite steht eine unveränderliche Natur aus nichtmenschlichen Wesen und Dingen, die jedoch im Labor herstellbar ist. Auf der anderen Seite befindet sich die moderne Gesellschaft, bestehend aus menschlichen Rechtssubjekten und von Menschen veränderbar, jedoch durch nichtmenschliche Dinge gefestigt und mit dem Schicksal des Geschehens geschlagen. Politik kann aber ebenso wenig ohne Wissenschaft und Technik auskommen wie Wissenschaft ohne die Gesellschaft. Der springende Punkt oder besser das Erfolgsrezept der Moderne ist, die Vermittlung und Verbindung zwischen den Bereichen unsichtbar, undenkbar und unvorstellbar zu machen und doch zugleich zu praktizieren. Damit entstanden in der Moderne unglaubliche Ressourcen und Machtquellen für die Moderne:

> In der Fabrik ihrer Gesellschaft können die Modernen nun die Natur überall intervenieren lassen, aber ihr weiterhin eine radikale Transzendenz zusprechen; sie können die alleinigen Akteure ihres politischen Geschicks werden, aber ihre Gesellschaft weiterhin durch die Mobilisierung der Natur zusammenhalten. (Latour 1998: 46)

Natur und Kultur fungierten wechselseitig als zweischneidige Waffen der Legitimation und Delegitimierung. Die Natur als transzendent und die Gesellschaft als immanent zu begreifen, implizierte: die Menschen vermögen nichts gegen die Naturgesetze, sind aber vollkommen frei die Gesellschaft nach ihren Wünschen zu gestalten. Zugleich konnten solche Sichtweisen immer wieder mit einem Verweis auf das genaue Gegenteil kritisiert werden: Die Natur war immanent und erlaubte ihre Gestaltung und Ausbeutung, die Gesellschaft war transzendent, hatte eherne Gesetze und Menschen durften sich nicht einbilden, viel ausrichten zu können. Diese Doppelung von Immanenz und Transzendenz der Natur und Gesellschaft eröffnete eine Reihe von neuen Möglichkeiten: die Position der legitimierten Rede und Kritik konnte je nach Notwendigkeit verschoben werden, ohne an Boden zu verlieren.

*

Mit einem stärkeren Fokus auf die Beschaffenheit der Subjekte und Objekte der modernen Wissenschaft untersucht Donna Haraway, wie das moderne Paradox zu einem machtvollen Instrument des Aus- und Einschlusses aus den Räumen des Wissens oder des Politischen wurde. Hat Bruno Latour in Auseinandersetzung mit der Arbeit von Schaffer und Shapin eine Grammatik der Moderne rekonstruiert, so interpretiert Donna Haraway diese Arbeit eher hinsichtlich der Inhalte und Bedeutungen moderner Erzählungen (1996). Die Figuren der Erzählungen – die menschlichen und nichtmenschlichen Subjekte und Objekte – sind mit besonderen Eigenschaften versehen, die sie zu ihren jeweiligen Rollen und Tätigkeiten befähigen und ihre Glaubwürdigkeit bedingen. Die Gentlemen in Robert Boyles Labor sind »Anspruchslose Zeugen« und moderne, bürgerliche und männliche Subjekte. Sie fügen den Ergebnissen nichts hinzu, artikulieren keine »bloße« Meinung und sind nicht in ihrer Körperlichkeit gefangen. Das einzig Sichtbare an ihnen ist ihre Bescheidenheit, alles andere – Körper, sozialer Kontext – ist für sie selbst und in ihrer Repräsentation unsichtbar.

Das Ideal der modernen männlichen Wissenschaft schien das geistige Auge zu sein, dass durch das Labor als einen Ort der Nicht-Kultur, des Nicht-Politischen wanderte und Tatsachen auf der Netzhaut verzeichnete. Doch die Tugenden der bescheidenen Männlichkeit, die als Eintrittsticket für das Labor fungieren, waren und sind ebenso wenig eine Gegebenheit wie es Natur oder Gesellschaft als voneinander getrennte Bereiche sind. In der Neuzeit wurden gemeinsam mit der Nicht-Kultur des Labors und der Gesellschaft der Menschen auch die entsprechenden durch Geschlecht, Rasse und Klasse gekennzeichneten Subjekte und Objekte hergestellt. Weibliche Bescheidenheit war eine des Körpers, die maskuline Tugend sollte eine des Geistes sein. Die Qualifikation zu Wissen, das geistige Auge und die Selbstunsichtbarkeit der »Anspruchslosen Zeugen« war eng mit der Unsichtbarkeit anderer Wesen verknüpft. Indem die jeweiligen Eigenschaften mit der Trennung geschaffen und zugleich als sie legitimierende Voraussetzung eingesetzt wurden, konnte das Labor als ein öffentlicher, also glaubwürdiger Ort mit höchst reguliertem Zugang geschaffen werden. Diese legitimierende Konzeption der wissenschaftlichen Expertise ist ein perfides Instrument einer sehr interessengeleiteten Repräsentationspolitik. Die Experten gewinnen mit ihrer Bescheidenheit soziale und epistemologische Macht und werden zu machtvollen Repräsentanten der Welt. Ihnen stehen interessegebundene Wesen mit verführerischen und irritierenden Körpern in der gesellschaftlich-politischen Sphäre gegenüber. Diese haben weder einen legitimen Zugang zu den Räumen der Wissenschaft, noch besitzen sie das Recht auf Selbstvertretung. Damit wird in der Verfassung der Moderne ein Modell des Wissens festgelegt, das den Körper, die materielle Welt zu einem störenden Kontext erklärt. Wer in dieser Körperlichkeit verfangen ist, sie nicht leugnen oder verlassen kann ist zugleich disqualifiziert, die Phänomene und Belange der Welt zu wissen und zu repräsentieren. Frauen, Menschen mit Interessen und einer nicht-europäischen oder modernen Herkunft müssen außerhalb der Labore bleiben, es sei denn sie werden zu Objekten der Untersuchung.

Das Museum der Aufklärung als Ort der Trennung, oder: jede BesucherIn eine Stimme

Seit der Zeit der modernen Verfassungsgebung verloren die technischen und naturwissenschaftlichen Sammlungen zunehmend ihren privaten Charakter. Spätestens mit der Aufklärung wurden die Wunderkammern und Schatzkammern der Adligen und Privatgelehrten zu öffentlichen Einrichtungen der Bildung und Anschauung. Auch Frauen und Kinder durften diese Räume des Wissens betreten. Die nun öffentlichen Einrichtungen produzierten zum einen popularisierte Formen des wissenschaftlichen Wissens. Zum anderen popularisierten sie die moderne Konstitution und generierten neben den anspruchslosen Zeugen und den kontaminierten Körpern der Anderen weitere Trennungen. In der pädagogischen Vermittlungstätigkeit wurde die Begegnung von Wissenschaft und Öffentlichkeit in ein Zusammentreffen von Experten und Laien – Inhabern von Wissen und RezipientInnen von Wissen – übersetzt. Die Zusammenführung von BesucherInnen, Objekten, Museumsarchitektur, Ausstellungsdesign und MuseumspädagogInnen war eine Inszenierung der Moderne.

Bis in die Mitte dieses Jahrhunderts war die Vermittlungsarbeit und Rezeption weitestgehend von einem Glauben an den evolutionären Fortschritt, die Objektivität der wissenschaftlichen Forschung und den Respekt für die technischen Leistungen geprägt (Barry 1998). Auf den Weltausstellungen und in den großen Wissenschafts- und Technikmuseen, wie dem Science Museum in London oder dem Deutschen Museum in München, konnten BesucherInnen die »Wunder der Wissenschaft« und die »Meisterwerke der Technik« bewundern. Gleich einem »aufgeschlagenen« Lehrbuch wurden in München Objekte in enzyklopädischer Manier gezeigt (Butler 1992).

Gebäude wie der Chrystal Palace, der ganz aus Glas und Stahl bestehende Bau der ersten Weltausstellung 1851, zeigen paradigmatisch die Prinzipien der räumlichen Organisation und Inszenierung der Objekte: Helligkeit, Transparenz, Übersichtlichkeit und Distanz. Die Architektur der modernen Museen gab klare Pfade des Besuchs vor. Jede/r Besucher/in konnte von überall her alles sehen und alle BesucherInnen und Dinge waren auch von überall her sichtbar und erkennbar (Bennett 1996). Glasvitrinen, Absperrungen und Aufsichtspersonal sorgten dafür, dass alle Beteiligten voneinander getrennt blieben und keine Unordnung oder Verwirrung stifteten. Die sensiblen Objekte der Wissenschaft wurden vor den schmutzigen, gierigen Händen, Mündern, Nasen und anderen Gliedmaßen der Laien geschützt. Sie wurden vor dem Zugriff einer ungläubigen oder skeptischen Masse, die ihren Botschaften misstrauten, bewahrt. Und zugleich ermöglichten die Absperrungen auch den BesucherInnen eine ungefährliche Begegnung mit fremden Dingen und Phänomenen. Nichts musste von ihnen wirklich selbst erlebt oder getan werden (Doering/Hirschauer 1997).

Die Ausstellungsexponate – damals Dampfmaschinen und Mikroskope, heute eher Raumschiffe und Ionenkäfige – waren Endprodukte oder Instrumente der technischen Entwicklung und wissenschaftlichen Forschung. In vielen kleinen Schritten der Auswahl, der Reparatur und Konservierung wurden die benutzten Artefakte aus den Räumen des Labors oder der technischen Produktionsstätten entfernt und zu Dokumenten der Wissenschaft und Technik an sich gemacht. Jede Spur der Nutzung wurde getilgt und die Objekte als »Originale« rekonstruiert. Sie wurden auf eine eindeutige Herkunft verpflichtet und damit quasi zu ihrem imaginären Selbst zurückgeführt (Doering/Hirschauer 1997). Der Prozess der Forschung, die Arbeit der Wissenschaft und die Interessen der beteiligten Akteure blieben hinter den Objekten unsichtbar. In den Ausstellungsräumen, getrennt von den BesucherInnen und den anderen Exponaten, verloren die Dinge als Exponate ihre vieldeutige Geschichte und gewannen eine auratische Dimension. Angesichts solch eines Bildes der Wissenschaft, das ihr einen privilegierten, vom Sozialen losgelösten Zugang zum Wissen von den wahren Gegebenheiten der Welt zusprach, konnte die besuchende Öffentlichkeit nur die Rolle einnehmen, die Fakten zu glauben. Zweifel an der Machbarkeit oder Sinnhaftigkeit waren nicht Gegenstand des pädagogischen Konzeptes.

Zugleich verlangte die Inszenierung der Moderne die Kooperation der BesucherInnen. Sie mussten aktiv in die Rolle des abwesenden »Anspruchslosen Zeugen« schlüpfen, die Objekte ohne Einflussnahme und ohne Interessen sprechen lassen und ihren Körper vergessen. Kevin Hetherington veranschaulicht in seinem Artikel *Museums and the visually impaired: the spatial politics of access* (2000) anhand der Figur des/ der sehbehinderten Besuchers/-in, dass der Einsatz der anderen Sinne, besonders der Nahsinne, im Museum undenkbar ist. Der/die Sehbehinderte stört die Ordnung und Ruhe der Ausstellung, berührt die Exponate, hinterlässt Spuren und bewegt sich unsicher stolpernd durch den Raum. Die Irritation, die sein/ihr unsteter Gang auslöst, verrät, welches Subjekt sonst in der Ausstellung antizipiert und hergestellt wird – das sehende, körperlose Subjekt der Moderne. Während des Besuches üben BesucherInnen die modernen Wahrnehmungsweisen als ihre Sicht der Dinge ein. Ihr Blick wird von den Dingen und ihren Körpern getrennt, um als ein schwebendes, geistiges Auge die Dinge der Welt erfassen zu können.

Der Blick ist jedoch nicht nur aufzeichnend, sondern auch ein performativer Sinn. Er richtet sich nicht nur auf die »Außenwelt«, sondern wird ebenso ins Innere des betrachtenden Subjekts und des betrachteten Objekts gelenkt. In Einklang mit den Ordnungsprinzipien der Moderne werden mit dem Blick Sehende und Gesehenes in Form gebracht (Hetherington 1999).

> Yet, ideally, they sought also to allow people to know and thence to regulate themselves; to become, in seeing themselves from the side of power, both the subjects and the objects of knowledge, knowing power and what power knows, and knowing themselves as (ideally) known by power, interiorising its gaze as a principle of self-surveillance and, hence self-regulation. (Bennett 1996: 84)

Mit der musealen Geste der Betrachtung wird ebenso die disziplinierende Überprüfung der eigenen Lebensführung angeleitet wie die Außenwelt erneut sortiert. Dazwischen wirkt die nicht wirklich sichtbare Wissensordnung, die bestimmt, was die Moderne ausmacht, welcher Sinn ihr innewohnt, wie die in ihr hausenden Wesen zu begreifen sind und wie sie zueinander positioniert zu sein haben.

So beschreibt Donna Haraway in ihrem Aufsatz *Teddy Bear Patriarchy Taxidermy in the Garden of Eden, New York City 1908-1936* (1989), wie die Ursprungs- und Heilsgeschichte des abendländischen männlichen Subjektes ausgestellt werden kann, ohne dass mann/frau sie in der Ausstellung konkret zu Gesicht bekommt. Die *African Hall* des naturhistorischen Museums in New York wird zu einer Zeitmaschine, die die

Entstehung der Welt und die Geschichte der Evolution noch einmal erzählt. Gruppen von Säugetieren durchziehen die Halle, als ob es ihr natürlicher Lebensraum wäre, nur sind die Tiere nicht mehr lebendig, sondern ausgestopft. Und ihr Lebensraum sind Dioramen, perfekt ausgeleuchtete und arrangierte Szenen. Jedoch scheinen die Szenen echt zu sein, scheinen sie Rekonstruktionen der wahren Natur zu sein. Die Dioramen erzählen die Naturgeschichte mit Elementen der Natur und bieten sich dem bloßen, blanken Auge als Fenster auf die Natur an. Durch diese Fenster können die BesucherInnen auf eine »natürliche« Bühne blicken, auf der von der Entstehung des Lebens, von Gemeinschaften und Familien erzählt wird. Die meisten Gruppen bestehen aus wenigen Tieren, meist ein großes, wachsames Männchen, ein weibliches Tier und ein oder zwei Babies. Nie ist ein altes oder krankes Tier zu sehen.

In der Mitte der Ausstellung ist ein großes Gorilla-Männchen zu sehen, ein perfektes Tier im Herzen des Garten Eden – aufrecht, vor Kraft und Virilität strotzend steht es auf einem Hügel, ein Ausdruck persönlicher Individualität: es ist das Double des Menschen/Mannes, es ist die natürliche Männlichkeit. Nach ihm kommt nur noch der Mensch als Krönung der Entwicklung und Heilsgeschichte.

Die Kopplung von Wahrnehmungsweise, Wissenschaft und Ordnung wird mit Unterstützung zahlreicher menschlicher und nichtmenschlicher HelferInnen praktiziert und hergestellt. Mit dem Eintritt in das Museum lassen die BesucherInnen Kontext und Körperlichkeit hinter sich, qualifizieren sich als der Erkenntnis fähige Subjekte und erhalten die Möglichkeit, die Welt zu sehen. Damit bestätigen sie die Umsetzbarkeit der modernen Wissensproduktion und ratifizieren den Vertrag der Moderne. Jede BesucherIn ist eine Stimme für die Verfassung der Moderne und ein Garant für deren Effektivität.

Zeit der Krise

Betrachtet man aktuelle Debatten über Wissenschaft, z. B. die Bemühungen um ein *Public Understanding of Science*, so scheint die moderne Verfassung in der gehabten Form nicht mehr von vielen Beteiligten ratifiziert zu werden. Sowohl die Forderungen und Bemühungen, wissenschaftliche Arbeit mit wirtschaftlicher Nutzung kurz zu schließen, als auch die in den Reihen der Wissenschaft artikulierte Sorge, in der Öffentlichkeit an Vertrauen, Legitimation und finanzieller Absicherung verloren zu haben, deuten auf das gleiche Problem hin: das Beharren auf der Trennung als Erfolgsprinzip der Moderne wird zum Handicap.

Krisen und Katastrophen der wissenschaftlichen und technischen Produktion sind zunehmend in das Bewusstsein einer Öffentlichkeit getreten, die mit den alten Aufgaben, die Folgen der wissenschaftlichen Arbeit zu verwalten, hoffnungslos überlastet ist (Nowotny 1999). Zudem brachte die Diskussion um Chancen und Risiken von Wissenschaft und Technik soziale Akteure auf den Plan, die den Experten ihren Anspruch auf die wahre Sicht der Realität streitig machen.

Im Zuge der Bildungsexpansion der westlichen Industrienationen hatten immer mehr Menschen das Recht auf Wissen, Verständnis und Partizipation an der Gestaltung und Verwaltung des Wissens eingefordert. Soziale Bewegungen formulierten seit den 1970er Jahren alternative Deutungs- und Beurteilungsweisen. Forderungen wurden laut, angesichts der Auswirkungen von Wissenschaft und Technik den Forschungsprozess gegenüber der Öffentlichkeit transparent zu machen. Soziale Bewegungen traten nicht nur in Konkurrenz zu den bestehenden Institutionen des Wissens, sondern betrieben eine Aneignung und Umdeutung der wissenschaftlichen Erkenntnisse, die die klaren, bisher weitestgehend akzeptierten Grenzziehungen zwischen Wissenschaft und Öffentlichkeit fragwürdig werden ließen. Und die Proklamation der sogenannten Informations- und Wissensgesellschaft, die sowohl die Verwissenschaftlichung der Gesellschaft als auch die Vergesellschaftung bzw. Politisierung des Wissens impliziert, verlangt, die bisherige Rollenverteilung von Experten und Laien zu überdenken. Wissen ist zu einer notwendigen Ressource des alltäglichen Lebens geworden, deren Verteilung und Regulierung andere Maßstäbe als nur »Objektivität« und »Wahrheit« benötigt (Kiener/Schanne 1999).

*

Das Bestreben nach Anerkennung alternativer Perspektiven wird auch in der Kritik an den bestehenden Museen deutlich. Museen als Medien einer Identitätspolitik hatten weitestgehend nur die Hoch- und Expertenkultur repräsentiert. Nun wurden Forderungen laut, der Mehrheit der Bevölkerung nicht nur als BesucherInnen Zugang zum Museum zu verschaffen, sondern die Breite der Gesellschaft auch in den Ausstellungen selbst zu berücksichtigen (Hauer et al. 1997). Seit den 1980er Jahren scheint die Kritik in den Museen angekommen zu sein. Zur gleichen Zeit bekommen die Museumseinrichtungen von Seiten der Freizeitkultur und Unterhaltungsindustrie Konkurrenz. Das Motto des im letzten Jahr in Bristol eröffneten Science Centers »@-Bristol« zeigt, was ein entscheidendes Kriterium für den Umgang mit der Krise und den Erwartungen der Öffentlichkeit in den Ausstellungsräumen sein wird: »@-Bristol is a unique destination, bringing science, nature and art to life ... «. Der Wissenschaft wird das Leben (zurück) gegeben, sie wird zum Leben erweckt.

In ihrem Buch *Es ist so. Es könnte auch anders sein* (1999) argumentiert Helga Nowotny, dass das ehemals hochgehaltene Ideal der objektiven und interessenlosen Wissenschaft angesichts der gegenwärtigen Krise eher als Leblosigkeit und Leere interpretiert werden kann. Die paradoxale moderne Verfassung hat Bedingungen geschaffen, die es den Naturwissenschaften geradezu unmöglich machen, auf die politischen und moralischen Forderungen der Nicht-Experten einzugehen. Jede Unterscheidung von Gut oder Böse galt als willkürlich, parteilich und verstandesgemäß nicht entscheidbar. Gleichzeitig wird aber angenommen: je objektiver und unparteiischer sich Wissen präsentieren kann, desto mehr Gewicht kommt ihm zu, moralische und politische Entscheidungen anzuleiten. Diese Haltung ist gegenwärtig derart in Misskredit geraten, dass der ehemalige Vorzug heute als kaltes, totes Herz der Wissenschaft erscheint.

Diese Leere zu füllen und der Wissenschaft eine neue lebendige Erscheinung zu geben, treten nun die diversen Vermittlungsinstanzen im Namen eines *Public Understanding of Science* an. Die Rettung aus der Not wird in der Verbindung der ehemals getrennten Bereiche der Wissenschaft und der Gesellschaft gesehen. Damit wird als

Lösung der gegenwärtigen Krise die Hervorkehrung der bislang verschwiegenen Komponente der modernen Verfassung angeboten. Das Verheimlichte wird zur Lösung. War einst die Trennung der Bereiche die Basis der Moderne, so ist nun die Vermittlung, die Verbindung die Grundlage für Sicherheit in der Welt. Die einst Ausgeschlossenen, die Nicht-Experten, die Nicht-Männer sollen nun ernst genommen und an die Wissenschaft herangeführt werden.

Programmatisch heißen die Sammelbände zur Neubestimmung der Funktion und Aufgabe von Museen dann auch *Vom Elfenbeinturm zur Fußgängerzone* (John 1996) oder *Das besucherorientierte Museum* (John 1997). Maßgaben der zeitgenössischen Museumsarbeit sind die Öffnung des Museums, die Erleichterung des Zugangs und das Erlebnis. Doch im Zentrum der Aufmerksamkeit stehen die BesucherInnen als aktive, kreative und kompetente Menschen (Weil 1999). Ihre Interessen, Sehnsüchte, Ängste und Träume werden zum Maßstab für die Lebendigkeit der ausgestellten Wissenschaft und Technik und der möglichen Beziehung zwischen der Wissenschaft und der Gesellschaft.

Doch trotz der »Strukturveränderungen« der Museen, der Aufnahme einst ausgeschlossener Gruppen und Sichtweisen und der Betonung der Verbindung, ist die misstrauische Frage zu stellen, ob damit die alten Geschichten der Moderne passé sind und welchen Charakter die neuen Erzählungen, wenn sie denn neu sind, haben.

Science Centers – Orte der Verbindung

Science Centers sind Räume, in denen prototypisch an einer derartigen Umformulierung der modernen Verfassung gearbeitet wird. In den späten 1960ern wurden in San Francisco und Ontario die ersten Science Centers gegründet, deren Grundideen heute noch, trotz aller Veränderungen, die Konzeption von Science Centers beeinflussen (Butler 1992). Zentrales Moment waren und sind sogenannte interaktive »hands-on«-Exponate, die den BesucherInnen die Möglichkeit bieten sollen, einige Parameter des Exponats zu verändern und mit dem Ausstellungsobjekt zu experimentieren (Simmons 1996). Die Themen der verschiedenen Science Centers reichen über Mathematik, Biologie, Physik, Medizin und Geologie bis hin zur Wahrnehmungspsychologie (Grinell 1992). Besonders häufig sind elektromechanische Apparate und Exponate zur Sinneswahrnehmung.

In schwach beleuchteten, offenen Räumen befinden sich frei stehende interaktive Exponate. Es gibt keine Absperrungen oder Vitrinen, die einen eindeutigen Pfad der Besichtigung vorgeben. Doch wie im Museum der Moderne sind auch im Science Center zahlreiche menschliche und nichtmenschliche Akteure auf den Plan getreten, den Besuch zu gestalten und das prognostizierte Bedürfnis der BesucherInnen zu produzieren. Schilder, Raumgestaltung und Museumspersonal fordern die BesucherInnen auf, mal hierhin und dorthin zu laufen oder dies und jenes nach Lust und Laune auszuprobieren. Animateuren gleich regen sogenannte Explainers die BesucherInnen zur Enträtselung der Versuchsaufbauten an. Niemand soll sich unter Druck gesetzt fühlen, ein festgelegtes Lernprogramm zu absolvieren. Sich wohl und nicht ängstlich zu fühlen ist die Direktive (Grinell 1992). Verharren die BesucherInnen aber in der modernen Geste der Museumsbesichtigung, dann erzählen die Exponate nichts von dem Ende der modernen Trennungen und der Wiederbelebung der Wissenschaft und Technik. Jetzt, wo die Ausstellungsdinge aus ihren Glasvitrinen kommen, sind die BesucherInnen nicht mehr vor ihnen geschützt. Es muss alles selbst erlebt werden. Sie sind gezwungen, sich im Raum inmitten der Artefakte zu platzieren, zu partizipieren und mit den Dingen eine Verbindung einzugehen (Barry 1999).

Als Garanten der allgemeinen Verbundenheit treten die interaktiven Exponate auf die Bühne des Geschehens. Historische Artefakte sind nur noch selten in Nebenrollen zu finden. Denn im Zuge der Kritik an den modernen Museen waren auch die alten musealen Objekte ins Gerede gekommen. Ihnen wurde unterstellt, genauso leblos und zweifelhaft zu sein wie die Wissenschaft und Technik, die sie zu repräsentieren hatten. Die Exponate der Science Centers geben nun vor, von der vieldeutigen Geschichte unbelastet zu sein. Sie scheinen weder Abgesandte der esoterischen Expertenkultur zu sein, noch verbieten sie, von Laien genutzt zu werden. Eigens frisch für die Science Centers gebaut, bringt sie erst die Berührung der BesucherInnen zum Sprechen und lässt die wirklichen natürlichen Phänomene erscheinen. Eine dahinter verborgene Realität oder Sinnhaftigkeit scheint es nicht zu geben.

Doch trotz ihrer unschuldigen Erscheinung unterhalten auch die Exponate des Science Centers Beziehungen zu Geschichten, Praktiken und Akteuren. Bevor sie in die Ausstellungshallen gelangen, durchlaufen sie mühselige Prozeduren der Prüfung und Probe. Dem Entwurf und Bau folgen unzählige Überarbeitungen, bis die Geräte robust genug sind, der Befragung und Berührung der BesucherInnen standzuhalten (Simmons 1996). Häufig werden sie von Elementen und Dingen begleitet, die BesucherInnen aus ihrem Alltag in der Warenwelt kennen: Kaffeetassen, Fahrräder und Wasserbälle (MacDonald 1999). Und obwohl ihr Design zeitgenössisch ist, sind einige der Artefakte im Science Center eng mit den Instrumenten aus den Anfängen der modernen Wissenschaft – Physik, Mechanik, Elektrizität und Optik – verbunden. Es sind Verwandte der Geräte, mit deren Hilfe WissenschaftlerInnen im Labor einst Phänomene sichtbar werden ließen und die im modernen Museum von Laien nur aus der Entfernung betrachtet werden durften. Die Geste der Verbindung zwischen Wissenschaft und Gesellschaft wird nun in Kooperation mit den einst verbotenen Objekten vollzogen.

Die neue Inszenierung verlangt von den BesucherInnen eine Überarbeitung ihrer bisher im Museum ausgeübten Rollen. Schlüpften sie im modernen Museum in die Figur des »Anspruchslosen Zeugen«, der unbeteiligt die Dinge sprechen lassen konnte, ist es nun ihre Aufgabe, den Zusammenhang zwischen der Wissenschaft und der Gesellschaft herzustellen. Das einst Ausgeschlossene – ihre Körper und ihre alltäglichen Erfahrungen – wird nun zum Grundprinzip des Lernens und Wissens (MacDonald 1996). In zahlreichen experimentellen Stationen werden die Sinne, ihr Zusammenspiel und eine zweifelhafte Selbstverständlichkeit des richtigen Wahrnehmens erforscht und erlebt. Die BesucherInnen begegnen optischen oder akustischen Täuschungen und üben, ihr seelisches und körperliches Gleichgewicht auf diese Täuschungen einzustellen. Der ehemalige Garant des möglichen Wahrnehmens und Wissens – das körperlose, geistige Auge – ist nicht länger zuverlässig. Alles zu sehen bedeutet nun die Gefahr, das Detail und das eigentliche Phänomen nicht mehr erkennen zu können

(Hetherington 1999). Die anderen Sinne werden dem verengten Blick der Moderne hinzugesellt. Ohne sie bleibt das einst omnipotente Auge heute blind für die Aufhebung der Trennungen. Ein ganzer, authentischer und nicht länger abgespaltener Körper wird zur Bedingung, weiterhin Wahrheit erfahren zu können. Zugleich verweist die Problematisierung der Sinneswahrnehmung auf das gegenwärtig paradigmatische Modell eines permeablen und flexiblen Körpers (Martin 1998). Er ist eine offene Ressource für den Anschluss an die technologischen, wissenschaftlichen und sozialen Netzwerke.

Mit dem Einsatz ihres ganzen Körpers arbeiten sich die BesucherInnen aus ihrer Rolle als passive BetrachterInnen heraus und proben die aktive Teilnahme. Das tätige Lernen, die Arbeit mit und an den Dingen soll ihnen zur Selbstermächtigung, Sicherheit und Neugier im alltäglichen Umgang mit Wissenschaft und Technik verhelfen. In der Begegnung mit den Exponaten bringen sie ihren Körper, ihre Lebenshaltung und ihre Subjektivität in eine zeitgemäße Form. In den Zeiten des neoliberalen Selbstmanagements wird die Partizipation den Subjekten zur Pflicht und Notwendigkeit (Barry 1998). Es öffnet sich ihnen kein Fenster zur Welt, wie es den BetrachterInnen des Dioramas im New Yorker naturhistorischen Museum noch geschah. Einen Zugang zu den Phänomenen der Welt zu schaffen, wird zur persönlichen und individuellen Aufgabe und Leistung, die besonders eine Arbeit an sich selbst erfordert.

Das Konzept, mit dem Science Centers auch der erwachsenen Öffentlichkeit beggenen, entspringt museumspädagogischer Arbeit in Kinder- und Jugendmuseen und lässt sich als ein Märchen über die wiedergefundene Unschuld lesen. Erwachsene Menschen, Opfer der modernen Trennungs- und Reinigungsarbeit, sollen wieder mit sich und der Welt spielen können. Der Ballast der individuellen und kollektiven Geschichte kann abgelegt, es kann zu einem unbelasteten und unbefleckten Umgang mit der Welt zurückgefunden werden. Keine Kategorisierung, keine hegemoniale Sicht auf die Welt, keine Repräsentation schränkt den Zugang zur Welt und zur Erkenntnis der Phänomene ein. Die Bedingungen der Entwicklung, individuelle wie kollektive, können noch einmal neu betrachtet und bestimmt werden. Die alten Prinzipen der modernen Wissenschaft, des modernen Lebens und der modernen Ordnung der Welt werden zu einem Irrtum erklärt. Dagegen soll eine auf den Kopf gestellte Verfassung, deren grundlegende Prinzipien nun die Verbindung und die Partizipation sind, wirkliches Wissen, wirkliches Leben und die friedliche Koexistenz der menschlichen und nichtmenschlichen Wesen auf dem Planeten Erde wieder sichern.

Doch dieser Geschichte über die Versöhnung von Wissenschaft und Gesellschaft ist zu misstrauen. Die Moderne wurde immer von Erzählungen begleitet, die angesichts ihrer Probleme das apokalyptische Ende der Welt prophezeiten oder das Versprechen gaben, die Menschen aus dem Elend herauszuleiten. Die Geschichten, die zu Krisen und Problemen führten, die paradoxale Geschichte der Moderne mit ihren verschiedenen verantwortlichen und verantwortlich gemachten Akteuren, den erlittenen Verletzungen und erfahrenen Ängsten wurden und werden angesichts des Heils oder der Apokalypse dagegen ausgeblendet (Haraway 1989). Zu was für einer Welt soll nun für wen ein unschuldiger Zugang im Science Center geschaffen werden und welche Probleme sollen gelöst werden? Das Verhältnis von Wissenschaft und Gesellschaft wird zu einem Zeitpunkt als unschuldiges Drama auf die Bühne der Science Centers gebracht, an dem die Probleme zwischen Wissenschaft und Gesellschaft zunehmend sichtbar werden. Aber Science Centers sind genauso wenig ein Ort der unschuldigen Verbindung zwischen Wissenschaft und Gesellschaft, wie das moderne Museum eine ausschließliche Repräsentation der hegemonialen Macht der Wissenschaft war. Die Exponate der Science Centers von der problematischen Geschichte der Moderne zu lösen und die alltäglichen, körperlichen Erfahrungen der BesucherInnen ins Zentrum zu stellen, bedeutet nicht, dass Wissenschaft von Hindernissen, Barrieren, Ungerechtigkeiten und Verletzungen befreit wäre (MacDonald 1996). Die Verbindung von wissenschaftlicher Erkenntnis und persönlichem Erlebnis klingt weniger nach einem Versuch, an der belasteten Beziehung zwischen Wissenschaft und Gesellschaft zu arbeiten, als vielmehr nach der erneuten Aufführung einer Heilsgeschichte, die für paranoide Subjekte wie den Anspruchslosen Zeugen und seine Nachfahren wiederum eine Verbindung zu einer scheinbar verschwindenden Welt herstellt. Vielleicht vollführen BesucherInnen im Science Center das Rollenspiel zu ihren eigenen Lasten: stellvertretend für die unsicheren WissenschaftlerInnen bringen sie die Unschuld der Beziehung zwischen Wissenschaft und Gesellschaft auf die Bühne.

Literatur

Ash, Mitchell G. (2000): Räume des Wissens – was und wo sind sie? Einleitung in das Thema. In: Berichte zur Wissenschaftsgeschichte 23, 235-242.
Barry, Andrew (1998): On interactivity. Consumers, Citizens and Culture. In: Macdonald, Sharon (Hg.): The Politics of Display. Museums, Science, Culture. London/New York, 98-117.
Bennett, Tony (1996): The Exhibitionary Complex. In: Greenberg, Reesa / Ferguson, Bruce W. / Nairne, Sandy (Hg.): Thinking about Exhibitions. London/New York.
Bodmer, Walter (1985): The Public Understanding of Science. Royal Society. London.
Brecht, Christine / Orland, Barbara (Hg.) (1999): Populäres Wissen. WerkstattGeschichte 23. Hamburg
Butler, Stella V. F. (1992): Science and Technology Museums. Leicester/London/New York.
Doering, Hilke / Hirschauer, Stefan (1997): Die Biographie der Dinge. Eine Ethnographie musealer Repräsentation. In: Ammann, Klaus / Hirschauer, Stefan (Hg.): Das Befremden der eigenen Kultur. Frankfurt a. M., 267-297.
Durant, John (Hg.) (1992): Museums and the Public Understanding of Science. London.
Fiesser, Lutz (1990): Anstiften zum Denken – die Phänomenta. Bericht über ein Forschungsprojekt. Flensburg.
Grinell, Sheila (1992): Starting with the Mission. In: dies. (Hg.): A new Place for Learning Science. Starting and Running a Science Center, Association of Science-Technology Centers. Washington, 9-16
Haraway, Donna (1996): Anspruchsloser Zeuge@Zweites Jahrtausend. FrauMann© trifft OncoMouse™. Leviathan und die vier Jots: Die Tatsachen verdrehen. In: Scheich, Elvira (Hg.): Vermittelte Weiblichkeit. Feministische Wissenschafts- und Gesellschaftstheorie. Hamburg, 347-389.
Haraway, Donna (1995): Die Biopolitik postmoderner Körper. Konstitutionen des Selbst im Diskurs des Immunsystems. In: dies.: Die Neuerfindung der Natur: Primaten, Cyborgs und Frauen. Frankfurt a. M., 160-199.

Haraway, Donna (1989): Primate Visions. Gender, Race, and Nature in the World of Modern Science. London/New York.
Hauer, Gerlinde / Muttenthaler, Roswitha / Schober, Anna / Wonisch, Regina (1997): Das inszenierte Geschlecht. Feministische Strategien im Museum. Wien/Köln/Weimar.
Hein, Hilde (1993): Naturwissenschaft: Kunst und Wahrnehmung. Der neue Museumstyp aus San Francisco. Stuttgart.
Hetherington, Kevin (1999): From Blindness to blindness: museums, heterogeneity and the subject. In: Law, John / Hassard, John (Hg.): Actor Network Theory and after. Oxford, 51-73.
Hetherington, Kevin (2000): Museums and the visually impaired: the spatial politics of access. In: Sociological Review 48/3, 445-461.
John, Hartmut (Hg.) (1996): Vom Elfenbeinturm zur Fußgängerzone: drei Jahrzehnte deutsche Museumsentwicklung. Versuch einer Bilanz und Standortbestimmung. Opladen.
John, Hartmut (Hg.) (1997): Das besucherorientierte Museum. Köln, Bonn
Kiener, Urs / Schanne, Michael (1999): Wissensinszenierung – Folge und Antrieb der Wissensexplosion. In: Honegger, Claudia / Hradil, Stefan / Traxler, Franz (Hg.): Grenzenlose Gesellschaft. Opladen, 447-458.
Knorr-Cetina, Karin (1991 [1981]): Die Fabrikation von Erkenntnis. Zur Anthropologie der Naturwissenschaft. Frankfurt a.M.
Koster, Emlyn H. (1999): In Search of Relevance: Science Centers as Innovators in the Evolution of Museums. In: Daedalus 128, 277-296.
Latour, Bruno (1998): Wir sind nie modern gewesen. Versuch einer symmetrischen Anthropologie. Frankfurt a.M.
Latour, Bruno / Woolgar, Steve (1979): Laboratory Life: The Social Construction of Scientific Facts. Princeton 1986.
Lührs, Otto (1983): Das »Versuchsfeld« des Museums für Verkehr und Technik – Erfahrungsfeld der Sinne. In: Museum für Verkehr und Technik Berlin (Hg.): Schätze und Perspektiven. Berlin.
MacDonald, Sharon (1996): Authorising Science: Public Understanding of science in museums. In: Irwin, Alan / Wynne, Bryan (Hg.) (1996): Misunderstanding Science? The Public Reconstruction of Science and Technology. Cambridge/Melbourne, 152-171.
Mac Donald, Sharon (Hg.) (1998): The Politics of Display. Museums, science, culture. London/New York.
MacDonald, Sharon (1998): Supermarket science? Consumers and the ›public understanding of science‹. In: dies. (Hg.): The Politics of Display. Museums, science, culture. London/New York, 118-138.
Martin, Emily (1998): Die neue Kultur der Gesundheit. Soziale Geschlechtsidentität und das Immunsystem in Amerika. In: Sarasin, Philipp / Tanner, Jakob (Hg.): Physiologie und industrielle Gesellschaft: Studien zur Verwissenschaftlichung des Körpers im 19. und 20. Jahrhundert. Frankfurt a.M., 508-525.
Nowotny, Helga (1999): Es ist so. Es könnte auch anders sein. Über das veränderte Verhältnis von Wissenschaft und Gesellschaft. Frankfurt a.M.
Pickering, Andrew (1992): From Science as Knowledge to Science as Practice. In: ders.: (Hg.): Science as Practice and Culture. Chicago/London, 1-28.
Shapin, Steven / Schaffer, Simon (1985): Leviathan and the Air-Pump. Hobbes, Boyle and the Experimental Life. Princeton.
Simmons, Ian (1996): A Conflict of Cultures: Hands-On Science Centres in UK Museums. In: Pearce, Susan M. (Hg.): Exploring Science in museums. London, 79-94.

Willmann, Urs (2001): Spannung bis zum Abwinken. In Deutschland boomen Science-Center. Anderswo schließen sie. Die große Pleite droht. In: Die Zeit 13, 29.03.2001.

Weil, Stephen E. (1999): From being about Something to Being for Somebody: The Ongoing Transformation of the American Museum. In: Daedalus 128, 229-258.

Wynne, Brian (1995): Public Understanding of Science. In: Jasanoff, Sheila et al. (Hg.): Handbook of Science and Technology Studies. London/New Dehli, 361-388.

Andrea zur Nieden

›Menschen‹ und ›Cyborgs‹ im Soap-Format
Biotechnologien in der Fernsehserie STAR TREK

Wenn man Technologien als soziale Technologien begreift und auf ihre gesellschaftliche Vermittlung hin untersuchen will, bieten sich unterschiedliche Felder an, in denen die Diskurse um bestimmte Technologien nachvollzogen werden können. In der »Technikkultur« hat die populäre Science Fiction einen entscheidenden Anteil an der sozialen »Erfindung« von Technologien. Die Gattung Science Fiction hat die sozialen Utopien der klassischen Staatsromane abgelöst, deren Augenmerk auf einer Veränderung der sozialen Verhältnisse lag. Als literarisches Genre im Zuge der industriellen Revolution im 19. Jahrhundert entstanden,[1] ist Science Fiction von der Vorstellung einer Weiterentwicklung der Zivilisation durch *Technik* geprägt. Diese nimmt daher einen zentralen Stellenwert in den Geschichten ein – egal, ob sie als »gute« oder »böse« Technologie auftaucht. Da Science Fiction die gegenwärtigen technologischen Trends in die Zukunft zu verlängern sucht, lassen sich an ihr Visionen und Ideologien ablesen, die zentrale aktuelle technologische Entwicklungen begleiten. Sie ist daher eine ergiebige Quelle, um das »Reden über« (aber auch das »Phantasieren über«) Technologien zu untersuchen. Ich möchte aus dieser Perspektive die Diskursivierung und Verbildlichung von Bio- und Gentechnologien in der Fernsehserie STAR TREK – im Deutschen: RAUMSCHIFF ENTERPRISE – analysieren.

Es geht im Folgenden vor allem darum, wie in dieser Serie angesichts der zunehmenden Biotechnologisierung des Menschen »Subjekt« und »Körper« thematisiert werden. Der Cyborg, Abkürzung für »kybernetischer Organismus« und allgemein verstanden als Hybrid, also Mischwesen aus Mensch und Maschine, ist heute schon möglich: die Entwicklung künstlicher Reproduktion, technischer und »Fremd«-Implantate, die zunehmende Informatisierung des Körpers (genetischer Code) und des Denkens (Gehirnforschung) lassen die menschliche Besonderheit im Gegensatz zu Artefakten fragwürdig werden und bringen – so meine These – eine klassische Subjektvorstellung in Schwierigkeiten. Dies spiegelt sich auch in STAR TREK wider. Ich möchte das an einigen Episoden aus den 80ern und 90ern, also STAR TREK – THE NEXT GENERATION, DEEP SPACE NINE und VOYAGER zeigen.

Das Schöne an der Serie STAR TREK ist, dass in jeder Folge ein kleiner Ethikunterricht geliefert wird. Hier muss nicht zwischen den Bildern gelesen werden; die Moral von der Geschicht' wird immer explizit. Stets wird aufs Neue formuliert, was es dem bürgerlichen Subjekt heißt, »Mensch« in einer technisierten Welt zu sein.

---

1 Als erste Science Fiction-Literatur gelten meist Mary W. Shelleys *Frankenstein, or the Modern Prometheus* von 1818 (vgl. z. B. Asimov 1984: 14) und die Romane von Jules Vernes und H.G. Wells aus der zweiten Hälfte des 19. Jahrhunderts (z. B. Jameson 1982: 149).

Zunächst aber eine kurze Beschreibung des allgemeinen Settings von STAR TREK: Rahmen der Handlung ist die friedlich vereinte Föderation der Planeten, eine Art Mega-UNO im 24. Jahrhundert. Die Raumschiffe Enterprise und später Voyager sind als Forschungsschiffe der Sternenflotte unterwegs, um fremde Welten zu erkunden. Dabei treffen sie auf befreundete und feindliche andere »Rassen« (so werden die Aliens bezeichnet), auf merkwürdige Weltraumphänomene und erleben allerlei Abenteuer. In der Staffel DEEP SPACE NINE ist das Konzept ein wenig anders: die Handlung spielt hauptsächlich auf einer Raumstation am Ende des Föderationsuniversums, auf der sich wiederum die verschiedensten Spezies begegnen.

Bei aller angeblichen Toleranz gegenüber anderen Kulturen wird kaum verhehlt, dass die menschlich dominierte Föderation doch die beste aller Welten ist. Über ihre gesellschaftliche Organisation erfahren wir recht wenig, es ist allerdings klar, dass die Gesellschaft durch ihre moralische Weiterentwicklung die meisten Probleme in den Griff bekommen hat. So erklärt Counsellor Troi in einer Folge von NEXT GENERATION Marc Twain, einem Gast aus dem 19. Jahrhundert, dass »Armut und Mangel abgeschafft« sind und »mit ihnen Elend und Hoffnungslosigkeit«.[2] An anderer Stelle erklärt Captain Picard Lilly aus dem 21. Jahrhundert:

> Die Wirtschaft der Zukunft funktioniert ein bißchen anders. Sehen Sie, im 24. Jahrhundert gibt es kein Geld [...]. Der Erwerb von Reichtum ist nicht mehr die treibende Kraft in unserem Leben. Wir arbeiten, um uns selbst zu verbessern und den Rest der Menschheit. (DER ERSTE KONTAKT)

Auch das Geld – als Wurzel aller kapitalistischen Übel identifiziert – wurde also aus der Föderation verbannt. Trotz angeblicher Abschaffung des Marktes bestehen Arbeitsfetisch, Leistungszwang, Selbstdisziplinierung und Konkurrenz um Posten in der Hierarchie jedoch ungebrochen fort. Den STAR TREK-Machern scheint dies für den Menschen so wesentlich zu sein, dass sie sich gar nichts Schöneres für die Zukunft wünschen können. Auch die strenge militärische Disziplin auf den Raumschiffen wird selten als Zwang thematisiert: im Gegenteil schätzen sich alle Crewmitglieder glücklich, Teil der großen Familie sein zu dürfen. Der bürgerliche Zwangscharakter gilt offenbar so sehr als a-historisches Wesen des Menschen, dass die STAR TREK-Macher sich gar nichts Schöneres für die Zukunft wünschen können.

Ich werde die STAR TREK-Erzählung hier als eine einheitliche behandeln, obwohl es durchaus Unterschiede zwischen den einzelnen Serien gibt, deren Reflexion in allen Details hier zu weit führen würde. Angedeutet sei nur, dass THE NEXT GENERATION am eindeutigsten die beschriebene Ideologie verkörpert, während DEEP SPACE NINE am ehesten Ambivalenzen zulässt und die Föderation häufig kritisch perspektiviert. VOYAGER vollzieht eine scheinbare »Verweiblichung« des Plots, symbolisiert durch den weiblichen Captain, die auch nicht als autonomes Forschersubjekt hinaus in den Weltraum, sondern wieder nach Hause zur Erde fliegt. Werte wie Fürsorge für Mensch und Natur werden – passend zu den 90ern – wichtiger, ohne dass die aufklärerische Ideologie in den Grundprinzipien erschüttert würde.[3]

---

2   THE NEXT GENERATION – Gefahr aus dem 19. Jahrhundert.

In der beschriebenen Umgebung wird nun das (im Vorspann programmatisch formulierte) Entdecken »unbekannter Lebensformen« stets zum Anlass genommen, ausführlich die Besonderheiten des Menschen zu erörten. In einer Fortführung des Motivs der klassischen Reise- und Abenteuerromane, die Reise als Prüfung zu begreifen, versichert sich der Mensch durch die Begegnung mit anderen Spezies, sowohl in der Ähnlichkeit als auch in der Differenz zu den anderen, stets seiner Identität. Die Definition des Menschen ist dabei – wie der Verweis auf Arbeit und Leistung bereits andeutet – nichts anderes als die Verallgemeinerung des bürgerlich-kapitalistischen Wesens. Wie schon in der aufklärerischen Erfindung der Menschenrechte historisch spezifische ökonomische Verkehrsformen als Quasi-Naturrecht gesetzt wurden, so wird dies bei STAR TREK als Maßstab für die kosmische Weltgesellschaft angelegt. Obwohl die Föderation im 24. Jahrhundert den Kapitalismus längst überwunden haben soll, wird ein Menschenbild fortgeschrieben, das der Zeit der Aufklärung entstammt. Der Mensch gilt als freies, autonomes Subjekt, das seine eigene Geschichte gestaltet, sich ständig fortentwickelt und nach seiner eigenen Perfektionierung strebt – die jedoch nie erreicht wird.

Freiheit, Gleichheit und individuelles Selbstbewusstsein des Menschen resultiert historisch jedoch aus der bürgerlichen Rechtssubjektivität, die die gegenseitige Anerkennung der PrivateigentümerInnen auf dem Markt mit gleichen Rechten und Pflichten garantiert. Der (zunächst männliche, dazu aber später) Bürger muss gleichzeitig sich selbst als Eigentümer seiner Person betrachten, deren körperliche Unversehrtheit staatlich garantiert wird (vgl. Gruber 1998: 6). Er muss sich selbst als sein eigenes Humankapital und seinen Körper als Werkzeug und Arbeitskraftbehälter behandeln können. Im ständigen Streben nach Weiterentwicklung zeigt sich die Notwendigkeit, unter dem Druck allgemeiner Konkurrenz stets einen Schritt weiter als die anderen zu sein. Dieser Prozess darf jedoch nie aufhören: Das wäre sonst das Ende kapitalistischer Akkumulation. Dies betrifft sowohl die unternehmerische Entwicklung von Technologie als auch die Disziplinierung und das Styling des eigenen Körpers. Die Überwindung des Subjekts durch den Techno-Cyborg scheint also schon immer in dieser Subjektform selbst angelegt zu sein. Das per lebenslänglicher Selbstkontrolle erzeugte Selbstbewusstsein gilt dem idealistischen Humanismus als individuelle, je spezifische Subjektivität.

Aus der ideologischen Verallgemeinerung des bürgerlichen Subjekts zum Menschen per se folgt eine Sich-Selbst-Gleichmachung aller anderen: Wie in der bürgerlichen Ethnologie alle anderen Kulturen stets Vorstufen des eigentlichen Menschseins darstellen (Bruhn 1994: 89), so stehen bei STAR TREK die anderen sogenannten »Rassen« meist für frühere Entwicklungsphasen dessen, was die Menschheit erreicht hat, und es wird anderen Gesellschaften Hoffnung gemacht, dass sie auch einmal so weit kommen werden. Erst, wenn der Abstand nicht mehr so groß ist, ist ein Volk »reif« für die Aufnahme in die Föderation. Andererseits begegnet die Crew auch Überwesen, die in anderen Dimensionen leben oder aus reinem Geist bestehen, wie zum Beispiel der allmächtige und unsterbliche Q, der mit der Crew aus reiner Langeweile

---

3   Auf das veränderte Verhältnis der Geschlechtscharaktere im Kontext bürgerlicher Subjektivität bei VOYAGER gehe ich an anderer Stelle genauer ein (Nieden 2001).

seine Späße treibt und dabei sogar Menschenleben opfert. An ihnen wird demonstriert, wie die Abstreifung der bürgerlichen Subjektform zur Degeneration führen kann: Ohne das ständige Lernen und Streben verkommt die Moral.

Andere Spezies dienen zugleich als konstitutives Außen, als Projektionsfelder dessen, was das Subjekt in sich bekämpfen muss, um überhaupt zu einem zu werden: So gelten z. B. die Klingonen als impulsive, halbwilde Kämpferrasse, deren mangelnde Triebkontrolle häufig Anlass zu Kritik ist. Von früheren Erzfeinden sind sie inzwischen aber zu einigermaßen verlässlichen Alliierten der Föderation gewachsen. Neben der evolutionären Stufenleiter existiert in der Föderation ein multikulturelles System. Selbst auf der Kommandobrücke haben andere Spezies mit speziellen Fähigkeiten ihren Platz. In entscheidenden Momenten ist aber stets menschliche Rationalität das Beste. Captain Picard holt in NEXT GENERATION oft die Ratschläge des ultrarationalen Androiden Data oder von Counsellor Troi, die wegen ihrer »Betazoiden«-Mutter besondere empathische Fähigkeiten hat, ein, um sich letztlich doch für einen »menschlichen«, »goldenen Mittelweg« zu entscheiden.

Allgemein gilt für die bürgerliche Identität als negative, dass sie in der Krise in hysterische Aggression umschlagen kann: Das bürgerliche Subjekt hat zwar formal seine Identität als Rechtssubjekt und idealisiert sich als unverzichtbare einzigartige Person, weiß jedoch nie, ob es tatsächlich auf dem Markt verwertbar und nicht vielmehr überflüssig, austauschbar und unnütz ist. Das hysterisierte Subjekt reagiert im Rassismus und Antisemitismus seine eigene Angst vor der Überflüssigkeit ab (vgl. Bruhn 1994: 98 ff.): das abgespaltene Projektionsbild des faulen, schmarotzenden und daher minderwertigen Ausländers dient der Versicherung, dass man selbst – als sein Gegenteil – verwertbar, also wertvoll sei. Folglich kann z. B. am »Neger« das bekämpft werden, was man sich selbst nicht eingestehen darf: das Bedürfnis, völlig unproduktiv zu sein und trotzdem versorgt zu werden. Im Bild des zersetzenden Juden wird auf der anderen Seite das Leiden unter den Zwängen des allgegenwärtigen Marktes verarbeitet. Das unverstandene Marktgeschehen, das sich gerade durch indirekte, sachlich über den Tauschakt vermittelte Herrschaft auszeichnet, wird personalisiert und der »schmarotzenden Judenherrschaft« zugeschrieben.[4]

Eine ähnliche hysterische Projektion kann man m. E. bei STAR TREK angesichts des Cyborg beobachten. Im Lichte der neuen Biotechnologien wird jeder Mensch zum Cyborg. Verwertungslogisch gesehen, ist damit eine Überflüssigkeit des alten Rechtssubjektes angezeigt, denn der Cyborg kann seinen Körper und Geist direkt an die Maschinerie anschließen, ohne dass subjektive »freie« Entscheidung zwischen Menschenmaterial und Maschinen vermitteln müsste. Schon die frühe Vorstellung eines Prothesencyborg birgt, indem der Körper technologisch gestählt wird, die Möglichkeit, die Grenzen des Fleisches zu überwinden, die den Verwertungsprozess hemmen. Der neuere informatisierte Cyborg ermöglicht eine unmittelbare Vernetzung mit anderen und mit der Maschinerie durch direkten Anschluss der Nervenbahnen. Die Vermittlung in der Zirkulationssphäre, die bürgerliche Subjektitivität prägt, wird überflüssig. In letzter Konsequenz, beim genetisch verstandenen Cyborg, entspricht

---

4 Das kann hier nur sehr skizzenhaft ausgeführt werden, ausführlich nachzulesen ist es aber z. B. bei Claussen (1987: 28 ff.) oder Bruhn (1994).

der Körper gar körperloser Information, die als solche produktiv gemacht und verwertet werden kann. Wenn die schwitzenden menschlichen Körper immer mehr aus der Produktion freigesetzt werden, scheint die Angleichung des Menschen an die Maschine eine logische Konsequenz (vgl. Spreen 1998: 81f.). So kann die noch nutzbare menschliche Wetware effektiver verwertet werden.

STAR TREK bemüht sich fast schon verzweifelt, an einem klassischen Humanismus festzuhalten, gerade weil das bürgerliche Subjekt heute im Cyborg als besserem Arbeitstier seiner eigenen Überflüssigkeit angesichtig wird. Wie der Rassimus die Grenze zwischen Mensch und Untermensch festlegt, und damit die unberechenbare Bewertung der Subjekte durch den Markt zu rationalisieren und die eigene Wertigkeit zu legitimieren versucht, wird in den Science-Fiction-Erzählungen von Cyborgs die Grenze zwischen Mensch und Maschine konsolidiert, die dem Markt heute offensichtlich immer mehr egal zu werden scheint. Obwohl das Subjekt sich selbst immer mehr zum unendlich fitten Cyborg machen muss, um verwertbar zu sein, versucht es seinen Anspruch auf Behandlung als Rechts-Subjekt gerade durch einen weiterhin behaupteten Unterschied zu Maschinen zu begründen. Dabei wird in STAR TREK eine willkürliche Trennung vorgenommen: in der Föderationswelt gibt es Cyborgisierung, die jedoch meist als unproblematisch und dem Subjekt dienlich gezeigt wird. Dass aber gleichzeitig große Ängste bestehen, wird am Feindbild der Borg, die in THE NEXT GENERATION zum neuen Hauptfeind avanciert sind, offensichtlich. Mit ihnen als Projektionsflächen wird der Cyborg uns zum abgespaltenen gänzlich »Anderen«, in dem letztlich – ähnlich wie in den antisemitischen Vorstellungen einer jüdischen Allmacht und Überlegenheit – ein Teil des unverstandenen bedrohlich-übermächtigen kapitalistischen Fortschritts personifiziert wird. Die Borg sind eine totalitäre Cyborgspezies, die völlig miteinander vernetzt sind und auf nichts anderes aus, als sich möglichst viele andere technologisch interessante Rassen einzuverleiben. (Dieser Prozess wird Assimilierung genannt.) Die Borg werden zu unwerten Dingen gestempelt, deren Bedrohung man nur durch Vernichtung begegnen kann.[5] Wie diese willkürliche Trennung in den Geschichten funktioniert, wird im Folgenden ausführlich beschrieben.

---

5   Die Bekämpfungsmethoden widersprechen völlig den sonstigen Prinzipien der Föderation: so wird in einer Folge der »Sinn für Individualitiät« bei den Borg eingeschleust, um ihr Kollektivbewußtsein zu zerstören. (THE NEXT GENERATION: »Ich bin Hugh«) Damit handelt Captain Picard gegen die »oberste Direktive«, die einen Eingriff in fremde Kultren verbietet. Vereinzelt ist auch eine Re-Assimilation durch die Menschen möglich. Vor allem in der Figur von *Seven of Nine* wird in der Serie VOYAGER die Wieder-Individualisierung einer Borg durchgespielt, die ebenso unter Zwang stattfindet, wie die Borg-Assimilierung: Da Seven als Kind ein Mensch gewesen sei, als überformte Borg aber nicht zurechnungsfähig, bestimmt Captain Janeway, was für sie richtig ist. Nach und nach wird Seven zum akzeptablen Crewmitglied, je mehr sie »menschliche« Qualitäten lernt. Cyborgs scheinen also in der letzten Serie der STAR TREK-Familie nicht mehr als das absolut Bedrohliche, sondern integrierbar. An Seven werden sogar die Stärke und Faszination des Cyborg-Seins immer wieder vorgeführt. Gleichzeitig muss sie sich immer wieder menschlichen moralischen Vorstellungen unterwerfen. Die Borg als *Spezies* werden im Übrigen weiterhin bis aufs Messer bekämpft. Mit der schillernden Figur Seven habe ich mich ausführlicher in einem anderen Aufsatz auseinander gesetzt (vgl. zur Nieden 2001).

Biotechnologie in der Föderation: die Barbieisierung des Menschen

Im 24. Jahrhundert sind die Menschen mit derartiger medizinischer Technologie ausgerüstet, dass die meisten Krankheiten mühelos bekämpft werden können: Gegen jeden Virusbefall kann spätestens innerhalb der Sendezeit einer Folge ein Antikörper hergestellt werden, Wunden und Knochenbrüche lassen sich durch bloß oberflächliche Behandlung mittels Zellregeneratoren heilen. Der Körper soll nicht mehr altern, ewig fit und schön bleiben. Gerburg Treusch-Dieter hat die Figur Barbie als Verkörperung des Ziels heutiger Körperdiskurse beschrieben (Treusch-Dieter 1995). In der unbegrenzt reproduzierbaren Puppe zeigt sich das Endstadium einer langen Geschichte der Körpermodellierung: Nach der Normierung der Körper durch die Militärdisziplin und der Produktivierung der Kräfte im Industriezeitalter verwirklicht sich in Barbie die reine zeitlose Information des Genotyps, wie sie heute anhand der DNA entschlüsselt wird, im Phänotyp. Barbie hat jene abwaschbare Oberfläche ohne Öffnungen, die das Idealbild einer neuen Körperlichkeit ist. Sie ist das Gegenbild zu gegenwärtig explodierenden Körperdiskursen, die einen Körper umkreisen, der veraltet scheint, der überall Missbrauch und Verfall, Organraub und hochinfektiösen Seuchen ausgesetzt ist. Ihr Körper ist in einem doppelten Sinne abgeschlossen (im Sinne von »zu« und »beendet«). Die Geschlechtsorgane selbst scheinen angesichts einer möglichen technologischen Reproduktion, die ohne verschmutzende Säfte auskommt, Zeichen des Missbrauchs zu sein. Barbie hat deshalb keine Geschlechtsorgane. Ihr Körper ist makellos, obwohl er kein Körper im alten Sinne mehr ist. Das Fleisch ist entsymbolisiert, verweist nicht mehr auf den sündigen Leib. Stattdessen performiert Barbie Geschlechtsidentität (Gender) als reine Äußerlichkeit ohne Geschlecht(sorgane). Sie trägt spezifisch weibliche Attribute, ist eine Blondine mit idealen Maßen. Ihr großer Busen dient jedoch eher als Büste für Kleidung als reproduktiven Funktionen. Nie haben wir Barbie als Mutter gesehen.[6]

Auch die STAR TREK-Figuren haben jene saubere Glätte, sind athletisch, sexy, sogar der Android Data beherrscht »multiple Sexualtechniken« (in DER ERSTE KONTAKT), aber niemand würde es wagen, Kinder zu zeugen. Wenn es doch passiert, wirkt es grotesk: Bei den Geburten sehen wir kein Blut, hören keine Schreie, und es kommt ein sauberes Baby heraus. Meist sind bei Zeugungen auch Verschiebungen im Spiel: In einer Folge von THE NEXT GENERATION (»Das Kind«) bekommt beispielsweise Deanna Troi ein Kind von einem Energiewesen, das wissen wollte, wie die Menschen leben, und sich als rasant wachsender Embryo materialisierte. Die Befruchtung überkommt sie des nachts wie ein Geist. »Befruchtungstechnik ohne Körper« (Treusch-Dieter 1995: 150) ist bei Star Trek schon längst Realität, die Körpertechnik ohne Befruchtung ebenfalls. Bei den Raumschiff-Crews handelt es sich um Single-Gesell-

---

6   Steffi, eine Konkurrentin von Barbie auf dem Ankleidepuppenmarkt, gibt es allerdings als Schwangere. An ihr wird aber ebenfalls die Herausnahme der Lebensproduktion aus dem Körper der Frau demonstriert: »Soweit sie allerdings eine sterile, und eine enttabuisierte Schwangere ist, kann ihr Bauch aufgeklappt und das ›ungeborene Leben‹ herausgeholt werden, wobei Bauchdeckel und -vertiefung wie zwei Eihälften im Längsschnitt funktionieren« (Treusch-Dieter 1995: 153).

schaften, Beziehungen sind meist von kurzer Dauer und klassische Familienstrukturen gibt es kaum.[7]

Der angestrebte Barbiekörper im Föderationsuniversum ist eine saubere Variante des Cyborgs, denn der Körper gilt als Maschinen-Organismus. Hatte Descartes den Körper schon als Gliedermaschine verstanden, so ist diese Maschine inzwischen informatisiert, gleicht einem kybernetischen Computersystem. Auch das Gehirn ist als Wissensobjekt vollständig entschlüsselt, Geist erscheint als Programmierung. Schon im »Beamen« drückt sich aus, dass man jeden Menschen ohne Verluste in informationsgeladene Energie und zurück verwandeln kann. So können auch Körperteile problemlos durch Implantate ersetzt und Gehirninhalte digital gespeichert werden. In einer Folge von DEEP SPACE NINE werden gar die gesamten Offiziere der Raumstation als Not-Back-Up in den Computern gespeichert, weil sie beim Beamen durch einen Unfall nicht materialisiert werden konnten. Längst hat Captain Picard ein künstliches Herz, Commander La Forge sieht mit einem künstlichen Visor, der direkt an seine Nervenbahnen angeschlossen ist. Die Organe von Commander Worf wurden einmal komplett durch genetisch replizierte ersetzt. Die Selbstwahrnehmung des Körpers orientiert sich an messbaren Daten, an Anzeigen auf Monitoren und sogenannten medizinischen »Trikordern« (kleine handliche Universal-Analyse-Geräte.) Die Frage danach, wie es einem geht, beantwortet am besten die fachkundige Ärztin oder der Zentralcomputer mittels Hologramm-Interface: In VOYAGER ist der Doktor durch ein holographisches »medizinisches Notfallprogramm« ersetzt.[8]

Angesichts der äußeren Monitore, in denen sich der Mensch erkennen soll, scheint auf die Spitze getrieben, was Jürgen Link als typische Form der Subjektivität in der Normalisierungsgesellschaft seit dem 19. Jahrhundert beschreibt: Jedes Subjekt versucht sich selbst zu normalisieren, als ob es einen inneren Monitor hätte, auf dem die eigene Abweichung von einer »Normalskala« ständig überprüft und sofort ärztlich korrigiert werden kann. Individuen haben sich laut Link »selbst bis zu einem gewissen Grade in orientierungsfähige Homöostaten und steuerbare Techno-Vehikel verwandelt« (Link 1997: 25).

Auch Genomanalysen sind in der Föderation eine Selbstverständlichkeit. Mit ihrer Hilfe wird zum Beispiel die Rassenzugehörigkeit festgestellt. Schon durch einfaches Scannen mit einem Trikorder läßt sich erkennen, ob DNA einer bestimmten Spezies vorhanden ist. Die DNA der verschiedenen Lebewesen ist im 24. Jahrhundert offensichtlich schon vollständig entschlüsselt. Selbst Charakterdispositionen wie »erhöhte Aggressivität« lassen sich daran ablesen. Ich möchte anhand der Episode »VOYAGER – Lebensanzeichen« zeigen, wie das Verhältnis von krankem und gesunden Körper sich auf ein Verständnis vom genetischen Code als genotypischem Ideal des

---

7 Die Söhne von Dr. Crusher und von Worf müssen jeweils mit einem Elternteil oder bei Pflegeeltern auswachsen, weil der andere gestorben ist. Worf und Jetsia, das Traumpaar von DEEP SPACE NINE, dürfen zwar heiraten, aber als sie beschließen, Kinder zu bekommen, stirbt Jetsia durch die Hand eines Fanatikers.
8 Er beherrscht eine Vielzahl von Behandlungsmethoden der verschiedensten Kulturen der Föderation und wurde mit optimalen taktilen Fertigkeiten programmiert. Er wird bei medizinischen Notfällen aktiviert.

Körpers stützt. Außerdem wird hier offensichtlich, dass Geist als digitalisierbare Programmierung gilt.

Dr. Danara Pell, eine Vivianerin, die kurz vor dem Tode steht, wird aufgrund eines Notsignals an Bord gebeamt. Ihre Rasse ist von einer Seuche befallen, die nach und nach alle Organe des Körpers zerfrisst. Die Vivianer brauchen daher ständig Ersatzgewebe und haben sich auf Organraub spezialisiert. Auch Danara hat sichtbar verschiedenartige Hautteile im Gesicht und sieht dementsprechend verunstaltet aus. Dem Holo-Arzt gelingt es, die synaptischen Muster ihres Gehirns kurz vor dem Hirntod in einen holographischen Körper zu transferieren. Er entnimmt dafür eine Chromosomenprobe aus ihren unbeschädigten Zellen, rekonstruiert daraus die urspüngliche DNA und erschafft auf dieser Basis den Körper. Der Holo-Körper ist völlig gesund: er ist das genotypische Ideal, von dem der kranke Phänotyp abweicht. Trotzdem bleibt sie in ihrem Holokörper dieselbe Person: der Inhalt ihres Gehirns wurde per Datentransfer übertragen. Danara kann nun als holographisches Programm in bestimmten Räumen (mit sogenannten Holoemittern) herumlaufen und sogar bei der Behandlung ihres – anderen – Körpers assistieren. Als gesunder Körper gilt also das genotypische Ideal, während jede phänotypische Abweichung als Krankheit erscheint. An Danaras Leib zeigen sich die gegenwärtigen Diskurse von Seuchen und Verfall, Organraub und Verwesung, die den veralteten Körper zerfressen. Sie möchte am Ende auch nicht mehr in ihren verwesenden organischen Körper, diese lebendige Leiche, zurück. Zu sehr ist ihr bewusst, dass der Phänotyp die »Grundschuld«, mit dem der Genotyp ihn belastet, niemals abtragen kann. Niemals wird er das Versprechen der ewigen Jugend einlösen, das die körperlose Information birgt (Treusch-Dieter 1995). Der Doktor überredet sie jedoch, den Ballast des veralteten, aber inzwischen wieder funktionsfähigen Körpers auf sich zu nehmen, da ihre Gehirnmuster sonst verfallen und sie endgültig sterben würde.

Zwei Dinge werden hier deutlich: Grundsätzlich nimmt der genetische Code den Platz einer neuen Metaphysik ein, die sich in der Produktion des Genoms positiviert hat: der vom Code hervorgebrachte Genotyp bestimmt vor jeder Subjektivität die Idealform jedes Menschen, an der sich auch die medizinische Technologie orientiert. Barbies ewiges Leben ist einerseits ein Phantasma, das die Biotechnologie antreibt; seine Machbarkeit rückt in greifbare Nähe. Gleichzeitig werden derartige Möglichkeiten partiell zurückgewiesen, und zwar im Namen der oben beschriebenen Definition des Menschen als selbstbestimmtes Subjekt. So soll auch Danara weiterhin ihre arbeitsame Pflicht als Ärztin im alten Körper tun, anstatt eine kurze Existenz in ihrem Ideal-Barbie-Körper zu genießen. Es besteht also ein offensichtlicher Widerspruch zwischen der technologischen Ausrichtung an vorsubjektiver Information und der formulierten Ethik eines selbstschöpferischen und selbstverantwortlichen Subjekts.

Der Cyborg, der Technokörper war einst als Stählung des Subjekts geträumt. Im Zuge der Genetifizierung aber wird seine Codierung immer mehr zum vorsubjektiven Risikofaktor, dem jede Selbst-Normalisierung (im Sinne von Link) und Selbst-Cyborgisierung nur hinterherhinken kann. Denn die körperlose Information, die die genetische Codierung als Ideal ausspricht, kann vom lebendigen Körper weder wahr gemacht (als ewige Jugend) noch korrigiert werden (im Falle von genetischen Anomalitäten). Wenn mit dem Genom schon das Schicksal über jedes Leben ausgesprochen ist, kann die Arbeit des Subjekts an Körper und Charakter nur noch ein hoffnungsloses Nachlaufen sein.[9] Barbie wäre den heutigen Körperdiskursen das Paradies, in dem die körperlose Information verwirklicht ist. Das Paradies darf aber auch in der Science Fiction nie wirklich werden, denn das Subjekt muss schließlich weiterhin zur Arbeit angehalten werden.

Die Borg – das totale Cyborg-Kollektiv

Trotzdem ist die Cyborgphantasie präsent. Sie ermöglicht die vollständige Auflösung des Subjekts in eine Mega-Maschinerie. Auch wenn die STAR TREK-Crew-Mitglieder noch als individuelle Info-Körper behandelt werden, kann jede Selbststeuerung (wegen der potenziellen Vernetzbarkeit der Informationseinheiten) doch zur direkten Fremdsteuerung werden. Die damit verbundenen Ängste werden, wie schon erwähnt, bei STAR TREK an Feindbildern lebendig. Die Klingonen, der alte Hauptfeind, sind in THE NEXT GENERATION von einem ganz anderen Todfeind abgelöst: den Borg, einer total vernetzen Cyborgspezies, die »wie ein einziger Computer« oder eben »Organismus« operiert.

Die Borg bilden in vieler Hinsicht eine Projektionsfolie, ein Gegenbild zum idealen Föderationsmenschen: sie können nicht lernen und entwickeln sich nicht fort. Um Vollkommenheit zu erlangen, »assimilieren« sie in blindem Automatismus »Informationen ohne Rücksicht auf Leben«, wie es Seven of Nine ausdrückt (VOYAGER – Inhumane Praktiken); de facto integrieren sie andere Spezies mitsamt ihrer Technologie gewaltsam in ihr Kollektiv.[10] Als maschinelle Untote sind sie geschichtslos, weil sie sich nicht an ihre individuelle Vergangenheit erinnern. Sie sind keine autonomen Individuen, sondern funktionieren im totalitären Kollektiv. Und sie bekennen sich zu ihrer hybriden Cyborg-Körperlichkeit, deren artifizieller Charakter offensichtlich ist. Sie werden biologisch geboren, aber innerhalb eines hochtechnologischen Kontextes, der keine geschlechtliche Fortpflanzung mehr kennt. Oder sie werden assimiliert bis hin zur Umschreibung der Gene. Sie sind gänzlich Produkte einer Biotechnologie und verwirklichen die Konsequenz des Codes als universale Programmiersprache aller Lebewesen: Sie ignorieren die Grenzen zwischen den Arten. Die Borg sind am gesamten Körper von Anschlussstellen und Implantaten penetriert. Sie zeigen offen die Vermischung von Biologie und Technologie, statt sie mit einer glatten Barbieoberfläche kaschierend zu ästhetisieren. Gegen diese Techno-Zombies muss sich die Föderation in mehreren Folgen und im Kinofim DER ERSTE KONTAKT verteidigen. Die Gefahr gipfelt in der Entführung des Raumschiff-Captains Picard. In einer Doppelfolge THE NEXT GENERATION (»In den Händen der Borg« / »Angriffsziel Erde«) kommt es zur Gegenüberstellung von Föderationssubjekt und Cyborgkollektiv:

---

9   Auch das von Andreas Lösch in diesem Band beschriebene Risikenmanagement scheint mir ein solches Nachlaufen zu sein.
10 Individuen einer anderen Spezies werden bei der »Assimilation« durch einen Einstich im Hals selbst in Borg verwandelt. Dabei wird die DNA des Lebewesens »umgeschrieben« zu Borg-DNA.

Picard: Ich werde mich Ihnen mit all meiner Kraft entgegenstellen.
Borg: Kraft ist irrelevant. Wir wollen uns weiter entwickeln. Wir werden ihre biologischen und technologischen Besonderheiten unserer Kultur hinzufügen. Sie werden sich daran gewöhnen, uns zu dienen.
Picard: Unmöglich. Unsere Kultur basiert auf Freiheit und Selbstbestimmung.
Borg: Freiheit ist irrelevant. Selbstbestimmung ist irrelevant. Unterwerfen sie sich.
Picard: Lieber sterben wir.
Borg: Der Tod ist irrelevant. Ihre archaische Kultur wird durch Autorität gelenkt. Um es ihnen zu erleichtern, sich uns zu unterwerfen, haben wir beschlossen, dass eine menschliche Stimme alle Botschaften der Borg übermitteln wird. Sie wurden ausgewählt, diese Stimme zu sein.

Die Irrelevanz des Todes verweist auf das Ende des alten Körpers, das bei den Borg schon Realität ist. Picard wird gewaltsam in das Kollektiv integriert, er wird damit selbst zum Borg. Er kann schließlich gerettet, von den Borg-Implantaten befreit und seine Individualität wiederhergestellt werden. Die Assimilierung ins Cyborg-Kollektiv erscheint als bedrohliche Depotenzierung des Subjekts.

Die Borg mit Captain Picard als Borg

Und so ist nicht verwunderlich, dass für den Kinofilm DER ERSTE KONTAKT, in dem sich die Föderation wieder einmal gegen die Borg verteidigen muss, die *weibliche* Figur der »Borg« eingeführt wird. Sie outet sich als Verkörperung des Kollektivs, das also im Kern weiblich ist. Bei ihrem ersten Auftritt sehen wir ihren Torso mit einem metallenen Rückgrat, das sich schlangenartig hin und her windet, an Lianendrähten heranschweben. Seufzend verbindet er sich mit einem weiblich geformten Rumpf und erklärt, sich im wörtlichen Sinne verkörpernd:

> Ich bin der Anfang. Das Ende. Die eine, die viele ist. [...] Ich bin die Borg. [...] Ich bin das Kollektiv. [...] Ich bringe Ordnung in das Chaos.

Das verkörperte, zur Erscheinung gekommene Wesen der Borg ist gleichzeitig Königin und Gesamtes des Ameisenkollektivs. Personalisiert als femme fatale, führt sie die Föderationsmänner in Versuchung. Weil das bürgerliche Subjekt historisch als männliches auftrat (was nicht heißt, dass es inzwischen nicht auch für Frauen zum Teil zutrifft), war das Weibliche Projektionsfläche des Anderen, Sinnlichen, das versucht, den Mann in den Abgrund zu ziehen und seine Selbstkontrolle zu unterlaufen. Eine ähnlich ambivalente Sirenengestalt verkörpert die Borg hier: sie macht deutlich, welche Verlockungen die Einspeisung ins symbiotische Kollektiv birgt: Die Überwindung des Fleisches und der individuellen Disziplinierung in der totalen Gemeinschaft der Technokörper. Bei den Männern Data[11] und Captain Picard siegt schließlich aber die Selbstkontrolle – die Angst vor der Verführung kann dafür in der hasserfüllten Vernichtung der Borg ausgelebt werden: Data und Picard zersetzen ihren organischen Teil mit giftiger Säure und zertreten das übrigbleibende Metallrückrat voller Verachtung. Eine solche Brutalität hat man bei dem stets beherrschten Captain Picard noch nie gesehen. In diesem gemeinschaftlichen Vernichtungsakt wird die Grenze zwischen Mensch und Maschine abermals symbolisch konsolidiert: auch Datas von den Borg applizierte Haut zerfällt in der Säurewolke, er verzichtet darauf, »menschlicher« zu werden und ordnet sich als loyale Maschine unter.

In den Borg wird die Totalisierung eines automatischen Subjekts[12] vorweggenommen, dessen menschliche Anhängsel zu reinen Techno-Zombies geworden sind. Hier existiert keine Differenz zwischen Individuum und Gesellschaft mehr, keine vermittelnde Subjektivität, alle bürgerlichen Kategorien sind außer Kraft gesetzt. Die Borg sind aber eben nicht nur irgendeine totalitäre Angstphantasie, wie sie im Hollywoodfilm üblich ist, sondern gleichzeitig Cyborgs. Da auch die Föderationssubjekte einer Logik der zunehmenden Technologisierung des Körpers und des Geistes gehorchen, lassen sich die Borg als bekämpftes Spiegelbild des Eigenen analysieren: die eigene »Geschichte« ist eher automatischer technologischer Fortschritt, als von Männern aus hehren Idealen gemacht. Die behauptete »Menschlichkeit« gegenüber dem Cyborg ist ein verzweifelter Versuch, den informatisierten Geist im Techno-Körper weiterhin als Subjekt zu definieren und dessen potenzielle Überwindung zu leugnen.

---

11 Dem Androiden, der so gerne menschlich werden würde, bot die Borg die Vermischung mit dem Organischen an. Obwohl Data für den Bruchteil einer Sekunde zögert, unterstützt er schließlich doch die Beibehaltung der Trennung zwischen Organischem und Technischem.

12 Als solches bezeichnet Marx den sich selbst verwertenden Wert, das Kapital, und drückt damit dessen Parodoxie aus: es ist gleichzeitig automatisch ablaufender Prozess und subjekthafter Akteur, der seine Zwecke selbst setzt und seine Geschichte selbst schafft (siehe MEW 23: 169). An anderer Stelle beschreibt er die *kapitalistische Maschinerie* in ähnlicher Weise: »[...] ist der Automat selbst das Subjekt, und die Arbeiter sind nur als bewußte Organe seinen bewußtlosen beigeordnet und mit denselben der zentralen Bewegungskraft untergeordnet« (MEW 23: 442). Hier wird schon imaginiert, was mit dem Cyborg erst materiell werden kann.

Ich habe versucht, die Diskursivierung von Biotechnologien in STAR TREK als Symptom der »sozialen Technologie« Biotechnologie zu beschreiben. Biotechnologie wird hier als eine »erfunden«, die beherrschbar und in ein aufklärerisches Menschenbild integrierbar ist. So werden wir einerseits daran gewöhnt, den Menschen als zunehmenden Cyborg zu sehen, andererseits mit dem abgespaltenen Feindbild »Borg« beruhigt, dass jede Gefahr für das Subjekt bekämpft werden kann. Gerade weil einer kritischen Rezeption deutlich wird, dass der humanistische Diskurs und die Figur des Menschen in diesem Feld zwar permanent angerufen wird, letztlich zum Scheitern verurteilt ist, bedarf es erheblichen erzählerischen Aufwands, um die fragwürdig gewordene Grenze zwischen Menschen und Maschinen auf der narrativen und symbolischen Ebene zu konsolidieren. Ob die »Fans« daran glauben, kann ich nicht beantworten, darum soll sich die Rezeptionsforschung kümmern.

Literatur

Asimov, Isaac (1984): Isaac Asimov über Science Fiction. Berlin.
Boyd, Katrina (1996): Cyborgs in Utopia. The Problem of Radical Difference in Star Trek: The Next Generation. In: Harrison, Taylor / Projansky, Sarah / Ono, Kent A. / Helford, Elyce Rae (Hg.): Enterprise Zones. Critical Positions on Star Trek. Boulder, 95–113.
Bruhn, Jochen (1994): Unmensch und Übermensch. Über Rassismus und Antisemitismus. In: ders.: Was deutsch ist. Zur kritischen Theorie der Nation. Freiburg.
Claussen, Detlev (1987): Vom Judenhass zum Antisemitismus. Einleitungsessay. In: ders.: Vom Judenhass zum Antisemitismus. Darmstadt, 7–46.
Gruber, Alex (1998): Totale Vergleichbarkeit. Eine Kritik der bürgerlichen Subjektivität und der Menschenrechte. In: Streifzüge 2/1998, 4–7.
Haraway, Donna (1995): Ein Manifest für Cyborgs. Feminismus im Streit mit den Technowissenschaften. In: dies.: Die Neuerfindung der Natur. Primaten, Cyborgs und Frauen. Frankfurt a. M.
Jameson, Fredric (1982): Progress Versus Utopia. Or, Can We Imagine the Future? In: Science-Fiction Studies, H. 9, 1982, 147–158.
Link, Jürgen (1997): Versuch über den Normalismus. Wie Normalität produziert wird. Opladen.
Marx, Karl / Engels, Friedrich (1962) Werke. Bd. 23 (=MEW 23). Berlin.
Nieden, Andrea zur (2001): »Schönheit ist irrelevant«? Die Sexualisierung von Cyborgs in Star Trek. In: Giselbrecht, Karin / Hafner, Michaela (Hg.): Data / Body / Sex / Machine. Technoscience und Sciencefiction aus feministischer Sicht. Wien, 97–124.
Seeßlen, Georg (1980): Kino des Utopischen. Geschichte und Mythologie des Science-Fiction-Films. Reinbek bei Hamburg.
Spreen, Dierk (1998): Cyborgs und andere Techno-Körper. Ein Essay im Grenzbereich zwischen Science und Fiction. Passau.
Treusch-Dieter, Gerburg (1995): Genficktion. In: Kubin-Projekt. Die andere Seite der Wirklichkeit. Bd. 5, Linz, 146–155.

Filmographie

THE NEXT GENERATION – Das Kind (Folge 27). USA 1989, Regie: Rob Bowman, Drehbuch: Jaron Summers, Jon Povill, Maurice Hurley.

THE NEXT GENERATION – In den Händen der Borg / Angriffsziel Erde (Folge 74/75). USA 1990, Regie: Cliff Bole, Drehbuch: Michael Piller.l

THE NEXT GENERATION – Ich bin Hugh (Folge 123). USA 1992, Regie: Robert Ledermann, Drehbuch: René Echevarria.

THE NEXT GENERATION – Gefahr aus dem 19. Jahrhundert (Folge 127). USA 1992, Regie: Les Landau, Drehbuch: Jeri Taylor.

VOYAGER – Lebensanzeichen. USA 1996, Regie: Cliff Bole, Drehbuch: Kenneth Biller.

DER ERSTE KONTAKT. USA 1997, Regie: Jonathan Frakes, Drehbuch: Brannon Braga, Ronald D. Moore.

Gerburg Treusch-Dieter

Das Ende einer Himmelfahrt
Vom Feuer der Vergöttlichung zur Vereisung der DNS
Eine Kult- und Kulturgeschichte des Autos

Göttliches Fahrzeug

Feuer breitet sich mit Windeseile aus. Und »wenn es einen Gott des Windes gibt«, so eine neueste Autowerbung für ein Cabrio-Modell, »dann ist dies sein Tempel«. Geschwindigkeit, Göttlichkeit und ein Fahrzeug als »Tempel«: das sind die Komponenten für eine Kult- und Kulturgeschichte des Autos, in der bereits das Fahrzeug automobiler Göttlichkeit sausend dahinfliegt, getrieben vom brausenden Wind, der ein rasendes Feuer entfacht, als sei schon das Kraftstoff-Luft-Gemisch eines Verbrennungsmotors im mythischen Spiel. Der Autor dieser Kult- und Kulturgeschichte könnte das Auto selber sein, da es mit dem Selbst seines Subjekts zu verwechseln ist. Denn als 1883 der Verbrennungsmotor erfunden wird, erhält das von ihm getriebene Fahrzeug den Namen des Selbst. Ab jetzt kommt seine Autonomie auf ihren pyrotechnischen Nenner. Ab jetzt zischt der vom Himmel auf die Erde geholte Götterwagen ab, wie ein Blitz. Ab jetzt ist der Nachhall seines Räderrollens, das noch immer dem Donnergrollen gleicht, nicht mehr in den Wolken, sondern auf der Straße zu hören. Ab jetzt ist das mobile Selbst automobil. Sein Wunsch nach einem Geschwindigkeitsrausch, mit dem es sein begrenztes Schritt-für-Schritt bis hin zur entgrenzten Raserei überschreitet, ist kraft eines Fahrzeugs realisiert, das die aktuelle Autowerbung[1] heute nicht nur anhand jenes Cabrio-Modells remythisiert.

Noch bevor dieser Wunsch allerdings auf das technische Konstrukt eines Fahrzeugs übertragen werden kann, das die Bewegung des Selbst verdoppelt und transzendiert, heftet er sich an alles, was, schon verschwindend, noch vorhanden ist. Alles, was leuchtet, glänzt, erstrahlt, was scheint, erscheint und aufscheint, was aber auch erlischt, das bestimmt das Imaginäre der Geschwindigkeit. Kult- und kulturgeschichtlich ist sie anfänglich nur ein Lauffeuer: rasende Sohlen, die brennen; fliegende Beine, die rennen und in ihrer Drehbewegung diejenige des Rades vollziehen, noch bevor es erfunden ist. Boten reichen die Fackel weiter, als sei sie die Fackel eines allgegenwärtigen Geistes, während das Lauffeuer Botschaft und Geschwindigkeit ist. Sowohl die Botschaft als auch die Geschwindigkeit werden im Bild des Göttlichen symbolisiert, das sich desto mehr automobilisiert, je mehr es sich mit dem durch die Beine der Boten vorweggenommenen Rad liiert. Schließlich wird es mittels eines Wagens inszeniert, der die göttliche Automobilität als Wunschbild des Selbst transportiert.

---

1 Die aktuelle Autowerbung wird in diesen Text nur im Sinne zirkulierender Bilder, ohne Angaben von Firmen und Marken, aufgenommen.

Wie dieser Götterwagen funktioniert, mit dem sich das Selbst transzendiert, dies hängt vom technologischen Stand der Dinge auf Erden ab: von der Verbindung von Wissen und Technik.

Dass für die Inszenierung göttlicher Automobilität Wissen und Technik ausschlaggebend sind, kann kult- und kulturgeschichtlich nicht infrage stehen. Im Imaginären des Wissens ist das Bild des Göttlichen ein leuchtendes Bild: die es erzeugende Technik muss folglich Pyrotechnik sein, ein Werken mit, und ein Wirken durch Feuer. Sein geschwindes Aufscheinen verschwindet, falls sein Brennstoff nicht genügend Luft erhält oder, umgekehrt, falls diese Luft nicht über genügend Brennstoff verfügt. Doch ob dem Feuer mittels Luft Sauerstoff zugeführt wird oder, umgekehrt, der Kraftstoff als »Öl ins Feuer gegossen wird«: stets geht es um ein Kraftstoff-Luft-Gemisch, welches das Feuer zum Scheinen, zum leuchtenden Erscheinen bringt, wie es dem Bild des Göttlichen entspricht. Aus der Herstellung dieses Bildes resultieren das Wissen und die Technik, die für die Epoche zwischen dreitausend und achthundert vor Christus ausschlaggebend sind. Kult- und kulturgeschichtlich ist diese Epoche mit dem Großeinsatz des Feuers im Maßstab einer pyrotechnischen Produktion verbunden, die ihr den metallurgischen Namen Bronzezeit gibt. Im Zentrum dieser Epoche wird das Göttliche mittels eines Feuer-Kults erzeugt, dessen Kult-Feuer zeugt – also lebendig ist.

Verschmelzungstechnik

Der Brennstoff dieses Kult-Feuers ist ein Paar, das sich im Tod verhält, als ob es lebte. Dies ist nicht nur auf die mit diesem Paar verbundene, symbolische Ordnung zu beziehen, sondern auch darauf, wie das Imaginäre dieser Ordnung das Wissen vom Körper bestimmt. Denn der Atem verhält sich zur Luft, welche die Körper des verbrennenden Paars zum Auflodern bringt, analog: sein Sauerstoff ist es, der den noch heute so genannten »Verbrennungsprozess« der Körper aufrechterhält, die sich im Leben verzehren, indem sie sich nähren. Im Tod kommt das ihnen immanente Feuer – das seinerseits verzehrt, indem es sich nährt – zur Erscheinung. Der Feuer-Kult zur Erzeugung der zeugenden Göttlichkeit dieses Paars basiert demnach auf einer pyrotechnischen Codierung der Körper, deren »Verbrennungsprozess« dem des Kult-Feuers entspricht. Im Zentrum des Feuer-Kults der bronzezeitlichen Herrschaftsform des Heiligen Königtums vollzieht sich im Leben ebenso wie im Tod die Heilige Hochzeit eines Herrscherpaars – im Tod, indem dieses Paar für ein Leben nach dem Tod wiedergeboren und vergöttlicht wird.

Die Wiedergeburt dieses Paars basiert auf dem Opfer des weiblichen Teils in der Position der Braut, aus deren Blut beide neu entstehen: der tote Herrscher in der Position des Bräutigams. Pyrotechnisch schlägt dabei das vergossene Opferblut, als sei es flüssige Glut, im Feuer der Vergöttlichung in lodernde Flammen um. Ihr Kraftstoff-Luft-Gemisch produziert die Auffahrt gen Himmel, die vom Hochzeitswagen der Heiligen Hochzeit nicht zu trennen ist. Jochen Jörg Berns führt die »polittheologische Herkunft« des Automobils auf diesen Kult zurück. Wann immer von brennender Liebe und ihrem Versprechen, dass Zwei füreinander »durchs Feuer gehen«, noch heute die Rede ist: stets weist diese Rede auf die Kult- und Kulturgeschichte der Heiligen Hochzeit zurück, bei der ein Paar mittels Feuer im Tod »verschmilzt«, um dann – geläutert – in eine eherne Unsterblichkeit einzugehen.²

Bezogen auf den Großeinsatz des Feuers zwischen dreitausend und achthundert vor Christus schließt dies ein, dass das Opferfeuer – dessen Analogon das Herdfeuer ist – die pyrotechnische Entfesselung des bronzezeitlichen Schmiedefeuers in dem Maß sakral zu binden hat, wie der Verschmelzung und Läuterung jenes Paars diejenige von Metall entspricht. Denn Kupfer und Zinn werden um dreitausend vor Christus geschichtlich zum ersten Mal in der Weise legiert, dass aus ihrer Verbindung die Bronze entsteht, die dem Siegeszug der Metallindustrie vorausgesetzt ist. Dabei ist ihre metallurgische Technologie von Anfang an mit einem Problem konfrontiert, das heute seinen Höhepunkt erreicht. Es ist das Problem der erschöpften, ökologischen Ressourcen: dem gegenwärtigen Ende der fossilen Rohstoffe gehen die pyrotechnisch bedingte Abholzung von Wäldern und die Ausbeutung von Bergwerken in der Vergangenheit voran. Die bronzezeitliche Lösung für das Problem, *wie* die Reproduktion (das Herdfeuer) die Produktion (das Schmiedefeuer) garantieren kann, ist das Kult- oder Opferfeuer, in dem das Paar der Heiligen Hochzeit vergöttlicht wird. Sein ehernes Paar führt, als Ehepaar, seine metallurgische Herkunft noch heute im Namen. Und auch der Ring, mit dem die Ehe besiegelt wird, zeigt, dass dieses Paar einst zusammengeschmiedet wird.

Himmelfahrt

Die geläuterten Körper dieses Paars werden, in einem aus sich selbst heraus leuchtenden Feuer verschmelzend, zur automobilen Erscheinung einer Lichtgeschwindigkeit, die den Sternen als Planeten – unter Einschluss von Sonne und Mond – zugeschrieben wird. Denn sie erscheinen als ein vom Äther entfachtes Feuer oder als »Motoren«, die den Kosmos in Bewegung halten. Im Zuge der Moderne geht diese kosmische Bewegung auf die industrielle Bewegung über, die im Hinblick auf ihre pyrotechnische Anstrengung mit derjenigen der Bronzezeit vergleichbar ist. Denn beide Epochen korrespondieren darin, dass die Moderne implizit, die Bronzezeit explizit, die Vergöttlichung des Menschen betreibt. Der Mensch der Moderne nimmt es mit den »Titanen« der Bronzezeit auf, die jedoch – im Unterschied zu ihm – als Paar vergöttlicht werden. Zwischen dreitausend und achthundert vor Christus verbindet sich die Vergöttlichung mit der Verstirnung dieses Paars, die davon, dass es gen Himmel fährt, nicht zu trennen ist.

Die aktuelle Autowerbung zeigt dieses Paar auch als Höhepunkt eines Reigens bronzierter Körper, welche die Kontur einer Autokarosserie beschreiben. Sie weist auf den Großen Wagen hin, der, zusammen mit seiner Replik eines kleineren, sich entfernenden Wagens, noch immer am Himmel zu sehen ist. Paare, die heute ihre Augen zur einstigen Verstirnung erheben, zeigen sich diese Wagen stets als erstes: Hier – der Große! Dort – der Kleine! In der Bronzezeit verweisen diese, im Plural und Singular

---

2 Jochen Jörg Berns: Die Herkunft des Automobils aus Himmelstrionfo und Höllenmaschine. Berlin 1996.

identischen Wagen auf den technologischen Stand auf Erden, wo sie, ob groß, ob klein, sowohl beim Ackerbau als auch beim Bergbau eingesetzt werden. Im Kult der Heiligen Hochzeit transportiert der Wagen das Brautpaar, das im Diesseits Herrscherpaar und im Jenseits Götterpaar ist. Noch heute folgt – eher selten – aus dieser Konstellation, dass die zwei Teile eines Paars sich hienieden bereits als »Göttergatten« anbeten, auch wenn sie nicht durch das Feuer der Vergöttlichung »gegangen« sind. Angesichts der kulturgeschichtlich noch nicht abgegoltenen, pyrotechnischen Codierung der Körper schließt dies jedoch nicht aus, sondern ein, dass das Feuer der Vergöttlichung im Feuer ihrer Leidenschaft wieder aufgeflammt ist.

Das blutige Ende dieser Leidenschaft ist damit – leider – auch nicht auszuschließen. Denn der Kult der Heiligen Hochzeit hat sich mit Blut und Feuer in die Annalen der Kulturgeschichte eingeschrieben. Wenn der männliche Teil des Paars im Kampfritual um die Machtablösung gefallen und der weibliche Teil ihm geopfert ist, dann fährt der Hochzeitswagen mit den zwei Toten in den Tod. Er geht zusammen mit dem Paar, das auf ihm imaginär gen Himmel fährt, in Flammen auf. Noch heute werden – im Falle eines Autounfalls – Blut und Feuer in einem gesamtgesellschaftlichen Umfang toleriert, was mit der polittheologischen Herkunft des Autos zusammenhängt. Und spätestens Cronenberg zeigt in seinem Film CRASH (1996), dass die vom Auto »geforderten« Verkehrsopfer stets auch Geschlechtsverkehrsopfer sind. Zwar verschwindet die Qualität des Opfers angesichts dessen, dass die Quantität der Verkehrstoten nur als statistische Größe fungiert, was kritisch beklagt wird, aber darin spricht sich ebenso das Gegenteil aus, dass Wagen und Opfer kult- und kulturgeschichtlich zusammengehören.

Weltenbrand

Der in Flammen auflodernde Wagen, der im Altertum und in der Antike als Götterwagen dargestellt wird, und der bis hin zu seiner bekanntesten Version – dem vierspännigen Wagen auf dem Brandenburger Tor in Berlin – auch in der Moderne als Monument aufgestellt wird: dieser Wagen repräsentiert schon vor fünftausend Jahren eine titanische Perspektive der Produktion. Ihr himmelstürmender Ausgangspunkt – der des Schmiedefeuers – verweist jedoch stets auch auf den Endpunkt dieser Produktion. Denn das Schmiedefeuer verzehrt sowohl das, was das Herd-, als auch das, was das Opferfeuer nährt: die ökologischen Ressourcen, die in den sich nährenden und verzehrenden Körpern verkörpert sind. In letzter Konsequenz ist die Pyrotechnik mit ihrem Selbstverzehr konfrontiert. Er wird im Altertum und in der Antike als »Weltenbrand« mythisiert, der auch an mancher Unfallstelle heute aufzulodern scheint. Sein fressendes Feuer kennt, wie das fließende Blut, keine Grenze mehr. Doch im Unterschied zum fließenden Blut, das befeuchtet, dörrt der fressende »Weltenbrand« aus.

Deshalb verkehrt sich das Schmiedefeuer, gemessen am Herd- und Opferfeuer, desto mehr in sich, je mehr es, produzierend, verzehrt, je mehr es, hervorbringend, vernichtet, je mehr es, nährend, frisst. Weil die Pyrotechnik ihre Ressourcen nicht zu erneuern imstande ist, setzt der Kult der Heiligen Hochzeit das Blut dem Feuer voraus. Denn das Blut reproduziert auch dann noch, wenn es dem Körper entströmt, während das Feuer auch dann noch destruiert, wenn es produziert. Das Blut wird für das Feuer unter der Bedingung gegeben, dass sein Fließen im Tod mit Leben identisch ist, woraus folgt: die Wiedergeburt ist die Bedingung der Vergöttlichung, nicht umgekehrt.

Anders ausgedrückt, die pyrotechnische Produktion basiert in ihrem Ausgangs- und Endpunkt auf der Position der »Allesgeberin«, dem weiblichen Teil des Paars. In dieser Position bringt sie nicht nur sich selbst und den männlichen Teil – im Tod – für ein Leben nach dem Tod hervor, sondern die aus ihrem Opfer resultierende Wiedergeburt impliziert auch die kosmische Erneuerung der Ressourcen. Dennoch bleibt, wenn das Feuer der Vergöttlichung das Paar mit seiner Lichtgeschwindigkeit erfasst hat, von dieser Wiedergeburt nur Asche, wie oft sie auch kultisch wiederholt wird.

Die symbolische Ordnung der Heiligen Hochzeit schließt zwar den kultisch produzierten, imaginären Effekt ein, dass das Blut des Opfers den Tod in eine Wiedergeburt konvertiert, aber angesichts des Feuers bricht diese Ordnung stets aufs neue zusammen, insofern das Feuer der Vergöttlichung, bezogen auf seine Codierung, zwar vom Schmiedefeuer zu unterscheiden ist, aber nicht bezogen auf seine Wirkungsweise. Bezogen auf sie, ist das Feuer der Vergöttlichung eine Fortsetzung der pyrotechnischen Entfesselung, die es kultisch binden soll. Denn seine Lichtgeschwindigkeit triumphiert wie die des Schmiedefeuers über das bei der Wiedergeburt fließende Blut. Mag das Opfer kultisch wiederholt werden: die himmelstürmende Richtung der titanischen Produktion der Bronzezeit wird durch das metallurgische Feuer vorangetrieben. Mag der Hochzeitswagen mit dem göttlich erzeugten, zeugenden Paar dahinfahren, die Drehbewegung seiner Räder entspricht der Drehbewegung beim Entzünden von Feuer. Eben darum spricht sie auch davon, dass das Opferblut der Wiedergeburt überrollt, dass die Reproduktion durch die pyrotechnische Produktion überholt werden wird.

Titanische Hybris

Noch lässt die Automobilität dieses Hochzeitswagens, gemessen an der Lichtgeschwindigkeit des Feuers, sehr zu wünschen übrig, stellt man ihn sich, gezogen von einem Paar Wiederkäuern mit vergoldeten Hörnern, in Umzügen der Heiligen Hochzeit vor. Aber das Wunschfahrzeug des Selbst zielt nicht nur auf die Transzendierung jener Tierkraft, sondern es zielt auch auf eine Selbsttranszendierung, die »per aspera ad astra« führt: »mit Anstrengung zu den Sternen«. Dieser Wahlspruch wird noch immer tradiert, obwohl in ihm der Anklang titanischer Hybris mitschwingt. Ihre »Selbstüberheblichkeit« verweist darauf, dass Wiedergeburt und Apotheose, die ein menschliches Paar in den Stand des Göttlichen versetzen, im historischen Verlauf abgeschafft und dabei umgewertet werden. Kult- und kulturgeschichtlich wird die Heilige Hochzeit als Zentrum der Herrschaftsform des Heiligen Königtums zwar nicht außer Kraft gesetzt – die Ehe wird noch immer geschlossen – aber diese Hochzeit wird etwa um achthundert vor Christus entsakralisiert.

Und doch praktiziert das Kinderspiel – »Machet auf das Tor / Machet auf das Tor / Es kommt ein goldener Wagen« – diese Heilige Hochzeit weiterhin. Es praktiziert sie als »Überbleibsel«, das ihren Kult der Vergöttlichung als Himmelfahrt memoriert. Auch wenn das Auto schon lange die Stelle des »goldenen Wagens« einnimmt, wird diese Heilige Hochzeit noch immer – und stets auf der Straße – mit einer Begeisterung gespielt, als ob der Rausch ihrer Himmelfahrt doch noch in kindlicher Unschuld zu haben sei, obwohl er seit mehr als zweieinhalbtausend Jahre der Schuld titanischer Hybris unterliegt. Denn das Paar der Heiligen Hochzeit wird durch eine neue symbolische Ordnung gestürzt, die sich um achthundert vor Christus etabliert. Es erfährt seinen Fall als »Sündenfall«. Die neue symbolische Ordnung – die biblische Schöpfungsordnung – kehrt die Richtung des »goldenen Wagens« der Heiligen Hochzeit um. Ab jetzt fährt er in das Tor des Hades ein: »Was will er denn / Was will er denn / Er will die Schönste haben«. Er will an der Schranke, an der dieser »goldene Wagen« ankommt, bevor er das Tor passieren – oder nicht passieren – darf, eine Braut, welche die richtige Losung kennt.

Doch selbst dann, wenn diese Losung der Braut die richtige ist, so dass sie gen Himmel fahren könnte, selbst dann führt diese Losung – es ist die Losung: »Salz« – auch im Kinderspiel nicht mehr zur titanischen Verstirnung, sondern in den christlichen Himmel. Ist sie aber die falsche Losung – die Losung: »Zucker« – dann steht auch im Kinderspiel der Sturz in die christliche Hölle an, den der »Sündenfall« der biblischen Schöpfungsordnung in dem Maß vorwegnimmt, wie das »Lichtpaar« verurteilt wird. Das Unglück seines Sündenfalls gleicht der Verunglückung bei einem Autounfall, ebenso das Hades- einem Garagentor, vor allem, da noch jede Tiefgarage heute die Unterwelt des Hades suggeriert, in die der »goldene Wagen« der Heiligen Hochzeit verwiesen wird. Das »Lichtpaar« wird profaniert. Die Position, der es sich zu unterwerfen hat, ist noch keineswegs die der Polizei – das versteht sich von selbst: und doch ist es vor allem die Polizei, die bei jedem Strafzettel für das Auto eben die Position einnimmt, die ab jetzt das profanierte »Lichtpaar« dominiert. Es ist die Position Gottes, der noch heute in erster und in letzter Instanz die Bußgelder verwaltet, die bei einem Sünden- als Autounfall von den »geforderten« Opfern zu zahlen sind. Schuldig erschaffen, taugt jenes Paar, das sich durch die automobile Lichtgeschwindigkeit des Feuers nach dem Wahlspruch »per aspera ad astra« selbst geschaffen hatte, nur mehr zum Schaffen: »im Schweiße des Angesichts«, soweit es produziert, und »unter Schmerzen gebärend«, soweit es reproduziert.

Degradiert, wird dem »Lichtpaar« ein Fahrverbot gen Himmel verordnet. Seine titanische Selbstvergöttlichung im Sinne seiner Gottesebenbildlichkeit schließt, demonstriert an Luzifer, ab jetzt aus. Denn der »Lichtbringer« Luzifer, der dem männlichen Teil des »Lichtpaars« bis zum Verwechseln ähnlich ist, fällt ebenso wie dieser selbst. Die Fackel des »Lichtbringers« erlischt, seine Gestalt verdunkelt sich. Dabei deckt sein Schatten den weiblichen Teil des »Lichtpaars« zu, weil die Vergöttlichung auf der Wiedergeburt durch sie, die »Allesgebärin«, basierte. Sie fällt besonders tief. Ihr Feuer des Lebens wird ausgelöscht. Von der flüssigen Glut ihres, bei der Wiedergeburt fließenden Opferbluts bleibt nicht einmal der Widerschein, weil sein Kraftstoff-Luft-Gemisch für die Auffahrt gen Himmel die Bedingung war. Denn ihr Feuer des Lebens war der pyrotechnischen Inszenierung des Feuers der Vergöttlichung – in das Öl gegossen wurde, und das Blasebälge anfachten, um eherne Körper für die Unsterblichkeit zu »schmieden« – in dem Maß vorausgesetzt, wie es die Produktion des Schmiedefeuers kultisch an die Reproduktion binden sollte.

Höllische Schmiede

Das Opferblut der Wiedergeburt, die von ihm ausgehende Reproduktion der Produktion wird gestrichen. Die »Allesgeberin« wird vom Sturz Luzifers mitgerissen. Beide fahren zum Hades, dessen Eingangs-Tor kein Ausgangs-Tor für die Auffahrt gen Himmel mehr ist, da der Hades, noch bevor er zur christlichen Hölle wird, durch die neue symbolische Ordnung der biblischen Schöpfung abgeriegelt wird. Der Tod wird von Wiedergeburt und Vergöttlichung getrennt. Unsterblichkeit ist nicht mehr *im* Tod, sondern erst *nach* dem Tod zu haben. Und *vor* dem Tod gilt die Sterblichkeit der Reproduktion und der Produktion. Ihr Schaffen und Schuften hat die Schuld des »Sündenfalls« abzubüßen, während das Himmelstürmende einer kultisch geheiligten Pyrotechnik vorerst dem Hades, dann der christlichen Hölle angehört: hier schürt der Teufel, der titanische Schmied schlechthin, als ein »Krummes sinnender« Gegenschöpfer, das Feuer, indem er mit der »Ursünde« Frau im Bunde ist, die in der aktuellen Autowerbung noch immer zu dem mit ihr einst verbundenen, »goldenen Wagen« verführt.

In der christlichen Lehre, die auf der biblischen Schöpfungsordnung basiert, wird weiterhin zum Himmel gefahren, doch ohne die kultische Inszenierung eines flammenden Wagens, der durch das Kraftstoff-Luft-Gemisch des weiblichen Opferbluts angetrieben wird. Denn in der christlichen Lehre ist es ausschließlich der Geist, der, unbeweibt, gen Himmel fährt. Und so, wie der Körper durch ihn erschaffen wird, so fährt der Geist aus dem Körper aus: ohne Wagen. Der Körper bleibt als leere Hülle zurück. Diese ist zwar noch weit entfernt davon, mit der Karosserie eines Autos identisch zu sein – die in der aktuellen Autowerbung, mit Gurkenscheiben zu ihrer Erfrischung belegt, inzwischen als diese Körperhülle gezeigt wird – aber ihr symbolischer Stellenwert ist in der christlichen Lehre bereits der eines Dings, das einen Mechanismus, den des Körpers, überzieht. Wie das Konstrukt des Wagens, so fährt der Körper, beladen mit seiner Last, dahin, falls der ihn erfüllende Geist nicht von dieser – seiner eigenen – Last befreit gen Himmel auffährt. Der Geist tritt als pneumatisches Kraftstoff-Luft-Gemisch an die Stelle des weiblichen Opferbluts, während er das Feuer sich drehender Räder in die Hölle verbannt. Sein Pneuma erfüllt die Hülle des Körpers, als ob es bereits die Hülle von Autoreifen füllt.

Und doch ist klar, dass für den Wagenbau aus der christlichen Lehre kein Antrieb resultiert. Denn für ihn ist ein Trieb erforderlich, eine glühende, mit der »Ursünde« Frau im Bunde seiende Lust, die, im Feuer der Hölle schmorend, weiterhin nach automobiler Vergöttlichung strebt, die keinem, diese Lust negierenden, Geist überlassen werden soll. Bezogen auf ihre Lichtgeschwindigkeit wollen die Gesellen des Höllenschmieds hier auf Erden wissen, wie ihr körperlicher Trieb zum technischen Antrieb einer Maschine wird, welche die Drehbewegung von Rädern kombiniert, indem sie ihren – dem Pneuma des Geistes entgegengesetzten – Trieb nicht nur transportiert, sondern durch ihre mechanischen Effekte mit sich selbst multipliziert. Noch fehlt diesen Effekten das Zündende eines Verbrennungsmotors: aber das Feurige des Triebs der Höllenschmied-Gesellen hebt das biblisch verordnete Fahrverbot ebenso wie das ihm inhärente Erkenntnisverbot auf, das in dem Maß, wie Luzifer gestürzt wird, keinen durch sich selbst erleuchteten Geist zulässt.

Pferdestärken des Geistes

Das Teuflische der Lust an Wissen und Technik bahnt den Weg zur Erfindung des Automobils der Moderne, das im Zuge der Industrialisierung der Aufklärung mittels der Elektrifizierung der Städte zur freien Fahrt für freie Bürger führt. Der »Säkularisationsschub« der Renaissance ist dieser Aufklärung vorausgesetzt, der mit der »Generalform herrscherlichen Kutschierens«, mit der luziferischen Reinszenierung des »carro trionfale«[3] beginnt. Schon in der griechisch-römischen Antike ist dieser »carro trionfale« kein Brautwagen der Heiligen Hochzeit mehr, der in der Renaissance zur »Demonstrationsform idealen Heroentums innerhalb eines imperialen Zeremoniells« wird, das den Herrscher in der Position »eines ethisch siegenden Helden« zeigt. Seine Position ist der bronzezeitlichen Position des einst vergöttlichten Herrschers zum Verwechseln ähnlich, doch die Braut an seiner Seite fehlt. Der Sturz des »Lichtbringers« Luzifer wird in der Renaissance revidiert, der Sturz der »Allesgeberin« nicht.

Die Frau bleibt auch dann, wenn der Herrscher gegen die Kirche auftritt, in der durch die Kirche definierten Position. Das Weibliche unterläuft entweder als mobile »Ursünde« die Schöpfung oder fungiert als immobile Natur der Schöpfung. Unter keinem der beiden Aspekte, die einerseits mit Eva, andererseits mit Maria korrespondieren, kommt der »carro trionfale« für die Frau infrage. Umso mehr wird das Weibliche jedoch dem Triumphwagen in der Form von Allegorien appliziert, die sein sündiges, technisches Konstrukt verlarven, als sei es Natur, die der Schöpfung in nichts widerspricht. Der Zeremonienmeister der französischen Krone, Claude Menestrier, beschreibt dieses Verhältnis von Hülle und Mechanismus 1669, wie folgt: »kreisende und hängende Himmel, künstliche Wolken, Schiffe, mobile Wälder, portable Fontänen (usw.) sind allesamt Arten von Maschinen [...], die sich durch Zuggewicht- oder Federhemmung, durch Balance oder Kreisen um einen Drehpunkt bewegen«.[4]

Was als Natur erscheint, ist Technik. Ihre mechanisch-maschinelle Bewegung bebildert den »carro trionfale« mittels Automaten, deren Kinetik bereits auf den modernen Zusammenhang von Auto und Kino verweist, auf Kameras, die, auf Räder montiert, sich bewegende Bilder hervorbringen werden. Der Bibel zufolge wird die Technik von Automaten schon für den auf Rädern rollenden Thron von Salomo eingesetzt, dem Heiligen König schlechthin. Denn dieser Thron erscheint »als eine riesige Maschinerie mit Bewegungs- und Klangphänomenen verschiedenster Art, deren Antrieb jedoch unsichtbar bleibt«.[5] Sie bleiben jedoch nicht darum unsichtbar,

---

3   Ebd. S. 8 (die in der Folge besprochenen Abbildungen sind bei Berns zu finden).
4   Ebd. S. 11.
5   Ebd. S. 13.

weil dieser Wagenthron – oder dieser Tempel als Fahrzeug – seine sündige Technik in den Allegorien unschuldiger Natur verbirgt, wie in der Renaissance, sondern sie bleiben darum unsichtbar, weil dieser Wagenthron die Automobilität der göttlichen Erscheinung inszeniert, wie sie dem Großen Wagen am Himmel entspricht.

Die Automobilität der göttlichen Erscheinung ist *Deus ex machina*: »herrscherliche Legitimation von Macht«[6] in Babylonien, Ägypten, Griechenland oder Rom. Denn laut Hesekiel (I, 4-28) ist der für Salomo dokumentierte Wagenthron auch sonst als fahrender Tempel üblich, der »sich ohne Zugtiere und ohne Steuerung von selbst in jede Richtung bewegen konnte«.[7] Luther bezieht Hesekiel auf den geistlichen Wagen Christi, »darauff er feret hie in der Welt«[8], was Lukas Cranach d. J. – von Luther beauftragt – ins Bild setzt, welches Luther, wie folgt, 1544 erklärt: »Hie ist keine achse / deistel / gestell / lonsen / leiter [...]. Sondern der Geist inwendig treibet alles gewis. Oben uber ist der Himmel / wie eine Rosdecke / und ein stuel drinnen zum Satel / darauff Gott / das ist / Christus sitzt. Also gehen die vier Reder (identisch mit den Kirchen an den vier Orten der Welt) gleich mit einander [...]. Und die vier Thiere (der Apostel) gehen auch mit den Redern / oder viel mehr die Reder mit jnen / fur sich hinder sich / uber sich / und zu beiden seiten [...] / das es ein Wagen ist / on alles eusserlich binden / hefften oder spannen«.[9]

Es ist ein innerlich im Geist vorweggenommener Wagen, dessen Modell das des Pferdes ist. Das Kraftstoff-Luft-Gemisch dieses Wagens ist weiterhin das des Geistes, doch er wird mit dem Antrieb einer Tierkraft kombiniert, die zwar keine höllische mehr ist, aber eine irdische. Denn sie ist an die Tierkraft des Pferdes gebunden, die potenziell alle PS der Welt kondensiert. Die Richtung dieses Wagens ist ubiquitär. Seine Automobilität ist mit einer Lichtgeschwindigkeit verbunden, die nach Luther dem Geist zuzuschreiben ist, obwohl sie das Himmelstürmende der pyrotechnischen Produktion weiterführt. Johannes Baptista Villalpando, der als Jesuit der *perfectio creationis* verpflichtet ist, stellt darum Christus anno 1600 folgerichtig als Weltenherrscher auf einem »carro trionfale« mit Feuerrädern dar, indem er den brennenden Altarschrein da platziert, wo schließlich der Verbrennungsmotor eingebaut werden wird.

Explodierender Trieb

Der Nürnberger Zirkelschmied Hans Hautsch treibt diese Ersetzung des Altarschreins durch den Verbrennungsmotor weiter voran. Denn er preist den mit seinen Gesellen hergestellten, technologiegeschichtlich als erstes Automobil firmierenden Wagen, der – wie der geistliche Wagen Christi, ubiquitär in seiner Richtung ist – auf Flugblättern 1649 als eine Konstruktion an, in der »alles von Uhrwerck gemacht ist«[10]. Auf eine

---

6   Ebd.
7   Ebd. S. 27.
8   Ebd.
9   Ebd. S. 29.
10 Ebd. S. 69.

Allegorisierung dieses Wagens durch beflügelte, weibliche Körper wird verzichtet, nur eine wasserspeiende Kühler-Figur ist zur Stillung des Durstes angebracht. Sie würde den Feuerrädern dieses Wagens geschuldet sein, wäre seine Verzeitlichung bereits mit seiner Beschleunigung identisch, was nicht – noch nicht – zutrifft. Darum verweisen seine Räder, die Feuerräder sind, noch auf die Lichtgeschwindigkeit der Vergöttlichung, obwohl Hans Hautsch auf seinem Automobil bereits als Bürger der Moderne sitzt. Denn er ist an die Stelle Gottes getreten, da er denselben Sitz wie Christus auf seinem, von Luther erklärten, geistlichen Wagen einnimmt.

Mit Descartes gesprochen kommt Hautsch ein Sein unter der Bedingung des *cogito* zu, das sich als Maschine denkt, als Automat in der Form des Automobils. In diesem Verhältnis von *cogito* und Maschine sind die beiden Pole von Geist und Körper zu erkennen, auf die der »carro trionfale« seit dem Sturz Luzifers bezogen ist. Soweit Hautsch den Sitz Christi einnimmt, ist er *Deus ex machina*, der das göttliche Projekt der Automobilität zur Erscheinung bringt; soweit Hautsch mit dem gestürzten Titan, mit dem in die Hölle verwiesenen Schmied gleichgesetzt werden kann, ist sein automatisches Automobil ein teuflisches Projekt: er ist *Deus in machina*, Sklave, der mit seinem Konstrukt »verwachsen« ist und der nicht nur anhand der Höllen- und Kriegsmaschinen des siebzehnten Jahrhunderts dargestellt wird, anhand der Katz-, Drachen-, Schildkröten-, Stachelkopf- und Maus-Maschinen, sondern der auch innerhalb der Gegenüberstellung von Fürst und Krüppel auftritt. Der Fürst ist in der Position des *Deus ex machina*, der Krüppel ist in derjenigen des *Deus in machina*, dessen Körper die Maschine ersetzt.

Um 1780 wird diese Ersetzung nicht mehr mittels eines männlichen Körpers konfiguriert, sondern mittels eines weiblichen Körpers: beispielsweise mittels Madame Enke, der Mätresse des preußischen Königs Friedrich Wilhelm II., die, als sündige Eva, mit der bestialischen Kanone identisch ist, auf der sie sitzt. Als solche ist sie keine allegorische Applikation des Wagens mehr, sondern sie ist das Äquivalent seiner Maschine, was dem *cogito* in seinem Verhältnis zu sich selbst unter der Bedingung entspricht, dass es seinen Körper, der auch am männlichen Subjekt ein »weiblicher« ist, als Maschine denkt und konstruiert. Ausgehend davon, dass der Körper der Maschine ein weiblicher ist, kann insbesondere für das neunzehnte Jahrhundert gelten, dass die Maschine mit dem Unbewussten des *cogito* identisch ist, da dieses Unbewusste das Bewusstsein des Subjekts bestimmt. Unter dieser Bedingung wird sein auf das Weibliche – und also auf die eigene Verdrängung – gerichteter Trieb schließlich zum Antrieb einer automobilen Maschine, die von Daimler und Maybach 1883 als Verbrennungs- oder Explosionsmotor erfunden wird. In diesem Motor explodiert das in den Hades und in die christliche Hölle Verdrängte, das im Unbewussten des modernen Subjekts wiederkehrt. Denn das Himmelstürmende der Pyrotechnik, ihr titanischer Wahlspruch »per aspera ad astra« wird, trotz der biblischen Schöpfung, nie aufgegeben.

Wiederkehrendes »Lichtpaar«

Es nimmt darum nicht wunder, wenn die Silber-Trophäe des Gordon-Bennet-Wettbewerbs der Autoindustrie 1905 aufs Neue das gestürzte »Lichtpaar« zeigt: sein weiblicher Teil ist als Nike-Figur mit der Wölbung der Schwangeren auf einem Sitz plaziert, der dem Sitz Christi auf dessen geistlichem Wagen entspricht, während der männliche Teil, als fackeltragender Eros, die Stelle des brennenden Altarschreins einnimmt, der schon bei Villalpando mit der Stelle des Motors identisch ist. Alles erscheint so, als sei der Sturz dieses vergöttlichten Paars rückgängig gemacht, obwohl er, der männliche Teil, genau besehen in der Position des *Deus in machina*, und sie, der weibliche Teil, die Replik einer Allegorisierung ist. Das einst kultisch erzeugte, zeugende Paar ist demnach ein Teil seines Fahrzeugs oder seines Automobils geworden. Seine Umkehrung ist nicht trotz, sondern aufgrund seines metallurgischen Bildes perfekt: er ist der Motor, mit dem sie geschwängert wird. Er repräsentiert den Fortschritt, sie präsentiert dessen Aerodynamik. Doch die Richtung dieses Fortschritts ist, im Gegensatz zum geistlichen Wagen Christi, vorgegeben. Denn er, der Eros, hält das Steuer, durch das der weibliche Teil und das Fahrzeug gesteuert wird, ohne dass sein Blick vonnöten ist.

Das Auto weiß, wo's lang geht. Mit seiner ubiquitären Mobilität ist es vorbei. 1901 wird die Kennzeichnungspflicht für Autos eingeführt, 1908 ihre Serienbauweise. Sie führt nicht nur in die »Materialschlacht« des ersten Weltkriegs hinein, sondern auch aus ihr heraus zur totalen Mobilmachung des Nationalsozialismus, dessen prototypisches Vehikel der »Volkswagen« als Vorläufer der Massenware Auto ist, die sich nach dem zweiten Weltkrieg mittels einer totalen Mobilmachung des Konsums durchsetzt. Das Auto ist zum Geschoss geworden: ballistisches Projektil auf einer (Auto-)Bahn, die nicht mehr zu den Sternen führt. Roland Barthes konstatiert diesen »Wendepunkt« in der Mythologie des Autos anläßlich des Citroen DS – ausgesprochen »Déesse«: Göttin – indem er seine polittheologische Herkunft im Hinblick auf den geistlichen Wagen Christi 1957 rekapituliert. Denn nach Roland Barthes ist der Citroen DS »das genaue Äquivalent der großen gotischen Kathedralen [...], eine große Schöpfung der Epoche [...], von unbekannten Künstlern erdacht«.[11]

Und doch ist auch die »Göttin«, wie der »Volkswagen«, im »Gebrauch von einem ganzen Volk [...], das sich ein magisches Objekt zurüstet und zueignet«, für das beides gilt: »Vollkommenheit und ein Fehlen des Ursprungs«.[12] Durch die Vollkommenheit seiner Technologie hat das Auto die Mythologie der Himmelfahrt realisiert, doch eben dies bedingt das »Fehlen des Ursprungs« seiner polittheologischen Herkunft und damit den Wendepunkt in seiner Mythologie, die durch Säkularisierung, Militarisierung und konsumistische Profanierung ebenso erschöpft ist, wie es die fossilen Rohstoffe sind, die sein Motor bisher verschlang. »Bisher«, so Roland Barthes, »erinnerte das Auto eher an das Bestiarium der Kraft. Jetzt wird es zugleich vergeistigter und objektiver«.[13] Eine aktuelle Autowerbung zeigt dies in der Weise, dass ein Paar in das »Bestiarium der Kraft« eines tosenden Meeres blickt, während sein Auto, den

---

11 Roland Barthes: Mythen des Alltags. Frankfurt a.M. 1964, S. 76.
12 Ebd.
13 Ebd., S. 77f.

blauen Himmel reflektierend, hinter ihm steht. Es ist geparkt mit der Botschaft: die benzinfressende »Blechkiste« muss weg. Ein ökologischer Strukturwandel steht an, für den drei Konzepte vorliegen: erstens, das Auto wird wieder zu einem, dem Göttlichen analogen Privileg; zweitens, die totale Steuerung seiner totalen Mobilmachung ist vorgesehen; drittens, das systemische Konzept eines »Bike & Ride« tritt in kraft, das heißt, eine Diversifikation des Autos, dessen Kofferraum zum Kofferkuli werden kann und so weiter.

Umkehrung der Richtung

Mit der Utopie der *automobilitas* ist es vorbei. Heute werden eben die Elemente der Auto-Konstruktion in den Blick gerückt – Fahrgestell, Kasten und Sitze – über die der »Wagen« auch ohne Motor verfügt. Die aktuelle Autowerbung dreht die Zeit aufgrund der »Rohstoffkrise« zurück: weg vom Kraftstoffverbrauch und hin zu einer Rekapitulation der polittheologischen Herkunft des Autos, die seine repräsentative Inszenierung akzentuiert. Im Kontext dessen ist eine Überbetonung des Kastens, des Auto-Innenraums, festzustellen, und eine Überbetonung der Sitze, ihres Designs und ihrer stufenlosen Verstellbarkeit, während das Fahrgestell zum »denkenden Fahrgestell« wird, für das eine neue Umkehrung der Richtung gilt. Sie betrifft nicht mehr die Umkehrung der Himmels- in die Hadesfahrt, und auch nicht mehr die Umkehrung der Hadesfahrt in eine Fahrt »hie in die Welt«, wie sie der geistliche Wagen Christi mittels der Okkupation von PS mit Beginn der Moderne antritt, sondern diese neue Richtung führt das Auto zu sich selbst, als ob es seine eigene Garage sei.

Denn an die Stelle des Außenraums der Welt tritt heute der Innenraum des Autos, der, in die Farbe der blauen Blume der Sehnsucht getaucht, das »Reich der Sinne« verspricht. In ihm hat der geistliche Wagen Christi jedoch seine Spuren hinterlassen, da das Auto in der aktuellen Werbung spricht, als ob es das Gewissen sei: »Fühlen Sie. Hören Sie auf ihre innere Stimme«. Sie ist aus dem »Reich der Sinne« unter der Bedingung zu vernehmen, dass das Auto nicht mehr mit dem Selbst identisch ist, das ihm 1883 seinen Namen gibt, sondern das Selbst ist jetzt umgekehrt mit dem Auto identisch. Seine Autonomie hat sich im Zuge der neuen Richtung in sich verkehrt. Das Auto empfiehlt den Verzicht auf jede automobile Verzeitlichung zugunsten einer immobilen Verräumlichung, die ein »sanftes Schnurren« des Motors konfiguriert. In diesem einer Katze gleichenden »Schnurren« sei zwar, so die Autowerbung, noch immer eine »ungeheure Kraft« zu ahnen (die Kraft des Tigers wohl, der einst in den Tank gepackt werden sollte), aber dieser »Kraft« fehlt der Außenraum für den Sprung. Deshalb transformiert sich im Innenraum des Autos heute der Geschwindigkeits-Rausch des Selbst in einen Stillstands-Traum, der eine längst erschaffene Welt, wie im Museum, visualisiert.

Passend dazu, wird von der Autowerbung heute auch das Schöpfungsbild Michelangelos in den Innenraum des Autos eingeblendet, als sei dieser Innenraum die sixtinische Kapelle selbst, in der – beim Blick nach oben – »Kopffreiheit« gewährleistet ist. Wird dieses Schöpfungsbild und seine Botschaft auf die beginnende Moderne bezogen, dann tritt an die Stelle der immobilisierten »Kopffreiheit« eine sich mobilisierende Handlungsfreiheit, die auf die Verzeitlichung der Welt und auf eine Beschleunigung des Wagens zielt. Heute hat diese Verzeitlichung ihre Richtung hin zu einer immobilen Verräumlichung des Autos in dem Maß umgekehrt, wie jener von Roland Barthes pointierte Wendepunkt in der Himmelfahrts-Mythologie des Autos ein Endpunkt ist, den die aktuelle Autowerbung dreifach allegorisiert: zum einen, indem sie das »Fehlen des Ursprungs« durch das Rekapitulieren der polittheologischen Herkunft des Autos kompensiert, was seiner Wiedereinführung als einem quasigöttlichen Privileg entspricht; zum zweiten, indem sie seine Steuerung über Verkehrsleitsysteme ins »Reich der Sinne« projiziert und dort mystifiziert, was mit dem Funktionieren dieser Systeme über elektronische Sensoren korrespondiert; zum dritten, indem sie das Auto in den genetischen Code des Selbst hineinmanipuliert, als sei er die Steuerung, die das Steuer des Auto übernimmt.

Vereisung des Feuers

An die Stelle des »goldenen Lenkrads« – einer Auszeichnung, die für spezifisch getestete Autos verliehen wird – tritt heute die »goldene Helix«, ein Paradigmenwechsel, der mit der Ablösung der Pyro- durch die Biotechnik zu verbinden ist. Zwar wird das Selbst aus sich selbst keinen Kofferraum herausziehen können, aber das diversifizierte Auto mutiert, was die aktuelle Autowerbung anhand eines Turbodiesel und zwei Stadien einer Tulpe demonstriert, die im dritten Stadium zur »Tulpodistel« wird. Als solche verweist sie darauf, dass dieses Auto durch pflanzenöltaugliches Biodiesel angetrieben wird. Oder aber die Autowerbung annonciert die Verwandlung eines Auto-Sitzes zum geschlechtsindifferenten Fahrer-Rücken als Beginn einer Mutation, die auf die Biotechnik spekuliert, auf ihre nachwachsenden Rohstoffe, von denen das Lebewesen Mensch nur einer ist. Im Gegensatz zur Pyrotechnik, die auf den Außenraum der Welt gerichtet war, zielt die Biotechnik auf den Innenraum des Körpers, auf sein »Reich der Sinne«, in dem die sich organifizierende Technik selbst nachzuwachsen hat. Das Auto wird darum auch als Säugling gezeigt, als nachwachsendes Auto, das nicht nur geboren, sondern das auch wiedergeboren wird. Dennoch strebt der entsprechende Auto-Säugling im blauen Element des Wassers weder seiner Vergöttlichung noch seiner Vermenschlichung zu, sondern seiner Biotechnologisierung.

Zwar deutet das Wasser, in dem sich dieser Auto-Säugling bewegt, ebenso wie seine Flügelchen auf das Blau des Himmels hin – seine Auffahrt gen Himmel ist unzweifelhaft im mythischen Spiel, aber da diese Flügelchen Schwimmflügelchen sind, beziehen sie sich dennoch auf das Element des Wassers, auf sein H_2O, das mittels Brennelementen in H_2 und O gespalten werden soll, damit sein Wasserstoff zum Träger von Solarenergie werden kann, die jenen Auto-Säugling antreiben wird. Seine Himmelfahrt wird rekapituliert, aber ihre Blut- und Feuer-Katastrophen sind – soweit die aktuelle Autowerbung für Zukunftsvisionen zuständig ist – Vergangenheit. Darum wird das Auto auch postkatastrophisch auf einem Floß, das dennoch einer Unfallstelle auf der Autobahn gleicht, in Richtung seiner biotechnischen Ressourcen hinein in unschuldige Natur gestochert, als ob seit der Allegorisierung der Renaissance keine Zeit vergangen sei: »made in paradise« treibt es auf der entsprechenden

Autowerbung hin, als ob der »Sündenfall« – diesmal – ausgeschlossen sei, obwohl er angesichts der biotechnischen Ausbeutung genetischer Ressourcen ebenso unvermeidlich ist wie einst der »Weltenbrand«.

Und doch besteht ein Unterschied: derjenige, dass der »Weltenbrand« die imaginäre Größe einer symbolischen Ordnung des Opfers war, während die Ausbeutung genetischer Ressourcen eine reale Größe ist: sie lässt keinen Rest, weder einen symbolischen noch einen imaginären. Sie ist *holocaust*, der für die Pyrotechnik Alptraum und Traum war, angesichts einer Asche, die ihre Auto- oder Selbst-Vergöttlichung widerlegte. Von der Biotechnik bleibt keine Asche, sie zehrt ihre Ressourcen wirklich auf. Deshalb ist das Ende dieser Kult- und Kulturgeschichte der Himmelfahrt eine Träne. Sie ist der Autowerbung des »Opel Astra« entliehen, deren Firmen-Namen dieses einzige Mal genannt werden soll. Denn er reflektiert nicht nur das Firmament, sondern auch den titanischen Wahlspruch »per aspera ad astra«, der »mit Anstrengung zu den Sternen« führen sollte, als sei die Firma selbst die Inhaberin eherner Unsterblichkeit. Nun aber empfiehlt sie: »Kein Tropfen zuviel«. Er ist die für das Ende der Himmelfahrt entliehene Träne, welche die Restlosigkeit eines Rests annonciert, der in dem Maß festgehalten werden soll, wie sich die in ihm ausgesprochene Restlosigkeit realisiert. Der Brennstoff geht zu Ende, der zu den Sternen führte, ohne dass der sich selbst verzehrende Biostoff eine alternative Perspektive eröffnet.

Im Gegenteil, seine molekulare Unsterblichkeit wäre immer schon zu haben gewesen, hätte das Schmiedefeuer nicht interveniert, dessen Ausgangspunkt das Artefakt der Bronze ist, das die »goldene Helix« noch immer allegorisiert, ohne dass sie mit diesem Artefakt mithalten kann. Zwar tritt heute die Rekombination von DNS ebenso zum ersten Mal auf, wie einstens die Legierung von Kupfer und Zinn, doch die Bronze transzendierte die Voraussetzungen, unter denen sie entstand, die DNS-Rekombination regrediert. Sie bringt die Erscheinung zum Verschwinden, die durch die Bronze – als leuchtende Erscheinung – ihre Dauer erhielt. Die Pyrotechnik schmiedete das ›Eisen‹, solange es heiß war, die Biotechnik legt ihre Stoffe aufs Eis. Sie »verbrennt sich die Finger nicht«, sie umgeht das Risiko, das mit Vergöttlichung und Unsterblichkeit verbunden ist. Sie will beides real ohne Transzendierung haben, die an das Imaginäre einer symbolischen Ordnung gebunden ist. Dafür legt sie ihre Stoffe auf Eis, wo sie immer schon gelegen haben, bevor das Feuer des Lebens sie durchglühte, das die Pyrotechnik zwar um den Preis des »Weltenbrands« bemühte – aber immerhin: sie bemühte es mit einer Anstrengung, die selbst noch im Opel »astra per aspera« nachklingt.

Steuerung des Steuers

Deshalb soll sie rollen, die Träne, sie ist »kein Tropfen zuviel«. Er soll rollen als Träne, die das »Fehlen des Ursprungs« dreifach beweint: sie fällt über das Fehlen der Vergöttlichung, sie fällt über das Fehlen der vernichteten Ressourcen, und sie fällt über das Auto, das im Zenith seiner »Vollkommenheit« untergeht. Denn auf jener Werbung ist das Auto in diesen Tropfen bereits, wie ins Museum, eingeschlossen. Gleichzeitig mutiert das Auto in diesem Tropfen zum genetischen Code des Selbst. Es mutiert zum

Auto-Code, der keine Alternative zur Auto-Transzendierung mittels der *automobilitas* ist, da das Selbst von diesem Auto-Code bio- und informationstechnologisch gesteuert werden wird. Zwar verhält sich das Selbst noch immer so, als ob es der Autor seiner Handlungen sei, aber mit seiner Autorisierung ist es vorbei. Deshalb soll diese Träne als überflüssiger Tropfen rollen, der als überfließender Tropfen schon überrollt ist – wie das Blut der Wiedergeburt.

Kein Zweifel, das Selbst wird als Auto wiedergeboren werden, das es selbst ist, aber ohne Automobilität. Denn die Mobilität des Selbst führt nach außen, der Auto-Code nicht. Er führt in ein Innen ohne Außen, was nichts anderes heißt, als dass das Selbst nirgendwo ist. Es ist ohne Raum in einem Raum »verortet«, der nur noch mittels Allegorisierung als Innenraum eines Autos erkennbar ist, als sei er ein – und damit sein – sixtinisches »Reich der Sinne«. Die dem Selbst in diesem Innenraum angebotene »Kopffreiheit«, für die seitens der Autowerbung das Tragen eines »Zylinders« – in Ersetzung der Zylinder des Motors – versprochen wird, drückt jedoch nichts anderes aus, als dies: mit seiner Handlungsfreiheit ist es aus. Seine mit ihr identische Selbsttranszendierung war zwar immer nur um den Preis zu haben, dass das Selbst seine Füße dem Auto überließ oder, umgekehrt, dass das Auto dem Selbst seine Räder lieh, aber jetzt geht es um mehr: jetzt geht es um den Kopf und um das, worauf er die Steuerung, die er bisher gewesen ist, übertrug: auf das Steuer des Autos, für das galt: die Hände ans »goldene Lenkrad!«

In dem Maß aber, wie es jetzt um die Freiheit vom Kopf als »Kopffreiheit« geht, in dem Maß sind jetzt auch die Hände dran, da für sie heute – im Sinne einer Umkehrung der ganzen Kult- und Kulturgeschichte des Autos – gilt: Hände weg vom Steuer! Die »goldene Helix« weiß, wo's lang geht. Passend dazu bietet die aktuelle Autowerbung ein Handschuhfach an – »das größte der Welt« – in dem nicht nur die Hände, *pars pro toto*, abgelegt werden können, und dies samt den Schuhen, die auf sie übergegangen sind, seit das Auto die Füße ersetzte, sondern in dem auch das Selbst *in toto* abgelegt werden kann, als sei es tot, als sei es auf Eis gelegt. Liegen aber die Schuhe der Füße bei denen der Hände in einem »Handschuhfach« beieinander, in dem das Selbst insgesamt unterzubringen ist, dann wird an die Stelle der Autonomie der Auto-Code getreten sein.

Dann wird das Selbst seiner Automation innerhalb von Verkehrsleitsystemen entgegenfahren, deren Steuerung des Steuers mit seinem genetischen Code korrespondiert. Dann wird sein Kopf sich zugunsten einer »Kopffreiheit« erübrigen, die, über die Ausschaltung der Füße und Hände hinaus, auch und insbesondere die Ausschaltung des Kopfes heißt. Sollte es also einen Gott des Windes geben und das Auto sein Tempel sein, der von diesem Wind – wie und wann und wo immer er weht – angetrieben wird, dann deshalb, weil die Richtung dieses Autos nicht mehr vorgegeben ist, sondern weil sie – jeden Augenblick – durch Verkehrsleitsysteme bis hin dazu umgesteuert werden kann, dass das Selbst nie ankommt, dass es nirgendwo ist. Seine Fahrt wird erst dann beendet sein, wenn es wieder zu einer decodierten DNS geworden ist, von der keine Asche bleibt.

Zu den Autorinnen und Autoren

SILKE BELLANGER, geb. 1970, studierte Geschichte, Soziologie und Öffentliches Recht in Freiburg. Zur Zeit schreibt sie ihre Dissertation *Wissenschaft goes Disneyland. Science Centers als Orte der Wissenskonstruktion* und ist Mitarbeiterin des Schweizerischen Nationalfond Projektes *Brain Death in Switzerland. The Making of a Medical Innovation.*

HANNELORE BUBLITZ, Professorin für Soziologie an der Universität Paderborn, arbeitet gegenwärtig vor allem zu Konstruktionen und Technologien von Gesellschaft, Körper und Geschlecht. Veröffentlichungen u. a. *Foucaults Archäologie des kulturellen Unbewußten* (Frankfurt a. M., 1999); *Der Gesellschaftskörper* (mit Christine Hanke und Andrea Seier, Frankfurt a. M., 2000).

WOLFGANG ESSBACH, geb. 1944, Professor für Kultursoziologie an der Albert-Ludwigs-Universität Freiburg, Mitglied des Frankreich-Zentrums und des Zentrums für Anthropologie und Gender Studies der Freiburger Universität. Präsident der Helmuth-Plessner-Gesellschaft und Sprecher der Sektion Kultursoziologie der Deutschen Gesellschaft für Soziologie. Zahlreiche Veröffentlichungen zur soziologischen Theorie und Anthropologie sowie zu Michel Foucault und Helmuth Plessner, zur Kultursoziologie, Religionssoziologie und Geistesgeschichte.

ANKE HAARMANN, geb. 1968, lebt und arbeitet als Philosophin und Künstlerin in Hamburg. Im Zentrum ihrer philosophischen Arbeit steht die Frage nach dem zeitgenössischen Subjekt bzw. die Frage nach dem Menschen, wie er als Gegenstand der naturwissenschaftlichen Diskurse konstituiert wird. Unter dem Titel *Menschen und andere Gebilde* arbeitet sie momentan an einer Studie zu Geschichte und Dispositiv der mediellen Existenz.

MIKAEL HÅRD, 1957 in Schweden geboren. Studium in Uppsala, Göteborg und Princeton. Promotion 1988 mit einer Arbeit zur Geschichte der Kältetechnik (Campus, 1994). 1994 wurde er Dozent an der Universität Göteborg und anschließend an die Universität Trondheim, Norwegen, berufen. Seit 1998 ist Hård Professor für Technikgeschichte an der TU Darmstadt. Mit A. Jamison brachte er *The Intellectual Appropriation of Technology: Discourses on Modernity, 1900–1939* (MIT Press, 1998) heraus. Weitere Veröffentlichungen u. a. in *Technology and Culture* und *Science, Technology & Human Values*.

GABRIELE KLEIN, geb. 1957, studierte Sozialwissenschaften, Geschichte, Sportwissenschaft und Pädagogik. Studium moderner Tanz und Tanzimprovisation. 1990 Promotion in Soziologie, 1998 Habilitation. Forschungsschwerpunkte: Kultur- und Kunstsoziologie, Jugendsoziologie, Frauen- und Geschlechterforschung, Stadtsoziologie; derzeit Vertretung einer Professur für Soziologie an der Universität Hamburg. Email: gklein@sozialwiss.uni-hamburg.de; Web-Seite: http://www.sozialwiss.uni-hamburg.de; Monographie: *Electronic Vibration. Pop Kultur Theorie*, Verlag Rogner & Bernhard, Hamburg.

GÜNTHER LANDSTEINER, geb. 1962, hat Soziologie, Philosophie und Wirtschafts- und Sozialgeschichte sowie Rechtswissenschaften in Wien studiert. Er ist Senior Researcher am außeruniversitären Forschungsinstitut MEDIACULT – International Research Institute for Media, Communication and Cultural Development in Wien. Publikationen zu Usability u. a.: *Quality Perspectives on Human-Computer Interaction*, in: Usability – Services and Providers in Europe (hg. von multimedia business austria). Frühere Arbeiten zur Wissenschafts- und Sozialgeschichte der Medizin des 19. Jahrhunderts.

ANDREAS LÖSCH, geb. 1964, Postdoktorand des Graduiertenkollegs Technisierung und Gesellschaft an der TU Darmstadt, Lehraufträge und Assistenzvertretungen an den Universitäten Freiburg, Innsbruck und Paderborn, Schwerpunkte: Wissenssoziologie der neuen Biotechnologien, Kultursoziologie, Historische Anthropologie, Science & Technology Studies. Veröffentlichungen u. a. *Tod des Menschen/Macht zum Leben. Von der Rassenhygiene zur Humangenetik.* Pfaffenweiler 1998; *Genomprojekt und Moderne. Soziologische Analysen des bioethischen Diskurses.* Frankfurt a. M.

ANDREA ZUR NIEDEN, geb. 1971, studierte Soziologie, lebt und sieht fern in Freiburg. Sie schrieb ein Buch zum Thema *Star Trek: Zur kulturindustriellen Verwertung des technologisierten Subjekts,* derzeit im Erscheinen im ça ira-Verlag, Freiburg. Momentan arbeitet sie an einer Dissertation über die Genetifizierung der Medizin. Weitere Veröffentlichungen: *»Haben Sie auch bemerkt, daß ihr Busen straffer geworden ist?« GeBorgte Identitäten biotechnologischer Machbarkeit.* In: Ästhetik und Kommunikation, 104, 1999; *›Schönheit ist irrelevant‹? Die Sexualisierung von Cyborgs in Star Trek.* In: Karin Giselbrecht, Michaela Hafner: Data/Body/Sex/Maschine. Technoscience und Science Fiction aus feministischer Sicht (Wien 2001).

WINFRIED PAULEIT, Kunst- und Filmwissenschaftler, studierte in Berlin, London und Chicago; war Wissenschaftlicher Mitarbeiter an der Universität Wuppertal; Promotion an der Hochschule der Künste Berlin (Dr. phil.); Mitherausgeber des Internetmagazins *Nach dem Film* (www.nachdemfilm.de); Veröffentlichungen und Vorträge zu den Bereichen Bild, Film und Kunst; die Dissertation *Filmstandbilder. Passagen zwischen Kunst und Kino* erscheint in Kürze im Stroemfeld Verlag, Frankfurt a. M./Basel.

DOMINIK SCHRAGE, geb. 1969, wissenschaftlicher Angestellter am Institut für Soziologie der TU Dresden. Studium der Soziologie, Philosophie und Romanistik in Freiburg, Berlin und Paris. Die Dissertation *Psychotechnik und Radiophonie. Subjektkonstruktionen in artifiziellen Wirklichkeiten 1918–1932* ist im Herbst 2001 beim Wilhelm Fink Verlag in München erschienen.

DIERK SPREEN, geb. 1965, ist wissenschaftlicher Assistent im Fach Soziologie an der Universität Paderborn. Veröffentlichungen u. a. *Tausch, Technik, Krieg. Die Geburt der Gesellschaft im technisch-medialen Apriori* (Berlin/Hamburg: Argument-Verlag, 2000), *Cyborgs und andere Techno-Körper. Ein Essay im Grenzbereich zwischen Bios und Techne* (Passau: EDFC, 2000).

MARKUS STAUFF, geb. 1968, arbeitet als wissenschaftlicher Mitarbeiter am Institut für Film- und Fernsehwissenschaft der Ruhr-Universität Bochum. Seine Arbeitsschwerpunkte liegen im Bereich Fernsehtheorie, Cultural Studies und mediale Konstruktionen von Sport.

GERBURG TREUSCH-DIETER, promoviert und habilitiert in Allgemeiner Soziologie, lehrt an der Freien Universität Berlin und an der Universität Wien, jeweils am Institut für Soziologie. Mitherausgeberin der Wochenzeitung *Freitag* und der Kulturzeitschrift *Ästhetik & Kommunikation.* Kulturwissenschaftliche Forschungs- und Publikationsschwerpunkte: Historische Anthropologie, Theorie der Geschlechterdifferenz und Geschichte der Sexualität, Körper und Technologie, insbesondere Biotechnologie, Medien als kulturelle Artefakte, Diskursanalyse und Szenographie. Bezogen auf den in *Technologien als Diskurse* vorliegenden Text ist aus der Fülle der Veröffentlichungen vor allem das vergriffene, aber im Herbst 2001 in zweiter Auflage erscheinende Buch *Die Heilige Hochzeit. Studien zur Totenbraut* (1997) relevant, das sich unter Bezug auf die Technisierung der Fortpflanzung heute mit dem Frauenopfer in der Antike auseinandersetzt.